混凝土结构设计原理

（修订版）

主　编　祝明桥　黄海林

副主编　石卫华　汪建群

主　审　余志武

中南大学出版社
www.csupress.com.cn

·长沙·

图书在版编目(CIP)数据

混凝土结构设计原理 / 祝明桥，黄海林主编. —修订本. —长沙：中南大学出版社，2021.7

ISBN 978 - 7 - 5487 - 2349 - 3

Ⅰ. ①混… Ⅱ. ①祝… ②黄… Ⅲ. ①混凝土结构—结构设计—高等学校—教材 Ⅳ. ①TU370.4

中国版本图书馆 CIP 数据核字(2021)第 093882 号

混凝土结构设计原理

（修订版）

主编 祝明桥 黄海林

□责任编辑	刘颖维		
□责任印制	唐 曦		
□出版发行	中南大学出版社		
	社址：长沙市麓山南路	邮编：410083	
	发行科电话：0731 - 88876770	传真：0731 - 88710482	
□印　　装	长沙印通印刷有限公司		

□开　　本	787 mm×1092 mm 1/16	□印张 20.25	□字数 514 千字
□版　　次	2021 年 7 月第 1 版	□2021 年 7 月第 1 次印刷	
□书　　号	ISBN 978 - 7 - 5487 - 2349 - 3		
□定　　价	56.00 元		

普通高校土木工程专业系列精品规划教材

编审委员会

总　序

　　土木工程是促进我国国民经济发展的重要支柱产业。近30年来，我国公路、铁路、城市轨道交通等基础设施以及城市建筑进入了高速发展阶段，以高速、重载和超高层为特征的建设工程的安全性、经济性和耐久性等高标准要求向传统的土木工程设计、施工技术提出了严峻挑战。面对新挑战，国内外土木工程行业的设计、施工、养护技术人员和科研工作者在工程实践和科学研究工作中，不断提出创新理念，积极开展基础理论和技术创新，研发了大量新技术、新材料和新设备，形成了成套设计、施工和养护的新规范和技术手册，并在工程实践中大范围应用。

　　土木工程行业日新月异的发展，对现代土木工程专业技术人才培养提出了迫切要求。教材建设和教学内容是人才培养的重要环节。为面向普通高校本科生全面、系统和深入阐述公路、铁路、城市轨道交通以及建筑结构等土木工程领域的基础理论和工程技术成果，由中南大学出版社、中南大学土木工程学院组织国内土木工程领域一批专家、学者组成"普通高校土木工程专业系列精品规划教材"编审委员会，共同编写这套系列教材。通过多次研讨，确定了这套土木工程专业系列教材的编写原则：

1. 系统性

　　本系列教材以《土木工程指导性专业规范》为指导，教材内容满足城乡建筑、公路、铁路以及城市轨道交通等领域的建筑工程、桥梁工程、道路工程、铁道工程、隧道与地下工程和土木工程管理等方向的需求。

2. 先进性

　　本系列教材与21世纪土木工程专业人才培养模式的研究成果密切结合，既突出土木工程专业理论知识的传承，又尽可能全面反映土木工程领域的新理论、新技术和新方法，注重各门内容的充实与更新。

3. 实用性

　　本系列教材针对90后学生的知识与素质特点，以应用性人才培养为目标，注重理论知识与案例分析相结合，传统教学方式与基于现代信息技术的教学手段相结合，重点培养学生的工程实践能力，提高学生的创新素质。这套教材不仅是面向普通高校土木工程专业本科生的课程教材，还可作为其他层次学历教育和短期培训的教材和广大土木工程技术人员的专业参考书。

4. 严谨性

本系列教材的编写出版要求严格按国家相关规范和标准执行,认真把好编写人员遴选关、教材大纲评审关、教材内容主审关和教材编辑出版关,尽最大努力提高教材编写质量,力求出精品教材。

根据本套系列教材的编写原则,我们邀请了一批长期从事土木工程专业教学的一线教师负责本系列教材的编写工作。但是,由于我们的水平和经验所限,这套教材的编写肯定有不尽人意的地方,敬请读者朋友们不吝赐教。编委会将根据读者意见、土木工程发展趋势和教学手段的提升,对教材进行认真修订,以期保持这套教材的时代性和实用性。

最后,衷心感谢全套教材的参编同仁,由于他们的辛勤劳动,编撰工作才能顺利完成。真诚感谢中南大学校领导、中南大学出版社领导和编辑们,由于他们的大力支持和辛勤工作,本套教材才能够如期与读者见面。

2014 年 7 月

修订版前言

GB 50068—2018《建筑结构可靠性设计统一标准》已经将恒载分项系数由 1.2 提高到 1.3，将活荷载分项系数由 1.4 提高到 1.5 等，因此，我们对本教材第 1 版进行了全面修订。

本次修订由原作者进行。他们是：祝明桥（第 1 章、第 2 章、第 3 章）；黄海林（第 4 章、第 5 章、第 6 章、第 7 章、第 8 章）；石卫华（第 9 章）；汪建群（第 10 章）。全书由祝明桥和黄海林负责统稿。

中南大学余志武教授对本教材进行了审阅，提出了很多宝贵意见，特此致谢。

由于编者水平有限，书中差错或不当之处在所难免，敬请读者批评指正。

编　者
2021 年 3 月

前　言

为了适应培养21世纪复合型、应用型创新人才的需要，按照新版《高等学校土木工程本科指导性专业规范》要求，综合了国内外《混凝土结构设计原理》教材优点，以"厚基础、宽口径、强能力"作为学生培养目标，在理论阐述上以"必需、够用"为原则，在分析中以科学试验为基础，辅助试验视频，在例题、习题设计上以工程实际为背景，严格按照"公式、数据、答案"三步式解题，使学生在全面掌握《混凝土结构设计原理》的基础上得到设计工程师基本训练。

本书全面系统地介绍了混凝土结构构件设计基本原理相关知识，并且在结构上体现理论与实践的有机融合。全书分为10章，前3章包括绪论、混凝土结构用材料的性能及混凝土结构设计方法，是学习后续各章内容的基础；第4~8章为受弯构件正截面承载力计算，混凝土受弯构件斜截面承载力计算，混凝土受压构件承载力计算，混凝土受拉构件承载力计算，混凝土受扭构件承载力计算，属于混凝土结构基本构件承载力计算核心内容；第9章混凝土构件的裂缝、变形和耐久性是属于混凝土结构适用性和耐久性问题；最后第10章介绍预应力混凝土构件。本书只讨论混凝土结构在荷载作用的设计计算，有关地震作用的设计计算，将在其他课程中介绍。

本书由祝明桥和黄海林主编。参加编写的有：祝明桥（第1章、第2章、第3章）；黄海林（第4章、第5章、第6章、第7章、第8章）；石卫华（第9章）；汪建群（第10章）。全书由祝明桥教授负责定稿，由中南大学余志武教授负责主审。本书的写作得到了王功勋、李永贵博士等帮助，在此深表谢意。

本书在编写过程中引用了大量的参考文献，包括著作、论文、标准规范及新闻、网页图片等，在此向各位作者表示衷心的感谢。如参考有遗漏或引用不当之处，恳请作者批评指正。

本书主要作为普通高等学校土木工程专业的教科书，也可用作从事土木工程设计、施工和科学研究的专业技术人员、大专院校师生、短训班学员的参考书。

由于编者水平有限，书中差错或不当之处在所难免，敬请读者批评指正。

编　者

2015年2月

目　录

第 **1** 章
绪 论

1.1 混凝土结构基本概念

结构广义的概念是指各类工程的实体，狭义的概念是指各类工程实体的承重骨架。结构有多种分类方法，一般按其主要建筑材料划分为木结构、砌体结构（原砖石结构）、混凝土结构和钢结构，俗称为"四大结构"。

1.1.1 混凝土结构的一般概念

以混凝土为主制成的结构称为混凝土结构（concrete structure），如素混凝土结构、钢筋混凝土结构、预应力混凝土结构、钢骨混凝土结构和钢管混凝土结构等，其中钢筋混凝土结构和预应力混凝土结构在实际工程中应用最多。混凝土抗压强度高，抗拉强度低（混凝土的抗拉强度一般仅为抗压强度的 1/10 左右），钢筋的抗压和抗拉能力都很强。将钢筋和混凝土两种材料结合在一起共同工作，利用混凝土抗压，利用钢筋抗拉，则能使两种材料各尽其能、相得益彰，组成性能良好的结构构件。常见混凝土结构构件形式如图 1−1 所示。

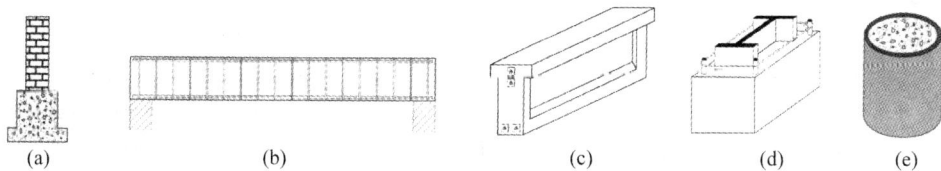

图 1−1 常见混凝土结构构件形式

(a)素混凝土基础；(b)钢筋混凝土简支梁；(c)预应力混凝土吊车梁；(d)钢骨混凝土；(e)钢管混凝土

以梁为例，图 1−2 为一根未配置钢筋的素混凝土简支梁，跨度 1.5 m，截面尺寸 $b \times h = 120 \text{ mm} \times 200 \text{ mm}$，混凝土强度等级为 C20，梁跨 1/3 处作用两个对称集中荷载 P。对其进行破坏性试验，结果表明：当荷载较小时，截面上的应变如同弹性材料的梁一样，沿截面高度呈直线分布；当荷载增大使截面受拉区边缘纤维受拉达到混凝土抗拉极限应变时，该处的混凝土被拉裂，裂缝沿截面高度方向迅速开展，试件随即发生破坏。这种破坏是突然发生的,破坏前变形很小,没有预兆,属于脆性破坏类型,是工程中要避免的。尽管混凝土的抗压强度是其抗拉强度的 10 倍左右,但得不到充分利用,因为该试件的破坏是由混凝土的抗拉强度控制,破坏荷载值很小,只有 4.4 kN。

为了改变这种情况,在该梁的受拉区布置 2 根直径为 14 mm 的 HRB335 级钢筋(记作 2 Φ 14),并在受压区布置 2 根直径为 8 mm 的架立钢筋和适量的箍筋。再进行同样的荷载试验(图 1-3),则可以看到,当加载到一定阶段使截面受拉区边缘纤维拉应变达到混凝土极限拉应变时,混凝土虽然被拉裂,但裂缝不会沿截面高度迅速开展,试件也不会随即发生断裂破坏。混凝土开裂后,裂缝截面的混凝土拉应力由纵向受拉钢筋承受,故荷载还可以进一步增加。此时,变形将相应发展,裂缝数量增多、宽度加大,直到受拉钢筋抗拉强度和受压区混凝土抗压强度被充分利用,荷载达到 62.5 kN 时,试件才发生破坏。试件破坏前,变形和裂缝都发展得很充分,呈现出明显的破坏预兆,属于延性破坏类型,是工程中所希望和要求的。可见,在素混凝土梁内合理配置一定形式和数量的受力钢筋构成钢筋混凝土梁后,不仅改变了破坏类型,而且梁的承载能力和变形能力都有很大提高,钢筋与混凝土两种材料的强度也得到了充分利用。因此在英语中称钢筋混凝土结构为被加强了的混凝土结构(reinforced concrete structure)。

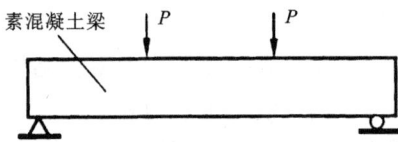

（a）素混凝土梁

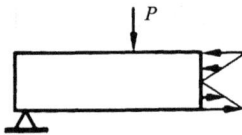

（b）素混凝土梁正截面的应力

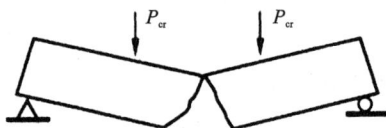

（c）素混凝土梁的断裂

图 1-2　素混凝土梁的受力性能

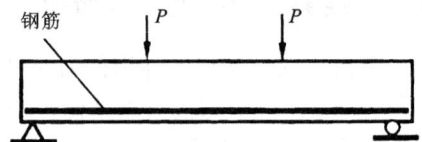

（a）钢筋混凝土梁

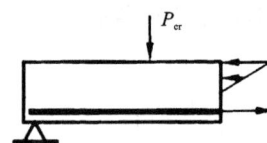

（b）钢筋混凝土梁正截面的受力情况

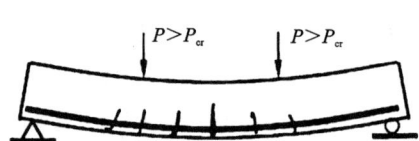

（c）钢筋混凝土梁的开裂情况

图 1-3　钢筋混凝土梁的受力性能

预应力混凝土结构是指配置受力的预应力筋,通过张拉或其他方法建立预应力的混凝土结构。如在梁的钢筋位置预留孔道,待混凝土结硬达一定的强度后在孔道中穿入高强钢筋,张拉后在端部进行锚固,如图 1-4(a)所示。拉伸的钢筋(称为预应力筋)会在梁底部的混凝土中产生压应力,在梁上部的混凝土中产生拉应力,如图 1-4(b)所示。预应力筋在梁底部产生的预压应力会抵消外部荷载 P 产生的拉应力[图 1-4(c)],使得梁底部不产生拉应力或仅产生很小的拉应力[图 1-4(d)],提高梁的抗裂性能。图 1-4(a)所示的梁称作预应力混凝土梁。同理,还可以先张拉钢筋,再浇捣混凝土,待混凝土达一定强度后放松钢筋,通过钢筋与混凝土之间的黏结力在混凝土中建立预压应力。

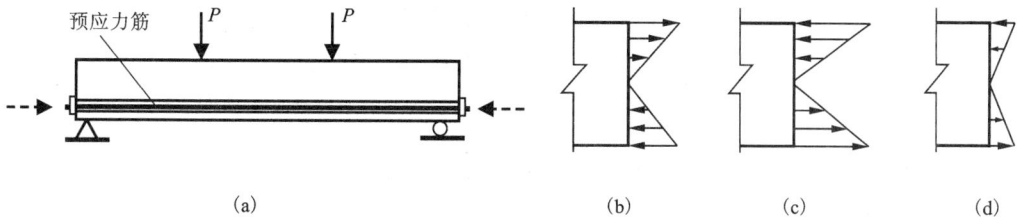

图 1-4　预应力混凝土梁及其跨中正截面的应力

素混凝土结构由于承载力低、性质脆,所以很少用来做建筑工程的承力结构。我国目前的混凝土结构以钢筋混凝土结构为主。对于一些对变形、裂缝控制要求较高的结构,可采用预应力混凝土结构。

混凝土结构是由不同的混凝土结构构件组合而成的结构体系。这些结构构件主要包括板、梁、柱、墙和基础等。以混凝土结构多层房屋为例(图 1-5),其中的主要结构构件有:

(1)混凝土楼板,主要承担楼板面的荷载和楼板的自重。

(2)混凝土楼梯,主要承担楼梯面的荷载和楼梯段的自重。

(3)混凝土梁,主要承担楼板传来的荷载及梁的自重。

(4)混凝土柱,主要承担梁传来的荷载及柱的自重。

(5)混凝土墙,主要承担楼板、梁、楼梯传来的荷载,墙体的自重及土的侧向压力。

(6)混凝土墙下基础,主要承担墙传下的荷载并将其传给地基。

(7)混凝土柱下基础,主要承担柱传来的荷载并将其传给地基。

1.1.2　钢筋和混凝土共同工作的原因

钢筋混凝土结构中钢筋和混凝土是两种物理性能、力学性能很不相同的材料,它们可以相互结合、共同工作的主要原因是:

(1)混凝土结硬后,能与钢筋牢固地黏结在一起,相互传递内力。黏结力是两种性质不同的材料能够共同工作的基础。

(2)钢筋的线膨胀系数为 $1.2 \times 10^{-5} \text{℃}^{-1}$,混凝土的线膨胀系数为 $(1.0 \times 10^{-5} \sim 1.5 \times 10^{-5}) \text{℃}^{-1}$,二者数值相近。因此,当温度发生变化时,钢筋与混凝土之间不会出现较大的相对变形和温度应力引起的黏结破坏,为满足两种材料共同受力的要求创造了

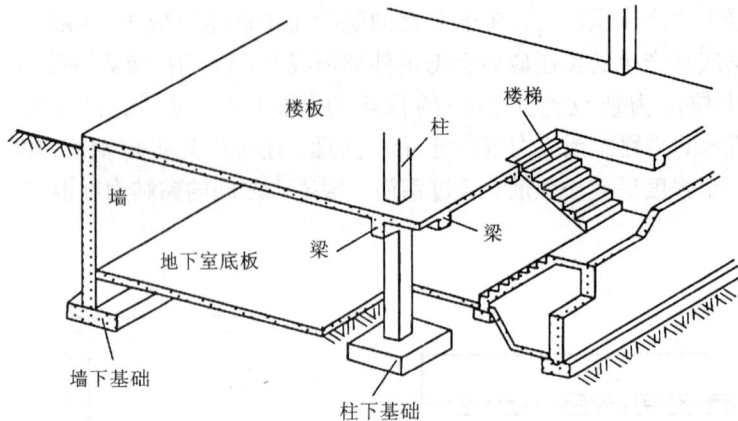

图 1 − 5　混凝土结构房屋中的结构构件

前提条件。

（3）混凝土 pH 一般在 12 以上，呈碱性，且包裹在钢筋的外部，可防止钢筋腐蚀和高温软化，为两种材料共同工作提供了保障。

1.1.3　混凝土结构的特点

1. 混凝土结构的优点

（1）可就地取材。混凝土结构中用量最多的砂、石等材料可就地取材。还可以将工业废料（如矿渣、粉煤灰等）制成人工掺和料用于混凝土结构中，变废为宝。

（2）节约钢材。和钢结构相比，混凝土结构中用混凝土代替钢筋受压，合理发挥了材料的性能，节约了钢材。

（3）良好的可模性。混凝土结构可根据需要浇筑成各种不同的形状，如曲线形的梁和拱、曲面塔体、空间薄壳等。

（4）良好的整体性。现场整浇的混凝土结构各结构构件之间连接牢固，具有良好的整体工作性能，能很好地抵御动力荷载（如风、地震、爆炸、冲撞等）的作用。

（5）良好的耐久性。混凝土结构中混凝土的强度随时间的增长而增长。当钢筋外的混凝土保护层厚度足够大时，混凝土能保护钢筋免于锈蚀，不需要经常的保养和维修。在恶劣环境中（如处于侵蚀性气体或受海水浸泡等），经过合理的设计并采取特殊的构造措施，一般能满足工程需要。

（6）良好的耐火性。不采取特殊的技术措施，混凝土结构房屋一般具有 1 ~ 3 h 的耐火时间，不致因火灾导致钢材很快软化而造成结构整体破坏。混凝土结构的抗火性能优于钢结构和木结构。

2. 混凝土结构的缺点

（1）自重大。素混凝土的容重一般为 22 ~ 24 kN/m^3，钢筋混凝土的容重一般为 24 ~ 25 kN/m^3，对大跨度结构、高层建筑结构抗震不利。

（2）抗裂性差。混凝土易开裂，一般混凝土结构使用时往往带裂缝工作，对裂缝有严格要求的结构构件（如混凝土水池、地下混凝土结构、核电站的混凝土安全壳等）需采取特殊的措施。

（3）性质较脆。混凝土结构破坏前的预兆较小，特别是在抗剪切、抗冲切和小偏心受压构件破坏时，破坏往往是突然发生的。

（4）现浇混凝土结构需耗费大量的模板，施工受季节性的影响较大。

（5）隔热隔声性能较差等。

随着科学技术的不断发展，这些缺点会逐渐被克服。如为了克服钢筋混凝土自重大的缺点，已经研究出许多重量轻、强度高的混凝土和高强钢筋；为了克服普通钢筋混凝土容易开裂的缺点，可以对它施加预应力；为了克服其性质较脆的缺点，可以采取加强配筋或在混凝土中掺入短纤维等措施。

1.2 混凝土结构的发展与应用概况

1.2.1 混凝土结构的诞生

现代混凝土结构是随着水泥和钢铁工业的发展而发展起来的，至今已有 160 年左右的历史。1824 年英国人 J. Aspdin 发明了波特兰水泥，为混凝土结构的诞生奠定了基础。1850 年，法国人 L. Lambot 在巴黎国际展览会上展出了他在这一年早期申请专利的一条水泥砂浆铁丝小船，标志着混凝土结构的诞生。

现代预应力混凝土结构的开拓者是法国学者 E. Freyssinet，他于 1928 年提出了用高强钢丝作为预应力筋，发明了专用的锚具系统，并开创性地在一些桥梁和其他结构中应用预应力技术，使预应力混凝土结构技术从试验室真正走向了工程实际。

混凝土结构与钢、木、砌体结构相比历史最短，但发展最快，已经成为当今世界各国的主导结构，而我国是采用混凝土结构最多的国家，目前每年混凝土用量占全世界的 60%。

1.2.2 混凝土结构的发展

从 19 世纪 50 年代混凝土结构诞生到 20 世纪 20 年代，是钢筋混凝土发展的初级阶段。20 世纪 30 年代开始，世界各国围绕材料性能的改善、结构形式的多样化、施工方法的革新、计算理论和设计方法的完善等多方面开展了大量的研究工作，使钢筋混凝土结构进入了大量运用的阶段。

在混凝土结构材料方面则不断向高强、轻质、高性能方向发展。世界各国使用的混凝土平均强度，在 20 世纪 30 年代约为 10 MPa，到 20 世纪 50 年代已提高到 20 MPa，20 世纪60 年代约为 25 MPa，20 世纪 70 年代已提高到 30 MPa。20 世纪 80 年代初，在发达国家 C50 级混凝土已经普遍采用。高效能减水剂的应用更加促进了混凝土强度的提高。近年来，国内外采用附加减水剂的方法已制成强度为 200 MPa 以上的混凝土。高强混凝土的出现更加扩大了混凝土结构的应用范围，为钢筋混凝土在防护工程、压力容器、海洋工程等领域的应用创造了条件。

改善混凝土性能的另一个重要方面是减轻混凝土的自重。从 20 世纪 60 年代以来，轻骨料(陶粒、浮石等)混凝土和多孔(主要是加气)混凝土得到迅速发展，其重量一般为 $14 \sim 18 \ kN/m^3$，用轻骨料混凝土制作墙、板不但可以承重，而且其建筑物理性能也优于普通混凝土。

混凝土结构中钢筋的锈蚀是影响结构寿命的重要因素之一。尽管世界各国的学者多年作出了很大的努力，但钢筋的锈蚀这一问题一直没有得到很好的解决。在北美，冬天需要用盐来解冻，因此，公路桥梁和公共车库中钢材的腐蚀情况尤为严重。据 1992 年的统计结果显示，修复加拿大当时所有混凝土车库结构的费用在 40 亿 ~ 50 亿加元之间；修复美国所有高速公路桥梁的费用约为 500 亿美元。在欧洲，由于钢材的腐蚀每年约损失达 100 亿英镑。用 FRP 筋代替混凝土中的钢筋将是一种有效解决锈蚀问题的方法。FRP 是一种由纤维、树脂母体和一些添加料制成的复合材料。根据纤维种类的不同，它可分为 CFRP(碳纤维增强塑料)、AFRP(芳纶纤维增强塑料)和 GFRP(玻璃纤维增强塑料)三种。FRP 具有强度高、质量轻、抗腐蚀、低松弛、易加工等诸多优良的特性，是钢筋的良好替代物，用作预应力筋时它的优势尤其明显。

在混凝土结构体系方面，由基本的混凝土结构构件(如梁、板、柱和墙等)，根据不同的用途、结构功能，按照一定的规则，可以组成不同的结构体系，起初混凝土结构中的基本受力构件主要为钢筋混凝土结构构件(称为钢筋混凝土结构)；随着预应力技术的发展和应用，以预应力混凝土构件为主要受力构件的预应力混凝土结构在大跨度、高抗裂性能等方面显示了明显的优越性；为了适应高变形能力、重载等的需要，近年来在混凝土结构构件中配置型钢或将混凝土构件同钢构件通过一定的连接措施结合在一起组成型钢混凝土组合结构，在钢管中填充混凝土形成钢管混凝土或钢管约束混凝土结构等技术得到了很好的发展与应用；另外，还可以在一种结构中同时使用钢构件、钢 – 混凝土组合构件和混凝土构件组成钢 – 混凝土混合结构。

在混凝土结构理论研究方面，20 世纪 30 年代以前，将钢筋混凝土视为理想弹性材料，按材料力学的容许应力法进行设计计算；但从 20 世纪初便开始了对钢筋混凝土构件考虑材料塑性性能的研究，苏联在 1938 年颁布了世界上第一个按破损阶段设计钢筋混凝土构件的规范，标志着钢筋混凝土构件承载力计算的实用方法进入了一个新的发展阶段；20 世纪 30 年代以后，在钢筋混凝土超静定结构中考虑塑性内力重分布的计算理论也取得了很大进展，从 20 世纪 50 年代开始，该理论已在双向板、连续梁及框架的设计中得到了应用；20 世纪 50 年代，苏联首先采用极限状态方法设计钢筋混凝土结构构件；20 世纪 60 年代以来，随着计算机的普及与计算力学的发展，有限元法被用于钢筋混凝土的理论研究与设计计算，促进了钢筋混凝土理论及设计方法的发展。

在结构的可靠度设计方法方面，20 世纪 50 至 60 年代，世界各国逐步采用半经验、半概率的极限状态设计法；20 世纪 80 年代以来，以概率论数理统计学为基础的结构可靠度理论有了很大的发展，使结构可靠度的近似概率法进入到了工程设计中。

1.2.3　混凝土结构的应用

混凝土结构可应用于土木工程中的各个领域。在房屋建筑中，混凝土结构占有相当大的比例。在世界上有影响的房屋建筑有：1990 年建成的美国芝加哥的 S. Wacker Drivee 大楼，65 层，高 296 m，为当时建成的世界上最高的混凝土建筑；图 1 - 6 所示朝鲜平壤的柳京饭店，地下 4 层，地上 101 层，合计 105 层，±0.0 以上总高度为 334.2 m（不包括顶部 30 m 高塔栀），为目前世界最高的钢筋混凝土建筑，从 1987 年开始建设到 2012 年竣工投入使用，也是建设周期长、有影响的混凝土结构；图 1 - 7 所示的蒙特利尔奥林匹克体育场像一艘扬帆的巨轮静卧在蒙特利尔岛东部，整个斜塔高达 175 m，从斜塔底部到塔顶，倾斜的角度也逐渐加大，从 23°一直增加到 63.4°，它优美的曲线、精妙的设计、奇特的造型，所有这一切已经使它成为了蒙特利尔城市的象征，是世界最高的倾斜式人工建筑；图 1 - 8 所示的悉尼歌剧院是设计耗时长达 16 年、最有影响的混凝土结构，外形犹如即将乘风出海的白色风帆，外观为三组巨大的壳片，耸立在一南北长 186 m、东西最宽处为 97 m 的现浇钢筋混凝土结构的基座上，与周围景色相映成趣，成为澳大利亚标志性建筑物。目前，世界上最高的型钢混凝土建筑是高 450 m 马来西亚吉隆坡的双塔大厦，如图 1 - 9 所示。

图 1 - 6　朝鲜柳京饭店

图 1 - 7　蒙特利尔奥林匹克体育场

我国是目前采用混凝土结构最多的国家，在高层建筑和多层框架中，大多采用混凝土结构。近年来，尽管钢结构得到很大的发展，但超过 100 m 高的高层建筑中绝大多数还是混凝土结构或混凝土和钢的组合结构。如 88 层高的上海金茂大厦（高 420 m，88 层，1999 年竣工），采用的就是钢 - 混凝土混合结构（图 1 - 10）。

图 1 - 8　悉尼歌剧院

图 1 - 9　马来西亚双塔大厦

图 1 - 10　上海金茂大厦

隧道、桥梁、高速公路、城市高架公路、地铁等大都采用混凝土结构。如,在上海建成的内环线浦西段高架公路,与之相连的南浦大桥、杨浦大桥的塔架(图 1 - 11),以及地铁一号线、二号线,明珠轨道线,穿越黄浦江的多条隧道,杭州湾跨海大桥(图 1 - 12)等。

混凝土结构还用于建造大坝、拦海闸墩、渡槽、港口等工程设施。如 1962 年建造的瑞士大狄克桑斯坝,如图 1 - 13 所示,高 285 m,是世界最高的混凝土重力坝;我国三峡大坝也为混凝土重力坝,如图 1 - 14 所示,高 185 m,坝顶总长 3035 m,混凝土用量达 $2.4 \times 10^7 \ m^3$。

核电站的安全壳(图 1 - 15),热电厂的冷却塔、储水池、储气罐,海洋石油平台(图 1 - 16)等一般也为混凝土结构。

图 1 – 11　上海杨浦大桥塔架

图 1 – 12　杭州湾跨海大桥

图 1 – 13　瑞士大狄克桑斯坝

图 1 – 14　三峡大坝

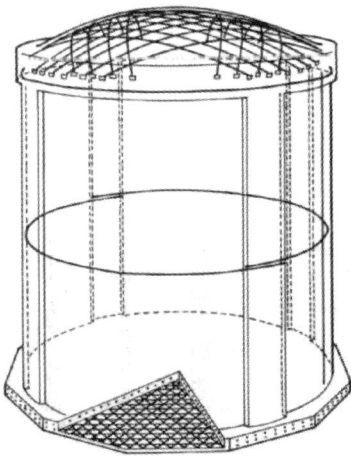

图 1 – 15　核电站的安全壳

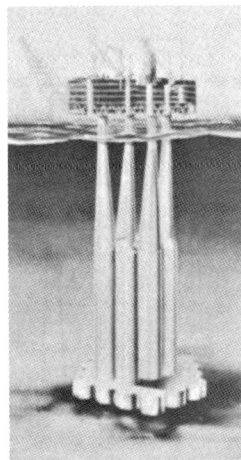

图 1 – 16　在水深 330 m 处
建造的海洋石油平台

　　自从 1953 年联邦德国斯图加特大学结构教授 F. Leonharat 博士设计了第一座高大的斯图加特钢筋混凝土电视塔以来，国外相继建成了大批混凝土高塔。其中，加拿大多伦多电视塔鹤立鸡群，高达 553.3 m。我国自 1986 年以来也相继建造了一些混凝土结构的电视塔，其中，超过 300 m 的就有 6 座(图 1-17)。

　　相信未来混凝土结构还会得到更广泛的应用。

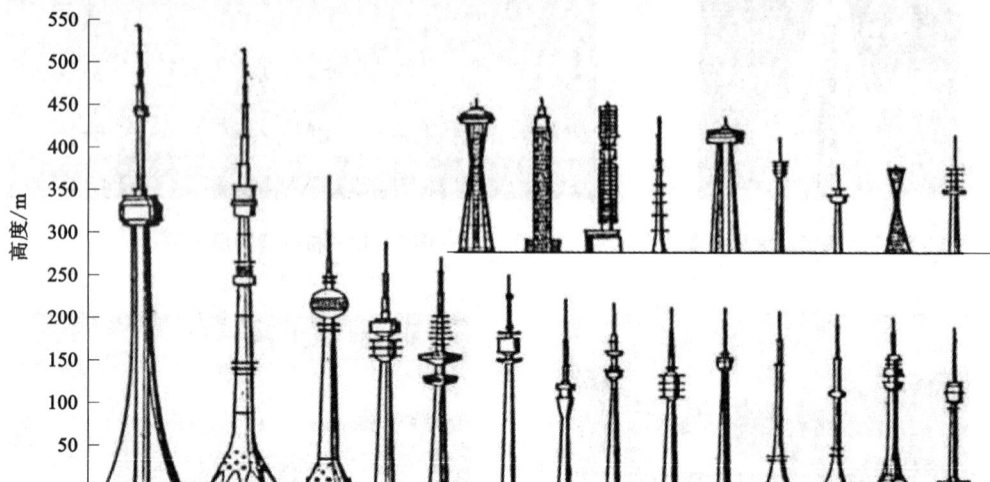

(a)国外部分电视塔

(上排左起：西雅图、开罗、伦敦、贺依巴赫、尼阿加拉瀑布、不来梅、哈芬、神户、汉威尔

下排左起：多伦多、莫斯科、东柏林、慕尼黑、汉堡、维也纳、德累斯顿、多特蒙德、西柏林、斯图加特、

敦内斯堡、海德堡、贝尔格莱德、德魁德)

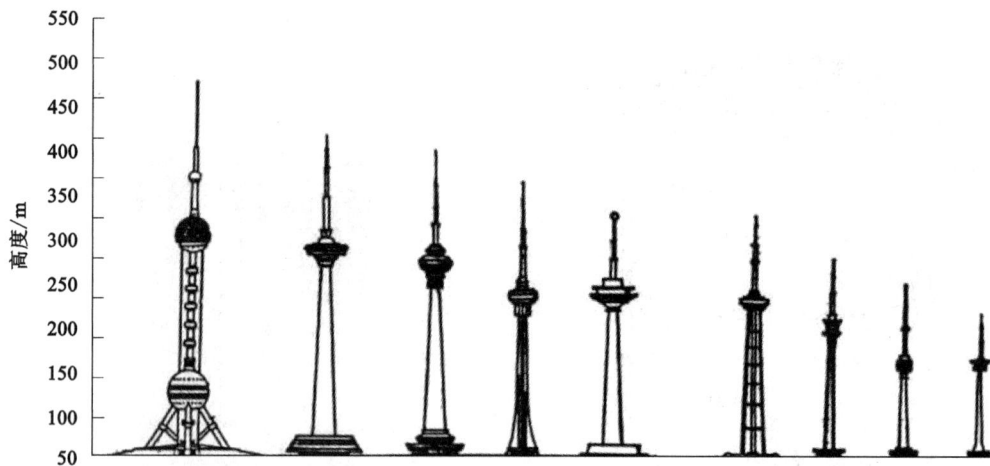

(b)国内部分电视塔

(左起：上海、天津、北京、郑州、沈阳、南京、西安、武汉、南通)

图 1-17　混凝土结构的电视塔

1.3 本课程主要内容及学习应注意的问题

本课程是土木工程专业本科生的一门主要专业基础课,是连接专业课和基础课的桥梁。通过本课程的学习,能够掌握由钢筋及混凝土两种材料所组成的结构构件的基本力学性能、计算分析方法及混凝土结构构件基本构造措施,了解该课程与先修力学课程的区别和联系,在结构设计和结构性能评估两方面获得解决实际工程问题的能力,为后续专业设计课程的学习打下良好的理论基础。为了能更有效地学习本课程,应注意以下几点:

(1)混凝土结构是由钢筋和混凝土结合而成的一种结构,钢筋混凝土材料与力学中的理想弹性材料或理想弹塑性材料有很大的区别;注意本课程与相关必修课程尤其是"材料力学"的异同点,正确运用已有的力学知识解决实际问题。

(2)混凝土结构理论大都建立在试验研究的基础之上,目前还缺乏完善的、统一的理论体系。很多公式不能由严密的逻辑推导得出,只能由试验结果回归而成。学习和应用时要注意思维方式的转变,归纳法和演绎法并用。

(3)进行混凝土结构设计时离不开计算。但是,现行的计算方法一般只考虑荷载效应,其他影响因素,如混凝土收缩、温度影响及地基不均匀沉陷等,难以用计算公式来表达。《混凝土结构设计规范》(GB 50010—2010)(以下简称《规范》)根据长期的工程实践经验,总结出一些构造措施来考虑这些因素的影响,虽然暂不能对其作定量描述,但它们背后都隐藏着深刻的道理。因此,在学习本课程时,除了要对各种计算公式了解和掌握以外,对于各种构造措施也必须给予足够的重视。

(4)为了指导混凝土结构的设计工作,各国都制定了专门的技术标准和设计规范。这些标准和规范是各国在一定时期内理论研究成果和实际工程经验的总结,在学习混凝土结构时,应该很好地熟悉、掌握和运用它们。但是也要了解,混凝土结构是一门比较年轻和迅速发展的学科,许多计算方法和构造措施还有待完善。也正因为如此,各国每隔一段时间都要对其结构设计标准或规范进行修订,使之更加合理。因此,在很好地学习和运用规范的过程中,也要善于总结和发现问题,灵活运用,并且要勇于进行探索与创新。

(5)着眼基础理论学习,注意理论联系实际,积累一定的感性认识,面向未来工程应用。

===== 重点与难点 =====

重点:(1)结构概念;(2)混凝土结构概念及分类;(3)混凝土结构诞生及发展趋势;(4)本课程主要内容及学习注意事项。

难点:(1)钢筋与混凝土共同工作的原因;(2)混凝土结构的特点。

思考与练习

思考题:

1.名词解释:结构、混凝土结构。

2.钢筋和混凝土共同工作的基础是什么?

3.与素混凝土梁相比,钢筋混凝土梁有哪些优势?

4.混凝土结构有哪些特点?

讨论题:

1.就同学们所见房屋建筑及其他构筑物,列举身边1~2个混凝土结构构件的工程实例,绘制示意图,讨论其主要受力特征、受力钢筋布置位置等。

2.根据结构的受力特点,绘出图1-18所示各梁在均布荷载作用下的弯矩图,根据弯矩图绘出它们的纵向受力钢筋草图。

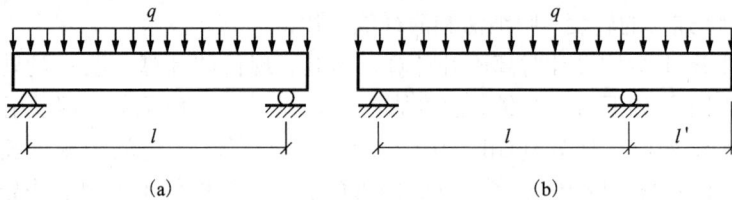

(a)　　　　　　　　　　　　(b)

图1-18

第 2 章

混凝土结构用材料的性能

混凝土结构主要用钢筋和混凝土材料制作而成。为了合理地进行混凝土结构设计，需要深入地了解混凝土和钢筋的受力性能及其共同工作的机理，这是掌握混凝土结构构件受力性能并对其进行分析与设计的基础。

2.1 钢筋

2.1.1 钢筋的形式与品种

1. 钢筋的形式

钢筋按其表面形状可分为光面钢筋和带肋钢筋两类。带肋钢筋是在钢筋的表面轧制纵向肋纹和横向斜肋纹，肋纹有螺纹形、人字纹形、月牙纹形等多种形式（图 2 - 1）。钢筋表面的肋，有利于钢筋与混凝土两种材料的结合。实际上带肋钢筋的截面积是沿纵轴长度而变化的，其直径是标志尺寸，为与光面钢筋具有相同重量的当量直径。光面钢筋直径一般为

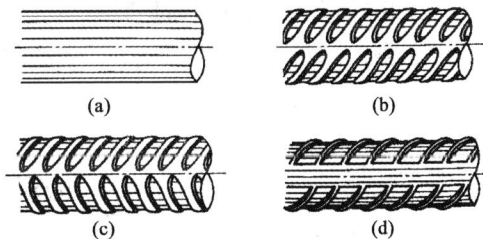

图 2 - 1 带肋钢筋的形式

6 mm、8 mm、10 mm、12 mm、14 mm、16 mm、18 mm、20 mm 和 22 mm 规格。带肋钢筋直径在光面钢筋直径的基础上增加了 25 mm、28 mm、32 mm、36 mm、40 mm 和 50 mm 规格。

直径较小的钢筋（如直径小于 6 mm）也称钢丝，钢丝的外形通常为光圆的。在光面钢丝的表面机械刻痕，以提高钢丝与混凝土的黏结能力，称作刻痕钢丝。将多股钢丝捻在一起而形成的钢绞线也可以作为混凝土结构的配筋。

2. 钢筋的品种

我国的钢筋产品分为热轧钢筋、中高强钢丝和钢绞线、预应力螺纹钢筋以及冷加工钢筋四大系列。

热轧钢筋是用普通低碳钢（含碳量不大于 0.25%）和普通低合金钢（合金元素不大于 5%）制成。热轧钢筋分为热轧光面钢筋（hot rolled plain bars）HPB300，热轧带肋钢筋

HRB335、HRB400 和 HRB500，采用温控工艺生产的细晶粒带肋钢筋 HRBF335、HRBF400 和 HRBF500，余热处理钢筋 RRB400。常用热轧钢筋的种类、代表符号和直径范围见附表 2－1。

中、高强钢丝的直径为 4～10 mm，捻制成钢绞线后也不超过 21.6 mm。钢丝外形有光面、月牙肋及螺旋肋几种，而钢绞线则为绳状，由 2 股、3 股或 7 股钢丝捻制而成，均可盘成卷状。

预应力螺纹钢筋是一种大直径、高强度钢筋，直径为 18～50 mm，屈服强度标准值为 785～1080 N/mm^2，极限强度标准值为 980～1230 N/mm^2，用于预应力混凝土结构构件的配筋。

冷加工钢筋是指在常温下采用某种工艺对热轧钢筋进行加工得到的钢筋。常用的加工工艺有冷拉、冷拔、冷轧和冷轧扭四种，其目的都是为了提高钢筋的强度，以节约钢材。但是，经冷加工后的钢筋在强度提高的同时，伸长率显著降低，除冷拉钢筋仍具有明显的屈服点，其余冷加工钢筋均无明显屈服点和屈服台阶。

一般情况下，热轧钢筋称为普通钢筋，可用作非预应力钢筋；中、高强钢丝，预应力螺纹钢筋和冷加工钢筋可用作预应力筋。

2.1.2　钢筋的强度与变形

1. 单调荷载下钢筋应力－应变试验曲线

常规的荷载试验通常是采用单调加载，即在短期内将荷载从零开始增加到试件破坏，在此过程中间没有卸载。通过钢筋的单调加载拉伸试验，可以获得钢筋的强度和变形性能。图 2－2 为两种性能不同的钢筋拉伸试验应力－应变曲线（$\sigma-\varepsilon$ 曲线），从图 2－2(a)和图 2－2(b)中可以看到，二者的曲线特征具有明显的差异。

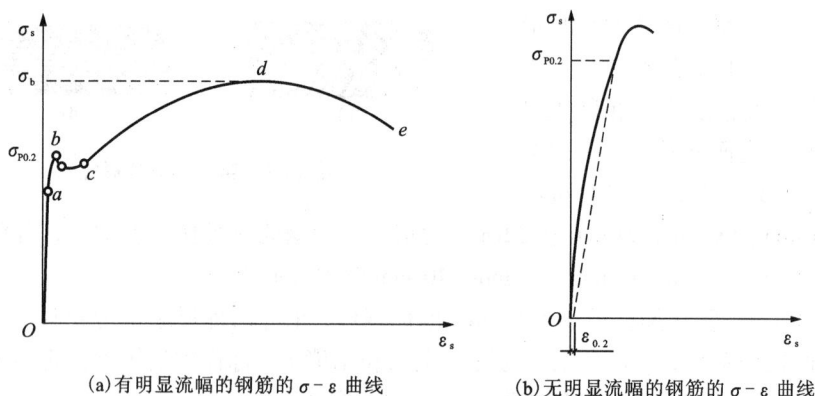

(a)有明显流幅的钢筋的 $\sigma-\varepsilon$ 曲线　　　　(b)无明显流幅的钢筋的 $\sigma-\varepsilon$ 曲线

图 2－2　钢筋拉伸试验 $\sigma-\varepsilon$ 曲线

对热轧低碳钢和普通热轧低合金钢等所做的拉伸试验，可记录到图 2－2(a)所示的 $\sigma-\varepsilon$ 曲线。在该 $\sigma-\varepsilon$ 曲线中，在 a 点以前，应力与应变成线性比例关系，与 a 点相应的应力称为比例极限。过 a 点后，应变较应力增长稍快，尽管从图上看起来并不明显。

到达 b 点后，应力几乎不增加，应变却可以增加很多，曲线接近于水平线并一直延伸至 c 点，bc 段曲线即称为流幅或屈服台阶。过 c 点之后，曲线又继续上升，直到最高点 d 点，相应于 d 点的应力称为钢筋的极限强度，cd 段称为钢筋的强化阶段。过了 d 点之后，变形迅速增加，试件最薄弱处的截面逐渐缩小，出现颈缩现象，应力随之下降，到达 e 点时试件发生断裂。

对高碳钢所进行的拉伸试验可记录到图 2-2(b) 所示的 $\sigma-\varepsilon$ 曲线。在该 $\sigma-\varepsilon$ 曲线中，看不到明显的屈服点和流幅，一般取残余应变为 0.2% 时所对应的应力 $\sigma_{P0.2}$ 作为钢筋的条件屈服强度。随着冶金系统采用国际标准及质量的提高，在相应的产品标准中明确规定屈服强度 $\sigma_{P0.2}$ 不得小于极限抗拉强度 σ_b 的 85%（$0.85\sigma_b$）。因此，实际应用中可取极限抗拉强度 σ_b 的 85% 作为条件屈服点。

有时，将具有明显流幅的钢材统称为软钢，将无明显流幅的钢筋统称为硬钢。

在对混凝土结构进行理论分析时，很少直接采用由试验得到的钢筋 $\sigma-\varepsilon$ 曲线，一般需对试验曲线进行理想化以得到适合分析时采用的理论模型。图 2-3 所示为常用的钢筋 $\sigma-\varepsilon$ 关系理论模型。

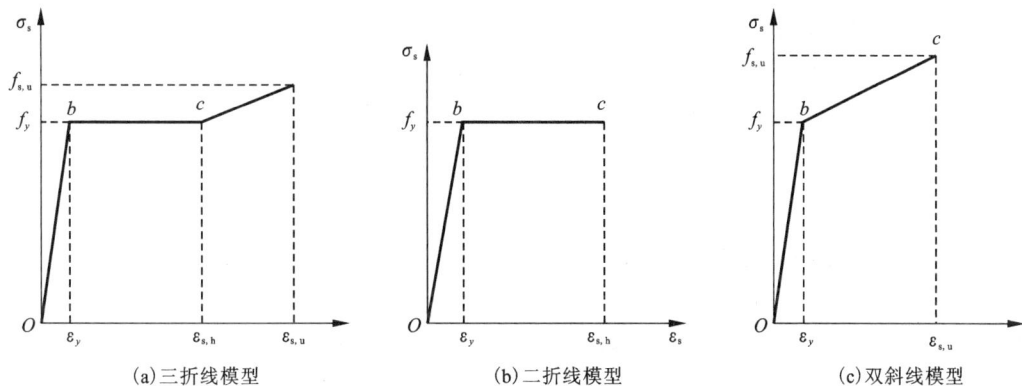

图 2-3 钢筋 $\sigma-\varepsilon$ 曲线的数学模型

图 2-3(a) 所示的三折线模型适用于有明显流幅的软钢材，可以描述屈服后钢筋发生的应变硬化（应力强化）的钢材，正确地估计高出屈服应变后的应力。如果钢筋的流幅较长，用图 2-3(b) 所示的二折线模型，即通常所称的理想弹塑性模型，就可以获得足够好的分析结果，因为混凝土结构构件破坏时混凝土的极限变形有限，即使相应的钢筋受拉变形已超过流幅进入强化段，其进入强化段的范围也是有限的。图 2-3(c) 所示的双斜线模型则可用以描述无明显流幅的高强钢筋或钢丝的 $\sigma-\varepsilon$ 关系。

若钢筋不被压曲，则受压钢筋 $\sigma-\varepsilon$ 关系的理论模型与受拉时的理论模型相同。

2. 钢筋的塑性性能

钢筋的塑性性能可以通过伸长率和冷弯性能两个指标来衡量。

（1）伸长率。

伸长率是衡量钢筋塑性性能的一个指标，伸长率越大，塑性越好。伸长率用 δ_{gt} 表示。混凝土结构对钢筋在最大力下的总伸长率的要求如表 2-1 所示。

表2-1 普通钢筋及预应力筋在最大力下的总伸长率限制

钢筋品种	普通钢筋			预应力筋
	HPB300	HRB335、HRBF335、HRB400、HRBF400、HRB500、HRBF500	RRB400	
$\delta_{gt}/\%$	10.0	7.5	5.0	3.5

我国规范《金属材料拉伸试验 第1部分:室温试验方法》(GB/T 228.1—2010)要求在试验中绘制 $\sigma-\varepsilon$ 曲线,按量测并计算钢筋在最大拉力下的总伸长率(简称均匀伸长率)δ_{gt} 作为钢筋塑性的指标。在一般试验条件下,可以按图2-4量测试验后非颈缩断口区域残余应变,加上已回复的弹性应变而得:

$$\delta_{gt} = \frac{l'-l_0}{l_0} + \frac{\sigma_b^0}{E_s} \qquad (2-1)$$

式中:l'——试件经拉断产生残留伸长后的标距;

l_0——钢筋拉伸试验试件的应变量测标距;

σ_b^0——实测钢筋拉断强度;

E_s——弹性模量。

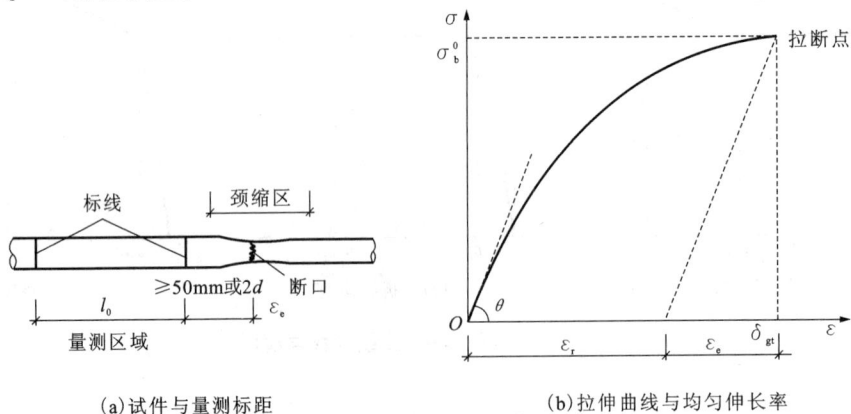

（a）试件与量测标距   （b）拉伸曲线与均匀伸长率

图2-4 钢筋均匀伸长率的测定

(2)冷弯性能。

冷弯性能是检验钢筋塑性的另一项指标。伸长率一般不能反映钢材脆化的倾向。为了使钢筋在弯折加工时不致断裂和在使用过程中不致脆断,应进行冷弯试验,并保证满足规定的指标。冷弯试验如图2-5所示,图中 D 称为弯心直径;α 为冷弯角度。冷弯试验的合格标准为在规定的 D 和 α 下冷弯后的钢筋应无裂纹、鳞落或断裂情况。

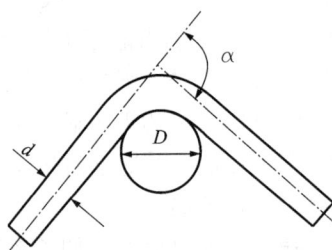

图2-5 钢筋的冷弯试验

2.1.3　钢筋的其他性能

1. 钢筋的冷加工和热处理

（1）钢筋的冷加工。

用冷拉或冷拔的冷加工方法可以提高热轧钢筋的强度。冷拉加工是把有明显流幅的钢筋在常温下拉伸到超过其屈服强度的某一应力值，例如，图 2-6 中的点 a，然后卸去全部拉力到零，此时产生残余应变 OO'。如立即再次拉伸，则应力回复到冷拉应力（点 a）后，$\sigma - \varepsilon$ 曲线将基本沿着原来的钢筋 $\sigma - \varepsilon$ 曲线的轨迹 abc 行进，屈服强度大致等于冷拉应力值，比未经冷拉加工钢筋的屈服点有了提高，但没有明显的屈服台阶，其总伸长值由冷拉前的 Oc 的水平距离减小到 $O'c$ 的水平距离，塑性变差。如卸去拉力后，在自然条件下放置一段时间或进行人工加热后再进行拉伸，则屈服点可

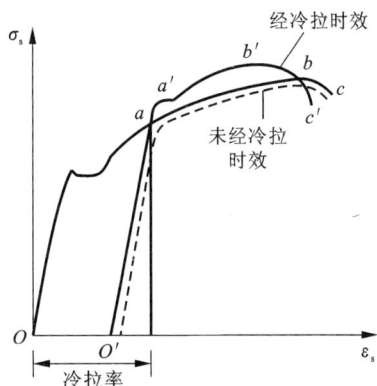

图 2-6　钢筋冷拉后的 $\sigma - \varepsilon$ 曲线

进一步提高到点 a'，这种现象称为时效硬化；并且钢筋 $\sigma - \varepsilon$ 曲线又重现屈服台阶，沿新的轨迹 $a'b'c'$ 行进。冷拉加工对强度的提高程度与钢筋原材料的品种有关，原材料强度越高，提高幅度越小。合理选择冷拉应力值可使钢筋经冷拉后强度提高，而又有一定的塑性性能。冷拉只能提高钢筋的抗拉强度，不提高钢筋的抗压强度。

冷拔加工是将钢筋用强力拔过比它本身直径稍小的、硬质合金拔丝模上的锥形孔，这时钢筋在轴向拉力和横向挤压力的同时作用下产生塑性变形，钢筋的横截面减小而长度增大，内部结构发生变化，强度明显提高。经过多次冷拔后，钢筋的塑性明显降低，没有明显的屈服点和流幅。冷拔可同时提高钢筋的抗拉及抗压强度。

（2）钢筋的热处理。

热处理是对特定强度的热轧钢筋进行加热、淬火和回火等调质工艺处理，钢筋经热处理后强度会有较大提高，而塑性降低不显著。热处理钢筋有 $40Si_2Mn$、$48Si_2Mn$ 和 $45Si_2Cr$ 三种，它们的 $\sigma - \varepsilon$ 曲线没有明显的屈服点。

2. 钢筋的徐变和松弛

钢筋在较高应力的持续作用下，其应变会随时间的增长而继续增加，这种现象称为徐变。若保持受力钢筋的长度不变，则钢筋应力会随时间的增长而降低，这种现象称为松弛。

徐变和松弛的物理本质是一致的。徐变或松弛随时间增长而增大，它与钢筋初始应力的大小、钢材品种和温度等因素有关。通常初始应力大，徐变或应力松弛损失也大；冷拉热轧钢筋的徐变或松弛损失较冷拔低碳钢丝、碳素钢丝和钢绞线为低；温度增加则徐变或松弛增大。本书的第 10 章在讨论预应力混凝土结构中预应力筋的应力时，将考虑松弛现象引起的预应力筋中的应力损失。

3.重复和反复荷载下钢筋的强度和变形

(1)重复荷载下钢筋的 $\sigma - \varepsilon$ 曲线。

重复荷载是对试件在一个方向交替加载、卸载的过程。图 2 - 7 所示为重复荷载下的钢筋 $\sigma - \varepsilon$ 曲线，图中卸载时的 $\sigma - \varepsilon$ 曲线 bO' 为直线且平行于弹性阶段的 $\sigma - \varepsilon$ 曲线（直线 Oa）；再加载时先沿着与卸载时相同的 $\sigma - \varepsilon$ 曲线（直线 $O'b$ 行进）到达 b 点后，继续沿曲线 bc 行进。一般假定 $Oabc$ 曲线与单调荷载下的钢筋 $\sigma - \varepsilon$ 曲线相同。

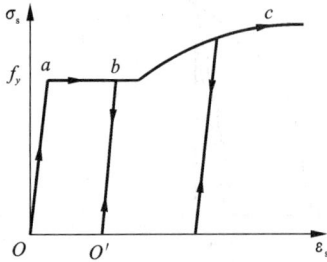

图 2 - 7 重复荷载下的钢筋 $\sigma - \varepsilon$ 曲线 图 2 - 8 反复荷载下的钢筋 $\sigma - \varepsilon$ 曲线

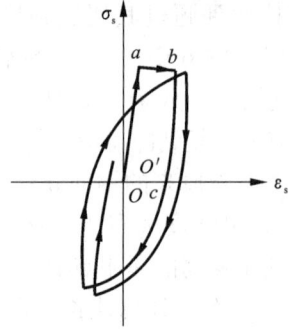

(2)反复荷载下钢筋的 $\sigma - \varepsilon$ 曲线。

反复荷载是在两个相反的方向交替地加载、卸载的过程。图 2 - 8 所示为反复荷载下的钢筋 $\sigma - \varepsilon$ 曲线，若钢筋超过屈服应变达 b 点时卸载，$\sigma - \varepsilon$ 曲线沿与 Oa 平行的 bO' 直线下行；再反向加载时，到达 c 点后即开始塑性变形，此时的弹性极限较单调荷载下钢筋的弹性极限为低，这种现象称为包兴格效应。

钢筋在反复荷载下的力学性能对于地震作用下混凝土结构的分析和设计具有重要的意义。

4. 钢筋的疲劳

当钢筋承受周期性的重复荷载，应力在最小值和最大值之间经过一定次数的加载、卸载后，即使钢筋的最大应力低于单调加载时钢筋的强度，钢筋也会破坏，这种现象称为疲劳破坏。在土木工程中，像吊车梁、桥面板、轨枕等承受重复荷载的混凝土构件在正常使用期间都可能发生疲劳破坏。

钢筋的疲劳强度是指在某一规定应力幅度内，经受一定次数循环荷载后发生疲劳破坏的最大应力值。钢筋的疲劳强度与一次循环应力中最大和最小应力的差值即应力幅限值有关。我国采用直接对单根钢筋轴拉试验的方法进行疲劳试验。在确定混凝土构件使用期间的疲劳应力幅限值时，需要确定循环荷载的次数，我国要求满足循环次数为200 万次，即对不同的疲劳应力比值用满足循环次数为 200 万次条件下的钢筋最大应力幅值定量描述钢筋的疲劳强度。

附表 2 - 6 和附表 2 - 7 为《规范》给出的混凝土结构中普通钢筋和预应力筋的疲劳应力幅限值。

2.1.4 混凝土结构对钢筋性能的要求及选用原则

1. 混凝土结构对钢筋性能的要求

（1）强度高。强度是指钢筋的屈服强度和极限强度。钢筋的屈服强度是混凝土结构构件计算的主要依据之一（对无明显屈服点的钢筋取条件屈服强度 $\sigma_{p0.2}$）。采用较高强度的钢筋可以节省钢材，获得较好的经济效益。

（2）塑性好。混凝土结构要求钢筋在断裂前有足够的变形，能给人以破坏的预兆。因此，钢筋的塑性应保证钢筋的伸长率和冷弯性能合格。

（3）可焊性好。在很多情况下，钢筋的接长和钢筋之间的连接需通过焊接。因此，要求在一定的工艺条件下钢筋焊接后不产生裂纹及过大的变形，保证焊接后的接头性能良好。

（4）与混凝土的黏结锚固性能好。为了使钢筋的强度能够充分被利用和保证钢筋与混凝土共同工作，二者之间应有足够的黏结力。

在寒冷地区，对钢筋的低温性能也有一定的要求。

2. 钢筋的选用原则

混凝土结构及预应力混凝土结构的钢筋，应按下列规定选用：

（1）混凝土结构中的钢筋和预应力混凝土结构中的非预应力钢筋宜优先采用HRB400、HRB500、HRBF400、HRBF500 级钢筋，以节省钢筋用量，改善我国建筑结构的质量。除此之外，也可以采用 HPB300、HRB335、HRBF335、RRB400 钢筋。

（2）预应力筋宜采用预应力钢绞线、中高强钢丝和预应力螺纹钢筋。

在我国经济困难、物资短缺的年代，冷加工钢筋为我国的基本建设事业做出过极大的贡献。但是，冷加工钢筋在强度提高的同时，塑性大幅度地降低，导致结构构件的塑性减小，脆性加大。当前，我国的钢产量已位于世界之首，质优、价廉的钢材不断出现，为了提高结构构件的质量，应尽量选用强度较高、塑性较好、价格较低的钢材。

2.2 混凝土

普通混凝土是由水泥、砂、石材料用水拌合硬化后形成的人工石材，是一种复杂的多相复合材料。混凝土组成成分中的砂、石、水泥胶块中的晶体、未水化的水泥颗粒组成了混凝土中错综复杂的能承受外力的弹性骨架并使混凝土具有弹性变形的特点。水泥胶块中的凝胶、孔隙和结合界面的初始微裂缝在外荷载作用下使混凝土产生塑性变形。孔隙、初始裂缝等先天缺陷往往是混凝土受力破坏的起因，并且微裂缝在荷载作用下的开展对混凝土的力学性能有着极为重要的影响。

2.2.1 混凝土的强度

在实际工程中，单向受力构件是极少见的，一般混凝土均处于复合应力状态。研究复合应力状态下混凝土的强度必须以单向应力作用下的强度为基础，因此单向受力状态下的混凝土的强度指标尤为重要，它是结构构件分析和建立强度理论公式的重要依据。

混凝土的强度与水泥强度、水灰比、骨料品种、混凝土配合比、硬化条件和龄期等有很大关系。此外，试件的尺寸及形状、试验方法和加载时间不同，所测得的强度也不同。

1. 混凝土的抗压强度

(1)立方体抗压强度 $f_{cu,k}$。

混凝土主要用于抗压，其抗压性能比较稳定。我国采用边长为 150 mm 的立方体作为混凝土抗压强度的标准尺寸试件，并以立方体抗压强度作为混凝土各种力学指标的代表值。《规范》规定以边长为 150 mm 的立方体在 (20 ± 3)℃的温度和相对湿度在 90% 以上的潮湿空气中养护 28 d，依照标准试验方法测得的具有 95% 保证率的抗压强度(以 N/mm² 计)作为混凝土的强度等级，并用符号 $f_{cu,k}$ 表示。$f_{cu,k}$ 与平均值 μ_f 和标准差 σ_f 的关系为

$$f_{cu,k} = \mu_f - 1.645\sigma_f \qquad (2-2)$$

混凝土强度等级一般可划分为：C15、C20、C25、C30、C35、C40、C45、C50、C55、C60、C65、C70、C75、C80，C 代表混凝土，C 后的数字即为混凝土立方体抗压强度的标准值，其单位为 N/mm²，例如 C60 表示混凝土的立方体抗压强度标准值为 60 N/mm²，即 $f_{cu,k} = 60$ N/mm²。

试验方法对混凝土的 $f_{cu,k}$ 值有较大影响。试件在试验机上受压时，纵向会压缩，横向会膨胀，由于混凝土与压力机垫板弹性模量与横向变形的差异，压力机垫板的横向变形明显小于混凝土的横向变形。当试件承压接触面上不涂润滑剂时，混凝土的横向变形受到摩擦力的约束，形成"箍套"作用。在"箍套"的作用下，试件与垫板接触面的局部混凝土处于三向受压应力状态，试件破坏时形成两个对顶的角锥形破坏面，如图 2-9(a)所示。如果

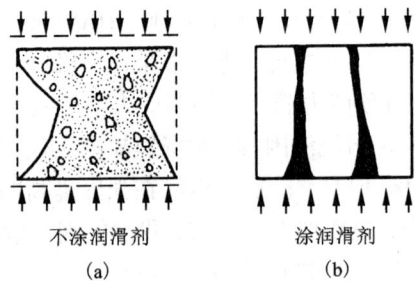

不涂润滑剂   涂润滑剂
(a)   (b)

图 2-9 混凝土立方体的破坏情况

在试件承压面上涂一些润滑剂，这时试件与压力机垫板间的摩擦力大大减小，试件沿着力的作用方向平行地产生几条裂缝而破坏，所测得的抗压极限强度较低，如图 2-9(b)所示。标准试验方法不加润滑剂。

试件尺寸对混凝土 $f_{cu,k}$ 值也有影响。试验结果表明，采用相同的混凝土进行试验时，立方体尺寸愈小，则试验测出的抗压强度愈高，这个现象称为尺寸效应。我国过去曾长期采用以边长为 200 mm 的立方体作为标准试件，有的也采用 100 mm 的立方体试件。用这两种尺寸试件测得的强度与用 150 mm 立方体标准试件测得的强度有一定差距，乘以一个换算系数后，就可变成标准试件强度 $f_{cu,k}$。根据大量实测数据，如采用 200 mm 或 100 mm 的立方体试件时，其换算系数分别取 1.05 和 0.95。日本、美国等国采用 6 in × 12 in(1 in = 25.4 mm)圆柱体做试件，圆柱体抗压强度与标准立方体抗压强度之比为 0.83，换算系数为 1.2。

混凝土抗压试验时加载速度对立方体抗压强度也有影响，加载速度越快，测得的强度越高。通常规定的加载速度：混凝土的强度等级低于 C30 时，取每秒 0.3~0.5 N/mm²；混凝土的强度等级高于或等于 C30 时，取每秒 0.5~0.8 N/mm²。

随着试验时混凝土的龄期增长，混凝土的极限抗压强度逐渐增大，开始时强度增长速度较快，然后逐渐减缓，这个强度增长的过程往往要延续几年，在潮湿环境中延续的增长时间更长。

（2）轴心抗压强度。

由于实际结构和构件往往不是立方体，而是棱柱体，所以采用棱柱体试件比立方体试件能更好地反映混凝土的实际抗压能力。试验证明，轴心抗压混凝土短柱中的混凝土抗压强度基本上和棱柱体抗压强度相同。可以用棱柱体测得的抗压强度作为轴心抗压强度，又称为棱柱体抗压强度，用 f_{ck} 表示。

棱柱体试件是在与立方体试件相同的条件下制作的，试件承压面不涂润滑剂且高度比立方体试件高，因而受压时试件中部横向变形不受端部摩擦力的约束，代表了混凝土处于单向全截面均匀受压的应力状态。试验量测到的 f_{ck} 值比 $f_{cu,k}$ 值小，并且棱柱体试件高宽比（即 h/b）越大，它的强度越小。我国采用 150 mm × 150 mm × 300 mm 的棱柱体作为轴心抗压强度的标准试件。

轴心抗压强度标准值 f_{ck} 与立方体抗压强度标准值 $f_{cu,k}$ 之间存在以下折算关系：

$$f_{ck} = 0.88\alpha_{c1}\alpha_{c2}f_{cu,k} \qquad (2-3)$$

式中：α_{c1}——棱柱体强度与立方体强度的比值，当混凝土的强度等级不大于 C50 时，$\alpha_{c1} = 0.76$；当混凝土的强度等级为 C80 时，$\alpha_{c1} = 0.82$；当混凝土的强度等级为中间值时，在 0.76 和 0.82 之间插入。

　　α_{c2}——混凝土的脆性系数，当混凝土的强度等级不大于 C40 时，$\alpha_{c2} = 1.0$；当混凝土的强度等级为 C80 时，$\alpha_{c2} = 0.87$；当混凝土的强度等级为中间值时，在 1.0 和 0.87 之间插入。

　　0.88——考虑结构中的混凝土强度与试件混凝土强度之间的差异等因素的修正系数。

研究结果表明：混凝土从开始加荷到破坏的全过程可分为三个阶段，如图 2-10 所示。

第 I 阶段，应力较小时，$\sigma < (0.3~0.4)f_{ck}$，微裂缝没有明显的发展，在砂浆和骨料的结合面上的某些点上产生拉应力集中，当拉应力超过了结合面的黏结强度时，这些点就开裂，从而缓和了应力集中并恢复平衡。当应力不增大时，不再出现新的裂缝，分散的细微裂缝处于稳定状态。

第 II 阶段，$(0.3~0.4)f_{ck} \leqslant \sigma < (0.7~0.9)f_{ck}$，随着荷载的增大，水泥石中的裂缝与骨料处的微裂缝不断产生、发展着。这些裂缝仍然处于稳定状态，即荷载不增大裂缝不会持续发展。由于不可恢复的变形明显增加，$\sigma-\varepsilon$ 曲线弯向应变轴，横向变形系数增大。

第 III 阶段，$(0.7~0.9)f_{ck} \leqslant \sigma \leqslant f_{ck}$，随着荷载的增大，裂缝宽度和数量急剧增加，水泥石中的裂缝与骨料结合处微裂缝连接成通缝。即使应力不增加，裂缝也会持续开展，

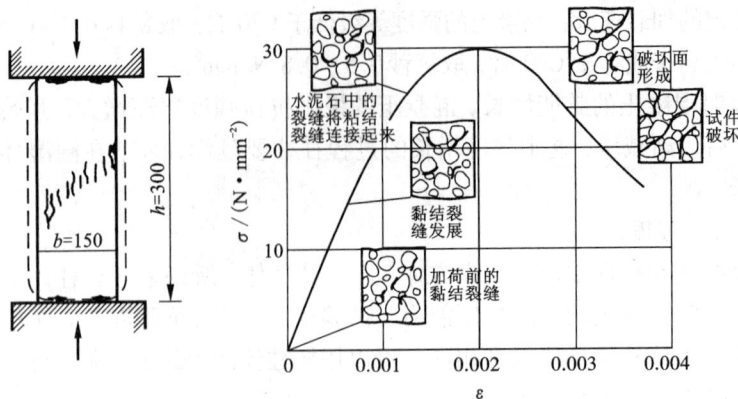

图 2 – 10　混凝土的 $\sigma - \varepsilon$ 曲线与微裂缝的发展过程

裂缝已进入非稳定状态。应力再增加，混凝土内裂缝大量扩展，骨料与混凝土之间的黏结作用基本消失。当应力达到 f_{ck} 后，混凝土内裂缝形成了破坏面，将混凝土分成若干个小柱体，但混凝土的强度并未完全丧失。沿破坏面上的剪切滑移和裂缝的不断延伸扩大，使应变急剧增大，承载能力下降，试件表面出现不连续的纵向裂缝，$\sigma - \varepsilon$ 曲线出现下降段。最后，骨料与水泥石的黏结基本丧失，滑移面上的摩擦咬合力耗尽，试件压酥破坏。

上述破坏过程可以分别从横向应变(ε_2 和 ε_3)、纵向应变(ε_1)、横向变形系数(μ)、平均体积应变 $\varepsilon = (\varepsilon_1 + \varepsilon_2 + \varepsilon_3)/3$ 与应力的关系得到反映，如图 2 – 11 所示。从图中可以明显地看出，当 $\sigma = 0.8\sigma_{cu}$(极限应变条件下的应力)左右时，平均体积应变从压缩转向膨胀，横向变形系数增大，横向和纵向应变都有相应的突变。

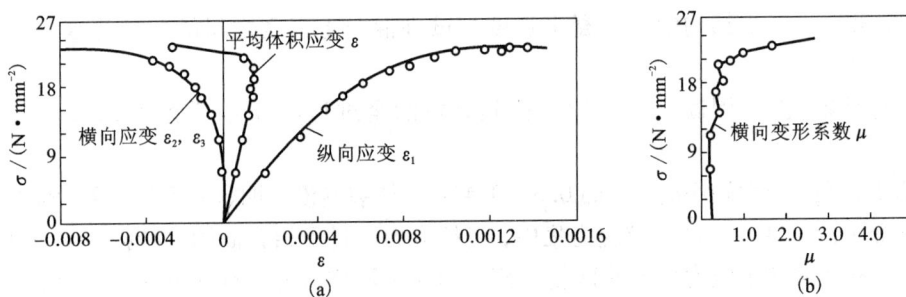

图 2 –11　ε_1，ε_2，ε_3，μ，平均体积应变与应力关系

以上对破坏机理的分析，说明了混凝土受压破坏是由于混凝土内裂缝的扩展所致。如果对混凝土的横向变形加以约束，限制裂缝的开展，可以提高混凝土的纵向抗压强度。

2. 混凝土的抗拉强度 f_{tk}

混凝土的抗拉强度 f_{tk} 比抗压强度低得多,一般只有抗压强度的 5% ~ 10% , $f_{cu,k}$ 越大 $f_{tk}/f_{cu,k}$ 值越小。混凝土的抗拉强度取决于水泥石的强度和水泥石与骨料的黏结强度。采用表面粗糙的骨料及较好的养护条件可提高 f_{tk} 值。

轴心抗拉强度是混凝土的基本力学性能,也可间接地衡量混凝土的其他力学性能,如混凝土的抗冲切强度。

轴心抗拉强度可采用如图 2 – 12(a)的试验方法,试件尺寸为 100 mm × 100 mm × 500 mm 的柱体,两端埋有伸出长度为 150 mm 的变形钢筋($d = 16$ mm),钢筋位于试件轴线上。试验机夹紧两端伸出的钢筋,对试件施加拉力,破坏时裂缝产生在试件的中部,此时的平均破坏应力为轴心抗拉强度 f_{tk}。

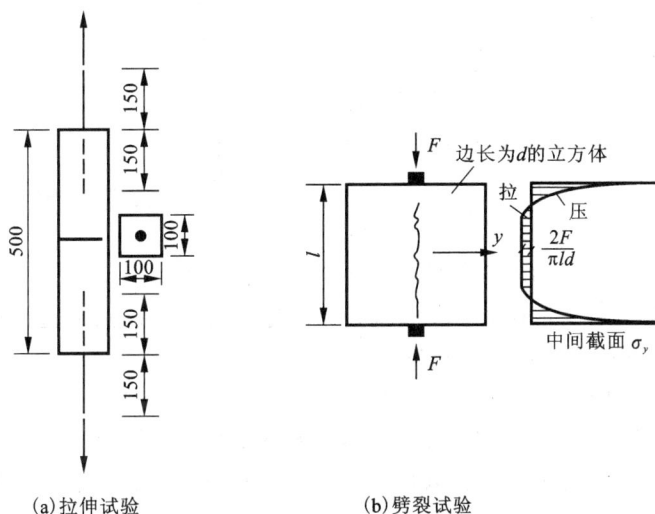

(a)拉伸试验   (b)劈裂试验

图 2 – 12 混凝土抗拉强度试验方法

在测定混凝土抗拉强度时,上述试验方法存在对中的困难。故国内外多采用立方体或圆柱体劈裂试验测定混凝土的抗拉强度,如图 2 – 12(b)所示。在立方体或圆柱体上的垫条施加一条压力线荷载,这样试件中间垂直截面除加力点附近很小的范围外,均有均匀分布的水平拉应力。当拉应力达到混凝土的抗拉强度时,试件被劈成两半。根据弹性理论,劈裂抗拉强度 $\sigma_{t,s}$ 可按下式计算:

$$\sigma_{t,s} = \frac{2F}{\pi ld} \qquad (2-4)$$

式中:F——破坏荷载;

d——圆柱直径或立方体边长;

l——圆柱体长度或立方体边长。

抗拉强度标准值 f_{tk} 与立方体抗压强度标准值 $f_{cu,k}$ 之间的折算关系为:

$$f_{tk} = 0.88\alpha_{c2} \times 0.395 f_{cu,k}^{0.55}(1 - 1.645\delta)^{0.45} \qquad (2-5)$$

式中：系数 0.88 和 α_{c2} 的意义同式(2-3)；

0.395$f_{cu,k}^{0.55}$——轴心抗拉强度与立方体抗压强度的折算关系，而$(1-1.645\delta)^{0.45}$则反映了试验离散程度对标准值保证率的影响。

3. 混凝土在复合应力作用下的强度

混凝土结构和构件通常受到轴力、弯矩、剪力和扭矩的不同组合作用，混凝土很少处于理想的单向受力状态，而更多的是处于双向或三向受力状态，因此，分析混凝土在复合应力作用下的强度就很有必要。

由于混凝土的特点，在复合应力作用下的强度至今尚未建立起完善的强度理论，目前仍只有借助有限的试验资料，推荐一些近似方法作为计算的依据。

(1)混凝土的双向受力强度。

图 2-13 为混凝土双向受力试验结果。微分体在两个方向受到法向应力的作用，另一方向法向应力为零。第三象限为双向受拉情况，无论应力比值 $f_1:f_2$ 如何，f_1 和 f_2 的相互影响不大，双向受拉强度均接近于单向受拉强度。第二、四象限为拉、压应力状态，在这种情况下，混凝土强度均低于单向拉伸或压缩的强度，即双向异号应力使强度降低，这一现象符合混凝土的破坏

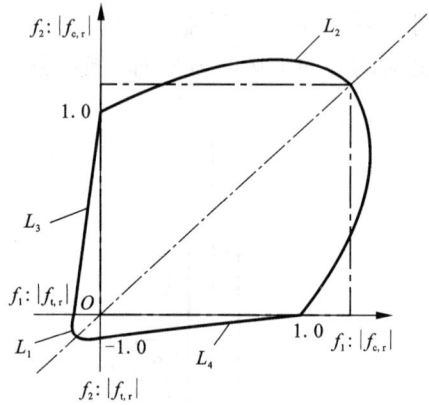

图 2-13　混凝土二轴应力的强度包络图

机理。在第一象限为双向受压区，最大受压强度发生在 $f_1:|f_{c,r}|$ 和 $f_2:|f_{c,r}|$ 等于 0.2~1.0 时($|f_{c,r}|$ 为混凝土单轴抗压强度代表值)，混凝土双向受压强度比单向受压强度最多可提高 20%。

(2)混凝土在法向应力和剪应力(切应力)作用下的复合强度。

当混凝土受到剪力、扭矩引起的切应力和轴力引起的法向应力共同作用时，形成"拉剪"和"压剪"复合应力状态，图 2-14 为混凝土法向应力与剪应力的关系曲线。从图中可以看出：抗剪强度随拉应力的增大而减小；随着压应力的增大，抗剪强度增大，但大约在 $\sigma/f_c^* > 0.6$ 时，由于内裂缝的明显发展，抗剪强度反而随压应力的增大而减小。从抗压强度的角度来分析，由于剪应力的存在，混凝土的抗压强度要低于单向抗压强度。

(3)混凝土的三向受压强度。

混凝土在三向受压的情况下，其最大主压应力方向的抗压强度取决于侧向压应力的约束程度。图 2-15 所示为圆柱体三轴受压(侧向压应力均为 σ_1)的试验，随着侧向压应力的增加，微裂缝的发展受到了极大的限制，大大地提高了混凝土纵向抗压强度，此时混凝土的变形性能接近理想的弹塑性体。我国《规范》规定，在三轴受压应力状态下，混凝土的抗压强度(f_1)可根据应力比 $\sigma_3:\sigma_1$ 和 $\sigma_2:\sigma_1$ 按图 2-16 插值确定，其最高强度值不宜超过单轴抗压强度的 5 倍。

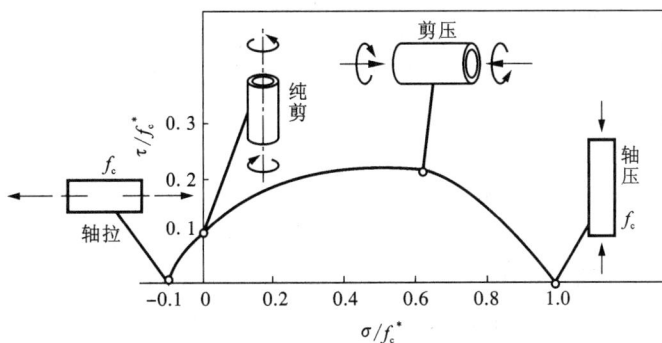

图 2-14　混凝土在法向应力和剪应力共同作用下的复合强度

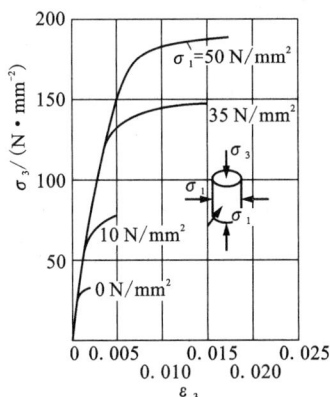

图 2-15　受液压作用的圆柱体试件

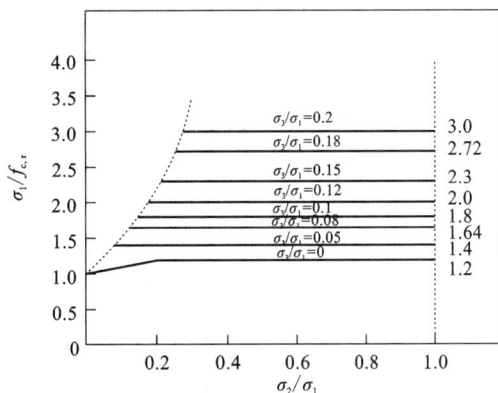

图 2-16　三轴受压状态下混凝土的三轴抗压强度

对于纵向受压的混凝土，如果约束混凝土的侧向变形，也可使混凝土的抗压强度有较大提高。如采用钢管混凝土柱、螺旋钢箍柱等，能有效约束混凝土的侧向变形，使混凝土的抗压强度、延性(承受变形的能力)有相应的提高，如图 2-17 所示。

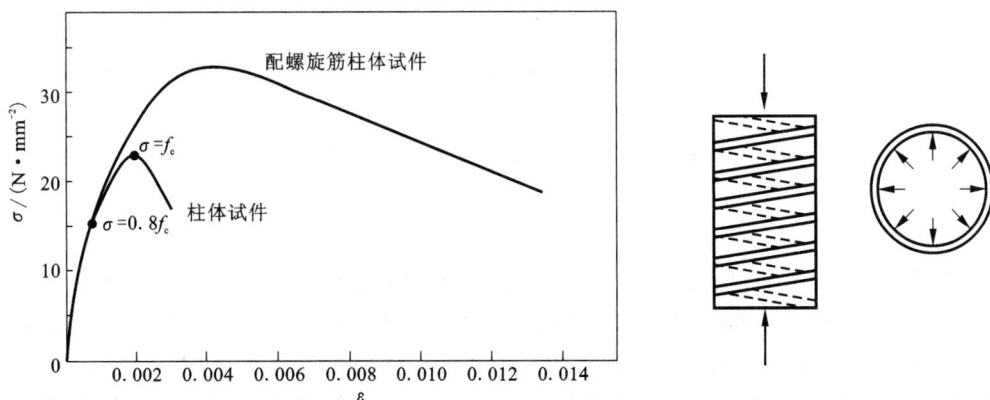

图 2-17　配螺旋筋柱体试件的 $\sigma-\varepsilon$ 曲线

2.2.2 混凝土的变形

混凝土的变形可以分为两类:一类为混凝土的受力变形,另一类为混凝土的非受力变形。

1. 混凝土的受力变形

(1)受压混凝土一次短期加荷的 $\sigma - \varepsilon$ 曲线。

混凝土的 $\sigma - \varepsilon$ 曲线是混凝土力学性能的一个重要方面,它是混凝土构件应力分析、建立强度和变形计算理论必不可少的依据。图 2-18 是实测的典型混凝土棱柱体的 $\sigma - \varepsilon$ 曲线。在第 I 阶段,即从开始加荷至 A 点($\sigma = 0.3f_{ck} \sim 0.4f_{ck}$),由于试件应力较小,混凝土的变形主要是骨料和水泥结晶体的弹性变形,$\sigma - \varepsilon$ 关系接近直线,A 点称为比例极限点。超过 A 点后,进入稳定裂缝扩展的第 II 阶段,至临界点 B,临界点 B 对应的应力可作为长期受压强度的依据(一般取为 $0.8f_{ck}$)。此后试件中所积蓄的弹性应变能始终保持大于裂缝发展所需的能量,形成裂缝快速发展的不稳定状态,直至 C 点,即第 III 阶段,应力达到的最高点为 f_{ck},f_{ck} 相对应的应变称为峰值应变 ε_0。一般 $\varepsilon_0 = 0.0015 \sim 0.0025$,平均值取 $\varepsilon_0 = 0.002$。在 f_{ck} 以后,裂缝迅速发展,结构内部的整体性受到愈来愈严重的破坏,试件的平均应力强度下降,当曲线下降到拐点 D 后,$\sigma - \varepsilon$ 曲线由凸向水平方向发展,在拐点 D 之后 $\sigma - \varepsilon$ 曲线中曲率最大点 E 称为收敛点。E 点以后主裂缝已很宽,结构内聚力几乎耗尽,对于无侧向约束的混凝土已失去结构的意义。不同强度等级混凝土棱柱体的 $\sigma - \varepsilon$ 曲线如图 2-19 所示。

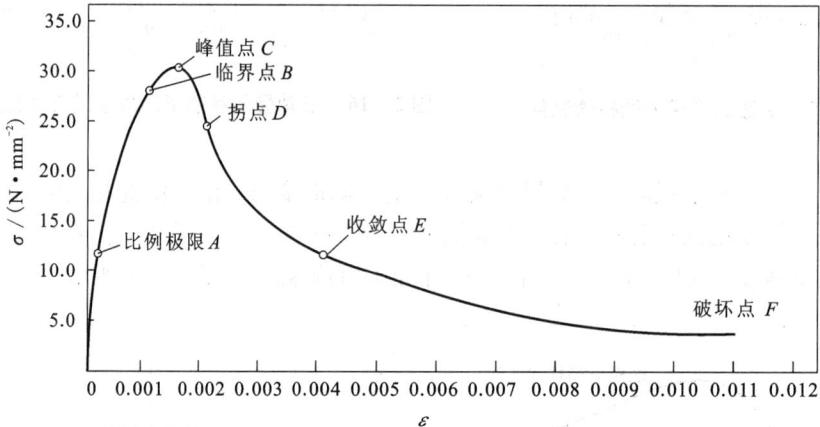

图 2-18 受压混凝土棱柱体 $\sigma - \varepsilon$ 曲线

(2)混凝土的弹性模量、变形模量。

在计算混凝土构件的截面应力、变形、预应力混凝土构件的预压应力,以及由于温度变化、支座沉降产生的内力时,需要利用混凝土的弹性模量。由于一般情况下受压混凝土的 $\sigma - \varepsilon$ 曲线是非线性的,σ 和 ε 的关系并不是常数,这就产生了"模量"的取值问题。图 2-20 中通过原点的受压混凝土的 $\sigma - \varepsilon$ 曲线切线的斜率为混凝土的初始弹性模量 E_0,但是它的稳定数值不易从试验中测得。

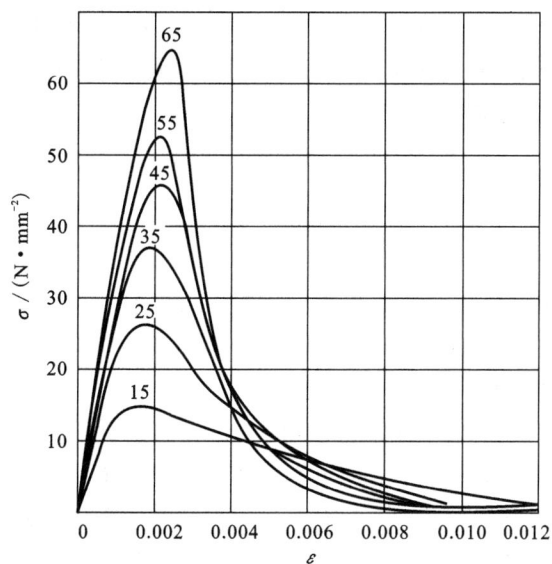

图 2-19　不同强度等级的受压混凝土棱柱体 $\sigma - \varepsilon$ 曲线

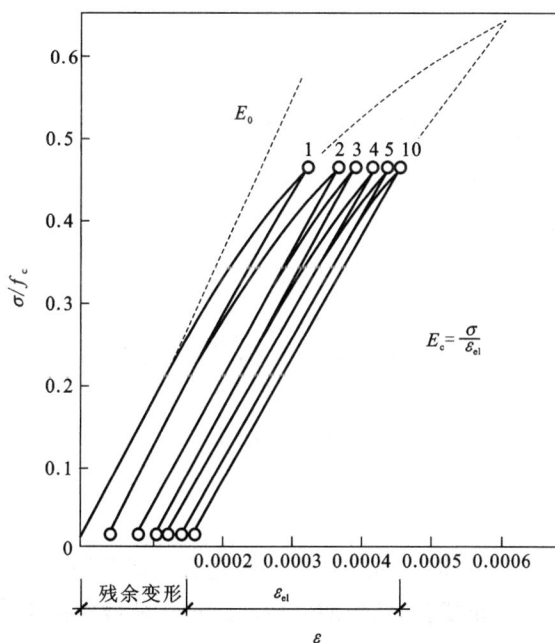

图 2-20　混凝土弹性模量 E_c 的测定方法

目前我国《规范》中弹性模量 E_c 值是用下列方法确定的：采用棱柱体试件，取应力上限为 $0.5f_c$，重复加荷 $5 \sim 10$ 次。由于混凝土的塑性性质，每次卸荷为零时，存在有残余变形。但随荷载多次重复,残余变形逐渐减小,重复加荷 5 ~ 10 次后,变形趋于稳定,混凝土的 $\sigma - \varepsilon$ 曲线接近于直线(图 2 – 20),自原点至 $\sigma - \varepsilon$ 曲线上 $\sigma = 0.5 f_c$ 对应的点的连线的斜率为混凝土的弹性模量。根据混凝土不同强度等级的弹性模量试验值的统计分析, E_c 与 $f_{cu,k}$ 的经验关系为

$$E_c = \frac{10^5}{2.2 + \dfrac{34.7}{f_{cu,k}}} \qquad\qquad (2-6)$$

混凝土弹性模量取值见附表 1 – 3。

混凝土的泊松比(横向应变与纵向应变之比) $\nu_c = 0.2$。

混凝土的切变模量 $G_c = 0.4 E_c$。

(3)受拉混凝土的变形。

受拉混凝土的 $\sigma - \varepsilon$ 曲线的测试比受压时要难得多,图 2 – 21 为实测的轴心受拉混凝土的 $\sigma - \Delta$ 曲线,曲线形状与受压时相似,也有上升段和下降段。受拉 $\sigma - \Delta$ 曲线的原点切线斜率与受压时基本一致,因此混凝土受拉和受压均可采用相同的弹性模量 E_c。达到峰值应力 f_t 时的相对应变 $\varepsilon_0 = (75 \sim 115) \times 10^{-6}$,变形模量 $E_c^f = (76\% \sim 86\%) E_c$。考虑到应力达到 f_t 时的受拉极限应变与混凝土强度、配合比、养护条件有着密切的关系,其变化范围大,因此取相应于抗拉强度 f_t 时的变形模量 $E_c^f = 0.5 E_c$,即应力达到 f_t 时的弹性系数 $\nu = 0.5$。

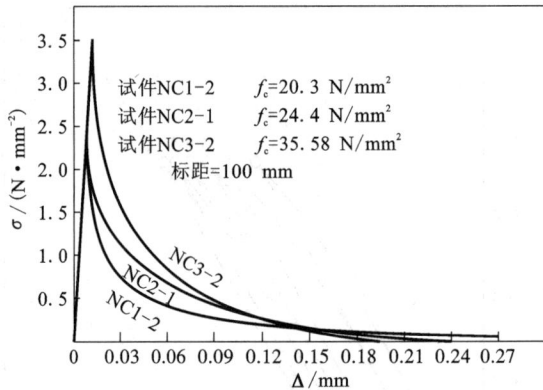

图 2 – 21　不同强度混凝土拉伸 $\sigma - \Delta$ 曲线

(4)混凝土的徐变。

试验表明,把混凝土棱柱体加压到某个应力之后维持荷载不变,则混凝土会在加荷瞬时变形的基础上,产生随时间而增长的应变。这种在荷载保持不变的情况下随时间而增长的变形称为徐变。徐变对于结构的变形和预应力混凝土中的钢筋应力都将产生重要的影响。

根据我国铁道部科学研究院的试验结果,将典型的徐变与时间的关系(图 2 – 22)加以说明:从图中看出,某一组棱柱体试件,当加荷应力达到 $0.5 f_c$ 时,其加荷瞬间产生的应变为瞬时应变 ε_{ela}。若荷载保持不变,随着加荷时间的增长,应变也将继续增长,这就

是混凝土的徐变应变 ε_{cr}。徐变开始半年内增长较快，以后逐渐减慢，经过一定时间后，徐变趋于稳定。徐变应变值约为瞬时弹性应变的 1 ~ 4 倍。两年后卸荷，试件瞬时恢复的应变 ε'_{ela} 略小于瞬时应变 ε_{ela}。卸荷后经过一段时间量测，发现混凝土并不处于静止状态，而是经历着逐渐恢复的过程，这种恢复变形称为弹性后效 ε''_{ela}，弹性后效的恢复时间为 20 d 左右，其值为徐变变形的 1/12，最后剩下的大部分不可恢复变形为 ε'_{cr}。

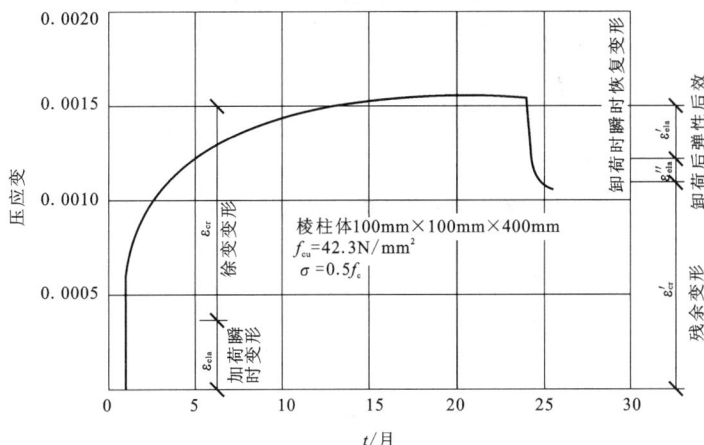

图 2 - 22　混凝土的徐变

　　混凝土的组成和配合比是影响徐变的内在因素。水泥用量越多和水灰比越大，徐变就越大。骨料越坚硬、弹性模量越高，徐变就越小。骨料的相对体积越大，徐变越小。另外，构件形状及尺寸、混凝土内钢筋的面积和钢筋应力性质，对徐变也有不同程度的影响。

　　养护及使用条件下的温湿度是影响徐变的环境因素。养护时温度高、湿度大、水泥水化作用充分，徐变就小，采用蒸汽养护可使徐变减小 20% ~ 35%。受荷后构件所处环境的温度越高、湿度越低，则徐变越大。如环境温度为 70℃ 的试件受荷一年后的徐变，要比温度为 20℃ 的试件大 1 倍以上，因此，高温干燥环境将使徐变显著增大。

　　混凝土的应力条件是影响徐变的重要因素。加荷时混凝土的龄期越长，徐变越小。混凝土的应力越大，徐变越大。随着混凝土应力的增加，徐变将发生不同的情况，图 2 - 23 为不同应力水平下的徐变变形增长曲线。由图可见，当应力较小时 ($\sigma \leqslant 0.5f_c$)，曲线接近等距离分布，说明徐变与初应力成正比，这种情况称为线性徐变。一般的解释认为是水泥胶体的黏性流动所致。当施加于混凝土的应力 $\sigma = (0.5 ~ 0.8)f_c$ 时，徐变与应力不成正比，徐变比应力增长较快，这种情况称为非线性徐变，一般认为发生这种现象的原因是水泥胶体的黏性流动的增长速度已比较稳定，而应力集中引起的微裂缝开展则随应力的增大而发展。

　　当应力 $\sigma \geqslant 0.8f_c$ 时，徐变的发展是非收敛的，最终将导致混凝土破坏。实际 $\sigma = 0.8f_c$ 即为混凝土的长期抗压强度。图 2 - 24 为不同加荷时间的应变增长曲线与徐变极限和强度破坏时的应变极限关系。

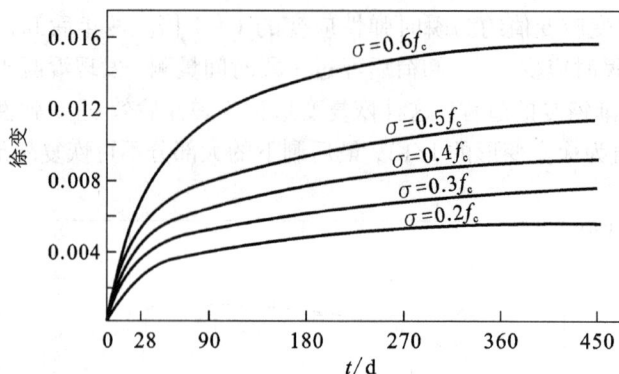

图 2-23　初应力对徐变的影响

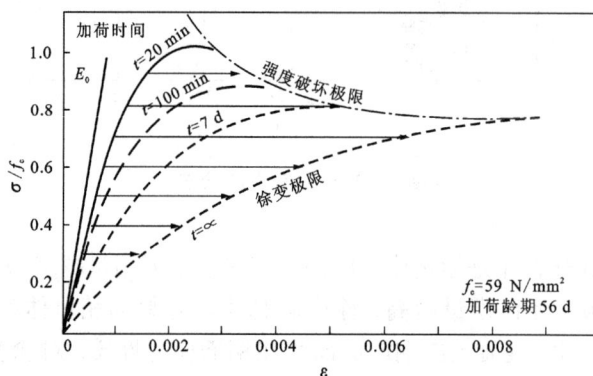

图 2-24　加载时间与徐变极限及强度破坏极限的关系

2. 混凝土的非受力变形

(1)混凝土的收缩与膨胀。

混凝土在空气中结硬时体积减小的现象称为收缩;混凝土在水中或处于饱和湿度情况下结硬时体积变大的现象称为膨胀。一般情况下混凝土的收缩值比膨胀值大很多,所以分析研究收缩和膨胀的现象以收缩为主。

我国铁道部科学研究院的收缩试验结果如图 2-25 所示。混凝土的收缩是随时间而增长的变形,结硬初期收缩较快,1 个月大约可完成 1/2 的收缩,3 个月后增长缓慢,一般 2 年后趋于稳定,最终收缩应变为$(2\sim5)\times10^{-4}$,一般取收缩应变值为 3×10^{-4}。

干燥失水是引起收缩的重要因素,所以构件的养护条件、使用环境的温湿度及影响混凝土水分保持的因素,都对收缩有影响。使用环境的温度越高、湿度越低,收缩越大。蒸汽养护的收缩值要小于常温养护的收缩值,这是因为高温高湿可加快水化作用,减少混凝土自由水分,加速了凝结与硬化的时间。

通过试验还表明,水泥用量越多、水灰比越大,收缩越大;骨料的级配好、弹性模量

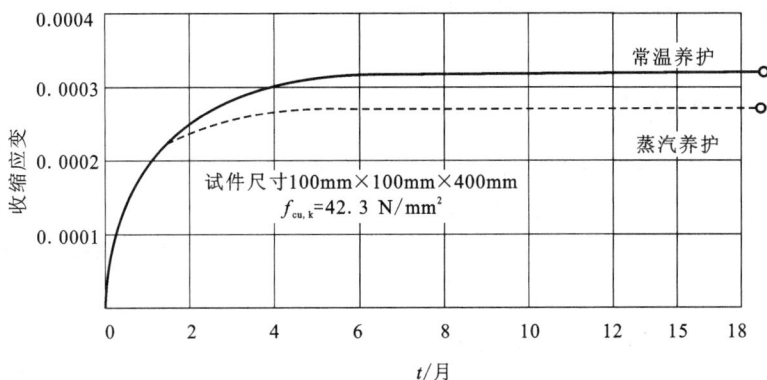

图 2 - 25　混凝土的收缩

大，收缩小；构件的体积与表面积比值大时，收缩小。

　　对于养护不好的混凝土构件，表面在受荷前可能产生收缩裂缝。需要说明，混凝土的收缩对处于完全自由状态的构件，只会引起构件的缩短而不开裂。对于周边有约束而不能自由变形的构件，收缩会引起构件内混凝土产生拉应力，甚至会有裂缝产生。

　　在不受约束的混凝土结构中，钢筋和混凝土由于黏结力的作用，相互之间变形是协调的。混凝土具有收缩的性质，而钢筋并没有这种性质，钢筋的存在限制了混凝土的自由收缩，使混凝土受拉、钢筋受压，如果截面的配筋率较高时会导致混凝土开裂。

　　(2) 混凝土的温度变形。

　　当温度变化时，混凝土的体积同样也有热胀冷缩的性质。混凝土的温度线膨胀系数一般为 $(1.2 \sim 1.5) \times 10^{-5} ℃^{-1}$，用这个值去度量混凝土的收缩，则最终收缩量大致为温度降低 $15 \sim 30℃$ 时的体积变化。

　　当温度变形受到外界的约束而不能自由发生时，将在构件内产生温度应力。在大体积混凝土中，由于混凝土表面较内部的收缩量大，再加上水泥水化热使混凝土的内部温度比表面温度高，如果把内部混凝土视为相对不变形体，它将对试图缩小体积的表面混凝土形成约束，在表面混凝土形成拉应力，如果内外变形差较大，将会造成表层混凝土开裂。

2.2.3　混凝土的选用原则

　　建筑工程中，混凝土结构的混凝土强度等级不应低于 C20；当采用 400 MPa 及以上钢筋时，混凝土强度等级不应低于 C25。

　　预应力混凝土结构的混凝土强度等级不宜低于 C40，且不应低于 C30。

　　承受重复荷载的钢筋混凝土构件，混凝土的强度等级不应低于 C30。

2.3　钢筋与混凝土的黏结

　　钢筋和混凝土之间的黏结，是保证钢筋和混凝土这两种力学性能截然不同的材料在结构中共同工作的基本前提。黏结包含了水泥胶体对钢筋的黏着力、钢筋与混凝土之间的摩擦力、钢筋表面凹凸不平与混凝土的机械咬合作用、钢筋端部在混凝土内的锚固作用。

2.3.1　黏结力的定义

若钢筋和混凝土有相对变形(滑移),就会在钢筋和混凝土交界面上,产生沿钢筋轴线方向的相互作用力,这种力称为钢筋和混凝土的黏结力。

正因为黏结力的存在,使钢筋和混凝土能够共同工作。在设计中应尽量发挥材料各自的优点,也要使黏结力不超过黏结强度。图 2-26 为钢筋混凝土轴心受拉构件,轴力 N 通过钢筋施加在构件端部截面,端部钢筋应力 $\sigma_s = N/A_s$,混凝土应力 $\sigma_c = 0$。轴力 N 进入构件以后,由于黏结应力 τ 的存在限制了钢筋的自由拉伸,将钢筋承受的部分拉力传给混凝土,使混凝土受拉。黏结应力 τ 的大小取决于钢筋与混凝土的应变差 $(\varepsilon_s - \varepsilon_c)$ 的大小。随着离开端部的距离增大,钢筋应力 σ_s 减小,混凝土的拉应力 σ_c 增大,二者的应变差逐渐减小,在距端部 l_t 处 $(\varepsilon_s - \varepsilon_c)$ 的值为零,钢筋和混凝土的相对变形(滑移)消失,黏结应力 $\tau = 0$。至构件端部 $x < l_t$ 处取 $\mathrm{d}x$ 微段的平衡图,设钢筋直径为 d,截面面积为 $A_s = \pi d^2/4$,则 $\pi d \cdot \tau \cdot \mathrm{d}x = \mathrm{d}\sigma_s \cdot \pi d^2/4$,有

$$\tau = \frac{d}{4}\frac{\mathrm{d}\sigma_s}{\mathrm{d}x} \tag{2-7}$$

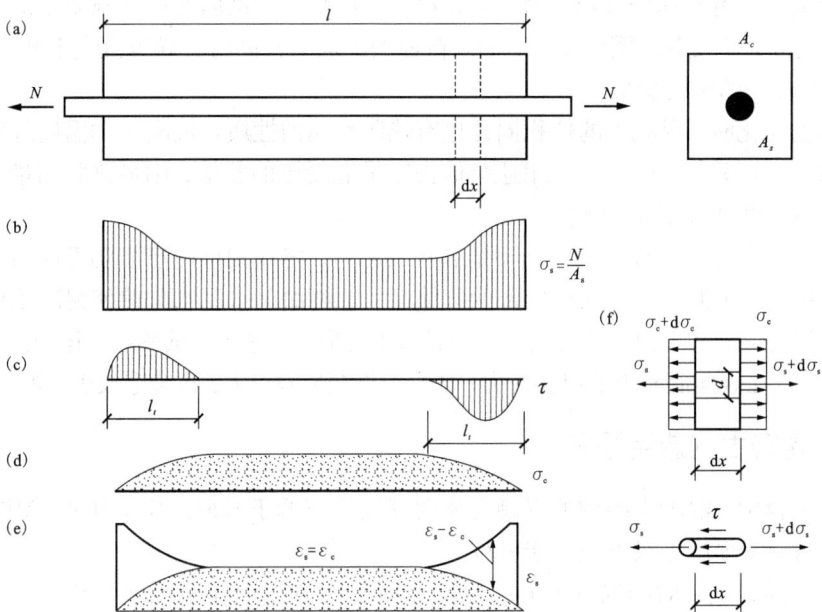

图 2-26　钢筋混凝土轴心受拉构件裂缝出现前的应力分布

式(2-7)表明,黏结应力 τ 使钢筋应力 σ_s 发生变化,或者说没有 τ 就不会有 $\mathrm{d}\sigma_s$;反之,没有钢筋应力的变化就不存在 τ。因此,在构件中间距离端部超过 l_t 的各个截面上 $\tau = 0$,σ_s 和 σ_c 均不再改变。

图 2 - 27 所示的钢筋混凝土梁，荷载作用使混凝土的下部受拉，黏结应力 τ 将混凝土承受的部分拉力传给钢筋，使钢筋受拉。钢筋中的拉应力取决于沿钢筋长度方向黏结应力的积累，在梁中取微段 dx 来分析，同样可得式（2 - 7）。梁开裂后，混凝土开裂前承受的拉力通过黏结应力 τ 传递给钢筋，从而使裂缝处钢筋应力增大。这种黏结应力称为局部黏结应力，其作用是使裂缝之间的混凝土参与受拉。

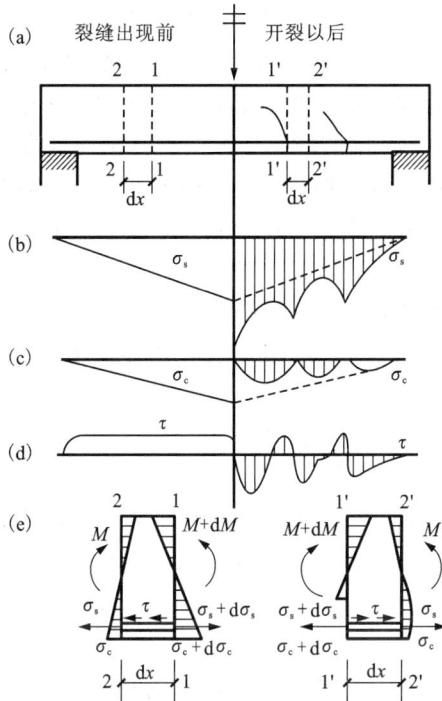

图 2 - 27　钢筋混凝土梁中 σ_s，σ_c 和 τ 的分布

钢筋在支座处的锚固黏结应力是构件承载力至关重要的因素。图 2 - 28 所示的梁、

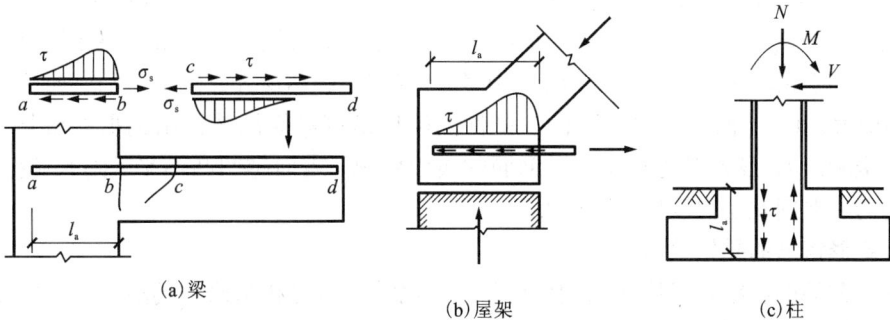

图 2 - 28　钢筋在支座中的锚固长度

柱和屋架支座,受拉钢筋在支座处必须要有足够的锚固长度,才能通过在锚固长度上黏结应力的积累,使钢筋中建立能发挥钢筋强度的应力。如锚固黏结长度不够,将会造成锚固黏结应力的丧失,使构件提前破坏。

2.3.2 黏结力的组成

1. 黏结力组成

光面钢筋的黏结性能试验表明,钢筋和混凝土的黏结力主要有下面四种影响因素。

(1)化学胶结力。它是钢筋与混凝土接触面上的化学吸附作用力。这种力一般很小,当接触面发生相对滑移时就消失,仅在局部无滑移区内起作用。

(2)摩擦力。它是混凝土凝固时收缩,将钢筋紧紧地握裹住而产生的力。钢筋和混凝土之间的挤压力越大、接触面越粗糙,则摩擦力越大。光面钢筋压入试验得到的黏结强度比拉拔试验要大,这是因为钢筋受压变粗,增大对混凝土的挤压力,从而使摩擦力增大所致。

(3)机械咬合力。它是钢筋表面凹凸不平与混凝土产生的机械咬合作用而产生的力。变形钢筋的横肋会产生这种咬合力,它的咬合作用往往很大,是变形钢筋黏结力的主要来源。

(4)钢筋端部的锚固力。它一般是用在钢筋端部弯钩、弯折,在锚固区焊短钢筋、短角钢等方法来提供锚固力。

各种黏结力在不同的情况下(钢筋的截面形式、不同受力阶段和构件部位)发挥各自的作用,机械咬合力可提供很大的黏结应力,但如布置不当,会产生较大的滑移、裂缝和局部混凝土破碎等现象。

2. 光面钢筋的黏结性能

直段光面钢筋的黏结力主要来自于化学胶结力和摩擦力。

黏结强度通常采用图 2–29 所示标准拔出试件来测定,设拔出力为 F,钢筋中的总拉力 $F = \sigma_s \cdot A_s$,则钢筋与混凝土界面上的平均黏结应力 τ 为

$$\tau = F/(\pi d l) \qquad (2-8)$$

试验中可同时量测加荷端滑移和自由端滑移,由于埋入长度 l 较短,可认为达到最大荷载时,黏结应力沿埋入长度近乎相等,可用黏结破坏时的最大平均黏结应力代表钢筋与混凝土的黏结强度 τ_u。图 2–30 所示为典型的光面钢筋拔出试验曲线($\tau – s_1$ 曲线)。光面钢筋的黏结强度较低,$\tau_u = (0.4 \sim 1.4)f_t$,到达最大黏结应力后,加荷端滑移 s_1 急剧增大,$\tau – s_1$ 曲线出现下降段。试件的破坏是钢筋徐徐被拔出的剪切破坏,滑移可达数毫米。τ_u 很大程度上取决于钢筋的表面状况,表面越凹凸不平,则 τ_u 越高。光面钢筋的主要问题是强度低、滑移大。

3. 变形钢筋的黏结性能

变形钢筋的黏结效果比光面钢筋好得多,化学胶结力和摩擦力仍然存在,机械咬合力是变形钢筋黏结强度的主要来源。

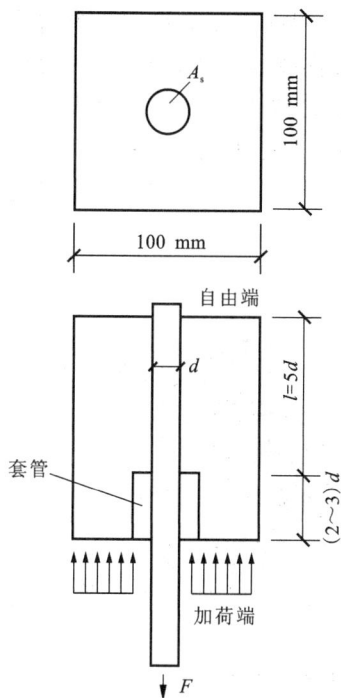

图 2 – 29　钢筋的拔出试验

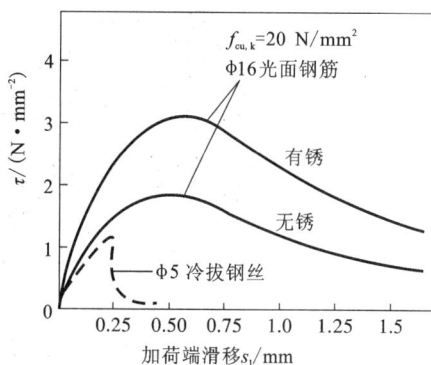

图 2 – 30　光面钢筋 $\tau - s_1$ 曲线

图 2 – 31 所示为变形钢筋拔出的 $\tau - s_1$ 试验曲线。加荷初期($\tau < \tau_A$)，钢筋肋对混

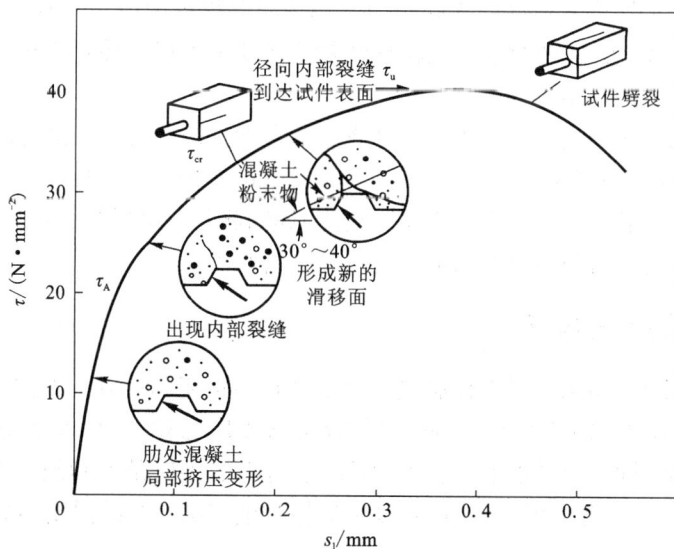

图 2 – 31　变形钢筋 $\tau - s_1$ 曲线

凝土的斜向挤压力形成了滑动阻力,滑动的产生使肋根部混凝土出现局部挤压变形,黏结刚度较大,$\tau - s_1$ 曲线近似为直线。随荷载的增大,斜向挤压力沿钢筋纵向分力产生如图 2-32 所示的内部斜裂缝;径向分力使混凝土环向受拉,从而产生内部径向裂缝。当径向内部裂缝到达试件表面时,相应的应力称为劈裂黏结应力 $\tau_\sigma = (0.8 \sim 0.85) \tau_u$。当 $\tau - s_1$ 曲线到达峰值应力 τ_u 时,相应的滑移 s_1 随混凝土强度的不同在 $0.35 \sim 0.45$ mm 之间波动。对于无横向配筋的一般保护层试件,到达 τ_u 后,在 s_1 增长不大的情况下出现脆性劈裂破坏。

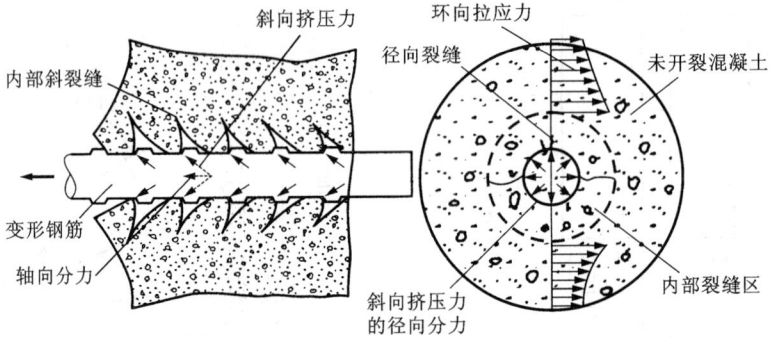

图 2-32　变形钢筋外围混凝土的内裂缝

4. 影响黏结强度的因素

钢筋的黏结强度均随混凝土的强度提高而提高。实验表明:当其他条件基本相同时,黏结强度 τ_u 与混凝土的劈裂抗拉强度 $f_{t,s}$ 成正比。

混凝土保护层厚度 c 和钢筋之间净距离越大,劈裂抗力越大,因而黏结强度越高。但当 $l/d > 5$ 时,$\tau_u/f_{t,s}$ 不再增长,也就是说黏结强度不由劈裂破坏来决定,而是沿钢筋外径圆柱面上发生剪切破坏。

横向钢筋限制了纵向裂缝的发展,可使黏结强度提高,因而在钢筋锚固区和搭接长度范围内,加强横向钢筋(如箍筋加密等)可提高混凝土的黏结强度。

钢筋端部的弯钩、弯折及附加锚固措施(如焊钢筋和焊钢板等)可以提高锚固黏结能力,锚固区内侧向压力的约束对黏结强度也有提高作用。

2.3.3　钢筋的锚固与连接

为了保证钢筋和混凝土的黏结强度,钢筋之间的距离和混凝土保护层不能太小,具体规定见本书 4.6.2 节及附录 3。为保证钢筋伸入支座的黏结力,应使钢筋伸入支座有足够的锚固长度,同时应考虑实际工程中,由于材料的供应条件和施工条件的限制,钢筋常常需要搭接。因此,钢筋的锚固长度和搭接长度应满足黏结强度相关方面要求。

1. 钢筋的锚固

(1)当计算中充分利用钢筋的抗拉强度时,受拉钢筋的锚固长度应符合下列要求:

①基本锚固长度应按下列公式计算。

普通钢筋：

$$l_{ab} = \alpha \frac{f_y}{f_t} d \qquad (2-9)$$

预应力筋：

$$l_{ab} = \alpha \frac{f_{py}}{f_t} d \qquad (2-10)$$

式中：l_{ab}——受拉钢筋的锚固长度；

f_y，f_{py}——普通钢筋、预应力筋的抗拉强度设计值；

f_t——混凝土轴心抗拉强度设计值，当混凝土强度等级高于 C60 时，按 C60 取值；

d——钢筋的公称直径；

α——钢筋的外形系数，按表 2-2 取用。

表 2-2　钢筋的外形系数

钢筋类型	光面钢筋	带肋钢筋	刻痕钢丝	螺旋肋钢丝	三股钢绞线	七股钢绞线
α	0.16	0.14	0.19	0.13	0.16	0.17

注：光面钢筋末端应做 180°弯钩，弯后平直段长度不应小于 3d，但作受压钢筋时可不做弯钩。

②受拉钢筋的锚固长度应根据锚固条件按下式计算，且不应小于 200 mm。

$$l_a = \zeta_a l_{ab} \qquad (2-11)$$

式中：l_a——受拉钢筋的锚固长度；

ζ_a——锚固长度修正系数。预应力筋取 1.0；对普通钢筋按下列规定取用，当多于一项时，可按连乘计算，但不应小于 0.6。当带肋钢筋的公称直径大于 25 mm 时取 1.10；环氧树脂涂层带肋钢筋取 1.25；施工过程中易受扰动的钢筋取 1.10；当纵向受力钢筋的实际配筋面积大于其设计计算面积时，修正系数取设计计算面积与实际配筋面积的比值，但对有抗震设防要求及直接承受动力荷载的结构构件，不应考虑此项修正；锚固钢筋的保护层厚度为 3d 时修正系数可取 0.80，保护层厚度为 5d 时修正系数可取0.70，中间按线性内插取值，此处 d 为锚固钢筋的直径。

梁柱节点中纵向受拉钢筋的锚固要求应按梁柱节点的规定执行。

③当锚固钢筋的保护层厚度不大于 5d 时，锚固长度范围内应配置横向构造钢筋，其直径不应小于 $d/4$；对梁、柱、斜撑等构件间距不应大于 5d，对板、墙等平面构件间距不应大于 10d，且均不应大于 100 mm，此处 d 为锚固钢筋的直径。

（2）当纵向受拉普通钢筋末端采用弯钩或机械锚固措施时，包括弯钩或锚固端头在内的锚固长度（投影长度）可取为基本锚固长度 l_{ab} 的 60%。弯钩和机械锚固的形式（图 2-33）和技术要求应符合表 2-3 的规定。

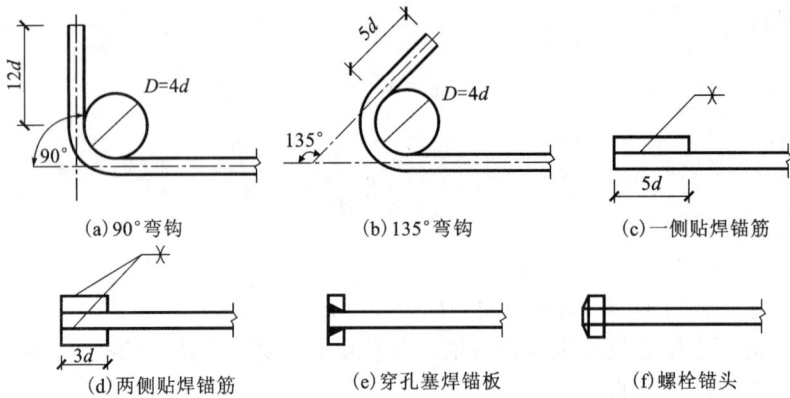

（a）90°弯钩　　　　　　（b）135°弯钩　　　　　　（c）一侧贴焊锚筋

（d）两侧贴焊锚筋　　　　（e）穿孔塞焊锚板　　　　　（f）螺栓锚头

图 2－33　弯钩和机械锚固的形式

表 2－3　钢筋弯钩和机械锚固的技术要求

锚固形式	技术要求
90°弯钩	末端 90°弯钩，弯钩内径 4d，弯后直段长度 12d
135°弯钩	末端 135°弯钩，弯钩内径 4d，弯后直段长度 5d
一侧贴焊锚筋	末端一侧贴焊长 5d 同直径钢筋
两侧贴焊锚筋	末端一侧贴焊长 3d 同直径钢筋
焊端锚板	末端与厚度 d 的锚板穿孔塞焊
螺栓锚头	末端旋入螺栓锚头

注：1. 焊缝和螺纹长度应满足承载力要求；
　　2. 螺栓锚头和焊接锚板的承压净面积不应小于锚固钢筋截面积的 4 倍；
　　3. 螺栓锚头的规格应符合相关标准的要求；
　　4. 螺栓锚头和焊接锚板的钢筋净间距不宜小于 4d，否则应考虑群锚效应的不利影响；
　　5. 截面角部的弯钩和一侧贴焊锚筋的布筋方向宜向截面内侧偏置。

（3）混凝土结构中的纵向受压钢筋，当计算中充分利用其抗压强度时，锚固长度不应小于相应受拉锚固长度的 70%。

受压钢筋不应采用末端弯钩和一侧贴焊锚筋的锚固措施；受压钢筋锚固长度范围内的横向构造钢筋要求同受拉钢筋。

（4）承受动力荷载的预制构件，应将纵向受力普通钢筋末端焊接在钢板或角钢上，钢板或角钢应可靠地锚固在混凝土中。钢板或角钢的尺寸应按计算确定，其厚度不宜小于 10 mm。

其他构件中受力普通钢筋的末端也可通过焊接钢板或型钢实现锚固。

2. 钢筋的连接

（1）钢筋的连接可分为绑扎搭接、机械连接和焊接。机械连接接头和焊接接头的类型及质量应符合国家现行有关标准的规定。混凝土结构中受力钢筋的连接接头宜设置在受力较小处。在同一根受力钢筋上宜少设接头。在结构的重要构件和关键传力部位,纵向受力钢筋不宜设置连接接头。

(2)轴心受拉及小偏心受拉杆件的纵向受力钢筋不得采用绑扎搭接;其他构件中的钢筋采用绑扎搭接时,受拉钢筋直径不宜大于 25 mm,受压钢筋直径不宜大于 28 mm。

(3)同一构件中相邻纵向受力钢筋的绑扎搭接接头宜互相错开。钢筋绑扎搭接接头连接区段的长度为 1.3 倍搭接长度,凡搭接接头中点位于该连接区段长度内的搭接接头均属于同一连接区段(图 2 - 34),同一连接区段内纵向受力钢筋搭接接头面积百分率为该区段内有搭接接头的纵向受力钢筋与全部纵向受力钢筋截面面积的比值。当直径不同的钢筋搭接时,按直径较小的钢筋计算。

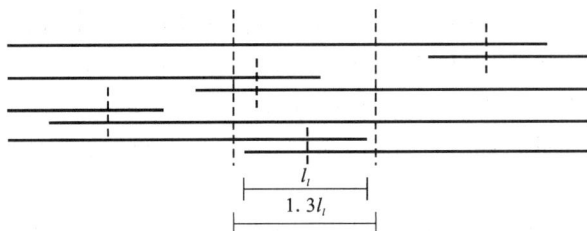

图 2 - 34　同一连接段内纵向受拉钢筋的绑扎搭接接头

注:图中所示同一连接区段内的搭接接头钢筋为两根,当钢筋直径相同时,
钢筋搭接接头面积百分率为 50%。

位于同一连接区段内的受拉钢筋搭接接头面积百分率:对梁类、板类及墙类构件,不宜大于 25%;对柱类构件,不宜大于 50%。当工程中确有必要增大受拉钢筋搭接接头面积百分率时:对梁类构件,不应大于 50%;对板类、墙类及柱类构件,可根据实际情况放宽。

并筋采用绑扎搭接连接时,应按每根单筋错开搭接的方式连接。接头面积百分率应按同一连接区段内所有的单根钢筋计算。并筋中钢筋的搭接长度应按单筋分别计算。

(4)纵向受拉钢筋绑扎搭接接头的搭接长度,应根据位于同一连接区段内的钢筋搭接接头面积百分率按下列公式计算,且不应小于 300 mm。

$$l_1 = \zeta_1 l_a \qquad (2 - 12)$$

式中: l_1 ——纵向受拉钢筋的搭接长度;

ζ_1 ——纵向受拉钢筋搭接长度修正系数,按表 2 - 4 取用。当纵向搭接钢筋接头面积百分率为表的中间值时,修正系数可按内插取值。

表 2 - 4　纵向受拉钢筋搭接长度修正系数

纵向搭接钢筋接头面积百分率/%	≤25	50	100
ζ_1	1.2	1.4	1.6

(5)构件中的纵向受压钢筋当采用搭接连接时,其受压搭接长度不应小于纵向受拉

钢筋搭接长度的 70%，且不应小于 200 mm。

（6）在梁、柱类构件的纵向受力钢筋搭接长度范围内的横向构造钢筋同钢筋锚固长度方位内的横向构造钢筋要求；当受压钢筋直径大于 25 mm 时，尚应在搭接接头两个端面外 100 mm 的范围内各设置两道箍筋。

（7）纵向受力钢筋的机械连接接头宜相互错开。钢筋机械连接区段的长度为 $35d$（d 为纵向受力钢筋的较小直径），凡接头中点位于该连接区段长度内的机械连接接头均属于同一连接区段。

位于同一连接区段内纵向受拉钢筋接头面积百分率不宜大于 50%；但对板、墙、柱及预制构件的拼接处，可根据实际情况放宽。纵向受压钢筋的接头百分率可不受限制。

机械连接套筒的保护层厚度宜满足有关钢筋的最小保护层厚度的规定。机械连接套筒的横向净间距不宜小于 25 mm；套筒处箍筋的间距仍应满足相应的构造要求。

直接承受动力荷载结构构件中的机械连接接头，除应满足设计要求的抗疲劳性能外，位于同一连接区段内的纵向受力钢筋接头面积百分率不应大于 50%。

（8）细晶粒热轧带肋钢筋以及直径大于 28 mm 的带肋钢筋，其焊接应经试验确定；余热处理钢筋不宜焊接。

纵向受力钢筋的焊接接头应相互错开。钢筋焊接接头连接区段的长度为 $35d$ 且不小于 500 mm，d 为连接钢筋的较小直径，凡接头中点位于该连接区段长度内的焊接接头均属于同一连接区段。

纵向受拉钢筋的接头面积百分率不宜大于 50%，但对预制构件的拼接处，可根据实际情况放宽。纵向受压钢筋的接头百分率可不受限制。

（9）需进行疲劳验算的构件，其纵向受拉钢筋不得采用绑扎搭接接头，也不宜采用焊接接头，除端部锚固外不得在钢筋上焊有附件。

当直接承受吊车荷载的钢筋混凝土吊车梁、屋面梁及屋架下弦的纵向受拉钢筋采用焊接接头时，应符合下列规定：

①应采用闪光接触对焊，并去掉接头的毛刺及卷边；

②同一连接区段内纵向受拉钢筋焊接接头面积百分率不应大于 25%，焊接接头连接区段的长度应取为 $45d$，d 为纵向受力钢筋的较大直径；

③疲劳验算时，焊接接头应符合疲劳应力幅限值的规定。

重点与难点

重点：(1)钢筋各项性能指标；(2)混凝土各项力学性能指标；(3)钢筋和混凝土之间黏结。

难点：(1)影响混凝土抗压强度的因素；(2)保证钢筋和混凝土可靠黏结的构造措施。

思考与练习

1. 混凝土结构对钢筋性能有什么要求? 各项性能指标有什么作用? 设计混凝土结构时如何选用钢筋?

2. 立方体抗压强度是怎样确定的? 影响混凝土抗压强度的因素有哪些?

3. 混凝土的弹性模量是怎样测定的?

4. 简述混凝土在三向受压情况下强度和变形的特点。

5. 影响混凝土的收缩和徐变的因素有哪些? 收缩和徐变对普通混凝土结构和预应力混凝土结构有何影响?

6. 钢筋和混凝土之间的黏结力是怎样产生的? 黏结力由哪些力组成? 影响黏结强度有哪些因素? 保证可靠的黏结有哪些构造措施?

第3章

混凝土结构设计方法

结构是由不同功能的基本构件通过合理可靠连接组成的，能够在预计使用期间内安全可靠地承受各种作用并完成预定功能目标的合理系统。

结构在其使用年限内，要承受各种作用，包括永久荷载、可变荷载、偶然荷载、地震作用，以及温度变化、收缩、徐变、地基不均匀沉降等；结构在各种作用下要产生作用效应，包括应力、应变、变形等；结构产生的作用效应需要满足相关要求，这些要求是根据结构材料本身的抗力，由相关规范规定确定，包括承载能力、刚度、抗裂性以及耐久性等。

```
┌──────┐  承受  ┌──────┐  产生  ┌──────┐  满足  ┌──────┐
│  结构 │ ─────→ │  作用 │ ─────→ │  效应 │ ─────→ │  要求 │
└──────┘        └──────┘        └──────┘        └──────┘
```

结构设计方法是解决如何使所设计的结构既具有足够安全可靠程度，又使结构的造价控制在经济合理范围的问题的方法，以使得结构安全可靠与工程经济之间取得合理的均衡。

3.1　结构设计方法发展历程

结构设计方法经历了容许应力设计法、破损阶段设计法、极限状态设计法等阶段。

3.1.1　容许应力设计法

传统的容许应力设计法可表示为：

$$\sigma \leqslant [\sigma] = \frac{f}{K} \tag{3-1}$$

该方法认为结构中任一点的应力超过容许应力，结构即失效。结构的作用应力 σ 按线弹性方法确定，容许应力 $[\sigma]$ 是以材料的强度 f 除以安全系数 K 得到的。

该方法与早期结构弹性分析相对应，通过对正常使用阶段的应力控制来保证结构的安全性，并沿用了很长时间。容许应力设计法存在以下不足：

（1）工程结构的受力性能通常不是弹性的。

（2）结构或构件中一点达到容许应力，结构或构件通常并未失效。

（3）容许应力分别控制于钢筋和混凝土两种材料，无法直接给出构件承载力安全度的具体大小。

（4）除安全性外，没有考虑结构适用性和耐久性等的多样性要求。

（5）安全系数凭经验确定，缺乏科学依据。

但对于正常使用阶段应力控制为主的工程结构，如核电站安全壳、空间薄壳结构等复杂结构，为保证其正常使用的可靠性，仍采用弹性力学分析结构中的应力，按容许应力法进行设计，设计计算也比较方便。

3.1.2　破损阶段设计法

针对容许应力设计法的缺陷，20 世纪 30 年代苏联学者格沃滋捷夫等提出按构件破坏时的截面承载力进行设计的破损阶段设计法。M 是受弯构件正截面的弯矩设计值，以钢筋混凝土梁的受弯情况为例，该方法的设计表达式为：

$$M \leqslant \frac{M_u}{K} \tag{3-2}$$

破损阶段设计法与容许应力设计法的区别在于，它以整个构件截面达到极限承载力极限状态为依据，考虑材料的弹塑性性质和材料强度的充分发挥，在此基础上再引入安全系数 K。构件截面的极限承载力 M_u 可以直接由荷载试验得到验证，构件的总安全度明确。但破损阶段设计法仍然存在安全系数 K 凭经验确定，没有考虑结构正常使用阶段的功能多样性要求的缺点。

3.1.3　多系数极限状态设计法

为考虑结构功能多样性的要求，在破损阶段设计法的基础上，提出了多系数极限状态设计法。该方法除要求对承载力极限状态进行设计外，还包括了挠度和裂缝宽度的多项极限状态进行设计计算。对于承载力极限状态，针对荷载和材料变异性的不同，不再采用单一的安全系数，而采用多系数表达，以钢筋混凝土梁的受弯情况为例，其设计表达式为：

$$M\left(\sum k_{qi} q_{ik} \right) \leqslant M_u \left(\frac{f_{ck}}{k_c}, \frac{f_{sk}}{k_s}, A_s, b, h_0, \cdots \right) \tag{3-3}$$

式中：材料强度 f_{ck} 和 f_{sk}——根据大量试验数据统计后，按一定保证率确定的（即标准值），反映了材料强度的变异性；

荷载值 q_{ik}——尽可能根据各种荷载的实测统计资料，按一定保证率确定；

荷载系数 k_{qi} 和材料强度系数 k_c 与 k_s——按经验确定，但考虑了不同荷载和不同材料变异性的大小，取不同的荷载系数和材料强度系数。

依据这一方法，苏联和我国在 20 世纪 50—60 年代均制定了相应的设计规范。到 20 世纪 70 年代为简化计算，我国规范采用了多系数分析法、单系数表达极限状态设计法。

由上述可知，多系数极限状态设计法已经具有近代可靠性理论的一些思路，比容许应力法及破损阶段法有了很大进步。其安全系数的选取，已经从纯经验性到部分采用概率统计值。从设计方法的本质上讲，可以说是一种半经验半概率的方法。

3.1.4　基于可靠性理论的极限状态设计法

20 世纪 40 年代美国学者弗劳腾脱（A. M. Freadentbal）提出了结构可靠性理论，到

20 世纪60 至 70 年代有了很大的发展。1964 年美国混凝土学会(ACI)成立了结构安全度委员会(ACI348 委员会)，开展了系统的研究；1969 年柯涅尔(C. A. Cornell)提出了以 β 值作为衡量结构安全度的统一定量指标，称为可靠指标；1971 年加拿大学者林德(N. C. Lind)把分项系数和可靠度联系起来，为规范使用值来衡量可靠度提供了可行的实用方法，即多系数设计表达式。1971 年由欧洲混凝土协会(CEB)、国际预应力混凝土协会(FIP)、国际房屋建筑协会(CIB)、国际桥梁与结构工程协会(IABSE)、国际材料与结构研究所联合会(RILEM)等 6 个组织联合成立了结构安全度联合委员会(JCSS)，联合从事结构可靠性的研究，着手编制并陆续发表了《结构统一标准的国际体系》。

《结构统一标准的国际体系》把概率论和可靠度理论系统地应用到工程设计中，对各国的安全度研究及规范编制工作有很大影响。国际上把处理可靠度的水平分为三个水准：水准Ⅰ——半概率方法；水准Ⅱ——近似概率法；水准Ⅲ——全概率法。

在我国 20 世纪 70 至 80 年代，关于工业与民用建筑的《钢筋混凝土设计规范》(TJ 10—74)采用的方法已处于水准Ⅰ的水平。从 1978 年开始，中国建筑科学研究院会同有关单位共同对国家标准《工程结构可靠度设计统一标准》进行了编制，积极借鉴了国际标准化组织 ISO 发布的国际标准《结构可靠性总原则》ISO2394：1998 和欧洲标准化委员会 CEN 批准通过的欧洲规范《结构设计基础》EN1990：2002，同时认真贯彻了从中国实际出发的方针，总结了我国大规模工程实践的经验，贯彻了可持续发展的指导原则。先后颁布了《建筑结构可靠度设计统一标准》和《工程结构可靠性设计统一标准》，特别是《工程结构可靠性设计统一标准》(GB 50153—2008)对建筑工程、铁路工程、公路工程、港口工程、水利水电工程等土木工程各领域工程结构设计的共性问题，即工程结构设计的基本原则、基本要求和基本方法作出了统一规定，以使我国土木工程各领域之间在处理结构可靠性问题上具有统一性和协调性，并与国际接轨。《规范》就是依据这两个《统一标准》的原则制定，其设计方法已处于水准Ⅱ——近似概率法。可以说在设计方法上我国在世界上处于先进水平。至于水准Ⅲ(全概率法)是完全基于概率论的结构整体优化设计方法，这一方法无论在基础数据的统计方面或在基于全概率的可靠性定量计算方面均不够成熟，还处于研究探索阶段。下面我们主要介绍近似概率设计法——以概率理论为基础的极限状态设计法。

3.2　结构可靠度的基本概念

3.2.1　结构的预定功能及结构可靠度

结构设计的基本目的是要科学地解决结构物的可靠与经济这对矛盾，力求以最经济的途径，使所建造的结构以适当的可靠度满足各项预定功能的要求。《建筑结构可靠性设计统一标准》(GB 50068—2018)(以下简称《统一标准》)明确规定了结构在规定的设计使用年限内应满足下列功能要求：

（1）在正常施工和正常使用时，能承受可能出现的各种作用（包括荷载及外加变形或约束变形）。

（2）在正常使用时保持良好的使用性能，如不发生过大的变形或过宽的裂缝等。

（3）在正常维护下具有足够的耐久性能，如结构材料的风化、腐蚀和老化不超过一定限度等。

（4）当发生火灾时，在规定的时间内可保持足够的承载力。

（5）当发生爆炸、撞击、人为错误等偶然事件时，结构能保持必需的整体稳固性，不出现与起因不相称的破坏后果，防止出现结构的连续倒塌。

上述要求的第（1）、（4）、（5）项，属于结构的安全性；第（2）项关系到结构的适用性；第（3）项为结构的耐久性。安全性、适用性和耐久性总称为结构的可靠性，也就是结构在规定的时间内、在规定的条件下完成预定功能的能力。而结构可靠度则是指结构在规定的时间内、在规定的条件下完成预定功能的概率，即结构可靠度是结构可靠性的概率度量。

结构可靠度定义中所说的"规定的时间"，是指设计使用年限。设计使用年限是指设计规定的结构或结构构件不需进行大修即可按其预定功能使用的时期，即结构在规定的条件下所应达到的使用年限。设计使用年限并不等同于建筑结构的实际寿命或耐久年限，当结构的实际使用年限超过设计使用年限后，其可靠度可能较设计时的预期值减小，但结构仍可继续使用，或经大修后可继续使用。若使结构保持一定的可靠度，则设计使用年限取得越长，结构所需要的截面尺寸或所需要的材料用量就越大。根据我国的国情，《统一标准》规定了各类建筑结构的设计使用年限，设计时可按表 3 - 1 的规定采用；若业主提出更高的要求，经主管部门批准，也可按业主的要求采用。

表 3 - 1　房屋建筑结构的设计使用年限及荷载调整系数 γ_L

类别	设计使用年限/年	示例	γ_L
1	5	临时性建筑结构	0.9
2	25	易于替换的结构构件	—
3	50	普通房屋和构筑物	1.0
4	100	标志性建筑和特别重要的建筑结构	1.1

注：对设计使用年限为 25 年的结构构件，γ_L 应按各种材料结构设计规范的规定采用。

可靠度定义中的"规定的条件"，是指正常设计、正常施工和正常使用的条件，即不考虑人为过失的影响，人为过失应通过其他措施予以避免。

结构设计时，应根据房屋的重要性采用不同的可靠度水准。《统一标准》用结构的安全等级来表示房屋的重要性程度，如表 3 - 2 所示。其中，大量的一般房屋列入中间等级，重要的房屋提高一级，次要的房屋降低一级。重要房屋与次要房屋的划分，应根据结构破坏可能产生的后果，即危及人的生命、造成经济损失、产生社会影响等的严重程度确定。

　　建筑物中各类结构构件的安全等级,宜与整个结构的安全等级相同。但允许对部分结构构件根据其重要程度和综合经济效益进行适当调整。如提高某一结构构件的安全等级所需额外费用很少,又能减轻整个结构的破坏,从而大大减少人员伤亡和财产损失,则可将该结构构件的安全等级比整个结构的安全等级提高一级。相反,如某一结构构件的破坏并不影响整个结构或其他结构构件的安全性,则可将其安全等级降低一级,但不得低于三级。

表 3-2　房屋建筑结构的安全等级

安全等级	破坏后果	示例
一级	很严重;对人的生命、经济、社会或环境影响很大	大型的公共建筑等
二级	严重;对人的生命、经济、社会或环境影响较大	普通的住宅和办公楼等
三级	不严重;对人的生命、经济、社会或环境影响较小	小型的或临时性贮存建筑等

　　注：房屋建筑结构抗震设计中的甲类建筑和乙类建筑,其安全等级宜规定为一级;丙类建筑,其安全等级宜规定为二级;丁类建筑,其安全等级宜规定为三级。

3.2.2　结构上的作用和荷载标准值

1. 结构上的作用和作用效应

　　结构上的作用是指施加在结构上的集中力或分布力,以及引起结构外加变形或约束变形的各种因素(如地震、基础差异沉降、温度变化、混凝土收缩等)。前者以力的形式作用于结构上,称为直接作用,习惯上称为荷载;后者以变形的形式作用在结构上,称为间接作用。

　　结构上的作用按随时间的变异,可分为三类:

　　(1)永久作用。在结构使用期间,其值不随时间变化,或变化与平均值相比可以忽略不计,或变化是单调的并能趋于限值的作用,如结构的自身重力、土压力、预应力等。这种作用一般为直接作用,通常称为永久荷载或恒荷载。

　　(2)可变作用。在结构使用期间,其值随时间变化且变化与平均值相比不可忽略的作用,如楼面活荷载、桥面或路面上的行车荷载、风荷载和雪荷载等。这种作用多为直接作用,则通常称为可变荷载或活荷载。

　　(3)偶然作用。在结构使用期间不一定出现,一旦出现,其量值很大且持续时间很短的作用,如强烈地震、爆炸、撞击等引起的作用,这种作用多为间接作用,当为直接作用时,通常称为偶然荷载。

　　直接或间接作用在结构构件上,由此对结构产生内力和变形(如轴力、剪力、弯矩、扭矩及挠度、转角和裂缝等),称为作用效应。当为直接作用(即荷载)时,其效应也称为荷载效应,通常用 S 表示。荷载与荷载效应之间一般近似地按线性关系考虑,二者均为随机变量或随机过程。

2. 荷载标准值的确定

(1)荷载的统计特性。

我国对建筑结构的各种恒荷载、民用房屋(包括办公楼、住宅、商店等)楼面活荷载、风荷载和雪荷载等进行了大量的调查和实测工作。对所取得的资料应用概率统计方法处理后,得到了这些荷载的概率分布和统计参数。

①永久荷载 G。

建筑结构中的屋面、楼面、墙体、梁柱等构件自重重力及找平层、保温层、防水层等自重重力都是永久荷载,通常称为恒荷载,其值不随时间变化而变小。永久荷载是根据构件体积和材料重力密度确定的。由于构件尺寸在施工制作中的允许误差及材料组成或施工工艺对材料重度的影响,构件的实际自重重力是在一定范围内波动的。根据在全国范围内实测的 2667 块大型屋面板、空心板、平板等钢筋混凝土预制构件的自重重力,以及 20000 多平方米找平层、保温层、防水层等约 10000 个测点的厚度和部分重度,经数理统计分析后,认为永久荷载这一随机变量符合正态分布。

②可变荷载 Q。

建筑结构的楼面活载荷、风载荷和雪载荷等属于可变载荷,其数值随时间而变化。

民用房屋楼面活荷载一般分为持久性活荷载和临时性活荷载两种。在设计基准期内,持久性活荷载是经常出现的,如家具等产生的荷载,其数量和分布随着房屋的用途、家具的布置方式而变化,并且是时间的函数;临时性活荷载是短暂出现的,如人员临时聚会的荷载等,它随着人员的数量和分布而异,也是时间的函数。同样,风荷载和雪荷载均是时间的函数。因此,可变荷载随时间的变异可统一用随机过程来描述。对可变荷载随机过程的样本函数经处理后,可得到可变荷载在任意时点的概率分布和在设计基准期内最大值的概率分布。根据对全国范围内实测资料的统计分析,民用房屋楼面活荷载在上述两种情况下的概率分布及风荷载和雪荷载的概率分布均可认为是极值 I 型分布。

(2)荷载标准值。

荷载标准值是建筑结构按极限状态设计时采用的荷载基本代表值。荷载标准值可由设计基准期(统一规定为 50 年)最大荷载概率分布的某一分位值确定,若为正态分布,图 3 – 1 中的 P_k 荷载标准值理论上应为结构在使用期间,在正常情况下,可能出现的具有一定保证率的偏大荷载值。例如,若取荷载标准值为:

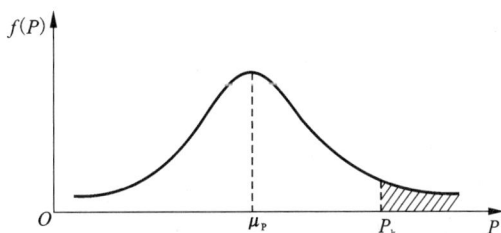

图 3 – 1　荷载标准值的概率含义

$$P_k = \mu_P + 1.645\sigma_P \qquad (3-4)$$

则 P_k 具有 95% 的保证率,即在设计基准期内超过此标准值的荷载出现的概率为 5%。式(3 – 4)中的 μ_P 是平均值,σ_P 是标准差。

目前，由于对很多可变荷载未能取得充分的资料，难以给出符合实际的概率分布，若统一按95%的保证率调整荷载标准值，会使结构设计与过去相比在经济指标方面引起较大的波动。因此，我国现行《建筑结构荷载规范》(GB 50009—2012)(以下简称《荷载规范》)规定的荷载标准值，除了对个别不合理者作了适当调整外，大部分仍沿用或参照了传统惯用的数值。

①永久荷载标准值 G_k

永久荷载(恒荷载)标准值 G_k 可按结构设计规定的尺寸和《荷载规范》规定的材料重度(或单位面积的自重)平均值确定，一般相当于永久荷载概率分布的平均值。对于自重变异性较大的材料，尤其是制作屋面的轻质材料，在设计中应根据荷载对结构不利或有利，分别取其自重的上限值或下限值。

②可变荷载标准值 Q_k

《荷载规范》规定，办公楼、住宅楼面均布活荷载标准值 Q_k 均为 $2.0\ \text{kN/m}^2$。根据统计资料，这个标准值对于办公楼相当于设计基准期最大活荷载概率分布的平均值加3.16倍标准差，对于住宅则相当于设计基准期最大活荷载概率分布的平均值加2.38倍的标准差。可见，对于办公楼和住宅，楼面活荷载标准值的保证率均大于95%，但住宅结构构件的可靠度低于办公楼。

风荷载标准值是由建筑物所在地的基本风压乘以风压高度变化系数、风载体型系数和风振系数确定的。其中，基本风压是以当地比较空旷平坦地面上离地 10 m 高处统计所得的 50 年一遇 10 分钟平均最大风速 $v_0(\text{m/s})$ 为标准，按 $v_0^2/1600$ 确定的。

雪荷载标准值是由建筑物所在地的基本雪压乘以屋面积雪分布系数确定的，而基本雪压则是以当地一般空旷平坦地面上统计所得 50 年一遇最大雪压确定的。

在结构设计中，各类可变荷载标准值及各种材料重度(或单位面积的自重)可由《荷载规范》查取。

3.2.3　结构抗力和材料强度标准值

1. 结构抗力

结构抗力 R 是指整个结构或结构构件承受作用效应(即内力和变形)的能力，如构件的承载能力、刚度等。混凝土结构构件的截面尺寸、混凝土强度等级以及钢筋的种类、配筋的数量及方式等确定后，构件截面便具有一定的抗力。抗力可按一定的计算模式确定。影响抗力的主要因素有材料性能(强度、变形模量等)、几何参数(构件尺寸等)和计算模式的精确性(抗力计算所采用的基本假设和计算公式不够精确等)。这些因素都是随机变量，因此由这些因素综合而成的结构抗力也是一个随机变量。

2. 材料强度标准值的确定

1)材料强度的变异性及统计特性

材料强度的变异性，主要是指材质及工艺、加载、尺寸等因素引起的材料强度的不确定性。例如，按同一标准生产的钢材或混凝土，各批次之间的强度是常有变化的，即使是同一炉钢轧成的钢筋或同一次搅拌而得的混凝土试件，按照统一方法在同一试验机上进行试验，所测得的强度也不完全相同。

　　统计资料表明，钢筋强度的概率分布符合正态分布。图 3 - 2 所示为某钢厂某年生产的一批光面钢筋，以取样试件的屈服强度为横坐标，频率和频数为纵坐标，直方图代表实测数据，曲线为实测数据的理论曲线，代表了钢筋强度的概率分布，它基本符合正态分布。

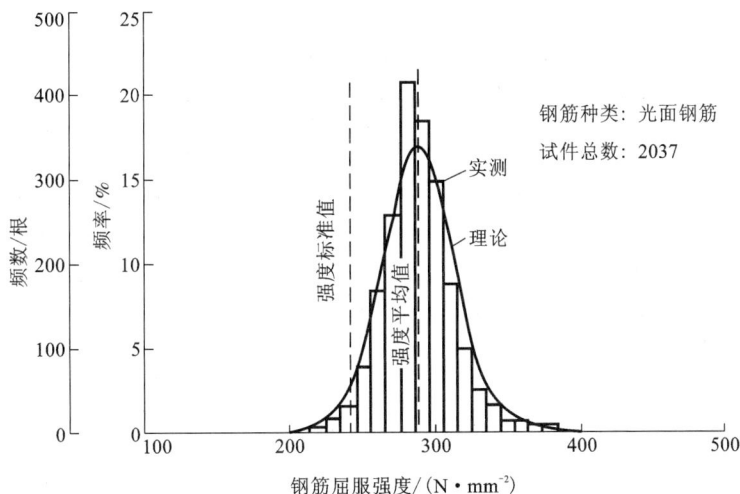

图 3 - 2　某钢厂钢材屈服强度统计资料

　　混凝土强度分布也基本符合正态分布。图 3 - 3 所示为某预制构件厂所做的一批试块的实测强度分布，试块总数为 889 个。图中横坐标为试块的实测强度，纵坐标为频数和频率，直方图为实测数据，曲线代表了试块实测强度的理论分布曲线。

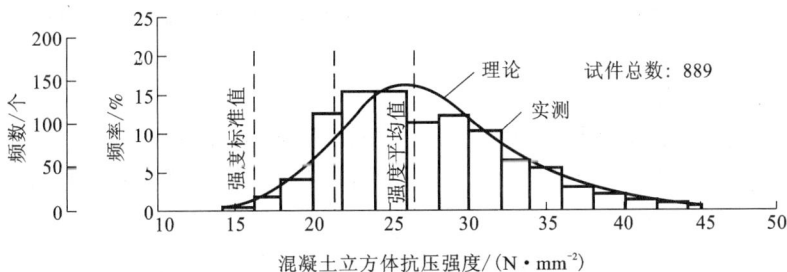

图 3 - 3　某预制构件厂对某工程所作试块的统计资料

　　根据全国各地的调查统计结果，热轧带肋钢筋强度的变异系数 δ_s 如表 3 - 3 所示。混凝土立方体抗压强度的变异系数 $\delta_{f_{cu}}$ 如表 3 - 4 所示。

表 3 - 3　热轧带肋钢筋强度的变异系数 δ_s

强度等级	HRB335		HRB400		HRB500	
	屈服强度	抗拉强度	屈服强度	抗拉强度	屈服强度	抗拉强度
δ_s	0.050	0.034	0.045	0.036	0.039	0.036

表 3 - 4　混凝土立方体抗压强度的变异系数 $\delta_{f_{cu}}$

强度等级	C15	C20	C25	C30	C35	C40	C45	C50	C55	C60 ~ C80
$\delta_{f_{cu}}$	0.21	0.18	0.16	0.14	0.13	0.12	0.12	0.11	0.11	0.10

2)材料强度标准值

钢筋和混凝土的强度标准值是钢筋混凝土结构按极限状态设计时采用的材料强度基本代表值。材料强度标准值应根据符合规定质量的材料强度的概率分布的某一分位值确定,如图 3 - 4 所示。由于钢筋和混凝土强度均服从正态分布,故它们的强度标准值 f_k 可统一表示为:

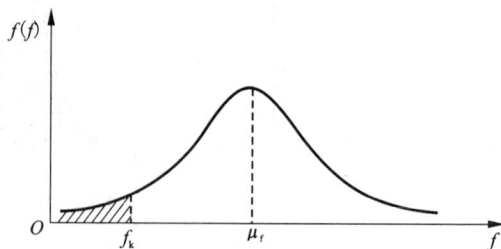

图 3 - 4　材料强度标准值的概率含义

$$f_k = \mu_f - \alpha \sigma_f \qquad (3-5)$$

式中:α——与材料实际强度 f 低于 f_k 的概率有关的保证率系数;

　　　μ_f,σ_f——材料强度平均值和标准差。

由此可见,材料强度标准值是材料强度概率分布中具有一定保证率的偏低的材料强度值。

(1)钢筋的强度标准值

为了保证钢材的质量,国家有关标准规定钢材出厂前要抽样检查,检查的标准为废品限值。对于各级热轧钢筋,废品限值约相当于屈服强度平均值减去 2 倍标准差[即式(3 - 5)中的 $\alpha = 2$]所得的数值,保证率为 97.73%。《规范》规定,钢筋的强度标准值应具有不小于 95% 的保证率。可见,国家标准规定的钢筋强度废品限值符合这一要求,且偏于安全。因此,《规范》以国家标准规定值作为钢筋强度标准值的依据,具体取值方法如下:

①有明显屈服点的热轧钢筋,取国家标准规定的屈服点(废品限值)作为强度标准值。

②对无明显屈服点的钢筋、钢丝及钢绞线,取国家标准规定的极限抗拉强度 σ_b(废品限值)作为强度标准值,但设计时取 $0.85\sigma_b$ 作为条件屈服点。

建筑工程中各类钢筋、钢丝和钢绞线的强度标准值见附表 2 - 1 和附表 2 - 2。

(2)混凝土的强度标准值

混凝土强度标准值为具有 95% 保证率的强度值,亦即式(3 - 5)中的保证率系

数 $\alpha = 1.645$。

根据上述定义，立方体抗压强度标准值为

$$f_{\mathrm{cu,k}} = \mu_{f_{\mathrm{cu}}} - 1.645\sigma_{f_{\mathrm{cu}}} = \mu_{f_{\mathrm{cu}}}(1 - 1.645\delta_{f_{\mathrm{cu}}}) \qquad (3-6)$$

式中：$\mu_{f_{\mathrm{cu}}}$，$\sigma_{f_{\mathrm{cu}}}$，$\delta_{f_{\mathrm{cu}}}$——立方体抗压强度的平均值、标准差和变异系数（$\delta_{f_{\mathrm{cu}}}$见表 3-4）。

f_{ck} 和 f_{tk} 均可由 $f_{\mathrm{cu,k}}$ 按第 2 章相应公式求得，所以 $f_{\mathrm{cu,k}}$ 为混凝土强度的基本代表值。建筑工程中不同强度等级的混凝土强度标准值见附表 1-1。

3.3　结构极限状态设计法

3.3.1　结构的极限状态

整个结构或结构的一部分超过某一特定状态就不能满足设计规定的某一功能要求，此特定状态称为该功能的极限状态。极限状态实质上是区分结构可靠与失效的界限。

极限状态分为三类，即承载能力极限状态、正常使用极限状态和耐久性极限状态，分别规定有明确的标志和限值。

1. 承载能力极限状态

这种极限状态对应于结构或结构构件达到最大承载能力或达到不适于继续承载的变形。当结构或结构构件出现下列状态之一时，应认定为超过了承载能力极限状态：

（1）结构构件或连接因所受应力超过材料强度而破坏，或因过度变形而不适于继续承载。

（2）整个结构或其一部分作为刚体失去平衡（如倾覆等）。

（3）结构转变为机动体系。

（4）结构或结构构件丧失稳定（如压屈等）。

（5）结构因局部破坏而发生连续倒塌（如初始的局部破坏，从构件到构件扩展，最终导致整个结构倒塌）。

（6）地基丧失承载能力而破坏（如失稳等）。

（7）结构或结构构件的疲劳破坏（如由于荷载多次重复作用而破坏）。

由上述可见，承载能力极限状态为结构或结构构件达到允许的最大承载功能的状态。其中，结构构件由于塑性变形而使其几何形状发生显著改变，虽未达到最大承载能力，但已丧失使用功能，故也属于承载能力极限状态。

承载能力极限状态主要考虑有关结构安全性的功能，对财产和生命的危害较大，故出现概率应该很低。对于任何承载的结构或构件，都需要按承载能力极限状态进行设计。

2. 正常使用极限状态

这种极限状态对应于结构或结构构件达到正常使用或耐久性能的某项规定限值。当结构或结构构件出现下列状态之一时，应认定为超过了正常使用极限状态：

（1）影响正常使用或外观的变形，如吊车梁变形过大使吊车不能平稳行驶，梁挠度过大影响外观。

(2)影响正常使用的局部损坏(包括裂缝),如水池开裂漏水不能正常使用,梁裂缝过宽致使钢筋锈蚀。

(3)影响正常使用的振动,如因机器振动而导致结构的振幅超过按正常使用要求所规定的限值。

(4)影响正常使用的其他特定状态,如相对沉降量过大等。

正常使用极限状态主要考虑有关结构适用性的功能,对财产和生命的危害较小,故出现概率允许稍高一些,但仍应予以足够的重视。因为过大的变形和过宽的裂缝不仅影响结构的正常使用,也会造成人们心理上的不安全感。通常对结构构件先按承载能力极限状态进行承载能力计算,然后根据使用要求按正常使用极限状态进行变形、裂缝宽度或抗裂等验算。

3. 耐久性极限状态

对应于结构或结构构件在环境影响下出现的(材料性能随时间的逐渐衰减)达到耐久性的某项规定限值或标识的状态。当结构或结构构件出现下列状态之一时,应认定为耐久性极限状态;

(1)影响承载力和正常使用的材料性能劣化(如钢筋、混凝土的强度降低等);

(2)影响耐久性的裂缝、变形、缺口、外观、材料削弱等(如混凝土构件的裂缝宽度超过某一限值会引起内钢筋锈蚀;预应力筋和直径较细的受力主筋具备锈蚀条件;混凝土构件表面出现锈蚀裂缝等);

(3)影响耐久性的其他特定状态(如构件的金属连接件出现锈蚀;阴极或阳极保护措施失去作用等)。

结构的耐久性极限状态设计,应使结构构件出现耐久性极限状态标志或限值的年限不小于其设计使用年限。结构构件的耐久性极限状态设计,因包括保证构件质量的预防性处理措施、减少侵蚀作用的局部环境改善措施、延缓构件出现损伤的表面防护措施或延缓材料性能劣化速度的保护措施。

3.3.2　结构的功能函数和极限状态方程

结构的可靠度通常受结构上的各种作用、材料性能、几何参数、计算公式精确性等因素的影响。这些因素一般具有随机性,称为基本变量,记为 $x_i(i=1,2,\cdots,n)$。

按极限状态方法设计建筑结构时,要求所设计的结构具有一定的预定功能(如承载能力、刚度、抗裂或裂缝宽度等)。这可用包括各有关基本变量 x_i 在内的结构功能函数来表达,即

$$Z = g(x_1, x_2, \cdots, x_n) \tag{3-7}$$

当　　　　　　　　$$Z = g(x_1, x_2, \cdots, x_n) = 0 \tag{3-8}$$

时,式(3-8)称为极限状态方程。

当功能函数中仅包括作用效应 S 和结构抗力 R 两个基本变量时,可得

$$Z = g(R, S) = R - S \tag{3-9}$$

通过功能函数 Z 可以判别结构所处的状态:当 $Z > 0$ 时,结构处于可靠状态;当 $Z < 0$ 时,结构处于失效状态;当 $Z = 0$ 时,结构处于极限状态。

结构所处的状态也可用图 3-5 来表达。

当基本变量满足极限状态方程

$$Z = R - S = 0 \qquad (3-10)$$

时,结构达到极限状态,即图中的 45° 直线。

3.3.3　结构可靠度计算

1. 结构的失效概率 p_f

由式(3-9)可知,假若 R 和 S 都是确定性
变量,则由 R 和 S 的差值可直接判别结构所处

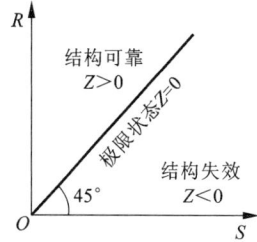

图 3-5　结构所处的状态

的状态。实际上, R 和 S 都是随机变量或随机过程,因此要保证 R 总大于 S 是不可能的。
图 3-6 为 R 和 S 绘于同一坐标系时的概率密度曲线,假设 R 和 S 均服从正态分布且二
者为线性关系, R 和 S 的平均值分别为 μ_R 和 μ_S ,标准差分别为 σ_R 和 σ_S 。由图可见,在
多数情况下, R 大于 S 。但是,由于 R 和 S 的离散性,在 R、S 概率密度曲线的重叠区(阴
影段内)仍有可能出现 R 小于 S 的情况。这种可能性的大小用概率来表示就是失效概
率,即结构功能函数 $Z = R - S < 0$ 的概率称为结构构件的失效概率,记为 p_f 。

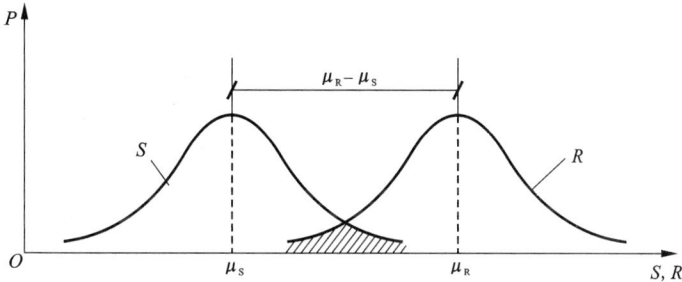

图 3-6　R、S 的概率密度曲线

当结构功能函数中仅有两个独立的随机变量 R 和 S ,且它们都服从正态分布时,则
功能函数 $Z = R - S$ 也服从正态分布,其平均值 $\mu_Z = \mu_R - \mu_S$,标准差 $\sigma_Z = \sqrt{\sigma_R^2 + \sigma_S^2}$ 。功
能函数 Z 的概率密度曲线如图 3-7 所示,结构的失效概率 p_f 可直接通过 $Z < 0$ 的概率
(图中阴影面积)来表达,即:

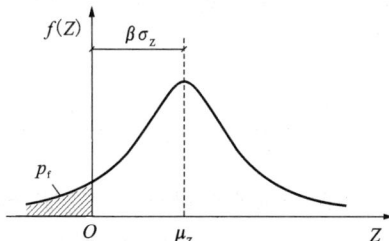

图 3-7　功能函数 Z 的概率密度曲线

$$p_f = P(Z < 0) = \int_{-\infty}^{0} f(Z)\mathrm{d}Z = \int_{-\infty}^{0} \frac{1}{\sigma_Z \sqrt{2\pi}} \exp\left[-\frac{1}{2}\left(\frac{Z - \mu_Z}{\sigma_Z} \right)^2 \right]\mathrm{d}Z \quad (3-11)$$

为了便于查表,将 $N(\mu_Z, \sigma_Z)$ 化成标准正态变量 $N(0, 1)$。引入标准化变量 t, t 由下式表示:

$$t = \frac{Z - \mu_Z}{\sigma_Z}$$

则 $\mathrm{d}Z = \sigma_Z \mathrm{d}t$, $Z = \mu_Z + t\sigma_Z < 0$ 相应于 $t < -\dfrac{\mu_Z}{\sigma_Z}$。所以,式(3-11)可改写为

$$p_f = P\left(t < -\frac{\mu_Z}{\sigma_Z} \right) = \int_{-\infty}^{-\frac{\mu_Z}{\sigma_Z}} \frac{1}{\sqrt{2\pi}} \exp\left(-\frac{t^2}{2} \right)\mathrm{d}t = \Phi\left(-\frac{\mu_Z}{\sigma_Z} \right) \quad (3-12)$$

式中: $\Phi\left(-\dfrac{\mu_Z}{\sigma_Z} \right)$——标准正态分布函数。

标准正态分布函数可由数学手册中查表求得,且有:

$$\Phi\left(-\frac{\mu_Z}{\sigma_Z} \right) = 1 - \Phi\left(\frac{\mu_Z}{\sigma_Z} \right) \quad (3-13)$$

用失效概率度量结构可靠性具有明确的物理意义,能较好地反映问题的实质。但 p_f 的计算比较复杂,因而国际标准和我国标准目前都采用可靠指标 β 来度量结构的可靠性。

2. 结构构件的可靠指标 β

(1)可靠指标 β

令

$$\beta = \frac{\mu_Z}{\sigma_Z} = \frac{\mu_R - \mu_S}{\sqrt{\sigma_R^2 + \sigma_S^2}} \quad (3-14)$$

则式(3-12)可写为

$$p_f = \Phi\left(-\frac{\mu_Z}{\sigma_Z} \right) = \Phi(-\beta) \quad (3-15)$$

由式(3-15)及图3-7可见, β 与 p_f 具有数值上的对应关系(具体数值关系见表3-5),也具有与 p_f 相对应的物理意义。 β 越大, p_f 就越小,即结构越可靠,故 β 称为可靠指标。

表3-5　可靠指标 β 与失效概率 p_f 的对应关系

β	1.0	1.5	2.0	2.5	2.7	3.2	3.7	4.2
p_f	1.59×10^{-1}	6.68×10^{-2}	2.28×10^{-2}	6.21×10^{-3}	3.5×10^{-3}	6.9×10^{-4}	1.1×10^{-4}	1.3×10^{-5}

当仅有作用效应和结构抗力两个基本变量且均按正态分布时,结构构件的可靠指标可按式(3-14)计算;当基本变量不按正态分布时,结构构件的可靠指标应以结构构件作用效应和抗力当量正态分布的平均值和标准差代入式(3-14)计算。

由式(3－14)可以看出，β 值与基本变量的平均值和标准差有关，而且还可以考虑基本变量的概率分布类型，所以它能反映影响结构可靠度的各主要因素的变异性，这是传统的安全系数所未能做到的。

(2)设计可靠指标$[\beta]$

设计规范所规定的、作为设计结构或结构构件时所应达到的可靠指标，称为设计可靠指标$[\beta]$，它是根据设计所要求达到的结构可靠度而取定的，所以又称为目标可靠指标。

设计可靠指标，理论上应根据各种结构构件的重要性、破坏性质(延性、脆性)及失效后果，用优化方法分析确定。限于目前统计资料不够完备，并考虑到标准规范的现实继承性，一般采用校准法确定。所谓校准法就是通过对原有规范可靠度的反演计算和综合分析，确定以后设计时所采用的结构构件的可靠指标。这实质上是充分注意到了工程建设长期积累的经验，继承了已有的设计规范所隐含的结构可靠度水准，认为它从总体上来讲基本上是合理的和可以接受的。这是一种稳妥可行的办法，当前一些国际组织及中国、加拿大、美国和欧洲一些国家都采用此法。

表 3－6　结构构件承载力极限状态的设计可靠指标$[\beta]$

破坏类型	安 全 等 级		
	一级	二级	三级
延性破坏	3.7	3.2	2.7
脆性破坏	4.2	3.7	3.2

根据"校准法"的确定结果，《统一标准》给出了结构构件承载能力极限状态的可靠指标，如表3－6所示。表中延性破坏是指结构构件在破坏前有明显的变形或其他预兆；脆性破坏是指结构构件在破坏前无明显的变形或其他预兆。显然，延性破坏的危害相对较小，故$[\beta]$值相对低一些；脆性破坏的危害较大，所以$[\beta]$值相对高一些。

结构构件正常使用极限状态的设计可靠指标，根据其作用效应的可逆程度宜取0～1.5。可逆极限状态指产生超越状态的作用被移去后，将不再保持超越状态的一种极限状态；不可逆极限状态指产生超越状态的作用被移去后，仍将永久保持超越状态的一种极限状态。例如，一简支梁在某一数值的荷载作用后，其挠度超过了允许值，卸去该荷载后，若梁的挠度小于允许值，则为可逆极限状态，否则为不可逆极限状态。对可逆的正常使用极限状态，其可靠指标取为0；对不可逆的正常使用极限状态，其可靠指标取1.5。当可逆程度介于可逆与不可逆二者之间时，$[\beta]$取0～1.5之间的值，对可逆程度较高的结构构件取较低值，对可逆程度较低的结构构件取较高值。

按概率极限状态法设计时，一般是已知各基本变量的统计特性(如平均值和标准差)，然后根据规范规定的设计可靠指标$[\beta]$，求出所需的结构抗力平均值μ_R，并转化为标准值μ_R进行截面设计。这种方法能够比较充分地考虑各有关因素的客观变异性，使所设计的结构比较符合预期的可靠度要求，并且在不同结构之间，设计可靠度具有相对可比性。

对于一般建筑结构构件,根据设计可靠指标[β],按上述概率极限状态设计法进行设计,显然过于繁复。目前除对少数十分重要的结构,如原子能反应堆、海上采油平台等直接按上述方法设计外,一般结构仍采用极限状态设计表达式进行设计。

3.4　结构极限状态设计表达式

长期以来,人们已习惯采用基本变量的标准值(如荷载标准值、材料强度标准值等)和分项系数(如荷载分项系数、材料分项系数等)进行结构构件设计。考虑到这一习惯,并为了应用上的简便,规范在设计验算点处,将极限状态方程转化为以基本变量标准值和分项系数形式表达的极限状态设计表达式。这就意味着,设计表达式中的各分项系数是根据结构构件基本变量的统计特性,以结构可靠度的概率分析为基础经优选确定的,它们起着相当于设计可靠指标[β]的作用。

3.4.1　承载力极限状态设计表达式

1. 基本表达式

混凝土结构如为杆系结构或简化为杆系结构计算模型,则由结构分析可得构件控制截面内力;如为平面板或空间大体积结构,则由结构分析可得控制截面应力。因此,混凝土结构构件截面设计表达式可用内力或应力表达。

(1)对持久设计状况、短暂设计状况和地震设计状况,当用内力的形式表达时,结构构件应采用下列承载能力极限状态设计表达式:

$$\gamma_0 S_d \leqslant R_d \tag{3-16}$$
$$R_d = R(f_c, f_s, \alpha_k, \cdots)/\gamma_{Rd} \tag{3-17}$$

式中:γ_0——结构重要性系数,在持久设计状况和短暂设计状况下,对安全等级为一级的结构构件不应小于1.1,对安全等级为二级的结构构件不应小于1.0,对安全等级为三级的结构构件不应小于0.9,对地震设计状况应取1.0;

S_d——承载能力极限状态下作用组合的效应设计值,对持久设计状态和短暂设计状态应按作用的基本组合计算,对地震设计状态应按作用的地震组合计算;

R_d——结构构件抗力设计值;

$R(\cdot)$——结构构件的抗力函数;

γ_{Rd}——结构构件的抗力模型不定性系数,静力设计取1.0,对不确定性较大的结构构件根据具体情况取大于1.0的数值;抗震设计应用承载力抗震调整系数γ_{RE}代替γ_{Rd};

α_k——几何参数的标准值,当几何参数的变异性对结构性能有明显的不利影响时,应增减一个附加值;

f_c——混凝土的强度设计值;

f_s——钢筋的强度设计值。

(2)对二维、三维混凝土结构构件,当按弹性或弹塑性方法分析并以应力形式表达时,可将混凝土应力按区域等代成内力设计值,按式(3-16)进行计算;按弹塑性方法分析或采用多轴强度准则设计时，应根据材料强度平均值计算承载力函数。

2. 荷载组合的效应设计值 S_d

结构设计时，应根据所考虑的设计状况，选用不同的组合：对持久和短暂设计状况，应采用基本组合；对偶然设计状况，应采用偶然组合；对于地震设计状况，应采用作用效应的地震组合。

对于基本组合，荷载组合的效应设计值 S_d 按下式确定。

$$S_d = S\left(\sum_{i\geqslant 1}\gamma_{Gi}G_{ik} + \gamma_p P + \gamma_{Q1}\gamma_{L1}Q_{1k} + \sum_{j>1}\gamma_{Qj}\psi_{cj}\gamma_{Lj}Q_{jk}\right) \tag{3-18}$$

式中：$S(\cdot)$—— 作用组合的效应函数；

$\quad G_{ik}$—— 第 i 个永久作用标准值的效应；

$\quad P$—— 预应力作用有关代表值的效应；

$\quad Q_{1k}$—— 第 1 个可变作用（主导可变作用）标准值的效应；

$\quad Q_{jk}$—— 第 j 个可变作用标准值的效应；

$\quad \gamma_{Gi}$—— 第 i 个永久作用的分项系数；

$\quad \gamma_p$—— 预应力作用的分项系数；

$\quad \gamma_{Q_1}$—— 第 1 个可变作用的分项系数；

$\quad \gamma_{Q_j}$—— 第 j 个可变作用的分项系数；

$\quad \gamma_{L_1}$、γ_{Lj}—— 第 1 个和第 j 个关于结构设计使用年限的荷载调整系数，应按表 3-1 取用；

$\quad \psi_{cj}$—— 第 j 个可变作用的组合值系数。

应当指出，基本组合中的设计值仅适用于荷载与荷载效应为线性的情况。此外，当对 S_{Q1k} 无法明显判断时，依次以各可变荷载效应为 S_{Q1k}，选其中最不利的荷载效应组合。

对于偶然组合，荷载组合的效应设计值可按下式确定：

$$S_d = \sum_{i\geqslant 1}S_{Gik} + S_p + S_{Ad} + (\psi_{f1} \text{ 或 } \psi_{q1})S_{Q1k} + \sum_{j>1}\psi_{qj}S_{Qjk} \tag{3-19}$$

式中：S_{Ad}—— 偶然作用设计值的效应；

$\quad \psi_{f1}$—— 第 1 个可变作用的频遇值系数；

$\quad \psi_{q1}$、ψ_{qj}—— 第 1 个和第 j 个可变作用的准永久值系数。

偶然荷载的代表值不乘分项系数，这是因为偶然荷载标准值的确定本身带有主观臆断因素；与偶然荷载同时出现的其他荷载可根据观测资料和工程经验采用适当的代表值。各种情况下荷载效应的设计值公式，可按有关规范确定。

3. 荷载分项系数、可变荷载的组合值系数

（1）荷载分项系数 γ_G，γ_Q。

荷载标准值是结构在使用期间、在正常情况下可能遇到的具有一定保证率的偏大荷载值。统计资料表明，各类荷载标准值的保证率并不相同，如按荷载标准值设计，将造成结构可靠度的严重差异，并使某些结构的实际可靠度达不到目标可靠度的要求，所以引入荷载分项系数予以调整。考虑到荷载的统计资料尚不完备，且为了简化计算，《统一标准》暂时按永久荷载和可变荷载两大类分别给出荷载分项系数。

荷载分项系数值是根据下述原则经优选确定的。即在各项荷载标准值已给定的条件下,对各类结构构件在各种常遇的荷载效应比值和荷载效应组合下,用不同的分项系数值,按极限状态设计表达式(3-16)设计各种构件并计算其所具有的可靠指标,然后从中选取一组分项系数,使按此设计所得的各种结构构件所具有的可靠指标,与规定的设计可靠指标之间在总体上差异最小。

根据分析结果,《荷载规范》规定荷载分项系数应按下列规定采用。

①永久荷载分项系数 γ_G。

当永久荷载效应对结构不利(使结构内力增大)时:应取 1.3。

当永久荷载效应对结构有利(使结构内力减小)时应取 ≤1.0。

②可变荷载分项系数 γ_Q。

一般情况下应取 1.5。

③预应力作用分项系数 γ_P。

当预应力作用对结构不利(使结构内力增大)时应取 1.3;对结构有利时,应取 ≤1.0。

(2)荷载设计值。

荷载分项系数与荷载标准值的乘积,称为荷载设计值。如永久荷载设计值为 $\gamma_G G_k$,可变荷载设计值为 $\gamma_Q Q_k$。

(3)荷载组合值系数 ψ_{ci},荷载组合值 $\psi_{ci} Q_{ik}$。

当结构上作用几个可变荷载时,各可变荷载最大值在同一时刻出现的概率很小,若设计中仍采用各荷载效应设计值叠加,则可能造成结构可靠度不一致,因而必须对可变荷载设计值再乘以调整系数。荷载组合值系数 ψ_{ci} 就是这种调整系数,$\psi_{ci} Q_{ik}$ 称为可变荷载的组合值。

ψ_{ci} 是根据下述原则确定的。即在荷载标准值和荷载分项系数已给定的情况下,对于有两种或两种以上的可变荷载参与组合的情况,引入 ψ_{ci} 对荷载标准值进行折减,使按极限状态设计表达式(3-16)设计所得的各类结构构件所具有的可靠指标与仅有一种可变荷载参与组合时的可靠指标有最佳的一致性。

根据分析结果,《荷载规范》给出了各类可变荷载的组合值系数。当按式(3-18)~式(3-19)计算荷载组合的效应设计值时,除风荷载取 $\psi_{ci}=0.6$ 外,大部分可变荷载取 $\psi_{ci}=0.7$,个别可变荷载取 $\psi_{ci}=0.9\sim0.95$(例如,对于书库、贮藏室的楼面活荷载 $\psi_{ci}=0.9$)。

4. 材料分项系数、材料强度设计值

为了充分考虑材料的离散性和施工中不可避免的偏差带来的不利影响,再将材料强度标准值除以一个大于 1 的系数,即得材料强度设计值,相应的系数称为材料分项系数,即

$$f_c = f_{ck}/\gamma_c, \quad f_s = f_{sk}/\gamma_s \tag{3-20}$$

确定钢筋和混凝土材料分项系数时,对于具有统计资料的材料,按设计可靠指标 $[\beta]$ 通过可靠度分析确定。即在已有荷载分项系数的情况下,在设计表达式(3-16)中采用不同的材料分项系数,反演推算出结构构件所具有的可靠指标 β,从中选取与规定

的设计可靠指标[β]最接近的一组材料分项系数；对统计资料不足的情况，则以工程经验为主要依据，通过对原规范结构构件的校准计算确定。

确定钢筋和混凝土材料分项系数时，先通过对钢筋混凝土轴心受拉构件进行可靠度分析（此时构件承载力仅与钢筋有关，属延性破坏，取[β]=3.2），求得钢筋的材料分项系数 γ_s；再根据已经确定的 γ_s，通过对钢筋混凝土轴心受压构件进行可靠度分析（此时属于脆性破坏，取$[\beta]_{ci}=3.7$），求出混凝土的材料分项系数 γ_c。根据上述原则确定的混凝土材料分项系数 $\gamma_c=1.4$；HPB300、HRB335、HRBF335、HRB400、HRBF400 级钢筋的材料分项系数 $\gamma_s=1.1$，HRB500、HRBF500 级钢筋的材料分项系数 $\gamma_s=1.15$。预应力筋（包括钢绞线、中强度预应力丝、消除应力钢丝和预应力螺纹钢筋）的材料分项系数 $\gamma_s=1.2$。

建筑工程中混凝土及钢筋的强度设计值分别见附表 1-2、附表 2-3 和附表 2-4。

3.4.2　正常使用极限状态设计表达式

1. 可变荷载的频遇值和准永久值

荷载标准值是根据设计基准期内最大荷载的意义确定的，它没有反映荷载作为随机过程而具有随时间变异的特性。当结构按正常使用极限状态的要求进行设计时，例如要求控制房屋的变形、裂缝、局部损坏及引起不舒适的振动时，就应从不同的要求，来选择荷载的代表值。

可变荷载有四种代表值，即标准值、组合值、频遇值和准永久值。其中，标准值为基本代表值，其他三值可由标准值分别乘以相应系数（小于1.0）而得。下面说明频遇值和准永久值的概念。

在可变荷载 Q 的随机过程中，荷载超过某水平 Q_x 的表示方式，可用超过 Q_x 的总持续时间 $T_x(=\sum t_i)$ 与设计基准期 T 的比率 $\mu_x=T_x/T$ 来表示，如图 3-8 所示。

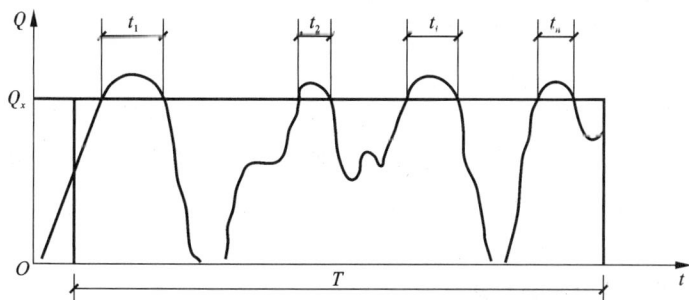

图 3-8　可变荷载的一个样本

可变荷载的频遇值是指在设计基准期内，其超越的总时间为规定的较小比率（$\mu_x \le 0.1$）或超越频率为规定频率的荷载值。它相当于在结构上时而出现的较大荷载值，但总小于荷载标准值。

可变荷载的准永久值是指在设计基准期内，其超越的总时间约为设计基准期一半（即 μ_x 约等于 0.5）的荷载值，即在设计基准期内经常作用的荷载值（接近于永久荷载）。

2. 正常使用极限状态设计表达式

对于正常使用极限状态,结构构件应分别按荷载效应的标准组合、频遇组合、准永久组合或标准组合并考虑长期作用影响,采用下列极限状态设计表达式:

$$S_d \leqslant C \tag{3-21}$$

式中:S_d——正常使用极限状态的荷载组合效应的设计值(如变形、裂缝宽度、应力等的效应设计值);

C——结构构件达到正常使用要求所规定的变形、裂缝宽度和应力等的限值。

①标准组合的效应设计值 S_d,可按下式确定:

$$S_d = \sum_{i \geqslant 1} S_{G_{ik}} + S_P + S_{Q_{1k}} + \sum_{j>1} \psi_{cj} S_{Q_{jk}} \tag{3-22}$$

这种组合主要用于当一个极限状态被超越时将产生严重的永久性损害的情况,即标准组合一般用于不可逆正常使用极限状态。

②频遇组合的效应设计值 S_d,可按下式确定:

$$S_d = \sum_{i \geqslant 1} S_{G_{ik}} + S_P + \psi_{f1} S_{Q_{1k}} + \sum_{j>1} \psi_{qj} S_{Q_{jk}} \tag{3-23}$$

式中:ψ_{f1},ψ_{qj}——可变荷载 Q_1 的频遇值系数、可变荷载 Q_j 的准永久值系数,可由《荷载规范》查取。

可见,频遇组合是指永久荷载标准值、主导可变荷载的频遇值与伴随可变荷载的准永久值的效应组合。这种组合主要用于当一个极限状态被超越时将产生局部损害、较大变形或短暂振动等情况,即频遇组合一般用于可逆正常使用极限状态。

③准永久组合的效应设计值 S,可按下式确定:

$$S_d = \sum_{i \geqslant 1} S_{G_{ik}} + S_P + \sum_{j \geqslant 1} \psi_{qj} S_{Q_{jk}} \tag{3-24}$$

这种组合主要用在当荷载的长期效应是决定性因素时的一些情况。

应当注意,只有荷载效应为线性的情况,才可按式(3-22)~式(3-24)确定荷载效应组合值。另外,正常使用极限状态要求的设计可靠指标较小($[\beta]$ 在 0~1.5 之间取值),因而设计时对荷载不用分项系数,对材料强度取标准值。由材料的物理力学性能已知,长期持续作用的荷载使混凝土产生徐变变形,并导致钢筋与混凝土之间的黏结滑移增大,从而使构件的变形和裂缝宽度增大。所以,进行正常使用极限状态设计时,应考虑荷载长期效应的影响,即应考虑荷载的准永久组合,有时尚应考虑荷载的频遇组合(如计算桥梁结构的预拱度值时)。

3. 正常使用极限状态验算规定

①对结构构件进行抗裂验算时,应按荷载标准组合的效应设计值[式(3-22)]进行计算,其计算值不应超过规范规定的相应限值。具体验算方法和规定见第10章。

②结构构件的裂缝宽度,对混凝土构件,按荷载准永久组合的效应设计值[式(3-24)]并考虑长期作用影响进行计算;对预应力混凝土构件,按荷载标准组合的效应设计值[式(3-22)]并考虑长期作用影响进行计算;构件的最大裂缝宽度不应超过规范规定的最大裂缝宽度限值。最大裂缝宽度限值应根据结构的环境类别、裂缝控制等级及结构类别,按附表8-2确定,其中结构的环境类别由附表8-3确定。具体验算方

法和规定见第 9 章和第 10 章。

③受弯构件的最大挠度，混凝土构件应按荷载准永久组合的效应设计值(式 3 – 24)，预应力混凝土构件应按荷载标准组合的效应设计值(式 3 – 22)，并均应考虑荷载长期作用的影响进行计算，其计算值不应超过规范规定的挠度限值，受弯构件的挠度限值按附表 8 – 1 确定。具体验算方法和规定见第 9 章和第 10 章。

3.4.3 极限状态下荷载组合值计算例题

某教学楼中的一矩形截面钢筋混凝土简支梁，环境类别为一类，计算跨度为 $l_0 = 6.0$ m，板传来的永久荷载及梁的自重标准值为 $g_k = 15.6$ kN/m，板传来的楼面活荷载标准值 $q_k = 10.7$ kN/m，梁的截面尺寸为 200 mm × 500 mm，频遇值系数 $\psi_f = 0.6$，准永久值系数 $\psi_q = 0.5$。试求承载力极限状态下梁跨中截面弯矩设计值，正常使用极限状态下梁跨中截面弯矩标准组合值、频遇组合值和准永久组合值.

解：1. 承载力极限状态下跨中截面弯矩设计值

永久荷载分项系数为 $\gamma_G = 1.3$，楼面活载的分项系数为 $\gamma_Q = 1.5$，结构的重要性系数为 $\gamma_0 = 1.0$，$\gamma_L = 1.0$。由公式(3 – 18)，可得：

$$M = \gamma_0(\gamma_G M_{GK} + \gamma_Q \gamma_L M_{QK}) = \gamma_0\left(\gamma_G \times \frac{1}{8}g_k l_0^2 + \gamma_Q \gamma_L \frac{1}{8}q_k l_0^2\right)$$

$$= 1.0 \times \left(1.3 \times \frac{1}{8} \times 15.6 \times 6^2 + 1.5 \times 1.0 \times \frac{1}{8} \times 10.7 \times 6^2\right)$$

$$= 163.49 \text{ kN} \cdot \text{m}$$

2. 正常使用极限状态下跨中截面弯矩组合值

(1)跨中截面弯矩标准组合值。

按式(3 – 22)有：

$$M_k = M_{Gk} + M_{Qk} = \frac{1}{8}g_k l_0^2 + \frac{1}{8}q_k l_0^2$$

$$= \frac{1}{8} \times 15.6 \times 6^2 + \frac{1}{8} \times 10.7 \times 6^2$$

$$= 118.35 \text{ kN} \cdot \text{m}$$

(2)跨中截面弯矩频遇组合值。

查附表 4 – 1，频遇值系数 $\psi_f = 0.6$，按式(3 – 23)有：

$$M_f = M_{Gk} + \psi_f M_{Qk} = \frac{1}{8}g_k l_0^2 + \psi_f \frac{1}{8}q_k l_0^2$$

$$= \frac{1}{8} \times 15.6 \times 6^2 + 0.6 \times \frac{1}{8} \times 10.7 \times 6^2$$

$$= 99.09 \text{ kN} \cdot \text{m}$$

(3)跨中截面弯矩准永久组合值。

查附表 4 – 1，准永久值系数 $\psi_q = 0.5$，按式(3 – 24)有：

$$M_q = M_{Gk} + \psi_q M_{Qk} = \frac{1}{8}g_k l_0^2 + \psi_q \frac{1}{8}q_k l_0^2$$

$$= \frac{1}{8} \times 15.6 \times 6^2 + 0.5 \times \frac{1}{8} \times 10.7 \times 6^2$$

$$= 94.275 \text{ kN} \cdot \text{m}$$

重点与难点

重点：(1)结构设计方法历程；(2)结构的可靠性和可靠度概念；(3)结构的极限状态概念；(4)极限状态设计表达式。

难点：(1)结构的可靠度；(2)结构失效概率和可靠指标的关系；(3)概率极限状态设计法表达方法。

思考与练习

思考题：

1. 结构设计方法经历了哪几个阶段？各自有何特点？

2. 什么是结构的预定功能？什么是结构的可靠性和结构的可靠度？

3. 什么是结构上的作用？荷载属于哪种作用？作用效应与荷载效应有什么区别？

4. 什么是结构抗力？影响结构抗力的主要因素有哪些？

5. 什么是结构的极限状态？极限状态分为几类？各有什么标志和限值？

6. 什么是失效概率？什么是可靠指标？二者有何联系？

7. 什么是概率极限状态设计法？其主要特点是什么？

8. 说明承载能力极限状态设计表达式中各符号的意义，并分析该表达式是如何保证结构可靠度的。

9. 对正常使用极限状态，如何根据不同的设计要求确定荷载效应组合值？

习题：

某机场大厅的一矩形截面钢筋混凝土简支梁，环境类别为一类，计算跨度为 $l_0 = 8.0 \text{ m}$，板传来的永久荷载(不包括梁的自重)标准值为 $g_k = 16.0 \text{ kN/m}$，板传来的楼面活荷载标准值 $q_k = 12.0 \text{ kN/m}$，梁的截面尺寸为 $300 \text{ mm} \times 700 \text{ mm}$，频遇值系数 $\psi_f = 0.6$，准永久值系数 $\psi_q = 0.5$。试求承载力极限状态下跨中截面弯矩设计值、正常使用极限状态下跨中截面弯矩标准组合值、频遇组合值和准永久组合值？

第 **4** 章

混凝土受弯构件正截面承载力计算

受弯构件主要指梁与板,它们是土木工程中运用最普遍的构件。梁和板的区别在于:梁的截面高度一般情况下大于其宽度,而板的厚度则远小于其在楼屋盖平面内两个方向的尺寸。

与构件的轴线相垂直的截面称为正截面。在第 3 章中已讲过,结构和构件要满足承载能力极限状态、正常使用极限状态和耐久性极限状态的要求。梁、板正截面受弯承载力计算就是从满足承载能力极限状态出发的,即满足

$$M \leqslant M_u \tag{4-1}$$

式中:M——受弯构件正截面的弯矩设计值,它是外部各种作用组合在正截面上的效应设计值;

　　M_u——受弯构件正截面的受弯承载力设计值,它是正截面上材料本身所提供的抗力,这里的下标 u 是指极限值(ultimate value)。

钢筋混凝土受弯构件正截面承载力设计值 M_u 的计算及相关构造是本章的中心问题,也是本课程的重点。作为预备知识,首先介绍梁、板的常见截面形式。

梁、板常用矩形、"T"形、"I"字形、槽形、空心的和倒"L"形的对称和不对称截面形式,如图 4 - 1 所示。

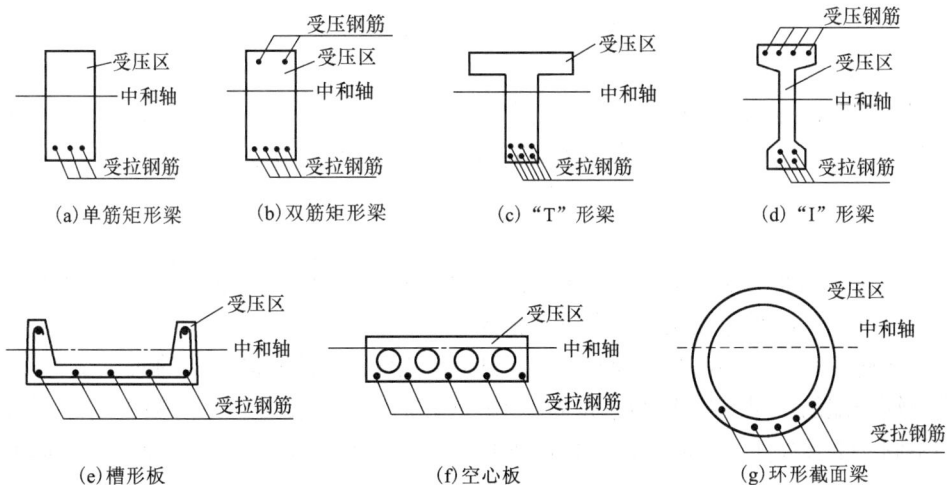

图 4 - 1　常用梁、板截面形式

当梁和板一起浇筑时,板不仅将其上的荷载传递给梁,而且和梁一起构成"T"形或倒"L"形截面共同承受荷载,如图 4-2 所示。

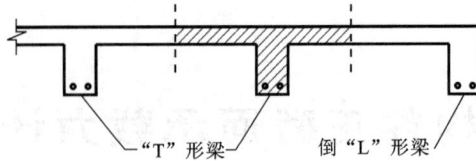

"T"形梁   倒"L"形梁

图 4-2 现浇梁和板的截面形状

4.1 受弯构件正截面的受力性能

4.1.1 正截面受弯的三种破坏形态

假设正截面上所有下部纵向受拉钢筋的合力点至截面受拉边缘的竖向距离为 a_s,则合力点至截面受压区边缘的竖向距离 $h_0 = h - a_s$,如图 4-3 所示。这里,h 为截面高度,h_0 为截面有效高度,b 为截面宽度,bh_0 为截面有效面积。

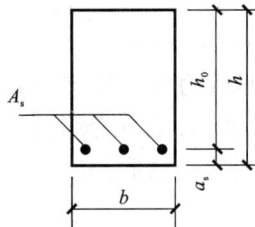

图 4-3 单筋矩形截面示意图

用 A_s 表示纵向受拉钢筋的总截面面积,单位为 mm^2。纵向受拉钢筋总截面面积 A_s 与正截面的有效面积 bh_0 的比值,称为纵向受拉钢筋的配筋率,用 ρ 表示:

$$\rho = \frac{A_s}{bh_0} \qquad (4-2)$$

纵向受拉钢筋的配筋率 ρ 反映了正截面上纵向受拉钢筋与混凝土之间的面积比率,它是影响梁正截面受弯性能的一个重要指标。

下面通过图 4-4 所示承受两个对称集中荷载的矩形截面简支梁的对比试验说明纵向受拉钢筋配筋率对受弯构件破坏特征的影响。试验结果表明,根据纵向受拉钢筋配筋率的不同,受弯构件正截面呈现出适筋破坏、少筋破坏和超筋破坏三种受弯破坏形态,如图 4-4 所示。图 4-5 为不同配筋率梁的 $M^0 - \varphi^0$ 曲线,图中纵坐标为梁跨中截面的弯矩试验值 M^0,横坐标为梁跨中截面曲率试验值 φ^0。

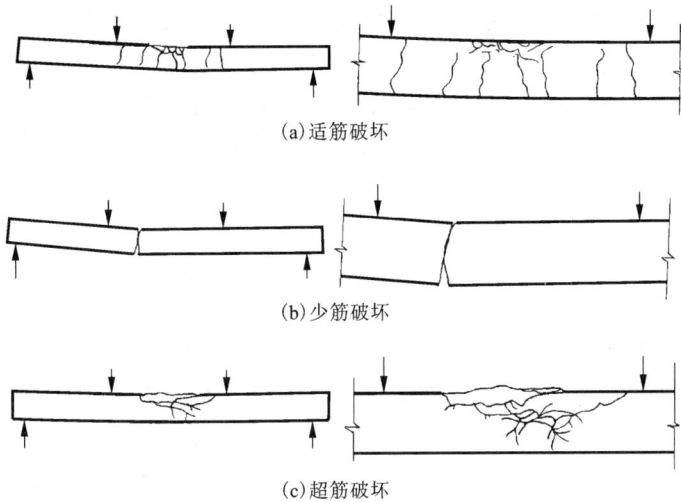

(a)适筋破坏

(b)少筋破坏

(c)超筋破坏

图 4 – 4　梁的三种破坏形态

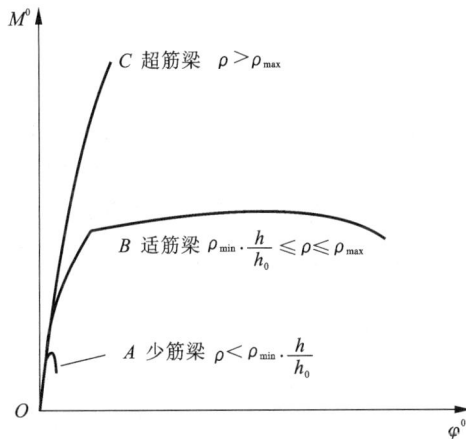

图 4 – 5　不同破坏形态梁的 $M^0 - \varphi^0$ 曲线

1. 适筋破坏

当 $\rho_{\min}\dfrac{h}{h_0} \leqslant \rho \leqslant \rho_{\max}$ 时发生适筋破坏，其破坏特征是纵向受拉钢筋首先屈服，受压区混凝土随后压碎时，截面才破坏，属延性破坏类型。这里，$\rho_{\min}$、$\rho_{\max}$ 分别为纵向受拉钢筋的最小配筋率、最大配筋率。这里需要注意：纵向受拉钢筋的最小配筋率 $\rho_{\min}$ 是按全截面 bh 计算的，即 $\rho_{\min} = \dfrac{A_{s,\min}}{bh}$，实际工程当中，必须保证纵向受拉钢筋总截面面积 A_s 不小于 $A_{s,\min}$，即 $\rho bh_0 \geqslant \rho_{\min} bh$，也就是要保证 $\rho \geqslant \rho_{\min}\dfrac{h}{h_0}$。

适筋梁的破坏始自受拉区钢筋的屈服，终于受压区混凝土的压碎。在钢筋应力刚到达屈服强度，受压区边缘纤维的应变尚小于受弯时混凝土极限压应变值。从钢筋屈服到受压区边缘混凝土压碎的过程中，钢筋要经历较大的塑性变形，随之引起裂缝急剧开展和梁挠度的激增，破坏前有明显的破坏预兆，且钢筋和混凝土两种材料的性能都得到了充分的利用，如图 4-4(a) 所示。正截面受弯承载力计算公式的推导应建立在适筋梁的前提之上。

2. 少筋破坏

当 $\rho < \rho_{min}\dfrac{h}{h_0}$ 时发生少筋破坏，其破坏特征是，只要受拉区混凝土一开裂，裂缝就急速展开，裂缝截面处的拉力全部由钢筋承受，由于配筋率 ρ 很小，钢筋无法承受混凝土转嫁来的拉力，钢筋应力激增，立即屈服甚至拉断，裂缝发展至梁顶，梁由于脆性断裂而破坏，如图 4-4(b) 所示，混凝土的抗压强度尚未得到充分发挥。

少筋梁破坏时的极限弯矩 M_u^0 小于开裂弯矩 M_{cr}^0，其承载能力取决于混凝土的抗拉强度，属于受拉脆性破坏类型，在结构设计中不允许采用少筋梁。

3. 超筋破坏

当 $\rho > \rho_{max}$ 时发生超筋破坏，其破坏特征是受压区边缘混凝土先压碎，纵向受拉钢筋不屈服，在基本没有明显预兆的情况下由于受压区混凝土被压碎而突然破坏，属于脆性破坏类型，如图 4-4(c) 所示。试验表明，钢筋在破坏时没有屈服，裂缝开展不宽，延伸不高，截面曲率和梁的挠度都不大，如图 4-4(c) 所示。

超筋梁因配置了过多的受拉钢筋，梁破坏时钢筋应力低于屈服强度，钢筋的强度没有得到充分的利用，所以不经济，破坏前虽然也有一定的变形和裂缝预兆，但并不明显，属于受压脆性破坏类型，故设计中一般不允许采用超筋梁。

4.1.2 适筋梁正截面受弯的三个受力阶段

1. 适筋梁正截面受弯承载力试验

图 4-6 为两端简支承受两个对称集中荷载的矩形截面钢筋混凝土适筋梁。忽略自重影响，跨中 $l_0/3$ 范围内为纯弯段。为研究加载过程中试验梁正截面受力的全过程，在纯弯段内沿梁高两侧布置应变测点，用仪表量测梁的纵向变形。浇筑混凝土前，在跨中钢筋表面贴电阻应变片，用以量测钢筋的应变。在支座截面上端与跨中截面底部布置百分表，以观察梁的挠度变形。

在纯弯段内，弯矩将使正截面发生转动。在梁的单位长度上，正截面的转角称为截面曲率，用 φ 表示，它是度量正截面弯曲变形的标志，单位为 $1/mm$。

前面已经介绍过适筋梁，接下来讲适筋梁正截面受弯的三个受力阶段。试验表明，对于适筋梁，从开始加载至梁正截面完全破坏，梁正截面受弯过程大致可以划分为未裂阶段、带裂缝阶段和破坏阶段三个阶段。

图 4-7 为中国建筑科学研究院实测得到的钢筋混凝土梁的弯矩 - 截面曲率关系曲线。图中纵坐标为梁跨中截面的弯矩试验值 M^0，横坐标为梁跨中截面曲率试验值 φ^0。

从图 4-7 可观察到弯矩 - 截面曲率关系曲线上有两个明显的转折点 C 和 Y，将适

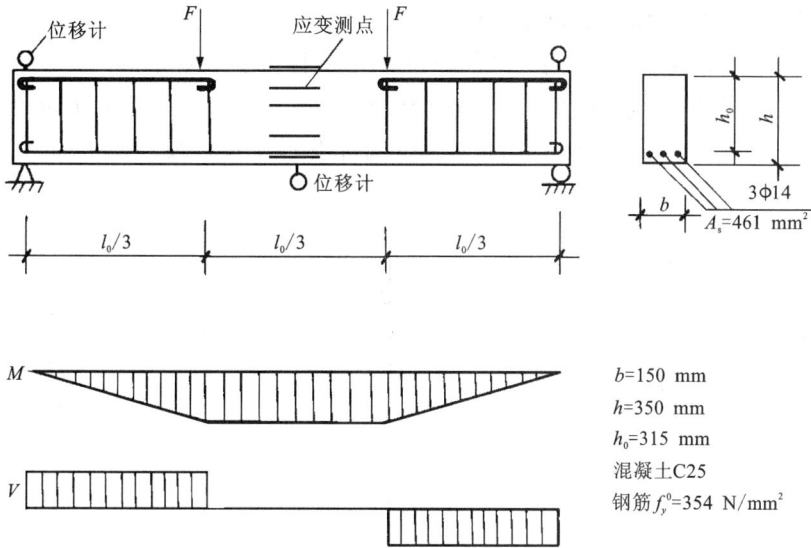

b=150 mm
h=350 mm
h_0=315 mm
混凝土C25
钢筋 f_y^0=354 N/mm^2

图 4 - 6　试验梁

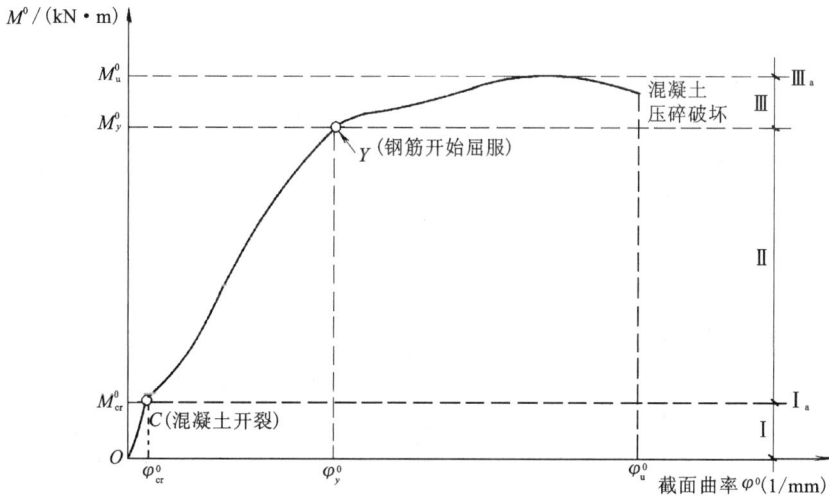

图 4 - 7　弯矩 - 截面曲率关系曲线

筋梁正截面受弯的全过程划分为三个阶段：未裂阶段、带裂缝阶段和破坏阶段。

2. 三个受力阶段

（1）第 Ⅰ 阶段：混凝土开裂前的未裂阶段。

开始加载时，截面上的弯矩很小，应力与应变成正比，应变沿梁截面高度呈直线变化，受压区和受拉区混凝土应力分布也为直线［图 4 - 8(a)］。

由于混凝土抗拉能力弱，弯矩继续增大时，在受拉区边缘处混凝土首先表现出应变增速比应力增速更快的塑性特征。受拉区应力分布偏离直线逐渐弯曲，弯矩继续增大时，曲线部分的范围不断向中和轴发展、扩大。

　　弯矩增加到 M_{cr}^0 时(下标 cr 表示裂缝 crack)，受拉区边缘纤维的应变值即将到达混凝土受弯时的极限拉应变试验值 ε_{tu}^0，截面处于即将开裂状态，称为第 I 阶段末，用 I_a 表示，见图 4-8(b)。这时受压区混凝土基本处于弹性工作阶段，受压区应力分布接近

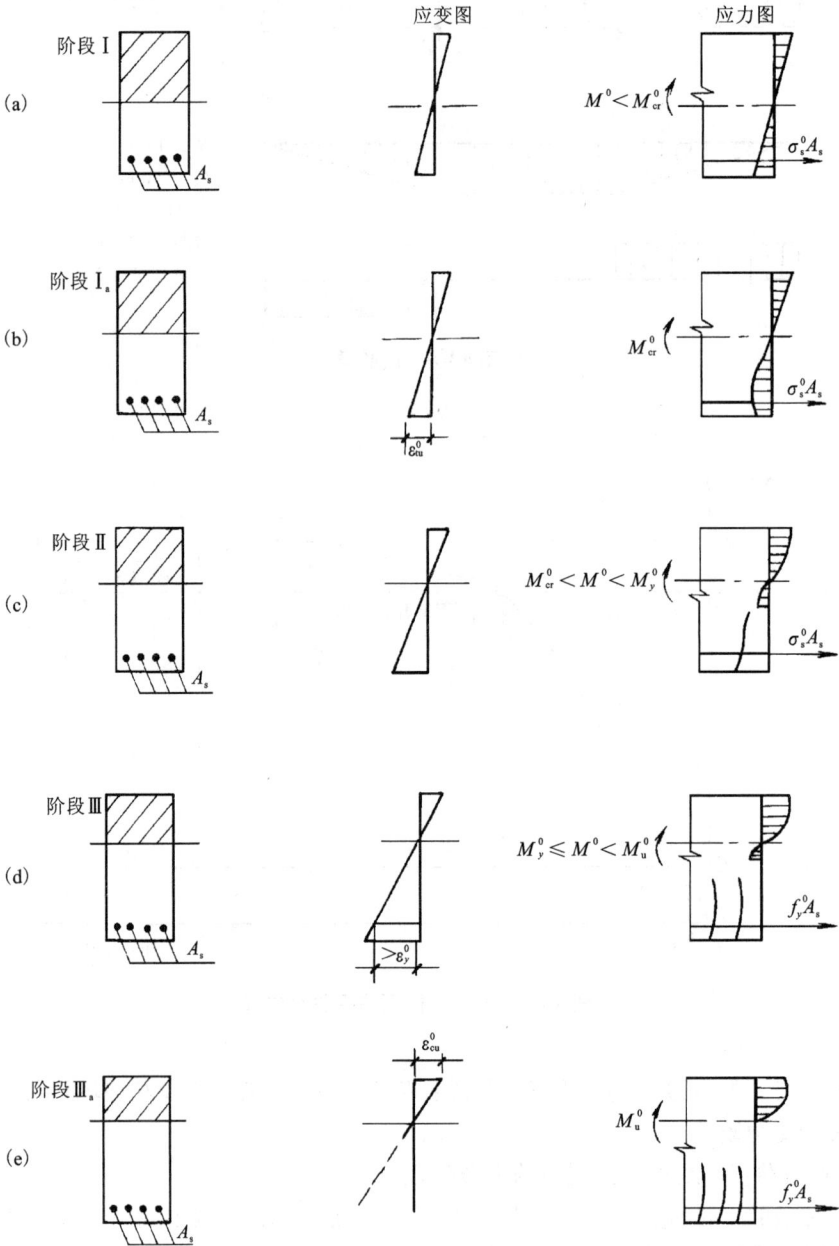

图 4-8　适筋梁工作的三个阶段

直线，而受拉区应力图形呈曲线分布。由于受拉区混凝土的塑性发展，I_a 阶段的中和轴的位置比第 I 阶段初期略有上升。

第 I 阶段的特点是：①混凝土没有开裂；②受压区混凝土的应力图形是直线，受拉区混凝土的应力图形在第 I 阶段前期是直线，后期是曲线；③弯矩与曲率基本呈直线关系（图 4-7）。

I_a 阶段可作为受弯构件抗裂度的计算依据。

（2）第 II 阶段：混凝土开裂后至钢筋屈服前的带裂缝阶段。

截面受力达 I_a 阶段后，荷载再稍许增加，在抗拉能力最薄弱截面，受拉区边缘纤维的拉应变值到达混凝土极限拉应变试验值 ε_{tu}^0，出现第一条裂缝，梁转入第 II 阶段工作。

在裂缝截面处，混凝土一开裂，截面上应力发生重分布，裂缝处的混凝土不再承受拉力，钢筋的拉应力突然增大，故裂缝出现时，梁的挠度和截面曲率都突然增大。裂缝截面处的中和轴也将上移，在中和轴以下裂缝尚未延伸到的部位，混凝土虽然仍然承受一小部分拉力，但受拉区的拉力主要由钢筋承担。

随着弯矩增大，截面曲率增大，裂缝开展越来越宽。由于受压区混凝土应变不断增大，受压区混凝土应变增速比应力增速快，塑性特征表现越来越明显，受压区应力图形呈曲线变化，见图 4-8（c）。

第 II 阶段是裂缝发生、开展的阶段，在此阶段中梁是带裂缝工作的，其受力特点是：①在裂缝截面处，受拉区部分混凝土退出工作，拉力主要由纵向受拉钢筋承担，但钢筋没有屈服；②受压区混凝土已有不充分塑性变形，受压区混凝土的应力图形为只有上升段的曲线；③弯矩与截面曲率是曲线关系，截面曲率与挠度的增长加快。

第 II 阶段相当于梁正常使用时的受力状态，可作为正常使用阶段验算变形和裂缝宽度的依据。

（3）第 III 阶段：钢筋开始屈服至截面破坏的破坏阶段。

纵向钢筋受拉屈服后，梁就进入第 III 阶段工作。

纵筋屈服后，截面的承载力无明显的增加，但截面曲率和挠度突然增大，裂缝宽度随之扩展并沿梁的高度向受压区延伸，中和轴继续上移，受压区高度进一步减小，见图 4-8（d）。这时受压区混凝土边缘纤维应变也迅速增长，塑性特征表现得更为充分，受压区混凝土应力图形更趋丰满。

弯矩继续增大达到截面的受弯承载力极限值 M_u^0，此时，受压区边缘纤维压应变达到（或接近）混凝土受弯时的极限压应变值 ε_{cu}^0，为 $0.003 \sim 0.005$，标志着截面已开始破坏，称为第 III 阶段末，用 III_a 表示，见图 4-8（e）。

在第 III 阶段整个过程中，钢筋所承受的总拉力大致保持不变，但由于中和轴逐步上移，内力臂略有增加，故截面受弯承载力试验值 M_u^0 略大于屈服弯矩 M_y^0，见图 4-7。截面破坏的过程表现为首先纵向受拉钢筋屈服，最终受压区边缘混凝土被压碎。

第 III 阶段的特点是：①纵向受拉钢筋屈服，拉力值几乎不变，裂缝截面处，受拉区绝大部分混凝土已退出工作，受压区混凝土压应力曲线图形较丰满，有上升段曲线也有下降段曲线；②由于受压区混凝土压应力合力作用点上移使内力臂增大，故弯矩还略有增加；③受压区混凝土压应变达到其极限压应变值 ε_{cu}^0 时，混凝土被压碎，截面破坏；④弯矩－曲率关系为接近水平的曲线。

Ⅲ$_a$阶段可以作为正截面受弯承载力计算的依据。

三个受力阶段是钢筋混凝土结构的基本属性，正确认识和掌握三个受力阶段是很重要的。需要注意的是，以下三种认识是错误的：①称第Ⅰ阶段为弹性阶段；②混凝土达到抗拉强度就开裂；③混凝土达到抗压强度就压碎。试验同时表明，从开始加载到构件破坏的整个受力过程中，变形前后的平面一直保持平面状态。

4.1.3　界限配筋率与最小配筋率

比较适筋梁和超筋梁的破坏形态，可以发现，两者的区别在于：前者始于受拉区钢筋屈服，而后者始于受压区边缘混凝土被压碎。那么，在超筋破坏和适筋破坏之间必然存在着一种界限破坏，那就是在纵向受拉钢筋屈服的同时，受压区边缘混凝土被压碎，这种破坏形态又称为平衡破坏。发生界限破坏的受弯构件纵向受力钢筋的配筋率称为界限配筋率(或平衡配筋率)，用 ρ_b 表示。当 $\rho = \rho_b$ 时，受拉钢筋屈服同时受压区边缘混凝土被压碎，故界限破坏也属于延性破坏，界限配筋的梁也属于适筋梁。ρ_b 是区分适筋破坏和超筋破坏的定量指标，也是适筋构件的最大允许配筋率 ρ_{max}。

少筋破坏的特点是一裂即坏。故确定纵向受拉钢筋最小配筋率 ρ_{min} 的理论原则是这样的：按Ⅲ$_a$阶段计算钢筋混凝土受弯构件正截面受弯承载力与由素混凝土受弯构件计算得到的正截面受弯承载力两者相等。按后者计算时，混凝土还未开裂，故规范规定的最小配筋率按全截面 bh 进行计算。由于混凝土抗拉强度的离散性及收缩等因素的影响，实际工程中最小配筋率 ρ_{min} 往往根据工程经验得到。规范规定的纵向受力钢筋最小配筋率见附表 6 － 1 所示。为了防止受弯构件一裂即坏，要保证 $A_s = \rho b h_0 \geqslant A_{s,min} = \rho_{min} bh$，即：适筋梁的配筋率应不小于 $\rho_{min} \dfrac{h}{h_0}$。

附表 6 － 1 中规定：受弯构件、偏心受拉、轴心受拉构件一侧的受拉钢筋的最小配筋百分率 ρ_{min} 应取 0.2% 和 $45\dfrac{f_t}{f_y}\%$ 二者的较大值。ρ_{min} 的值如表 4 － 1 所示。

表 4 － 1　建筑工程受弯构件截面最小配筋率 ρ_{min} (%)

钢筋等级	混凝土强度等级												
	C20	C25	C30	C35	C40	C45	C50	C55	C60	C65	C70	C75	C80
HPB300	0.200	0.212	0.238	0.262	0.285	0.300	0.315	0.327	0.342	0.350	0.358	0.367	0.370
HRB335 HRBF335	0.200	0.200	0.215	0.236	0.257	0.270	0.284	0.294	0.308	0.315	0.323	0.330	0.333
HRB400 HRBF400 RRB400	0.200	0.200	0.200	0.200	0.214	0.225	0.236	0.245	0.256	0.263	0.269	0.275	0.278

续表 4 – 1

钢筋等级	混凝土强度等级												
	C20	C25	C30	C35	C40	C45	C50	C55	C60	C65	C70	C75	C80
HRB500 HRBF500 RRB500	0.200	0.200	0.200	0.200	0.200	0.200	0.200	0.203	0.212	0.217	0.222	0.228	0.230

4.2　受弯构件正截面承载力计算原理

4.2.1　基本假定

受弯构件正截面承载力计算以图 4 – 8 中 III_a 阶段图形为基础。但是，图 4 – 8 中 III_a 中混凝土的应力为曲线，为简化起见，进行正截面承载力计算时，引入以下几个基本假定：

①截面应变保持平面。

②不考虑混凝土的抗拉强度。

③混凝土受压的应力应变关系按下列规定取用：

当 $\varepsilon_c \leqslant \varepsilon_0$ 时（上升段）

$$\sigma_c = f_c \left[1 - \left(1 - \frac{\varepsilon_c}{\varepsilon_0} \right)^n \right] \qquad (4-3)$$

当 $\varepsilon_0 < \varepsilon_c \leqslant \varepsilon_{cu}$（水平段）

$$\sigma_c = f_c \qquad (4-4)$$

式中：

$$n = 2 - \frac{1}{60}(f_{cu,k} - 50) \qquad (4-5)$$

$$\varepsilon_0 = 0.002 + 0.5(f_{cu,k} - 50) \times 10^{-5} \qquad (4-6)$$

$$\varepsilon_{cu} = 0.0033 - (f_{cu,k} - 50) \times 10^{-5} \qquad (4-7)$$

σ_c——混凝土压应变为 ε_c 时的混凝土压应力；

f_c——混凝土轴心抗压强度设计值，按附表 1 – 2 采用；

ε_0——混凝土压应力达到 f_c 时的混凝土压应变，当按式（4 – 6）计算所得值小于 0.002 时，取为 0.002；

ε_{cu}——正截面的混凝土极限压应变，当处于非均匀受压且按式（4 – 7）计算的值大于 0.0033 时，取为 0.0033；

$f_{cu,k}$——混凝土立方体抗压强度标准值；

n——系数，当计算的 n 值大于 2.0 时，取 2.0。

④纵向受拉钢筋的极限拉应变取为 0.01。

⑤纵向钢筋的应力取钢筋应变与其弹性模量的乘积，但其值应该符合下列要求：

$$-f'_y \leqslant \sigma_{si} \leqslant f_y \tag{4-8}$$

式中：σ_{si}——第 i 层钢筋的应力，正值代表拉应力，负值代表压应力；

f_y、f'_y——钢筋抗拉、抗压强度设计值，按附表 2-3 采用。

基本假定①是指在荷载作用下，梁的变形规律基本符合"平均应变平截面假定"，简称平截面假定。国内外大量试验，包括矩形、"T"形、"I"形及环形截面的钢筋混凝土构件受力以后，截面各点的混凝土和钢筋纵向应变沿截面的高度方向呈直线变化。虽然就单个截面而言，此假定不一定成立，但在一定长度范围内还是正确的。该假定说明了在一定标距内，即跨越若干条裂缝后，钢筋和混凝土的变形是协调的。同时采用平截面假定可以简化计算。

基本假定②忽略了中和轴以下混凝土的抗拉作用，主要是因为混凝土的抗拉强度很小，且其合力作用点离中和轴较近，内力矩的力臂很小。

基本假定③采用抛物线上升段和水平段的混凝土受压应力 - 应变关系曲线，见图 4-9。但曲线方程随着混凝土强度等级的不同而有所变化，压应力达到峰值时的应变 ε_0 和极限压应变 ε_{cu} 的取值随混凝土等级的不同而改变。对于正截面处于非均匀受压的混凝土，极限压应变的取值最大不超过 0.0033。规定极限压应变值 ε_{cu}，实际是给定了混凝土单轴受压情况下的破坏准则。

对于混凝土各强度等级，各参数按式(4-5)至式(4-7)的计算结果见表 4-2。

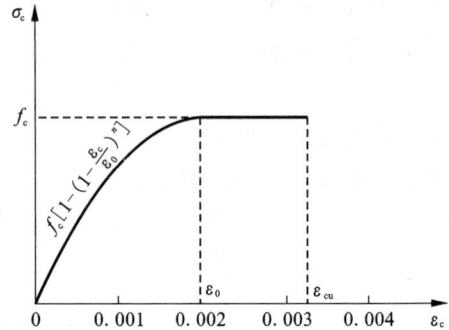

图 4-9 混凝土受压应力 - 应变曲线

表 4-2 混凝土应力 - 应变曲线参数

$f_{cu, k}$	$\leqslant$ C50	C60	C70	C80
n	2	1.833	1.667	1.500
ε_0	0.002	0.00205	0.00210	0.00215
ε_{cu}	0.0033	0.0032	0.0031	0.0030

按图 4-9，设 C_{cu} 为混凝土受压应力 - 应变曲线所围的面积，y_{cu} 为此面积的形心到坐标原点 O 的距离，则有：

$$C_{cu} = \int_0^{\varepsilon_{cu}} \sigma_c(\varepsilon_c) \, \mathrm{d}\varepsilon_c \tag{4-9}$$

$$y_{cu} = \frac{\int_0^{\varepsilon_{cu}} \sigma_c(\varepsilon_c) \varepsilon_c \, \mathrm{d}\varepsilon_c}{C_{cu}} \tag{4-10}$$

令 $k_1 f_c = \dfrac{C_{cu}}{\varepsilon_{cu}}$，$k_2 = \dfrac{y_{cu}}{\varepsilon_{cu}}$。

把基本假定③规定的关系式(4-3)、(4-4)及表4-2中参数取值代入上述两式中，可求得系数 k_1、k_2，见表4-3。系数 k_1 和 k_2 只取决于混凝土受压应力-应变曲线的形状，因此称为混凝土受压应力-应变曲线系数。

表 4-3　混凝土受压应力-应变曲线系数 k_1 和 k_2

强度等级	≤C50	C60	C70	C80
k_1	0.797	0.774	0.746	0.713
k_2	0.588	0.598	0.608	0.619

基本假定④将纵向受拉钢筋的极限拉应变规定为0.01，实际是给出了正截面达到承载力极限状态的另一个标志。对于有明显屈服点的钢筋，该值相当于钢筋应变进入了屈服台阶；对于无屈服点的钢筋，设计所用的强度是以名义屈服点为依据的。极限拉应变的规定是限制钢筋的强化强度，同时，也表示设计采用的钢筋的极限拉应变不得小于0.01，以保证结构构件具有必要的延性。

基本假定⑤规定了纵向受拉钢筋和纵向受压钢筋的应力都不大于其屈服强度标准值为基础的抗拉强度设计值和抗压强度设计值，从而使得正截面承载力有可靠的储备。所以基本假定⑤实际上是一种设计规定。

4.2.2　等效矩形应力图

图4-10(a)为单筋矩形截面适筋梁的理论应力图形，由于采用了平截面假定和基本假定③，该应力图形符合图4-9所示曲线的变化规律，即符合式(4-3)和式(4-4)。

根据应力图形，受压区混凝土压应力合力可由积分给出：

$$C = \int_0^{x_c} \sigma_c(\varepsilon_c) b \, \mathrm{d}y \tag{4-11}$$

合力 C 到中和轴的距离：

$$y_c = \frac{\int_0^{x_c} \sigma_c(\varepsilon_c) b y \, \mathrm{d}y}{C} = \frac{\int_0^{x_c} \sigma_c(\varepsilon_c) y \, \mathrm{d}y}{\int_0^{x_c} \sigma_c(\varepsilon_c) \, \mathrm{d}y} \tag{4-12}$$

式中：x_c——中和轴高度，即受压区理论高度。

由平截面假定可得距中和轴 y 处有

$$\frac{\varepsilon_c}{y} = \frac{\varepsilon_{cu}}{x_c}$$

由上式取 $y = \dfrac{x_c}{\varepsilon_{cu}} \varepsilon_c$，$\mathrm{d}y = \dfrac{x_c}{\varepsilon_{cu}} \mathrm{d}\varepsilon_c$，代入式(4-11)、式(4-12)，并结合式(4-9)、式(4-10)，可得受压区压应力的合力 C 与 C 到中和轴的距离分别为

$$C = \int_0^{\varepsilon_{cu}} \sigma_c(\varepsilon_c) b \frac{x_c}{\varepsilon_{cu}} \mathrm{d}\varepsilon_c = x_c b \frac{C_{cu}}{\varepsilon_{cu}} = k_1 f_c b x_c \tag{4-13}$$

$$y_c = \frac{\int_0^{\varepsilon_{cu}} \sigma_c(\varepsilon_c) b \left(\frac{x_c}{\varepsilon_{cu}}\right)^2 \varepsilon_c \mathrm{d}\varepsilon_c}{x_c b \dfrac{C_{cu}}{\varepsilon_{cu}}} = x_c \frac{y_{cu}}{\varepsilon_{cu}} = k_2 x_c \tag{4-14}$$

由上述两式可知，合力 C 和作用位置 y_c 仅与混凝土受压应力－应变曲线系数 k_1、k_2 和受压区高度 x_c 有关，而在正截面极限承载力 M_u 的计算中也仅需知道 C 的大小和作用位置 y_c 就够了。因此，为了简化计算，可取等效矩形应力图形来代换受压区混凝土的理论应力图形，如图 4－10(b)所示。两个图形的等价条件是：

①混凝土压应力的合力 C 大小相等。

②两图形中受压区混凝土压应力合力 C 的作用点不变。

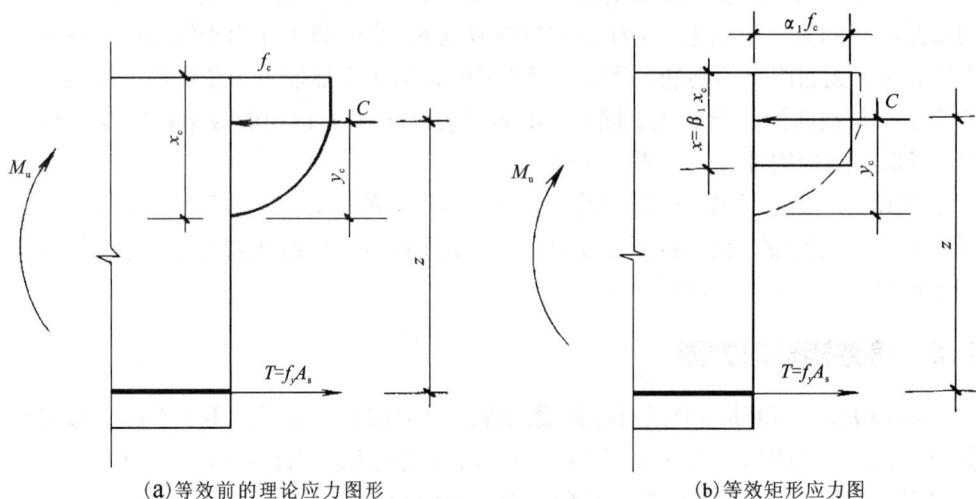

(a)等效前的理论应力图形　　　　　　　　　　　(b)等效矩形应力图

图 4－10　等效矩形应力图

设等效矩形应力图的应力值为 $\alpha_1 f_c$，高度为 x，则按等效条件，由式(4－13)、式(4－14)可得：

$$\left. \begin{aligned} \alpha_1 f_c b x &= k_1 f_c b x_c \\ x &= 2(x_c - y_c) = 2(1 - k_2) x_c \end{aligned} \right\} \tag{4-15}$$

令 $\beta_1 = x/x_c = 2(1-k_2)$，则 $\alpha_1 = \dfrac{k_1}{\beta_1} = \dfrac{k_1}{2(1-k_2)}$。可见系数 α_1 和 β_1 也仅与混凝土受压应力－应变曲线有关，称为等效矩形应力图系数。系数 α_1 是受压区混凝土矩形应力图的应力值与混凝土轴心抗压强度设计值的比值；系数 β_1 是矩形应力图受压区高度 x 与中和轴高度的比值。α_1 的取值为：当 $f_{cu,k} \leqslant 50$ N/mm^2 时，α_1 取为 1.0，当 $f_{cu,k} = 80$ N/mm^2 时，α_1 取为 0.94，其间数值按线性内插法取用。β_1 的取值为：当 $f_{cu,k} \leqslant 50$ N/mm^2 时，β_1 取为 0.8，当 $f_{cu,k} = 80$ N/mm^2 时，β_1 取为 0.74，其间数值按线性内插

法取用。α_1、β_1 的取值见表 4 – 4。

表 4 – 4 混凝土受压区等效矩形应力图系数

	≤ C50	C55	C60	C65	C70	C75	C80
α_1	1.0	0.99	0.98	0.97	0.96	0.95	0.94
β_1	0.8	0.79	0.78	0.77	0.76	0.75	0.74

4.2.3 适筋梁与超筋梁的界限

如前所述，适筋梁与超筋梁的界限是平衡配筋梁，即在受拉钢筋屈服的同时，受压区混凝土边缘纤维也达到其极限压应变 ε_{cu}，截面破坏。如图 4 – 11 所示，设钢筋开始屈服时的应变为 ε_y，则：

$$\varepsilon_y = \frac{f_y}{E_s}$$

式中：E_s——钢筋的弹性模量。

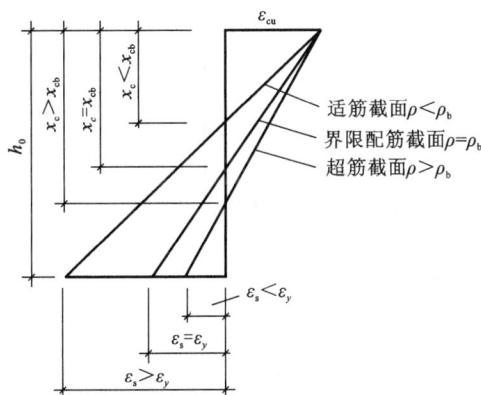

图 4 – 11 适筋梁、超筋梁、界限配筋梁破坏时的正截面平均应变图

设界限破坏时中和轴高度为 x_{cb}，则有：

$$\frac{x_{cb}}{h_0} = \frac{\varepsilon_{cu}}{\varepsilon_{cu} + \varepsilon_y} \qquad (4-16)$$

把 $x_b = \beta_1 x_{cb}$ 代入式（4 – 16），得：

$$\frac{x_b}{\beta_1 h_0} = \frac{\varepsilon_{cu}}{\varepsilon_{cu} + \varepsilon_y} \qquad (4-17)$$

式中：h_0——截面有效高度；

$\quad\quad x_b$——界限受压区高度。

设 $\xi_b = \dfrac{x_b}{h_0}$，称为相对界限受压区高度，将 $\xi_b = \dfrac{x_b}{h_0}$，$\varepsilon_y = \dfrac{f_y}{E_s}$ 代入式 $(4-17)$ 得：

$$\xi_b = \frac{\beta_1}{1 + \dfrac{f_y}{E_s \varepsilon_{cu}}} \qquad (4-18)$$

式中：f_y——纵向钢筋的抗拉强度设计值；

ε_{cu}——非均匀受压时的混凝土极限压应变值，按式 $(4-7)$ 计算，混凝土强度等级不大于 C50 时，$\varepsilon_{cu} = 0.0033$。

由式 $(4-18)$ 算得的 ξ_b 值见表 $4-5$。

表 4-5　相对界限受压区高度 ξ_b 值

钢筋等级	混凝土强度等级						
	$\leqslant$ C50	C55	C60	C65	C70	C75	C80
HPB300	0.576	0.566	0.556	0.547	0.537	0.528	0.518
HRB335 HRBF335	0.550	0.541	0.531	0.522	0.512	0.503	0.493
HRB400 HRBF400 RRB400	0.518	0.508	0.499	0.490	0.481	0.472	0.463
HRB500 HRBF500 RRB500	0.482	0.473	0.464	0.455	0.447	0.438	0.429

设 $\xi = \dfrac{x}{h_0}$，其中 ξ 称为相对受压区高度，x 为受压区高度。

当相对受压区高度 $\xi > \xi_b$ 时，属于超筋梁。

当 $\xi = \xi_b$ 时，属于界限配筋梁，与此对应的纵向受拉钢筋的配筋率，称为界限配筋率，记作 ρ_b，此时考虑截面上力的平衡条件，有：

$$\alpha_1 f_c b x_b = f_y A_s$$

故

$$\rho_b = \frac{A_s}{bh_0} = \alpha_1 \xi_b \frac{f_c}{f_y} \qquad (4-19)$$

式 $(4-19)$ 即为受弯构件最大配筋率的计算公式。这里，x_{cb}、x_b、ρ_b、ξ_b 的下标 b 表示均表示界限(boundary)。为了方便起见，将常用的具有明显屈服点钢筋配成的普通钢筋混凝土受弯构件的最大配筋率 ρ_b 列在表 $4-6$ 中。

表 4 – 6　建筑工程受弯构件截面最大配筋率 ρ_b（%）

钢筋等级	混凝土强度等级												
	C20	C25	C30	C35	C40	C45	C50	C55	C60	C65	C70	C75	C80
HPB300	1.64	2.03	2.44	2.85	3.26	3.60	3.94	4.19	4.42	4.63	4.81	4.95	5.10
HRB335 HRBF335	1.41	1.75	2.10	2.45	2.80	3.10	3.39	3.60	3.80	3.98	4.13	4.25	4.36
HRB400 HRBF400 RRB400	1.10	1.37	1.65	1.92	2.20	2.43	2.66	2.82	2.97	3.11	3.23	3.32	3.41
HRB500 HRBF500 RRB500	0.85	1.06	1.27	1.48	1.69	1.87	2.05	2.18	2.29	2.40	2.48	2.55	2.62

4.3　单筋矩形截面受弯构件正截面承载力计算

矩形截面通常分为单筋矩形截面和双筋矩形截面两种形式。只在截面的受拉区配有纵向受力钢筋而在受压区配置纵向架立筋的矩形截面，称为单筋矩形截面。其中受压区的纵向架立钢筋虽然受压，但对正截面受弯承载力的贡献很小，所以只在构造上起架立钢筋的作用，计算中不予考虑。如果在受压区配置的纵向受力钢筋数量比较多，则其不仅起架立钢筋的作用，而且在正截面受弯承载力的计算中必须考虑其作用，这样配筋的矩形截面称为双筋矩形截面。

4.3.1　基本计算公式及适用条件

1. 基本计算公式

单筋矩形截面受弯构件的正截面受弯承载力计算简图如图 4 – 12 所示，图中 x 为混凝土受压区高度，z 为内力臂。为此，我们可以建立两个静力平衡方程。

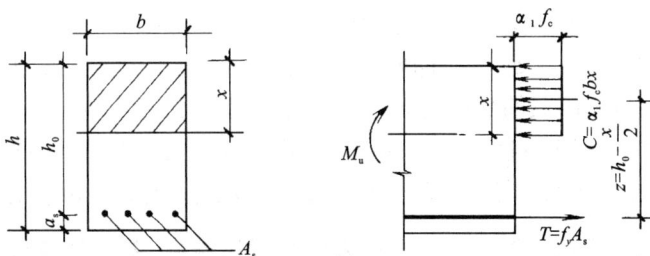

图 4 – 12　单筋矩形截面受弯构件正截面承载力计算简图

（1）力平衡方程：

$$\alpha_1 f_c b x = f_y A_s \qquad (4-20)$$

（2）力矩平衡方程：

对受压区混凝土压应力合力的作用点取矩时：

$$M_u = f_y A_s \left(h_0 - \frac{x}{2} \right) \qquad (4-21\text{a})$$

对受拉区纵向受力钢筋的合力点取矩时：

$$M_u = \alpha_1 f_c b x \left(h_0 - \frac{x}{2} \right) \qquad (4-21\text{b})$$

2. 适用条件

（1）为防止出现超筋破坏，必须满足：

$$\rho \leqslant \rho_b = \alpha_1 \xi_b \frac{f_c}{f_y} \qquad (4-22\text{a})$$

或

$$x \leqslant x_b \qquad (4-22\text{b})$$

或

$$\xi \leqslant \xi_b \qquad (4-22\text{c})$$

因此，单筋矩形截面的最大正截面受弯承载力为

$$M_{u,\ \text{max}} = \alpha_1 f_c b h_0^2 \xi_b (1 - 0.5\xi_b) \qquad (4-23)$$

（2）为防止出现少筋破坏，必须满足：

$$\rho \geqslant \rho_{\min} \frac{h}{h_0} \qquad (4-24)$$

4.3.2 截面设计与复核

受弯构件正截面受弯承载力计算包括截面设计与截面复核两类问题。

1. 截面设计

截面设计时，应令正截面弯矩设计值与正截面受弯承载力设计值相等。

常遇到下列情形：已知 M、混凝土强度等级及钢筋强度等级、矩形截面宽度 b 及截面高度 h，求所需的受拉钢筋截面面积 A_s。

这时先根据环境类别及混凝土强度等级，查附表 3-1 得混凝土保护层最小厚度，假定 a_s，再计算出 h_0，按混凝土强度等级确定 α_1，代入式（4-21b）求解一元二次方程式得 x。然后验算适用条件（1）$x \leqslant \xi_b h_0$，即要求满足 $\xi \leqslant \xi_b$。若 $\xi > \xi_b$，需要加大截面，或提高混凝土强度等级，或改用双筋矩形截面。若 $\xi \leqslant \xi_b$，继续进行计算，将 x 代入式（4-20）求出 A_s。按求出的 A_s 选择钢筋，采用的钢筋截面面积与计算所得 A_s 值，两者相差不应超过 ±5%，并检查实际的 a_s 值与假定的 a_s 值是否大致相符，若相差太大，则需重新计算。最后应该以实际采用的钢筋截面面积来验算适用条件（2），即要求满足 $\rho \geqslant \rho_{\min} \dfrac{h}{h_0}$。

如果不满足，则纵向受拉钢筋应按 $\rho_{\min} \dfrac{h}{h_0}$ 配置。

在正截面受弯承载力设计中，钢筋直径、数量和层数等未知，因此需要预先估计 a_s。当环境类别为一类时（即室内环境），一般取值如下：

①梁内一层钢筋时，$a_s = 40$ mm。

②梁内两层钢筋时，$a_s = 65$ mm。

③对于板，$a_s = 20$ mm。

2. 截面复核

已知：M、b、h、A_s，混凝土强度等级及钢筋强度等级，求 M_u。

先由 $\rho = \dfrac{A_s}{bh_0}$ 计算 $\xi = \rho \dfrac{f_y}{\alpha_1 f_c}$，如果满足适用条件：$\xi \leqslant \xi_b$ 及 $\rho \geqslant \rho_{\min} \dfrac{h}{h_0}$，则可按下列公式求出 M_u：

$$M_u = f_y A_s h_0 (1 - 0.5\xi) \tag{4-25a}$$

或

$$M_u = \alpha_1 f_c b h_0^2 \xi (1 - 0.5\xi) \tag{4-25b}$$

当 $M_u \geqslant M$ 时，认为截面受弯承载力满足要求，否则为不安全。

当 M_u 大于 M 过多时，该截面设计不经济。

作为补充，说明一下 ξ 的物理意义：(1) 由 $\xi = \dfrac{x}{h_0}$ 知，ξ 为相对受压区高度；(2) 由 $\xi = \rho \dfrac{f_y}{\alpha_1 f_c}$ 知，ξ 与纵向受拉钢筋配筋率 ρ 相比，不仅考虑了纵向受拉钢筋截面面积 A_s 与混凝土有效面积 bh_0 的比值，也考虑了两种材料力学性能指标的比值，能更全面地反映纵向受拉钢筋与混凝土有效面积的匹配关系，因此又称 ξ 为配筋系数。由于纵向受拉钢筋配筋率 ρ 比较直观，故通常还用 ρ 作为纵向受拉钢筋与混凝土两种材料匹配的标志。

截面复核也可以采用以下方法：

先按式 (4-20) 求出混凝土受压区高度：

$$x = \frac{f_y A_s}{\alpha_1 f_c b}$$

再求出配筋率：

$$\rho = \frac{A_s}{bh_0}$$

如果满足 $x \leqslant \xi_b h_0$ 且 $\rho \geqslant \rho_{\min} \dfrac{h}{h_0}$，则 M_u 可按式 (4-21a) 求出。

4.3.3　正截面受弯承载力的计算系数与计算方法

令 $M = M_u$，式 (4-21b) 可写成：

$$M = \alpha_1 f_c b x \left(h_0 - \frac{x}{2}\right) = \alpha_1 f_c b h_0 \left(h_0 - \frac{\xi h_0}{2}\right) = \alpha_1 f_c b h_0^2 \xi (1 - 0.5\xi) \tag{4-26}$$

令

$$\alpha_s = \xi(1 - 0.5\xi) \tag{4-27}$$

则式 (4-26) 可写成：

$$M = \alpha_s \cdot \alpha_1 f_c b h_0^2 \tag{4-28}$$

式中：α_s——截面抵抗矩系数，相当于匀质弹性体矩形截面梁抵抗矩 W 系的 $\dfrac{1}{6}$。

式 (4-21a) 可写成：

$$M = f_y A_s \left(h_0 - \frac{x}{2} \right) = f_y A_s h_0 \left(1 - \frac{x}{2h_0} \right) = f_y A_s h_0 (1 - 0.5\xi) \quad (4-29)$$

令

$$\gamma_s = 1 - 0.5\xi \quad (4-30)$$

则式(4-29)可写成:

$$M = f_y A_s \gamma_s h_0 \quad (4-31)$$

式中: $\gamma_s h_0$——内力臂;

γ_s——内力臂系数。

由式(4-27)可得:

$$\xi = 1 - \sqrt{1 - 2\alpha_s} \quad (4-32a)$$

代入式(4-30)可得:

$$\gamma_s = \frac{1 + \sqrt{1 - 2\alpha_s}}{2} \quad (4-32b)$$

在截面设计中按 $\alpha_s = \dfrac{M}{\alpha_1 f_c b h_0^2}$ 求得 α_s 值后, 就可由式(4-32a)、式(4-32b)求得 ξ、γ_s 值。再根据下式可以很方便地计算出纵向受拉钢筋的截面面积:

$$A_s = \frac{M}{f_y \gamma_s h_0} \quad (4-33)$$

另外, 由式(4-28)求得单筋矩形截面的最大受弯承载力:

$$M_{u, max} = \alpha_{s, max} \alpha_1 f_c b h_0^2 \quad (4-34a)$$

$$\alpha_{s, max} = \xi_b (1 - 0.5\xi_b) \quad (4-34b)$$

式中: $\alpha_{s, max}$——截面的最大抵抗矩系数, 见表4-7。

由力的平衡条件式(4-20)可计算出单筋矩形截面纵向受拉钢筋的最大截面面积为:

$$A_{s, max} = \frac{\xi_b \alpha_1 f_c b h_0}{f_y} \quad (4-35)$$

表4-7 截面最大抵抗矩系数 $\alpha_{s, max}$

钢筋等级	混凝土强度等级						
	≤C50	C55	C60	C65	C70	C75	C80
HPB300	0.410	0.406	0.402	0.397	0.393	0.388	0.384
HRB335 HRBF335	0.399	0.394	0.390	0.386	0.381	0.376	0.372
HRB400 HRBF400 RRB400	0.384	0.379	0.375	0.370	0.365	0.360	0.356
HRB500 HRBF500 RRB500	0.366	0.361	0.357	0.352	0.347	0.342	0.337

【例 4 - 1】　某教学楼矩形截面钢筋混凝土简支梁，截面尺寸为 $b \times h = 200\ \text{mm} \times 500\ \text{mm}$（图 4 - 13），环境类别为一类，设计使用年限为 50 年，安全等级为二级，计算跨度 $l_0 = 6.0\ \text{m}$，板传来的永久荷载及梁的自重标准值 $g_k = 17.2\ \text{kN/m}$，板传来的楼面活荷载标准值 $q_k = 9.5\ \text{kN/m}$，混凝土的强度等级为 C30，钢筋采用 HRB400 钢筋。求纵向受力钢筋所需面积。

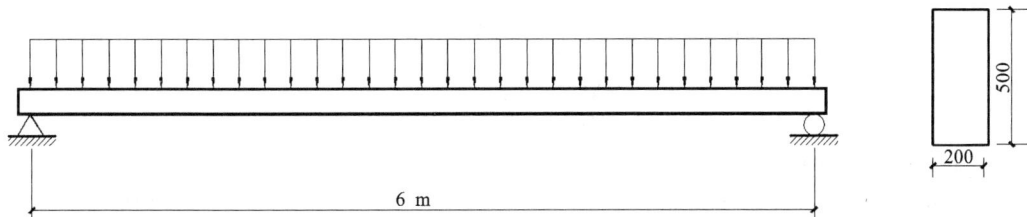

图 4 - 13　例 4 - 1 图

【解】　由附表 3 - 1 知，环境类别为一类，C30 时梁的混凝土保护层最小厚度 c 为 20 mm。假设下部纵向受拉钢筋为一层，取 $a_s = 40\ \text{mm}$，则

$$h_0 = 500 - 40 = 460\ \text{mm}$$

（1）求最大弯矩设计值。

设计使用年限为 50 年，安全等级为二级：

$$\gamma_0 = 1.0,\ \gamma_L = 1.0$$

因此梁跨中截面的最大弯矩设计值为：

$$\gamma_G = 1.3,\ \gamma_Q = 1.5$$

$$
\begin{aligned}
M &= \gamma_0 \left(\frac{1}{8} \gamma_G g_k l_0^2 + \frac{1}{8} \gamma_Q \gamma_L q_k l_0^2 \right) \\
&= 1.0 \times \left(\frac{1}{8} \times 1.3 \times 17.2 \times 6.0^2 + \frac{1}{8} \times 1.5 \times 1.0 \times 9.5 \times 6.0^2 \right) \\
&= 164.75\ \text{kN} \cdot \text{m}
\end{aligned}
$$

（2）求所需纵向受力钢筋截面面积。

已知：$f_y = 360\ \text{N/mm}^2$，$f_c = 14.3\ \text{N/mm}^2$，$f_t = 1.43\ \text{N/mm}^2$，由表 4 - 4 知 $\alpha_1 = 1.0$，由表 4 - 5 知 $\xi_b = 0.518$。

令 $M_u = M$，代入 $M_u = \alpha_1 f_c b x \left(h_0 - \dfrac{x}{2} \right)$ 得：

$$x = h_0 - \sqrt{h_0^2 - 2 \frac{M}{\alpha_1 f_c b}}$$

力的单位用 N，长度的单位用 mm，代入数据得

$$x = 460 - \sqrt{460^2 - 2 \times \frac{164.75 \times 10^6}{1.0 \times 14.3 \times 200}} = 149.53\ \text{mm}$$

将 x 代入 $\alpha_1 f_c b x = f_y A_s$ 得 A_s：

$$A_s = \frac{\alpha_1 f_c bx}{f_y} = \frac{1.0 \times 14.3 \times 200 \times 149.53}{360} = 1187.9 \text{ mm}^2$$

选用 $2 \Phi 25 + 1 \Phi 18$，$A_s = 1236.5 \text{ mm}^2$，实配钢筋面积为 1236.5 mm^2。

(3)验算。

$$\xi = \frac{x}{h_0} = \frac{149.53}{460} = 0.325 < \xi_b = 0.518，满足。$$

$$\rho = \frac{A_s}{bh_0} = \frac{1236.5}{200 \times 460} = 1.34\% > \rho_{\min} \cdot \frac{h}{h_0} = 0.45 \frac{f_t}{f_y} \cdot \frac{h}{h_0} = 0.45 \times \frac{1.43}{360} \times \frac{500}{460} = 0.19\%$$

同时，$\rho > 0.2\% \times \frac{h}{h_0} = 0.2\% \times \frac{500}{460} = 0.22\%$，满足。

(4)绘制配筋图。

绘制配筋图如图 4 − 14 所示。

【例 4 − 2】　某教学大楼的内廊为简支在砖墙上的钢筋混凝土现浇平板(图 4 − 15)，板上作用的均布活荷载标准值为 $q_k = 2.5 \text{ kN/m}^2$。水磨石地面及细石混凝土垫层共 30 mm 厚(重力密度为 22 kN/m^3)，板底粉刷白灰砂浆 20 mm 厚(重力密度为 17 kN/m^3)。混凝土强度等级选用 C30，纵向受拉钢筋采用 HRB335 级钢筋。环境类别为一类，设计使用年限为 50 年，安全等级为二级。试确定板厚度和受拉钢筋截面面积。

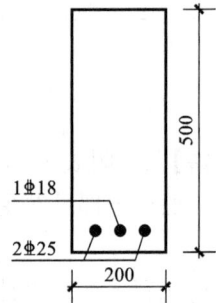

图 4 − 14　例 4 − 1 配筋图

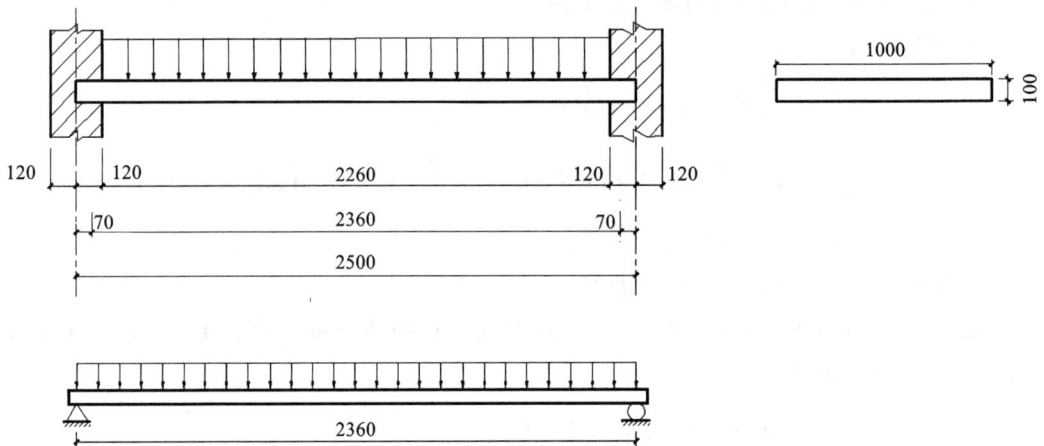

图 4 − 15　例 4 − 2 图

【解】　取板宽 $b = 1000$ mm 的板条作为计算单元，走道板搁置在砖墙上，砖墙对其约束很小，可视为简支。

(1)选取板厚。

本走道板采用实心平板，板厚取 100 mm，因此截面尺寸取为 $b \times h = 1000 \text{ mm} \times$

100 mm。由附表 3 - 1 知，环境类别为一类，C30 时板的混凝土保护层最小厚度 c 为 15 mm，从板的受拉边缘至受拉纵向钢筋的距离 a_s 取 20 mm，截面的有效高度为：

$$h_0 = 100 - 20 = 80 \text{ mm}$$

（2）计算跨度。

板的计算跨度可取板的净跨加板的厚度，因此有

$$l_0 = l_n + h = 2260 + 100 = 2360 \text{ mm}$$

（3）荷载设计值。

板上的荷载分恒载和活荷载，荷载又分为标准值和设计值。承载力计算采用荷载设计值计算时，可先算恒载和活荷载的标准值，再计算其设计值。计算恒载标准值时，可从板面至板底逐项计算，防止漏项。

恒载的标准值：

水磨石地面及细石混凝土垫层，$1.0 \times 0.03 \times 22 = 0.66$ kN/m。

钢筋混凝土板自重，$1.0 \times 0.10 \times 25 = 2.5$ kN/m。

白灰砂浆粉刷层，$1.0 \times 0.02 \times 17 = 0.34$ kN/m。

$$g_k = 0.66 + 2.5 + 0.34 = 3.5 \text{ kN/m}$$

活荷载标准值：

$$q_k = 1.0 \times 2.5 = 2.5 \text{ kN/m}$$

（4）弯矩设计值。

走道板上无偶然荷载，只需考虑荷载的基本组合。

设计使用年限为 50 年，安全等级为二级：

$$\gamma_0 = 1.0 \quad \gamma_L = 1.0$$

$\gamma_G = 1.3$，$\gamma_Q = 1.5$。跨中弯矩最大设计值为：

$$M = \gamma_0 \left(\frac{1}{8} \gamma_G g_k l_0^2 + \frac{1}{8} \gamma_Q \gamma_L q_k l_0^2 \right)$$

$$= 1.0 \times \left(\frac{1}{8} \times 1.3 \times 3.5 \times 2.360^2 + \frac{1}{8} \times 1.5 \times 1.0 \times 2.5 \times 2.360^2 \right)$$

$$= 5.78 \text{ kN} \cdot \text{m}$$

（5）配筋计算。

已知：$f_c = 14.3$ N/mm^2，$f_t = 1.43$ N/mm^2，$f_y = 300$ N/mm^2，由表 4 - 4 知 $\alpha_1 = 1.0$，由表 4 - 5 知 $\xi_b = 0.550$。

令 $M_u = M$，代入 $M_u = \alpha_1 f_c b x (h_0 - \frac{x}{2})$ 得

$$x = h_0 - \sqrt{h_0^2 - 2 \frac{M}{\alpha_1 f_c b}}$$

力的单位用 N，长度的单位用 mm，代入数据得

$$x = 80 - \sqrt{80^2 - 2 \times \frac{5.78 \times 10^6}{1.0 \times 14.3 \times 1000}} = 5.22 \text{ mm}$$

将 x 代入 $\alpha_1 f_c b x = f_y A_s$ 得 A_s：

$$A_s = \frac{\alpha_1 f_c b x}{f_y} = \frac{1.0 \times 14.3 \times 1000 \times 5.22}{300} = 248.82 \ \text{mm}^2$$

（6）验算。

$$\xi = \frac{x}{h_0} = \frac{5.22}{80} = 0.065 < \xi_b = 0.55，满足。$$

$$\rho = \frac{A_s}{bh_0} = \frac{248.82}{1000 \times 80} = 0.311\% > \rho_{min} \times \frac{h}{h_0} = 0.45 \frac{f_t}{f_y} \times \frac{h}{h_0} = 0.45 \times \frac{1.43}{300} \times \frac{100}{80} = 0.268\%$$

$$\rho > 0.2\% \times \frac{h}{h_0} = 0.2\% \times \frac{100}{80} = 0.25\%，满足。$$

（7）选用钢筋及绘制配筋图。

本例题属适筋构件设计，可以按照计算结果选用钢筋。附表 7 - 4 为每米宽板带各种钢筋间距时的钢筋截面面积表。查此表，可选用直径为 8 mm、间距为 200 mm 的 HRB335 级钢筋配筋，计作 Φ8@200，实配钢筋面积为 251 mm^2。

选用钢筋时，很难做到实配钢筋面积与计算钢筋面积相等，尽量使二者相差不超过 ±5% 即可。

板内除配纵向受力钢筋之外，与受力钢筋垂直的方向还应配分布钢筋。分布钢筋不需要计算，只需要满足构造要求便可。本例的分布钢筋选用 HRB335 级钢筋，直径为 6 mm，间距为 250 mm，计作 Φ6@250。绘制配筋图如图 4 - 16 所示。

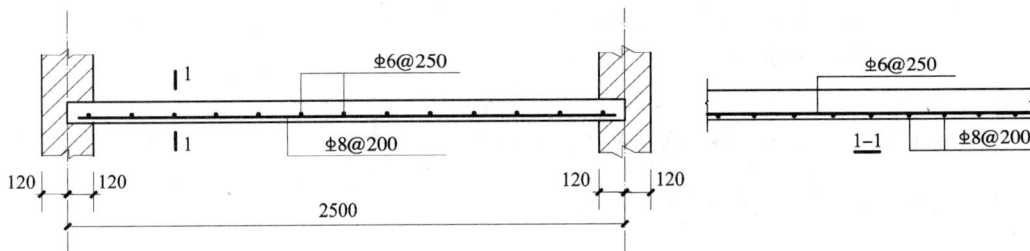

图 4 - 16　例 4 - 2 配筋图

【例 4 - 3】　已知：某教学楼一楼面简支梁，其弯矩设计值 $M = 180 \ \text{kN} \cdot \text{m}$，混凝土强度等级为 C30，钢筋为 HRB400，环境类别为一类，设计使用年限为 50 年，安全等级为二级。试确定梁截面尺寸和所需纵向受力钢筋的面积。

【解】　（1）截面设计。

已知：$f_c = 14.3 \ \text{N/mm}^2$，$f_t = 1.43 \ \text{N/mm}^2$，$f_y = 360 \ \text{N/mm}^2$，由表 4 - 4 知 $\alpha_1 = 1.0$，由表 4 - 5 知 $\xi_b = 0.518$。

假定 $\rho = 1\%$ 及 $b = 250 \ \text{mm}$，则

$$\xi = \rho \frac{f_y}{\alpha_1 f_c} = 0.01 \times \frac{360}{1.0 \times 14.3} = 0.252$$

令 $M = M_u$

则由式 $M = \alpha_1 f_c b \xi (1 - 0.5\xi) h_0^2$ 可得

$$h_0 = \sqrt{\frac{M}{\alpha_1 f_c b \xi (1 - 0.5\xi)}} = \sqrt{\frac{1.80 \times 10^8}{1.0 \times 14.3 \times 250 \times 0.252 \times (1 - 0.5 \times 0.252)}} = 478 \text{ mm}$$

由附表 3 - 1 知，环境类别为一类，梁的混凝土保护层最小厚度为 20 mm，取 $a_s = 40$ mm，$h = h_0 + a_s = 478 + 40 = 518$ mm，实际取 $h = 500$ mm，$h_0 = 500 - 40 = 460$ mm。

（2）配筋计算。

$$\alpha_s = \frac{M}{\alpha_1 f_c b h_0^2} = \frac{1.80 \times 10^8}{1.0 \times 14.3 \times 250 \times 460^2} = 0.238$$

$$\xi = 1 - \sqrt{1 - 2\alpha_s} = 1 - \sqrt{1 - 2 \times 0.238} = 0.276$$

$$\gamma_s = 0.5(1 + \sqrt{1 - 2\alpha_s}) = 0.5 \times (1 + \sqrt{1 - 2 \times 0.238}) = 0.86$$

$$A_s = \frac{M}{f_y \gamma_s h_0} = \frac{1.80 \times 10^8}{360 \times 0.86 \times 460} = 1264 \text{ mm}^2$$

选配 2 Φ 25 + 1 Φ 20，$A_s = 1296$ mm²。

（3）验算。

$\xi = 0.276 < \xi_b = 0.518$，满足。

$$\rho = \frac{1296}{250 \times 460} = 1.13\% > \rho_{min} \cdot \frac{h}{h_0} = 45 \frac{f_t}{f_y} \cdot \frac{h}{h_0}\%$$

$$= 0.45 \times \frac{1.43}{360} \times \frac{500}{460} = 0.19\%$$

同时 $\rho > 0.2\% \times \frac{h}{h_0} = 0.2\% \times \frac{500}{460} = 0.22\%$，满足。

（4）绘制配筋图。

绘制配筋图如图 4 - 17 所示。

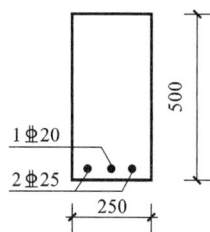

图 4 - 17　例 4 - 3 配筋图

【例 4 - 4】　已知梁的截面尺寸为 $b \times h = 250$ mm $\times 450$ mm，纵向受拉钢筋为 4 根直径为 20 mm 的 HRB400 级钢筋，$A_s = 1256$ mm²，混凝土强度等级为 C35，承受的弯矩设计值 $M = 135$ kN·m，设计使用年限为 50 年，环境类别为一类，安全等级为二级。试验算此梁截面是否安全。

【解】

（1）求受压区高度 x。

已知：$f_c = 16.7$ N/mm²，$f_t = 1.57$ N/mm²，$f_y = 360$ N/mm²，由表 4 - 4 知 $\alpha_1 = 1.0$。

由附表 3 - 1 可知，环境类别为一类，梁的最小保护层厚度为 20 mm，取 $a_s = 40$ mm，截面有效高度：

$$h_0 = 450 - 40 = 410 \text{ mm}$$

受压区计算高度

$$x = \frac{f_y A_s}{\alpha_1 f_c b} = \frac{360 \times 1256}{1.0 \times 16.7 \times 250} = 108.3 \text{ mm}$$

（2）求 M_u。

$$M_u = \alpha_1 f_c b x \left(h_0 - \frac{x}{2}\right) = 1.0 \times 16.7 \times 250 \times 108.3 \times \left(410 - \frac{108.3}{2}\right) = 160.9 \text{ kN} \cdot \text{m}$$

(3)判别截面承载力是否满足。

$M_u = 160.9\ \text{kN} \cdot \text{m} > M = 135\ \text{kN} \cdot \text{m}$，结构安全。

4.4 双筋矩形截面受弯构件正截面承载力计算

4.4.1 基本计算公式及适用条件

在正截面受弯承载力计算中，采用受压钢筋协助混凝土承受压力是不经济的，因而从承载力计算角度出发，双筋矩形截面只用于以下几种情况：

(1)弯矩很大，按单筋矩形截面计算所得的 ξ 大于 ξ_b，而梁截面尺寸受到限制，混凝土强度等级又不能提高时。

(2)在不同荷载组合情况时，梁截面承受异号弯矩。

1. 纵向受压钢筋抗压强度的取值

由平截面假定可得受压钢筋的压应变取值

$$\varepsilon_s' = \frac{x_c - a_s'}{x_c}\varepsilon_{cu} = \left(1 - \frac{a_s'}{x/\beta_1}\right)\varepsilon_{cu} = \left(1 - \frac{\beta_1 a_s'}{x}\right)\varepsilon_{cu}$$

若取 $a_s' = 0.5x$，

$\varepsilon_s' = \left(1 - \dfrac{0.5x\beta_1}{x}\right)\varepsilon_{cu} = (1 - 0.5\beta_1)\varepsilon_{cu}$，当 $f_{cu,k} = 80\ \text{N/mm}^2$，有 $\varepsilon_{cu} = 0.003$，$\beta_1 =$ 0.74，得 $\varepsilon_s' = 0.00189$，相应的压应力 $\sigma_s' = \varepsilon_s' E_s = 378\ \text{N/mm}^2$。由附表 2 – 3 知对于 300 MPa 级、335 MPa 级和 400 MPa 级钢筋，此 σ_s' 值已超过它们的抗拉强度设计值 f_y，因此抗压强度设计值只能取等于 f_y(钢筋的抗拉与抗压屈服强度相同)。可见纵向受压钢筋的抗压强度采用 f_y' 的先决条件是：

$$x \geqslant 2a_s' \quad \text{或} \quad z \leqslant h_0 - a_s' \tag{4-36}$$

式中：取 $z = h_0 - x/2$。其含义为受压钢筋的位置不低于矩形受压应力图形的重心。不满足式(4 – 36)的规定表明受压钢筋的位置离中和轴太近，受压钢筋的应变 ε_s' 太小，以致其应力达不到抗压强度设计值 f_y'。

此外，必须注意，计算中若考虑受压钢筋的作用，应按规范规定，箍筋应做成封闭式，其间距不应大于 $15d$(d 为受压钢筋最小直径)，同时不应大于 400 mm。否则，纵向受压钢筋可能发生纵向弯曲(压屈)而向外凸出，引起保护层剥落甚至使受压混凝土过早发生脆性破坏。

2. 计算公式及适用条件

双筋矩形截面受弯构件正截面受弯的截面计算简图如图 4 – 18(a)所示。

由力平衡条件，可得：

$$\alpha_1 f_c bx + f_y' A_s' = f_y A_s \tag{4-37}$$

由对受拉钢筋合力点取矩的力矩平衡条件，可得：

$$M_u = \alpha_1 f_c bx\left(h_0 - \frac{x}{2}\right) + f_y' A_s'(h_0 - a_s') \tag{4-38}$$

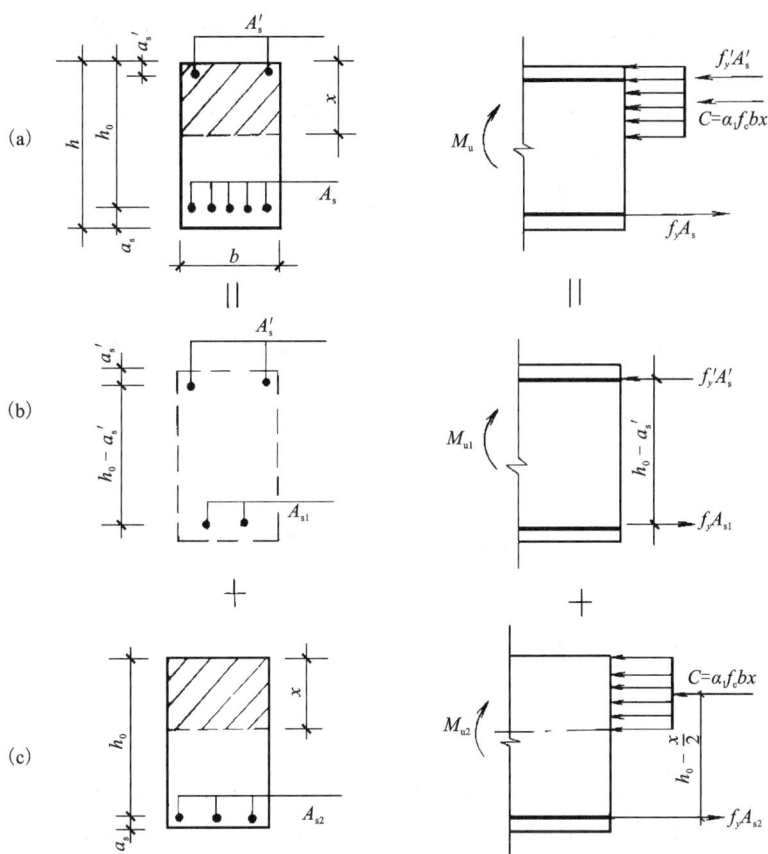

图 4 – 18　双筋矩形截面受弯构件正截面受弯承载力计算简图

应用上述二式时，必须满足下列适用条件

（1）$x \leqslant \xi_b h_0$；

（2）$x \geqslant 2a'_s$。

当不满足条件（2）时，取 $x = 2a'_s$，即假定受压区钢筋合力点与受压区混凝土压应力合力点重合，可对该重合点取矩，正截面受弯承载力按下式计算

$$M_u = f_y A_s (h_0 - a'_s) \tag{4-39}$$

当由构造要求或按正常使用极限状态计算要求配置的纵向受拉钢筋截面面积大于正截面受弯承载力要求的配筋面积时，按式（4 – 37）或式（4 – 38）计算的混凝土受压区高度 x，可仅计入正截面受弯承载力条件所需的纵向受拉钢筋面积。

4.4.2　截面设计与复核

1. 截面设计

有两种情况，一种是受压钢筋和受拉钢筋都是未知的；另一种是因构造要求等原

因,受压钢筋是已知的,求受拉钢筋。如前所述,截面设计时,令 $M = M_u$。

(1)情况1:已知截面尺寸 $b \times h$,混凝土强度等级及钢筋等级,弯矩设计值 M。求:受压钢筋 A_s' 和受拉钢筋 A_s。

因式(4-37)及式(4-38)的两个基本计算公式中,含有三个未知数,其解不唯一,故需补充一个条件才能求解。显然,在截面尺寸及材料强度已知的情况下,受拉钢筋与受压钢筋面积之和最小时为其最优解。由式(4-38)可有:

$$A_s' = \frac{M - \alpha_1 f_c bx\left(h_0 - \dfrac{x}{2}\right)}{f_y'(h_0 - a_s')} \tag{4-40}$$

由式(4-37),令 $f_y = f_y'$,可得:

$$A_s = A_s' + \frac{\alpha_1 f_c bx}{f_y} \tag{4-41}$$

将式(4-40)与式(4-41)相加,化简可得:

$$A_s + A_s' = \frac{\alpha_1 f_c bx}{f_y} + 2\frac{M - \alpha_1 f_c bx\left(h_0 - \dfrac{x}{2}\right)}{f_y'(h_0 - a_s')}$$

将上式对求 x 导,令 $\dfrac{d(A_s + A_s')}{dx} = 0$,得到:

$$\frac{x}{h_0} = \xi = 0.5\left(1 + \frac{a_s'}{h_0}\right) \approx 0.55$$

为满足适用条件,当 $\xi > \xi_b$ 时应取 $\xi = \xi_b$。由表4-5知,当混凝土强度等级 $\leqslant$ C50 时,对于335 MPa级、400 MPa级钢筋其 $\xi_b = 0.550$、0.518,故可直接取 $\xi = \xi_b$。对于300 MPa级钢筋,在混凝土强度等级 $\leqslant$ C60 时,因它的 ξ_b 都大于0.55,故宜取 $\xi = 0.55$ 计算,此时,若仍取 $\xi = \xi_b$,则钢筋用量略有增加。

当取 $\xi = \xi_b$ 时,由式(4-38)可得:

$$A_s' = \frac{M - \alpha_1 f_c bx_b\left(h_0 - \dfrac{x_b}{2}\right)}{f_y'(h_0 - a_s')} = \frac{M - \alpha_1 f_c bh_0^2\xi_b(1 - 0.5\xi_b)}{f_y'(h_0 - a_s')} \tag{4-42}$$

由式(4-37)可得:

$$A_s = A_s'\frac{f_y'}{f_y} + \xi_b\frac{\alpha_1 f_c bh_0}{f_y} \tag{4-43}$$

当 $f_y = f_y'$ 时:

$$A_s = A_s' + \xi_b\frac{\alpha_1 f_c bh_0}{f_y} \tag{4-44}$$

这里,取 $\xi = \xi_b$ 的意义是充分利用受压区混凝土对正截面受弯承载力的贡献。

(2)情况2:已知截面尺寸 $b \times h$,混凝土强度等级及钢筋等级,弯矩设计值 M 及受压钢筋 A_s',求受拉钢筋 A_s。

第1种求解方法:由于已知 A_s',所以只有充分利用 A_s' 使内力臂最大,算出的 A_s 才会最小。在两个基本公式式(4-37)及式(4-38)中,仅 x 与 A_s 为未知数,可直接联立求解，由式(4 – 38)得：

$$x = h_0 - \sqrt{h_0^2 - 2\frac{M - f_y'A_s'(h_0 - a_s')}{\alpha_1 f_c b}} \qquad (4 - 45)$$

由式(4 – 37)得：

$$A_s = \frac{f_y'A_s' + \alpha_1 f_c bx}{f_y} \qquad (4 - 46)$$

需要注意的是，按式(4 – 45)求出受压区高度后，要验算两个适用条件是否能够满足。若不满足适用条件(1)表明原有的受压钢筋 A_s' 不足，可按 A_s' 未知的情况 1 计算；若不满足适用条件(2)应按式(4 – 39)计算受拉钢筋的截面面积。

第 2 种求解方法，为避免联立求解方程，可采用叠加原理的方法进行求解。如图 4 – 18 所示，可把图 4 – 18(a)的双筋截面看成是以下两个截面的叠加：第一个截面是由受压钢筋 A_s' 与对应的部分受拉钢筋 A_{s1} 组成，提供承载力 M_{u1}，见图 4 – 18(b)；第二个截面是配有部分受拉钢筋 A_{s2} 的单筋矩形截面，提供承载力 M_{u2}，见图 4 – 18(c)；即：

$$M_u = M_{u1} + M_{u2} \qquad (4 - 47)$$

根据图 4 – 18(b)，由力平衡条件和力矩平衡条件，有：

$$A_{s1} = \frac{f_y'}{f_y}A_s' \qquad (4 - 48)$$

$$M_{u1} = f_y'A_s'(h_0 - a_s') \qquad (4 - 49)$$

令 $M = M_u$，则：

$$M_{u2} = M - M_{u1} \qquad (4 - 50)$$

图 4 – 18(c)为单筋矩形梁，首先求出其截面抵抗矩系数

$$\alpha_s = \frac{M_{u2}}{\alpha_1 f_c b h_0^2} \qquad (4 - 51)$$

进一步求出 $\xi = 1 - \sqrt{1 - 2\alpha_s}$。

$$A_{s2} = \frac{\alpha_1 f_c b h_0 \xi}{f_y} \qquad (4 - 52)$$

最后可得

$$A_s = A_{s1} + A_{s1} = \frac{f_y'}{f_y}A_s' + \frac{\alpha_1 f_c b h_0 \xi}{f_y} \qquad (4 - 53)$$

在求解 A_{s2} 时应注意：

①若 $\xi > \xi_b$，表明原有的 A_s' 不足，可按 A_s' 未知的情况 1 计算；

②若求得的 $x < 2a_s'$，表明 A_s' 不能达到其抗压强度设计值，假定混凝土压应力合力点与受压钢筋合力点重合，取 $x = 2a_s'$，对该重合点取矩：

$$A_s = \frac{M}{f_y(h_0 - a_s')} \qquad (4 - 54)$$

③当 $\dfrac{a_s'}{h_0}$ 较大，若 $\alpha_1 f_c b(2a_s')(h_0 - a_s') > M$，按单筋梁计算得到的 A_s 将比式(4 – 54)求出的值要小，这时应不考虑受压钢筋而按单筋梁确定受拉钢筋截面面积 A_s，以节约

钢材。

2. 截面复核

已知截面尺寸 $b \times h$，混凝土强度等级及钢筋等级，受拉钢筋面积 A_s 及受压钢筋面积 A_s'，弯矩设计值 M，求正截面受弯承载力 M_u。

由式(4-37)求 x，若 $2a_s' \leqslant x \leqslant \xi_b h_0$，可代入式(4-38)中求 M_u；

若 $x < 2a_s'$，可利用式(4-39)求 M_u；

若 $x > \xi_b h_0$，则应把 $x = \xi_b h_0$ 代入式(4-38)中求 M_u。

【例4-5】 某库房楼面大梁截面尺寸 $b \times h = 250\ \text{mm} \times 600\ \text{mm}$，设计使用年限为50年，环境类别为一类，安全等级为二级，混凝土的强度等级为C30，用HRB400级钢筋配筋，截面承受的弯矩设计值 $M = 480\ \text{kN} \cdot \text{m}$，试求截面所需受力钢筋面积。

【解】

(1)判别是否需要设计成双筋截面。

已知：$f_c = 14.3\ \text{N/mm}^2$，$f_y = f_y' = 360\ \text{N/mm}^2$，由表4-4知 $\alpha_1 = 1.0$，由表4-5知 $\xi_b = 0.518$。

因弯矩值比较大，假定受拉钢筋放两层，设 $a_s = 65\ \text{mm}$，则

$$h_0 = h - a_s = 600 - 65 = 535\ \text{mm}$$

取 $\xi = \xi_b$，单筋矩形截面能够承受的最大弯矩为：

$$\begin{aligned}
M_u &= \alpha_1 f_c b h_0^2 \xi_b (1 - 0.5\xi_b) \\
&= 1.0 \times 14.3 \times 250 \times 535^2 \times 0.518 \times (1 - 0.5 \times 0.518) \\
&= 393\ \text{kN} \cdot \text{m} < M = 480\ \text{kN} \cdot \text{m}
\end{aligned}$$

因此应将截面设计成双筋截面。

(2)计算所需受拉和受压纵向受力钢筋截面面积。

设受压钢筋按一排布置，$a_s' = 40\ \text{mm}$。

$$A_s' = \frac{M - \alpha_1 f_c b h_0^2 \xi_b (1 - 0.5\xi_b)}{f_y'(h_0 - a_s')} = \frac{4.8 \times 10^8 - 3.93 \times 10^8}{360 \times (535 - 40)} = 488.2\ \text{mm}^2$$

则

$$A_s = A_s' + \xi_b \frac{\alpha_1 f_c b h_0}{f_y} = 488.2 + 0.518 \times \frac{1.0 \times 14.3 \times 250 \times 535}{360} = 3240.3\ \text{mm}^2$$

受拉钢筋选用 $6\ \Phi 25 + 1\ \Phi 20$，实配 $3259\ \text{mm}^2$。

受压钢筋选用 $2\ \Phi 18$，实配 $509\ \text{mm}^2$。

(3)绘制配筋图。

绘制配筋图如图4-19所示。

【例4-6】 已知条件同例4-5，但在受压区已配置 $3\ \Phi 20$ 钢筋，$A_s' = 941\ \text{mm}^2$，试求受拉钢筋截面面积。

【解】 所有条件同例4-5。按叠加法求解，$A_{s1} = A_s' = 941\ \text{mm}^2$，则：

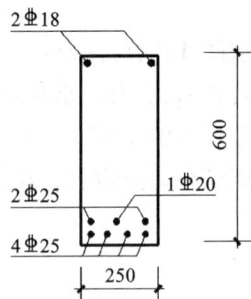

图4-19 例4-5配筋图

$$M_{u1} = f'_y A'_s (h_0 - a'_s) = 360 \times 941 \times (535 - 40) = 167.69 \times 10^6 \ \text{N} \cdot \text{mm}$$

$$M_{u2} = M - M_{u1} = 480 \times 10^6 - 167.69 \times 10^6 = 312.31 \times 10^6 \ \text{N} \cdot \text{mm}$$

已知 M_{u2} 后，按单筋矩形截面求 A_{s2}，假定受拉钢筋放两层。

设 $a_s = 65 \ \text{mm}$，$h_0 = h - a_s = 600 - 65 = 535 \ \text{mm}$

$$\alpha_s = \frac{M_{u2}}{\alpha_1 f_c b h_0^2} = \frac{312.31 \times 10^6}{1.0 \times 14.3 \times 250 \times 535^2} = 0.305$$

$\xi = 1 - \sqrt{1 - 2\alpha_s} = 1 - \sqrt{1 - 2 \times 0.305} = 0.376 < \xi_b = 0.518$，
满足适用条件(1)。

$x = \xi h_0 = 0.376 \times 535 = 201.16 \ \text{mm} > 2a'_s = 80 \ \text{mm}$，满足适用条件(2)。

$$A_{s2} = \frac{\alpha_1 f_c b h_0 \xi}{f_y} = \frac{1.0 \times 14.3 \times 250 \times 535 \times 0.376}{360} = 1998 \ \text{mm}^2$$

$A_s = A_{s1} + A_{s2} = 941 + 1998 = 2939 \ \text{mm}^2$

选用 6 Φ 25，实配 2945 mm^2。

绘制配筋图如图4-20所示。

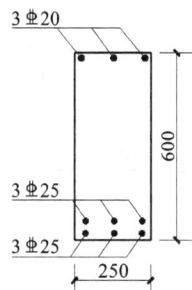

图4-20　例4-6配筋图

4.5 "T"形截面受弯构件正截面承载力计算

受弯构件在破坏时，大部分受拉区混凝土早已退出工作，故从正截面受弯承载力的观点来看，可将受拉区混凝土挖去一部分，如图4-21(a)所示。只要把原有的纵向受拉钢筋集中布置在梁肋中，截面的承载力计算值与原矩形截面完全相同，这样做不仅可以节约混凝土，且可减轻自重。剩下的梁就称为梁肋($b \times h$)及挑出翼缘 b'_f 两部分组成的"T"形截面。

"T"形截面梁在工程中应用广泛，例如在现浇肋梁楼盖中，楼板与梁肋浇筑在一起形成"T"形截面梁。在预制构件中，有时由于构造要求做成独立的"T"形梁，如"T"形檩条及"T"形吊车梁等。由于临近破坏时受拉区混凝土不参与工作，"Ⅱ"形、箱形、"Ⅰ"形等截面极限承载力的计算方法和"T"形截面类似，在承载力计算时均可按"T"形截面考虑。

但是若翼缘在梁的受拉区，即图4-21(b)所示的倒"T"形截面梁，当受拉区的混凝土开裂以后，翼缘对承载力就不再起作用了，对于这种梁应按肋宽为 b 的矩形截面计算受弯承载力。又如现浇肋梁楼盖连续梁支座附近的截面，见图4-22，由于承受负弯矩，翼缘(板)受拉，故仍应按肋宽为 b 的矩形截面计算。对于现浇肋梁楼盖中连续梁的跨中截面，由于肋梁底承受正弯矩，故应按"T"形截面计算。

由理论与试验分析知，"T"形截面梁受力后，翼缘上的纵向压应力是不均匀分布的，离梁肋越远压应力越小。由弹性力学知，其压应力的分布规律取决于截面与跨度的相对尺寸及加载形式。当构件到达破坏时，由于塑性变形的发展，实际压应力分布要比弹性分析的更均匀些，如图4-23(a)、图4-23(c)所示。在工程中，对于现浇"T"形截面梁，即图4-22所示的肋形梁，有时翼缘很宽，考虑到远离梁肋处的压应力很小，故在设计中把翼缘限制在一定范围内,称为翼缘的计算宽度 b_f',并假定在 b_f' 范围内压应力是均匀分布的,见图 4-23(b)、图 4-23(d)。对于图 4-24 所示的预制"T"形截面梁,即独立梁,设计时应使其实际翼缘宽度不超过 b_f'。对于现浇楼盖和装配整体式楼盖,宜考虑楼板作为翼缘时对梁刚度和承载力的影响,表 4-8 中列有《规范》规定的有效翼缘计算宽度 b_f',计算"T"形梁翼缘宽度 b_f' 时应取表中有关各项中的最小值。

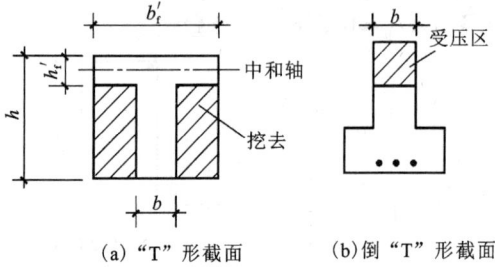

图 4-21　"T"形截面与倒"T"形截面

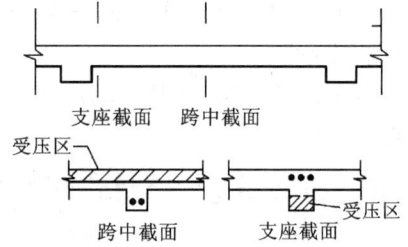

图 4-22　连续梁跨中与支座截面

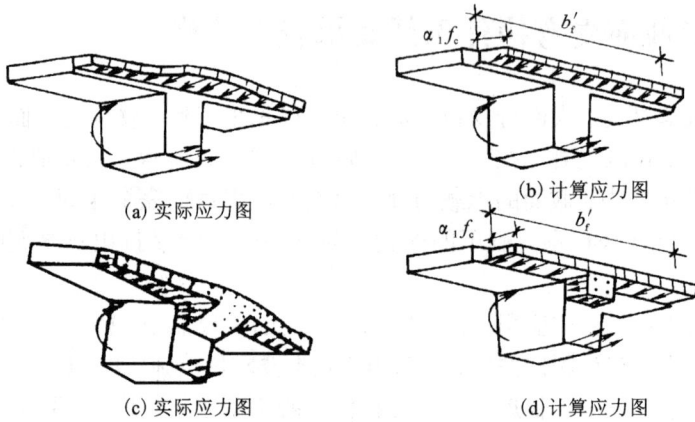

图 4-23　"T"形截面梁受压区实际应力和计算应力图

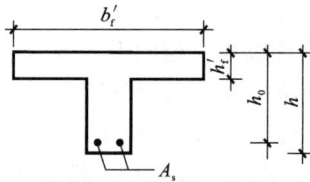

图 4-24　独立的"T"形截面梁的翼缘宽度

表 4 – 8　受弯构件受压区有效翼缘计算宽度 b_f'

情况		"T"形、"I"形截面		倒"L"形截面
		肋形梁(板)	独立梁	肋形梁(板)
1	按计算跨度 l_0 考虑	$l_0/3$	$l_0/3$	$l_0/6$
2	按梁(肋)净距 S_n 考虑	$b+S_n$	—	$b+S_n/2$
3	按翼缘高度 h_f' 考虑	$b+12h_f'$	b	$b+5h_f'$

注:1. 表中 b 为梁的腹板厚度;

2. 肋形梁在梁跨内设有间距小于纵肋间距的横肋时,可不考虑表中情况 3 的规定;

3. 加腋的"T"形、"I"形和倒"L"形截面,当受压区加腋的高度 h_h 不小于 h_f' 且加腋的长度 b_h 不大于 $3h_h$ 时,其翼缘计算宽度可按表中情况 3 的规定分别增加 $2b_h$("T"形、"I"形截面)和 b_h(倒"L"形截面);

4. 独立梁受压区的翼缘板在荷载作用下经验算沿纵肋方向可能产生裂缝时,其计算宽度应取腹板宽度 b。

4.5.1　基本计算公式及适用条件

计算"T"形截面梁时,按中和轴位置不同,分为两种类型:

(1)第一类"T"形截面　中和轴在翼缘内,即 $x \leqslant h_f'$。

(2)第二类"T"形截面　中和轴在梁肋内,即 $x > h_f'$。

为了鉴别"T"形截面是哪一种类型,首先分析一下图 4 – 25 所示 $x = h_f'$ 时的特殊情况。由力的平衡条件,可得:

$$\alpha_1 f_c b_f' h_f' = f_y A_s \tag{4 – 55}$$

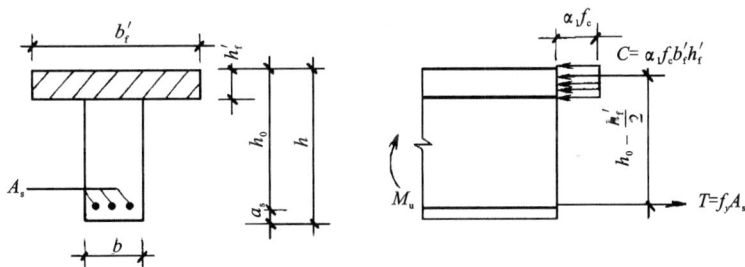

图 4 – 25　$x = h_f'$ 时的"T"形梁计算简图

由力矩平衡条件,可得:

$$M_u = \alpha_1 f_c b_f' h_f' \left(h_0 - \frac{h_f'}{2} \right) \tag{4 – 56}$$

式中:b_f'——"T"形截面受弯构件受压区的翼缘宽度;

　　　h_f'——"T"形截面受弯构件受压区的翼缘高度。

若

$$f_y A_s \leqslant \alpha_1 f_c b_f' h_f' \tag{4 – 57}$$

或

$$M \leqslant \alpha_1 f_c b'_f h'_f (h_0 - \frac{h'_f}{2}) \tag{4-58}$$

则 $x \leqslant h'_f$，即属于第一类"T"形截面梁。反之，若

$$f_y A_s > \alpha_1 f_c b'_f h'_f \tag{4-59}$$

或

$$M > \alpha_1 f_c b'_f h'_f (h_0 - \frac{h'_f}{2}) \tag{4-60}$$

则 $x > h'_f$，即属于第二类"T"形截面梁。

式(4-58)或式(4-60)适用于截面设计(A_s 未知情况)，而式(4-57)式(4-59)适用于截面复核(A_s 已知情况)。

1. 第一类"T"形截面梁的计算公式及适用条件

由图4-26可见，这种类型与梁宽为 b'_f 的矩形梁完全相同。这是因为受压区面积仍为矩形，而受拉区形状与承载力计算无关。故计算公式为

$$\alpha_1 f_c b'_f x = f_y A_s \tag{4-61}$$

$$M_u = \alpha_1 f_c b'_f x (h_0 - \frac{x}{2}) \tag{4-62}$$

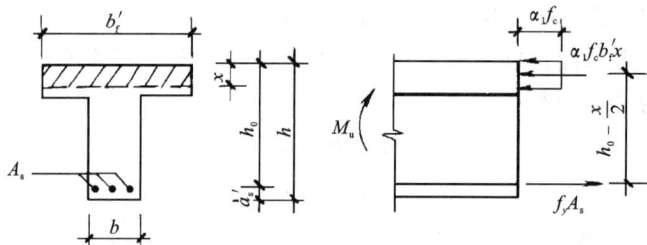

图4-26 第一类"T"形截面梁

适用条件：

(1) $x \leqslant \xi_b h_0$，因 $\xi = \frac{x}{h_0} \leqslant \frac{h'_f}{h_0}$，一般 $\frac{h'_f}{h_0}$ 较小，故通常可满足 $\xi \leqslant \xi_b$ 的条件，不必验算。

(2) $\rho \geqslant \rho_{min} \cdot \frac{h}{h_0}$，必须注意，此处 ρ 是对梁的肋部计算的，即 $\rho = \frac{A_s}{bh_0}$，而不是相对于 $b'_f h_0$ 的配筋率。如前所述，理论上 ρ_{min} 是根据钢筋混凝土梁的受弯承载力与同样截面素混凝土受弯承载力相等的条件给出的，而"T"形截面素混凝土梁(肋宽 b，梁高 h)受弯承载力比矩形截面素混凝土梁($b \times h$)提高的不多，为简化计算并考虑以往设计经验，此处 ρ_{min} 仍按矩形截面的数值采用。

因此，从正截面受弯承载力的观点来看，第一类"T"形截面就相当于宽度为 b'_f 的矩形截面，不过它的配筋率 ρ 应按肋部宽度 b 来计算。

2. 第二类"T"形截面梁的计算公式及适用条件

第二类"T"形截面梁的计算简图如图4-27所示，由力的平衡条件，可得：

$$\alpha_1 f_c (b'_f - b) h'_f + \alpha_1 f_c b x = f_y A_s \tag{4-63}$$

由力矩平衡条件, 可得:

$$M_u = \alpha_1 f_c (b_f' - b) h_f' \left(h_0 - \frac{h_f'}{2}\right) + \alpha_1 f_c b x \left(h_0 - \frac{x}{2}\right) \qquad (4-64)$$

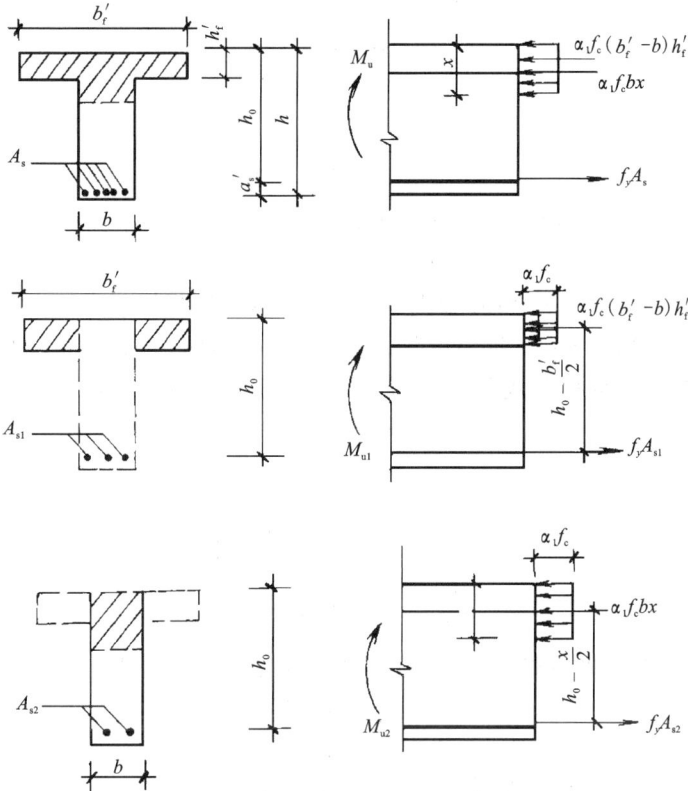

图 4 - 27　第二类"T"形截面梁

适用条件:

(1) $x \leqslant \xi_b h_0$, 这和单筋矩形受弯构件一样, 是为了保证破坏时受拉钢筋先屈服。

(2) $\rho \geqslant \rho_{\min} \cdot \dfrac{h}{h_0}$, 一般均能满足, 可不验算。

4.5.2　计算方法

1. 截面设计

一般截面尺寸已知, 求受拉钢筋截面面积 A_s, 可按下述两种类型进行:

(1) 第一类"T"形截面。

令

$$M = M_u$$

若满足

$$M \leqslant \alpha_1 f_c b_f' h_f' \left(h_0 - \frac{h_f'}{2} \right) \tag{4-65}$$

则其计算方法与 $b_f' \times h$ 的单筋矩形梁完全相同。

(2)第二类"T"形截面。

令

$$M = M_u$$

若满足

$$M > \alpha_1 f_c b_f' h_f' \left(h_0 - \frac{h_f'}{2} \right) \tag{4-66}$$

则属第二类"T"形截面,可以先由式(4-64)求出 x,验算 $x \leqslant \xi_b h_0$ 后,再代入式(4-63)求得 A_s。

也可以按叠加原理求解,将其看成是以下两个截面的相加:一个是由受压翼缘与相应的部分受拉钢筋 A_{s1} 构成的,提供承载力 M_{u1};另一个是肋部受压区与相应的另一部分受拉钢筋 A_{s2} 构成的单筋矩形截面梁,提供承载力 M_{u2},见图4-27。故:

$$M_u = M_{u1} + M_{u2}$$

其中

$$M_{u1} = \alpha_1 f_c (b_f' - b) h_f' \left(h_0 - \frac{h_f'}{2} \right) \tag{4-67}$$

$$M_{u2} = \alpha_1 f_c b x \left(h_0 - \frac{x}{2} \right) \tag{4-68}$$

由图4-27可知,平衡翼缘挑出部分的混凝土压力所需的受拉钢筋截面面积 A_{s1} 为:

$$A_{s1} = \frac{\alpha_1 f_c (b_f' - b) h_f'}{f_y} \tag{4-69}$$

又由 $M_{u2} = M - M_{u1}$,则可按单筋矩形梁的计算方法求得 A_{s2}。

最后,验算 $x \leqslant \xi_b h_0$。

由此可知,可以把第二类"T"形截面梁理解为 $a_s' = h_f'/2$、$A_s' = A_{s1}$ 的双筋矩形截面受弯构件。

2. 截面复核

(1)第一类"T"形截面梁。

当满足式(4-57)时,可按矩形梁 $b_f' \times h$ 的计算方法求 M_u。

(2)第二类"T"形截面梁。

当满足式(4-59)时,可按以下步骤进行计算

①计算 A_{s1},$A_{s1} = \dfrac{\alpha_1 f_c (b_f' - b) h_f'}{f_y}$。

②计算 A_{s2},$A_{s2} = A_s - A_{s1}$。

③求出 $x = \dfrac{f_y A_{s2}}{\alpha_1 f_c b}$。

④求出 $M_{u1} = f_y A_{s1} \left(h_0 - \dfrac{h_f'}{2} \right)$ 和 $M_{u2} = \alpha_1 f_c b x \left(h_0 - \dfrac{x}{2} \right)$。

⑤求 $M_u = M_{u1} + M_{u2}$。

⑥验算 $M_u \geqslant M$。

【例 4 - 7】　已知一肋梁楼盖的次梁截面尺寸为 $b \times h = 250 \text{ mm} \times 600 \text{ mm}$，$b_f' = 1000 \text{ mm}$，$h_f' = 100 \text{ mm}$，弯矩设计值为 $M = 580 \text{ kN} \cdot \text{m}$，混凝土强度等级为 C30，钢筋采用 HRB400，设计使用年限为 50 年，环境类别为一类，安全等级为二级，试求受拉钢筋截面面积。

【解】

（1）判别"T"形截面类型。

已知：$f_c = 14.3 \text{ N/mm}^2$，$f_y = 360 \text{ N/mm}^2$，由表 4 - 4 知 $\alpha_1 = 1.0$，由表 4 - 5 知 $\xi_b = 0.518$。

因弯矩较大，截面宽度较窄，预计受拉钢筋需放两排，故取 $a_s = 65 \text{ mm}$

$$h_0 = h - a_s = 600 - 65 = 535 \text{ mm}$$

$$\alpha_1 f_c b_f' h_f' \left(h_0 - \frac{h_f'}{2} \right) = 1.0 \times 14.3 \times 1000 \times 100 \times \left(535 - \frac{100}{2} \right)$$

$$= 693.55 \text{ kN} \cdot \text{m} > M = 580 \text{ kN} \cdot \text{m}$$

属于第一类"T"形截面梁。

（2）求受拉钢筋截面面积。

以 b_f' 代替 b，可得：

$$\alpha_s = \frac{M}{\alpha_1 f_c b_f' h_0^2} = \frac{580 \times 10^6}{1.0 \times 14.3 \times 1000 \times 535^2} = 0.142$$

$$\xi = 1 - \sqrt{1 - 2\alpha_s} = 1 - \sqrt{1 - 2 \times 0.142} = 0.154 < \xi_b = 0.518$$

$$A_s = \frac{\alpha_1 f_c b_f' h_0 \xi}{f_y} = \frac{1.0 \times 14.3 \times 1000 \times 535 \times 0.154}{360} = 3273 \text{ mm}^2$$

选用 6 Φ 25 + 1 Φ 22，实配 3325 mm^2。

（3）绘制配筋图。

绘制配筋图如图 4 - 28 所示。

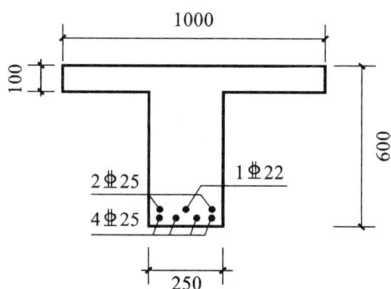

图 4 - 28　例 4 - 7 配筋图

【例 4 - 8】　已知弯矩设计值 $M = 650 \text{ kN} \cdot \text{m}$，混凝土强度等级为 C30，钢筋采用 HRB400，梁的截面尺寸为 $b \times h = 250 \text{ mm} \times 700 \text{ mm}$，$b_f' = 600 \text{ mm}$，$h_f' = 120 \text{ mm}$，设计使用年限为 50 年，环境类别为一类，安全等级为二级，试求所需的受拉钢筋截面面积。

【解】

(1)判别"T"形截面类型。

已知：$f_c = 14.3 \text{ N/mm}^2$，$f_y = 360 \text{ N/mm}^2$，由表 4-4 知 $\alpha_1 = 1.0$，由表 4-5 知 $\xi_b = 0.518$。

因弯矩较大，截面宽度较窄，预计受拉钢筋需放两排，故取 $a_s = 65 \text{ mm}$

$$h_0 = h - a_s = 700 - 65 = 635 \text{ mm}$$

$$\alpha_1 f_c b_f' h_f' \left(h_0 - \frac{h_f'}{2} \right) = 1.0 \times 14.3 \times 600 \times 120 \times \left(635 - \frac{120}{2} \right)$$

$$= 592.02 \text{ kN} \cdot \text{m} < M = 650 \text{ kN} \cdot \text{m}$$

属于第二类"T"形截面梁。

(2)求受拉钢筋截面面积。

$$M_{u1} = \alpha_1 f_c (b_f' - b) h_f' \left(h_0 - \frac{h_f'}{2} \right)$$

$$= 1.0 \times 14.3 \times (600 - 250) \times 120 \times \left(635 - \frac{120}{2} \right) = 345.35 \text{ kN} \cdot \text{m}$$

$$M_{u2} = M - M_{u1} = 650 - 345.35 = 304.65 \text{ kN} \cdot \text{m}$$

$$\alpha_s = \frac{M_{u2}}{\alpha_1 f_c b h_0^2} = \frac{304.65 \times 10^6}{1.0 \times 14.3 \times 250 \times 635^2} = 0.211$$

$$\xi = 1 - \sqrt{1 - 2\alpha_s} = 1 - \sqrt{1 - 2 \times 0.211} = 0.240 < \xi_b = 0.518$$

$$\gamma_s = 0.5 \times (1 + \sqrt{1 - 2\alpha_s}) = 0.5 \times (1 + \sqrt{1 - 2 \times 0.211}) = 0.880$$

$$A_{s2} = \frac{M_{u2}}{f_y \gamma_s h_0} = \frac{304.65 \times 10^6}{360 \times 0.880 \times 635} = 1514 \text{ mm}^2$$

$$A_{s1} = \frac{\alpha_1 f_c (b_f' - b) h_f'}{f_y} = \frac{1.0 \times 14.3 \times (600 - 250) \times 120}{360} = 1668 \text{ mm}^2$$

$$A_s = A_{s1} + A_{s2} = 1668 + 1514 = 3182 \text{ mm}^2$$

选用 6 Φ 25 + 1 Φ 18，实配 3199 mm^2。

(3)绘制配筋图。

绘制配筋图如图 4-29 所示。

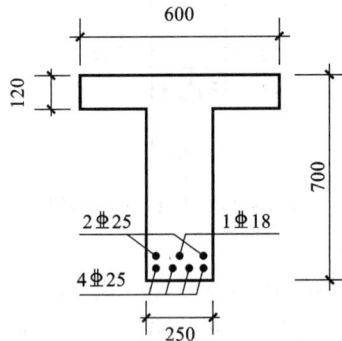

图 4-29 例 4-8 配筋图

【例 4 - 9】 已知预制空心楼板截面参数如图 4 - 30(a)所示。混凝土强度等级为 C30，$f_c = 14.3 \text{ N/mm}^2$，$f_t = 1.43 \text{ N/mm}^2$，板底配有 9 根直径为 8 mm 的 HPB300 级纵向受拉钢筋，$A_s = 453 \text{ mm}^2$，$f_y = 270 \text{ N/mm}^2$，$h_0 = 105 \text{ mm}$。设计使用年限为 50 年，环境类别为一类，安全等级为二级。求该预制空心楼板的正截面受弯承载力。

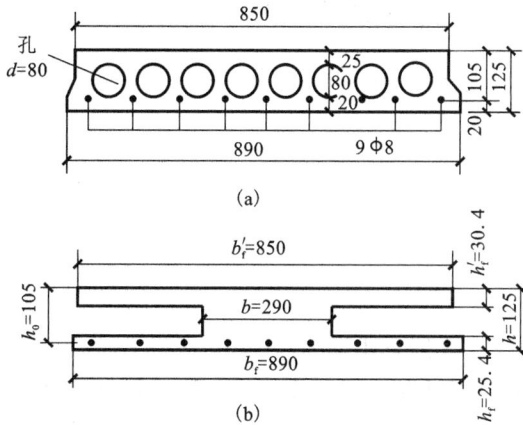

图 4 - 30 例 4 - 9 图

【解】

(1)查附表 3 - 1，一类环境，C30 混凝土的保护层 $c = 15 \text{ mm}$，设 $a_s = 20 \text{ mm}$。

(2)圆孔空心板换算为"Ⅰ"字形截面。

换算条件为保持截面面积与截面惯性矩不变。设圆孔直径为 d，换算的矩形孔宽 b_h、矩形孔高 h_h。则：

$$\begin{cases} \dfrac{\pi d^2}{4} = b_h h_h \\ \dfrac{\pi d^4}{64} = \dfrac{b_h h_h^3}{12} \end{cases}$$

解出 $h_h = 0.866d = 0.866 \times 80 = 69.3 \text{ mm}$，$b_h = 0.907d = 0.907 \times 80 = 72.6 \text{ mm}$

$\sum b_h = 72.6 \times 8 = 580.8 \text{ mm}$

腹板宽：$b = (850 + 890)/2 - 580.8 = 289.2 \approx 290 \text{ mm}$

换算的工形截面如图 4 - 30(b)所示。其中：$b = 290 \text{ mm}$，$h = 125 \text{ mm}$，$b_f = 890 \text{ mm}$，$b_f' = 850 \text{ mm}$，$h_f' = 30.4 \text{ mm}$，$h_f = 25.4 \text{ mm}$。

(3)判别"T"形截面类型。

$f_y A_s = 270 \times 453 = 122.31 \text{ kN} < \alpha_1 f_c b_f' h_f' = 1.0 \times 14.3 \times 850 \times 30.4 = 369.5 \text{ kN}$

属于第一类"T"形截面。

(4)最小配筋率验算。

$$\rho_{min} = 0.45 \frac{f_t}{f_y} = 0.45 \times \frac{1.43}{270} = 0.238\% > 0.2\%，取 \rho_{min} = 0.238\%$$

　　和"T"形截面不同,"I"形截面的受拉翼缘对截面的开裂弯矩有较大影响,在验算受拉钢筋的最小配筋率时应加以考虑。为此

$$A_{s,min} = \rho_{min}A = 0.238\% \times [290 \times 125 + (890 - 290) \times 25.4] = 122.5 \text{ mm}^2$$

$$A_s = 453 \text{ mm}^2 > A_{s,min} = 122.5 \text{ mm}^2, \text{满足}。$$

$$(5) x = \frac{f_y A_s}{\alpha_1 f_c b'_f} = \frac{270 \times 453}{1.0 \times 14.3 \times 850} = 10 \text{ mm}。$$

$$(6) M_u = \alpha_1 f_c b'_f x (h_0 - \frac{x}{2}) = 1.0 \times 14.3 \times 850 \times 10 \times (105 - \frac{10}{2}) = 12.16 \text{ kN} \cdot \text{m}。$$

4.6　构造规定

4.6.1　截面尺寸

　　现浇梁、板的截面尺寸宜按下述采用:

　　(1)矩形截面梁的高宽比 h/b 一般取 2.0~3.5;"T"形截面梁的高宽比 h/b 一般取 2.0~4.0(此处 b 为梁肋宽)。矩形截面的宽度或"T"形截面的肋宽 b 一般取 100 mm、120 mm、150 mm、200 mm、250 mm 和 300 mm,300 mm 以上的级差为 50 mm。

　　(2)采用梁高 h = 250 mm、300 mm、350 mm、750 mm、800 mm、900 mm、1000 mm 等尺寸。800 mm 以下的级差为 50 mm,800 mm 以上的为 100 mm。

　　(3)现浇板的宽度一般较大,设计时可取单位宽度(b = 1000 mm)进行计算。现浇钢筋混凝土板的厚度除应满足各项功能要求外,尚应满足表 4-9 的要求。

表 4-9　现浇钢筋混凝土板的最小厚度(mm)

板的类别		最小厚度
单向板	屋面板	60
	民用建筑楼板	60
	工业建筑楼板	70
	行车道下的楼板	80
双向板		80
密肋楼盖	面板	50
	肋高	250
悬臂板(根部)	悬臂长度不大于 500 mm	60
	悬臂长度 1200 mm	100
无梁楼板		150
现浇空心楼盖		200

4.6.2　材料选择

1. 混凝土强度等级

现浇钢筋混凝土梁、板常用的混凝土强度等级是 C25、C30，一般不超过 C40，这是为了防止混凝土收缩过大，同时提高混凝土强度等级对增大受弯构件正截面承载力的作用不明显。

2. 钢筋强度等级及常用直径

（1）梁的钢筋强度等级和常用直径。

①梁内纵向受力钢筋。

梁内纵向受力钢筋宜采用 HRB400 和 HRB500 级，常用直径为 12 mm、14 mm、16 mm、18 mm、20 mm、22 mm 和 25 mm。设计中，若采用两种不同直径的钢筋，其直径相差至少 2 mm，以便于在施工时能用肉眼识别，但相差也不宜超过 6 mm。

纵向受力钢筋的直径，当梁高不小于 300 mm 时，钢筋直径不应小于 10 mm；梁高小于 300 mm 时，钢筋直径不应小于 8 mm。

为了保证浇筑混凝土时钢筋周围混凝土的密实性，纵筋的净间距应满足图 4 - 31 所示的要求：梁上部纵向钢筋水平方向的净间距（钢筋外边缘之间最小距离）不应小于 30 mm 和 $1.5d$；梁下部纵向钢筋水平方向的净间距不应小于 25 mm 和 d。当梁下部纵向钢筋多于 2 层时，2 层以上钢筋水平方向的中距应比下面 2 层的中距增大一倍；各层钢筋之间的净间距不应小于 25 mm 和 d，d 为梁内纵筋的最大直径。上、下层钢筋应对齐，不应错列，以方便混凝土的浇捣。

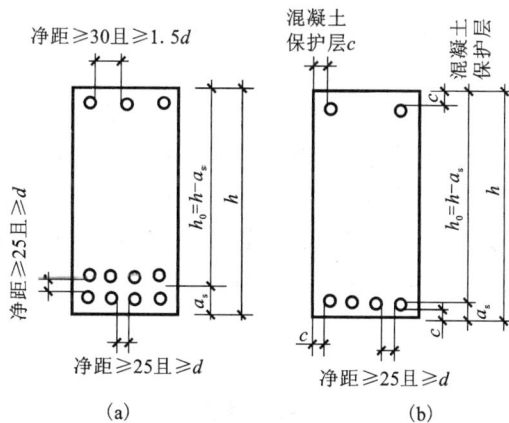

图 4 - 31　梁截面内纵向钢筋布置及截面有效高度 h_0

对于单筋矩形截面梁的架立钢筋，当梁的跨度小于 4 m 时，直径不宜小于 8 mm；当梁的跨度为 4～6 m 时，直径不应小于 10 mm；当梁的跨度大于 6 m 时，直径不宜小于 12 mm。

②梁内箍筋。

混凝土梁宜采用箍筋作为承受剪力的钢筋，梁内箍筋宜采用 HRB400 级、HRB335 级，少量用 HPB300 级，常用直径是 6 mm、8 mm 和 10 mm。

以上所述的梁内纵向钢筋数量、直径及布置的构造要求是根据长期工程实践经验，为了保证混凝土浇筑质量而提出的。

(2)板的钢筋强度等级及常用直径。

与梁相比，钢筋混凝土板的厚度较小、截面宽度较大，一般总是发生弯曲破坏，很少发生剪切破坏。因此，在钢筋混凝土板中仅配有纵向受力钢筋和固定受力钢筋的分布钢筋。

①板的受拉钢筋。

板的受拉钢筋常用 HRB400 和 HRB500 级，常用直径是 6 mm、8 mm、10 mm 和 12 mm，如图 4-32 所示。为了防止施工时钢筋被踩下，现浇板的板面钢筋不宜小于 8 mm。

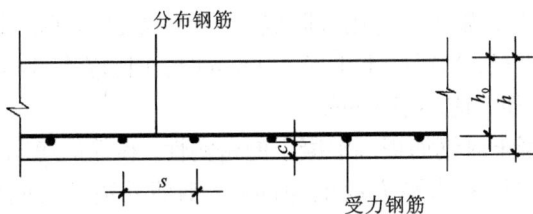

图 4-32　板的配筋

为了便于浇筑混凝土，保证钢筋周围混凝土的密实性，板内钢筋间距不宜太密；为正常地分担内力，也不宜过稀。板内受力钢筋的间距，当板厚 h 不超过 150 mm 时不宜大于 200 mm；当板厚 h 大于 150 mm 时不宜大于 $1.5h$，且不宜大于 250 mm。

②板的分布钢筋。

当按单向板(只在一个方向受弯的板)设计时，除沿受力方向布置受拉钢筋外，还应在受拉钢筋的内侧布置与其相垂直的分布钢筋，如图 4-32 所示。分布钢筋宜采用 HRB400 和 HRB335 级钢筋，常用直径是 6 mm 和 8 mm。单位宽度上分布钢筋的截面面积不宜小于单位宽度上受力钢筋的15%，且配筋率不宜小于0.15%；分布钢筋的直径不宜小于 6 mm，间距不宜大于 250 mm；当集中荷载较大时，分布钢筋的配筋面积尚应增加，且间距不宜大于 200 mm。

重点与难点

重点：

(1)配筋率对受弯构件正截面破坏特征的影响。

(2)适筋受弯构件在各个阶段的受力特点。

(3)单筋矩形截面、双筋矩形截面和"T"形截面承载力的设计计算方法。

难点：

(1)受弯构件正截面的配筋构造要求。

思考与练习

思考题：

1. 钢筋混凝土受弯构件正截面的有效高度指什么？

2. 什么叫少筋梁、适筋梁、超筋梁？在建筑工程中为什么要避免采用少筋梁和超筋梁？

3. 受弯构件中适筋梁从加载到破坏经历哪几个阶段？各阶段正截面上 $\sigma - \varepsilon$ 分布、中和轴位置、梁的跨中最大挠度的变化规律是怎样的？各阶段主要特征是什么？各阶段是哪种极限状态的计算依据？

4. 什么叫"界限破坏"？"界限破坏"时的 ε_s 和 ε_{cu} 各等于多少？

5. 图 4-33 为受弯构件正截面破坏时钢筋混凝土应变图，图中①、②、③分别为何种破坏类型？破坏呈延性还是脆性？截面有没有被充分利用？

6. 正截面承载力计算的基本假定有哪些？单筋矩形截面受弯构件的正截面受弯承载力计算简图是怎样的？它是怎样得到的？

7. 什么是纵向受拉钢筋的配筋率？它对梁的正截面受弯的破坏形态和承载力有何影响？ξ 的物理意义是什么，ξ_b 是怎样求得的？

8. 试就图 4-34 所示 4 种受弯截面情况回答下列问题：

（1）它们破坏的原因和破坏的性质有何不同？

（2）破坏时的钢筋应力情况如何？

（3）破坏时钢筋和混凝土的强度是否被充分利用？

（4）破坏时哪些截面能利用力的平衡条件写出受压区高度 x 的计算式，哪些截面不能？

（5）开裂弯矩大致相等吗？为什么？

（6）破坏时截面的极限弯矩 M_u 多大？

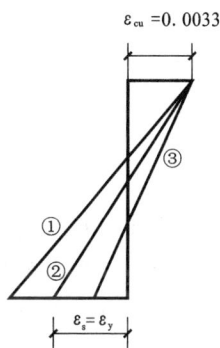

图 4-33

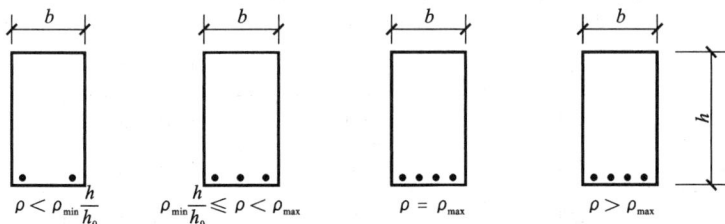

图 4-34

9. 双筋矩形截面受弯构件中，受压钢筋的抗压强度设计值是如何确定的？

10. 在什么情况下可采用双筋截面梁？双筋梁的基本公式为什么要有适用条件 $x \geq$

$2a_s'$? $x<2a_s'$ 的双筋梁出现在什么情况下？这时应当如何计算？

11.两类"T"形梁如何鉴别？在第二类"T"形截面梁的计算中混凝土压应力应如何取值？

12.当梁承受的弯矩和截面高度都相同时，以下4种截面(图4-35)的正截面承载力需要的钢筋截面面积 A_s 是否一样？为什么？

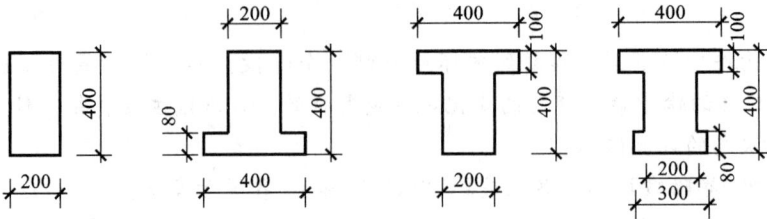

图 4-35

13.当验算"T"形梁的最小配筋率 $\rho_{\min}$ 时，计算配筋率 ρ 为什么要用腹板宽度 b 而不用翼缘宽度 b_f'？

14.整浇楼盖中连续梁的跨中截面和支座截面各按何种截面形式计算？

15.某楼面梁计算跨度为5.4 m，设计使用年限为50年，环境类别为一类，承受均布荷载设计值26.5 kN/m(包括自重)，弯矩设计值 $M=96.6$ kN·m。试计算下面5种情况的 A_s (表4-10)，并进行讨论：

(1)提高混凝土强度等级对配筋量的影响；

(2)提高钢筋等级对配筋量的影响；

(3)加大截面高度对配筋量的影响；

(4)加大截面宽度对配筋量的影响；

(5)提高混凝土强度等级或钢筋级别对受弯构件的破坏弯矩有什么影响？从中可得出什么结论？该结论在工程理论上及实践上有哪些意义？

表 4-10

序号	梁高/mm	梁宽/mm	混凝土强度等级	钢筋级别	钢筋面积 A_s /mm^2
1	400	200	C25	HRB335	
2	400	200	C30	HRB335	
3	400	200	C25	HRB400	
4	500	200	C25	HRB335	
5	400	300	C25	HRB335	

练习题：

1.已知单筋矩形截面梁 $b \times h = 250$ mm $\times 500$ mm，承受的弯矩设计值 $M=200$ kN·m，

采用 C30 混凝土，HRB400 钢筋，设计使用年限为 50 年，环境类别为一类。求所需纵向受拉钢筋的截面面积和配筋方案。

2. 已知梁 $b \times h = 250 \text{ mm} \times 400 \text{ mm}$，纵向受拉钢筋为 4 Φ 16，$A_s = 804 \text{ mm}^2$，混凝土 C40，承受的弯矩设计值 $M = 89 \text{ kN} \cdot \text{m}$，设计使用年限为 50 年，环境类别为一类，验算此梁截面是否安全。

3. 如下图所示（图 4 - 36）钢筋混凝土雨篷的悬臂板，已知雨篷板根部截面（$b \times h = 1000 \text{ mm} \times 100 \text{ mm}$）承受负弯矩设计值 $M = 10 \text{ kN} \cdot \text{m}$，板采用 C30 混凝土，HRB400 钢筋，设计使用年限为 50 年，环境类别为二 a 类，求纵向受拉钢筋截面面积。

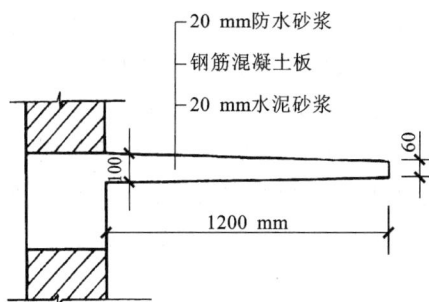

图 4 - 36

4. 已知一单跨简支板，计算跨度 $l_0 = 2.4 \text{ m}$，承受均布荷载设计值为 6.3 kN/m^2（包括板自重），混凝土强度等级为 C30，用 HRB335 级钢筋配筋，板厚 100 mm，设计使用年限为 50 年，环境类别为一类，试给该简支板配筋。

5. 有一矩形截面 $b \times h = 200 \text{ mm} \times 500 \text{ mm}$，承受弯矩设计值 $M = 300 \text{ kN} \cdot \text{m}$，混凝土强度等级为 C30，采用 HRB400 级钢筋，设计使用年限为 50 年，环境类别为一类，求所需钢筋截面面积。

6. 有一矩形截面 $b \times h = 200 \text{ mm} \times 500 \text{ mm}$，承受弯矩设计值 $M = 210 \text{ kN} \cdot \text{m}$，混凝土强度等级为 C30，用 HRB400 级钢筋配筋，由于构造要求，截面上已配置 3 Φ 18 的受压钢筋（$A_s = 763 \text{ mm}^2$），设计使用年限为 50 年，环境类别为一类，试求所需受拉钢筋截面面积。

7. 有一"T"形截面，其截面尺寸为：$b = 250 \text{ mm}$，$h = 750 \text{ mm}$，$b_f' = 1200 \text{ mm}$，$h_f' = 80 \text{ mm}$。承受弯矩设计值 $M = 450 \text{ kN} \cdot \text{m}$，混凝土强度等级为 C30，采用 HRB400 级钢筋配筋，设计使用年限为 50 年，环境类别为一类，求所需受拉钢筋截面面积。

8. 有一"T"形截面，其截面尺寸为：$b = 200 \text{ mm}$，$h = 500 \text{ mm}$，$b_f' = 380 \text{ mm}$，$h_f' = 100 \text{ mm}$。承受弯矩设计值 $M = 320 \text{ kN} \cdot \text{m}$，混凝土强度等级为 C35，采用 HRB400 级钢筋配筋，设计使用年限为 50 年，环境类别为一类，求所需受拉钢筋截面面积。

第5章

混凝土受弯构件斜截面承载力计算

受弯构件在荷载等因素的作用下,可能发生两种主要的破坏(图5-1)。第4章中已讲,钢筋混凝土受弯构件在主要承受弯矩的区段破坏时,产生竖向裂缝,破坏截面与构件的轴线垂直,即发生正截面受弯破坏;另一方面,受弯构件也有可能在弯矩与剪力共同作用的区段破坏,这时,多产生斜向裂缝,破坏截面与构件轴线斜交,即发生斜截面受剪(或受弯)破坏。工程设计中,一般受弯构件斜截面的抗剪需要通过计算和构造加以控制,而斜截面抗弯则一般不用计算而用构造措施来控制。

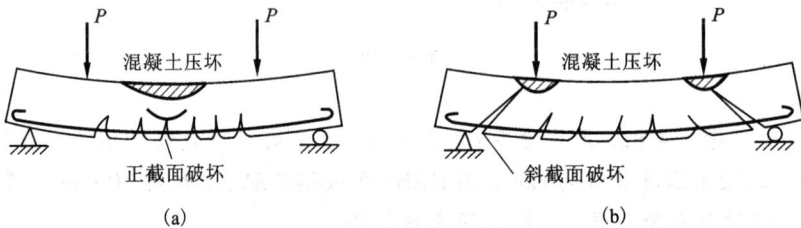

图5-1　受弯构件的两种破坏形式

对于钢筋混凝土梁,为了防止其沿斜截面破坏,应配置合理数量及形式的同斜裂缝相交的钢筋,可以采用的配筋形式有箍筋及弯起钢筋(一般由梁内的纵筋弯起而成)(图5-2),钢筋数量通过计算确定。箍筋与弯起钢筋统称为腹筋。因过粗的弯起钢筋容易引起弯起处混凝土的劈裂破坏而不能充分发挥其强度性能,也不能有效地抵抗地震反复作用产生的剪力,我国规范建议优先选用箍筋受剪,建筑工程中的钢筋混凝土结构已较少采用弯起钢筋受剪。

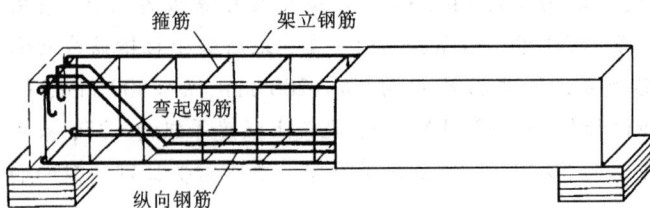

图5-2　箍筋和弯起钢筋

5.1　斜裂缝、剪跨比及斜截面受剪破坏形态

5.1.1　斜裂缝

斜截面开裂前，可以近似地把钢筋混凝土梁视为均质弹性体，则任一点的主拉应力和主压应力可按材料力学公式计算。

主拉应力：

$$\sigma_{tp} = \frac{\sigma}{2} + \sqrt{\frac{\sigma^2}{4} + \tau^2} \qquad (5-1)$$

主压应力：

$$\sigma_{cp} = \frac{\sigma}{2} - \sqrt{\frac{\sigma^2}{4} + \tau^2} \qquad (5-2)$$

$$\tan 2\alpha = -\frac{2\tau}{\sigma} \qquad (5-3)$$

式中：α——主拉应力作用方向与梁轴线的夹角；

　　　τ——剪切应力。

以对称集中荷载作用下的无腹筋简支梁为例，对斜截面开裂进行分析。绘出该梁的主应力轨迹线（图 5-3）。其中实线为主拉应力轨迹线，虚线为主压应力轨迹线。

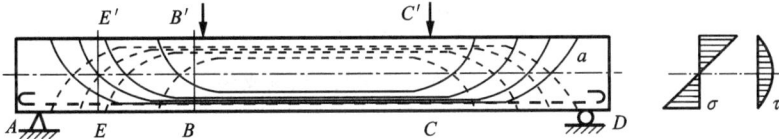

图 5-3　主应力轨迹线

对均质弹性体梁来说，当主拉应力或主压应力达到材料的抗拉或抗压强度时，将引起构件截面的开裂和破坏。

弯剪区段内，在梁底部附近，正应力很大，剪应力很小，主拉应力方向大致呈水平（类似纯弯应力状态），于是将在梁底首先产生竖向裂缝（即弯曲正裂缝），往上走，随着主拉应力方向的改变，梁底正裂缝发展为斜裂缝，称为弯剪型斜裂缝[图 5-4(a)]。

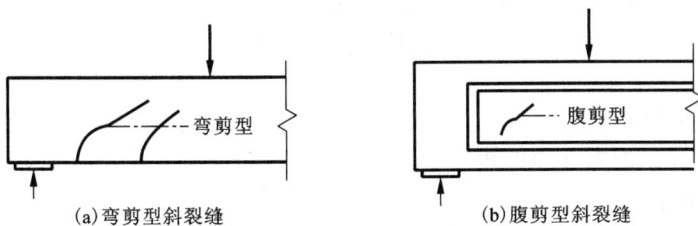

(a)弯剪型斜裂缝　　　　　　　　　(b)腹剪型斜裂缝

图 5-4　斜裂缝

　　然而,当梁的腹板很薄(腹板承载力很弱,主应力很小时就开裂)或集中荷载至支座距离很小(弯矩很小,截面正应力相对剪应力很小,梁底正应力很小,而梁腹部剪应力相对较大)时,斜裂缝可能首先沿主压应力迹线在梁腹部出现,称为腹剪型斜裂缝[图5-4(b)]。

5.1.2　剪跨比

　　为了介绍无腹筋梁的破坏形态,需要先了解剪跨比的概念。

　　剪跨比是一个无量纲的参数,它反映截面所受的弯矩与剪力的相对大小,表达式为:

$$\lambda = \frac{M}{Vh_0} \tag{5-4}$$

　　对于承受两个对称集中荷载的简支梁(图5-5),对荷载作用点的截面,由于$M = Fa$,剪跨比可记为:

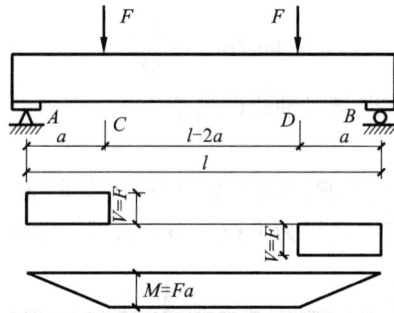

图5-5　对称集中荷载下的简支梁

$$\lambda = \frac{a}{h_0} \tag{5-5}$$

式中:a——荷载作用点至邻近支座的距离,称为剪跨。对矩形截面梁,剪跨段内截面上的正应力与剪应力可以表达为$\sigma = \alpha_1 \dfrac{M}{bh_0^2}$;$\tau = \alpha_2 \dfrac{V}{bh_0}$,故有:

$$\frac{\sigma}{\tau} = \frac{\alpha_1}{\alpha_2} \frac{M}{Vh_0} = \frac{\alpha_1}{\alpha_2} \lambda \tag{5-6}$$

式中:α_1、α_2——与梁支座形式、计算截面位置等有关的参数。

　　对于承受均布荷载的简支梁,剪跨比可以表示为:

$$\lambda = \frac{M}{Vh_0} = \frac{\beta - \beta^2}{1 - 2\beta} \frac{l}{h_0} \tag{5-7}$$

式中:l——梁的跨度;

　　　βl——计算截面离支座的距离;

　　　l/h_0——跨高比。

　　可见,剪跨比也反映了截面上正应力σ和剪应力τ的相对大小。可以预见,它对无腹筋梁的斜截面受剪破坏形态有着极为重要的影响。

5.1.3　斜截面受剪破坏的三种主要形态

1. 无腹筋梁斜截面受剪破坏形态

（1）斜拉破坏。

当剪跨比 $\lambda > 3$ 时，截面上正应力 σ 比剪应力 τ 大很多，梁下部的主拉应力很大，垂直主拉应力方向形成斜裂缝，迅速向集中荷载作用点延伸，并很快形成临界斜裂缝，梁斜截面承载力随之丧失。破坏过程急速而突然，破坏荷载与出现斜裂缝时的荷载相当接近，破坏前梁的变形很小，称为斜拉破坏[图 5－6(a)]，具有明显的脆性。

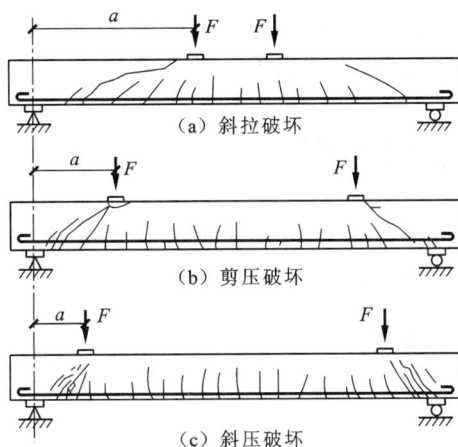

图 5－6　斜截面的破坏形态

（2）剪压破坏。

当 $1 \leqslant \lambda \leqslant 3$ 时，截面上正应力 σ 与剪应力 τ 相当，先在梁底产生正裂缝（梁底主拉应力方向大致水平），然后随着主拉应力方向的改变发展为斜裂缝，当加载到一定阶段时，其中一条斜裂缝发展成为临界斜裂缝，向荷载作用点延伸，剪压区高度逐渐减小，最后荷载作用点附近的受压区混凝土在正应力和剪应力共同作用下被压碎，梁丧失承载能力，称为剪压破坏[图 5－6(b)]，在本质上仍属于脆性破坏，但脆性程度较斜拉破坏有明显的改善。

（3）斜压破坏。

当 $\lambda < 1$ 时，截面正应力 σ 很小，梁底难以产生正裂缝，或者梁的腹板很薄时，腹板承载力很低。这时，在主拉应力作用下首先在荷载作用点与支座间梁的腹部出现若干条平行的斜裂缝，梁腹被分割为若干斜向"短柱"，最后因斜向柱体混凝土被压碎而破坏，称为斜压破坏[图 5－6(c)]，破坏预兆不明显，也属于脆性破坏。

2. 有腹筋梁斜截面受剪破坏形态

配置箍筋或弯起钢筋可以在一定程度上抑制斜裂缝的开展，承担一部分的剪力，从而提高斜截面受剪承载力。配置箍筋的混凝土梁斜截面受剪破坏形态是以无腹筋梁为基础的，分为斜拉破坏、剪压破坏和斜压破坏。这时，箍筋的配置数量 ρ_{sv} 与 λ 共同对破坏形态产生影响。

当 $\lambda > 3$ 且箍筋配置过少时,发生斜拉破坏,箍筋几乎不起作用,破坏形态与无腹筋梁的斜拉破坏形态十分相似,无剪压区混凝土压碎现象。

当 $1 \le \lambda \le 3$ 且配箍量适中时,发生剪压破坏,箍筋屈服,剪压区混凝土被压碎,破坏形态与无腹筋梁的剪压破坏形态十分相似。

当 $\lambda < 1$ 或配置的箍筋太多时,发生斜压破坏,支座与加载点之间的混凝土斜向柱体被压碎,但箍筋不屈服,破坏形态与无腹筋梁的斜压破坏形态十分相似。

因相对斜拉破坏和斜压破坏,剪压破坏有较明显的破坏预兆,脆性较低,故在进行受弯构件设计时,应使斜截面呈剪压破坏,避免斜拉、斜压和其他形式(如钢筋锚固破坏、混凝土局部受压破坏)的破坏。对有腹筋梁来说,只要截面尺寸合适,腹筋配置数量适当,使其斜截面受剪破坏成为剪压破坏形态是可能的。

5.2 简支梁斜截面受剪机理

解释简支梁斜截面受剪机理的结构模型有很多,这里主要讲述三种:带拉杆的梳形拱模型、拱形桁架模型、桁架模型。

5.2.1 带拉杆的梳形拱模型

带拉杆的梳形拱模型(图 5 −7)适用于无腹筋梁。

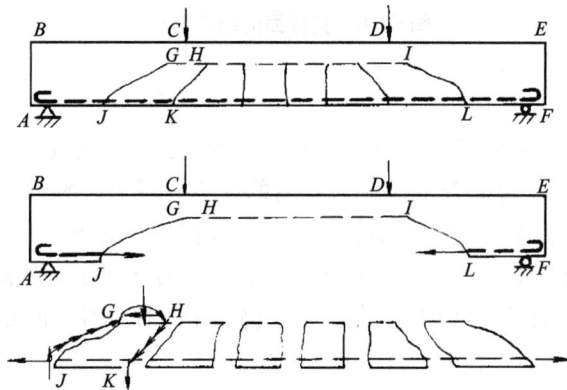

图 5 −7 梳状拱模型

试验表明,随着荷载的增加,在很多斜裂缝中将形成一条主要斜裂缝,它将梁划分成有联系的上下两部分。上面部分相当于一个带有拉杆的变截面两铰拱,纵筋为其拉杆,拱的支座就是梁的支座;下面部分被裂缝分割成若干个梳状齿,齿根与拱内圈相连,每个齿相当于一根悬臂梁。

以一个齿 $GHKJ$ 为例,GH 端与梁上部拱相联系,相当于一个悬臂梁的固定端,JK 相当于自由端,齿的受力情况如图 5 −8 所示,其上作用有:①J 和 K 处纵筋的拉力 Z_J 和

Z_K，$Z_K > Z_J$；②J 和 K 处纵筋的销栓力 V_J 和 V_K，由斜裂缝两侧的混凝土块上下错动使得钢筋受剪而引起的；③斜裂缝间的骨料咬合力 S_J 和 S_K。这些作用使梳状齿的根部产生了弯矩 m、轴力 n 和剪力 v，弯矩 m、剪力 v 主要与纵筋的拉力差及销栓力平衡，轴力 n 主要与咬合力平衡。

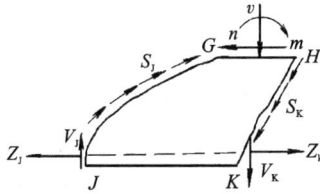

图5-8 齿的受力情况

在斜裂缝出现的初期，钢筋与混凝土的黏结性能好，纵筋拉力差较大，梁的剪力主要是由齿的悬臂梁承受。在加载后期，接近剪压破坏时，黏结力破坏，K 处拉力接近 J 处拉力，拉力差减小，齿的受剪作用削弱，梁的剪力将主要由拱承担。拱的受力情况如图5-9所示。这是一个带拉杆的拱体，拱顶 CD 是斜裂缝以上的残余剪压区，纵筋是拉杆，拱顶到支座间的斜向受压混凝土则为拱体 AC 和 FD。当拱顶承载力不足时，将发生剪压或斜压破坏，当拱体的受压承载力不足时，将发生斜压破坏。图中的点画线为拱体的压力线，阴影线部分为有效的拱体。

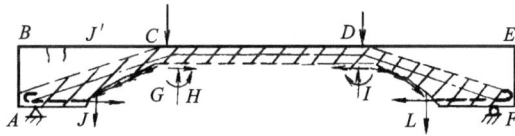

图5-9 拱体的受力情况

5.2.2 拱形桁架模型

拱形桁架模型(图5-10)适用于有腹筋梁。

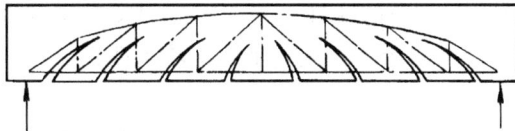

图5-10 拱形桁架模型

把开裂的有腹筋梁看作为拱形桁架，其中拱体是上弦杆，裂缝间的混凝土齿块是受压的斜腹杆，剪压区混凝土是受压弦杆，箍筋是受拉腹杆，受拉纵筋是下弦杆。它与上述无腹筋梁梳形拱模型的主要区别是：①考虑了箍筋的受拉作用；②考虑了斜裂缝间混凝土的受压作用。

5.2.3　桁架模型

桁架模型(图5-11)适用于有腹筋梁。这种力学模型把有斜裂缝的钢筋混凝土梁看作一个铰接桁架，受压区混凝土为上弦杆，受拉纵筋为下弦杆，箍筋为竖向拉杆，斜裂缝间的混凝土则为斜压杆。

Ritter 和 Mörsch 在20世纪初提出桁架模型来解释简支梁的斜截面受剪机理，该模型假定斜腹杆倾角45°，因此称为45°桁架模型[图5-11(a)]。此后，有些学者提出斜压杆倾角不一定是45°，而是在一定范围内变化的，故称为变角桁架模型[图5-11(b)]。变角桁架模型的内力分析，见图5-11(c)，图中混凝土斜压杆的倾角为β，压力为C_d，腹筋与梁纵轴的夹角为α，拉力为T_s。

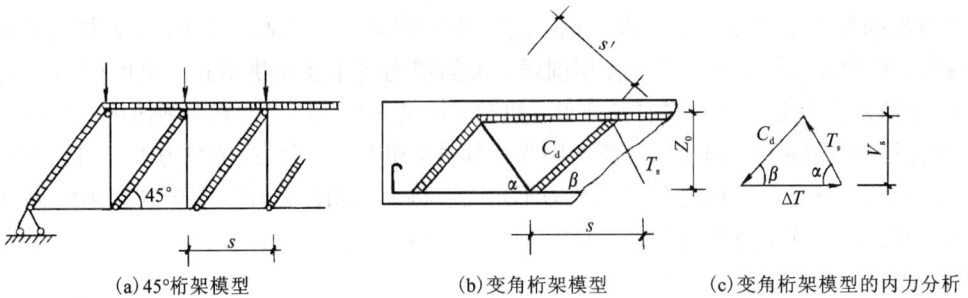

(a)45°桁架模型　　　　　(b)变角桁架模型　　　　(c)变角桁架模型的内力分析

图5-11　桁架模型

5.3　斜截面受剪承载力

5.3.1　影响斜截面受剪承载力的主要因素

1. 剪跨比

如前所述，随着剪跨比λ的增大，梁分别呈现出斜压、剪压、斜拉的破坏形态，试验也表明，对于承受集中荷载(均布荷载)的无腹筋梁，其受剪承载力随着剪跨比(跨高比)的增大而下降。当剪跨比大于3后，剪跨比的影响将不明显。

2. 腹筋的数量

箍筋和弯起钢筋可以有效地抑制斜裂缝的发展，抵抗部分剪力，提高斜截面的承载力。试验表明，斜截面受剪承载力随配箍率的提高而增大，并大致呈线性关系，如图5-12所示。

配箍率ρ_{sv}指的是沿梁长方向，在箍筋的一个间距范围内，箍筋各肢的全部截面面积与混凝土水平截面面积的比值，即：

$$\rho_{sv} = \frac{A_{sv}}{bs} = \frac{n \cdot A_{sv1}}{bs} \tag{5-8}$$

式中：A_{sv}——配置在同一截面内箍筋各肢的全部截面面积；

　　　n——同一截面内箍筋的肢数（图 5-13）；

　　　A_{sv1}——单肢箍筋的截面面积；

　　　s——沿梁长方向箍筋的间距；

　　　b——梁的宽度。

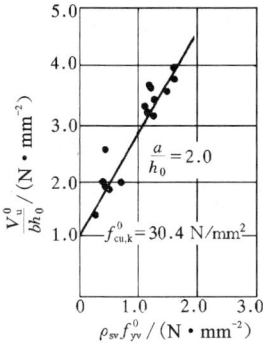

图 5-12　配箍率对梁受剪承载力的影响

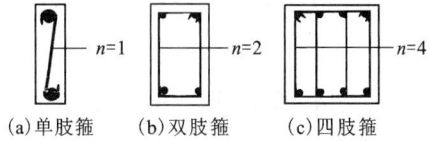

图 5-13　箍筋的肢数

3. 混凝土强度等级

从斜截面受剪破坏的三种形态可知，斜拉破坏主要取决于混凝土的抗拉强度，剪压和斜压破坏主要取决于混凝土的抗压强度。试验也表明，在其他条件相同时，斜截面受剪承载力随混凝土强度 f_{cu} 的提高而增大，并大致呈线性关系，如图 5-14 所示。《规范》亦采用与 f_{cu} 成线性关系的 f_t 作为计算参量之一。

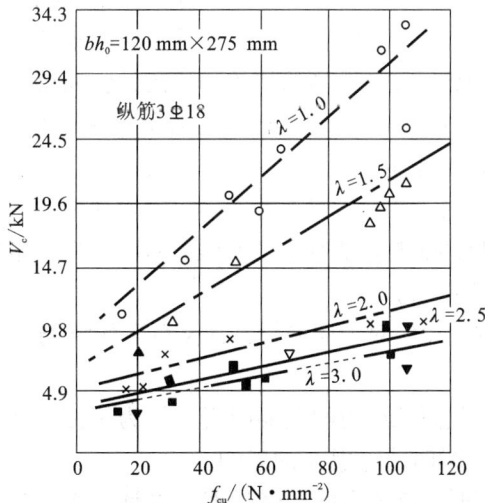

图 5-14　混凝土强度对无腹筋梁受剪承载力的影响

4. 纵筋配筋率

纵筋配筋率越大则破坏时的剪压区高度越大,从而提高了混凝土的受剪能力。同时,纵筋可以抑制斜裂缝的开展,增大斜截面间的骨料咬合作用,纵筋本身还可以承担一部分的销栓力。所以,纵筋的配筋率越大,梁的斜截面受剪承载力越高。

5. 截面尺寸和形状

(1)截面尺寸的影响。截面尺寸对无腹筋梁的受剪承载力有较大的影响,尺寸大的构件,破坏时的平均剪应力比尺寸小的构件要小。对于有腹筋梁,截面尺寸的影响将减小。

(2)截面形状的影响。受压区翼缘提高了混凝土的受剪能力,试验表明,"T"形截面梁比矩形截面梁的斜截面承载力一般要高 10% ~30% 。

6. 预应力

预应力能阻滞斜裂缝的出现和开展,增大混凝土剪压区高度,从而提高剪压区混凝土的受剪能力,预应力混凝土梁的斜裂缝长度较大,也提高了斜裂缝内箍筋的受剪能力。

5.3.2　斜截面受剪承载力的计算公式

1. 基本假定

梁的斜截面受剪破坏均表现为脆性破坏,在工程设计中都应设法避免,但采用的方式有所不同。对于斜压破坏,常通过控制截面的最小尺寸来防止;对于斜拉破坏,则用最小配箍率及构造要求来防止;对于剪压破坏,要通过计算,使构件满足一定的斜截面受剪承载力,从而防止剪压破坏。

我国《规范》中采用的公式就是根据剪压破坏形态建立的半理论半经验公式。所采用的是理论与试验相结合的方法,其中只考虑竖向力的平衡条件 $\sum y = 0$ 。其基本假定如下:

(1)梁发生剪切破坏时,与斜裂缝相交的箍筋和弯起钢筋均已屈服。但要考虑箍筋和弯起钢筋中的拉应力可能不均匀,尤其是靠近剪压区的箍筋有可能达不到屈服强度。

(2)斜裂缝处的骨料咬合力和纵筋的销栓力,在无腹筋梁中的作用比较显著,两者对抗剪的贡献可达总剪力的 50% ~90% ,但在有腹筋梁中,由于腹筋的存在,使得骨料咬合力和纵筋的销栓力抗剪作用已被腹筋代替,试验表明它们所分担的剪力占总剪力的 20% 左右,此外只有当纵向受拉钢筋的配筋率大于 1.5% 时,骨料咬合力和销栓力对无腹筋梁抗剪才会有较明显的影响。为便于工程设计计算,将忽略掉骨料咬合力和纵筋销栓力对截面受剪承载力的贡献。

(3)截面尺寸的影响主要针对无腹筋梁,故仅在不配箍筋和弯起钢筋的厚板计算时才予以考虑。

(4)剪跨比是影响斜截面承载力的重要因素。但为了便于工程设计计算,仅在计算承受集中荷载为主的独立梁时才考虑 λ 的影响。

(5)梁发生剪压破坏时,斜截面所承受的剪力设计值由三部分组成,如图 5-15 所示。即

$$\sum y = 0, \quad V_{\mathrm{u}} = V_{\mathrm{c}} + V_{\mathrm{sv}} + V_{\mathrm{sb}} \qquad (5-9)$$

式中：V_{u}——梁斜截面受剪承载力设计值；

　　　V_{c}——剪压区混凝土受剪承载力设计值；

　　　V_{sv}——与斜裂缝相交的箍筋受剪承载力设计值；

　　　V_{sb}——与斜裂缝相交的弯起钢筋受剪承载力设计值。

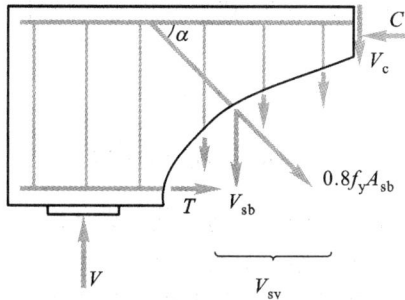

图 5-15　受剪承载力的组合

2. 无腹筋梁剪压区混凝土的受剪承载力设计值

我国《规范》主要以无腹筋梁的试验结果作为受弯构件斜截面受剪承载力计算的基础。下面讲述无腹筋梁剪压区混凝土的受剪承载力 V_{c}。

试验结果分两种情况：

第一种是根据搜集到的大量无腹筋简支浅梁、简支短梁及简支深梁在均布荷载作用下的试验数据，如图 5-16(a)所示，l_0、h 分别为梁的计算跨度和截面高度。

第二种是根据搜集到的大量无腹筋简支浅梁、简支短梁及简支深梁在集中荷载作用下的试验数据，如图 5-16(b)所示，λ 为梁的剪跨比。

通过图 5-16(a)、图 5-16(b)可以看出，试验结果的点很分散，因此偏安全地取其下包线作为无腹筋梁受剪承载力设计值，即：

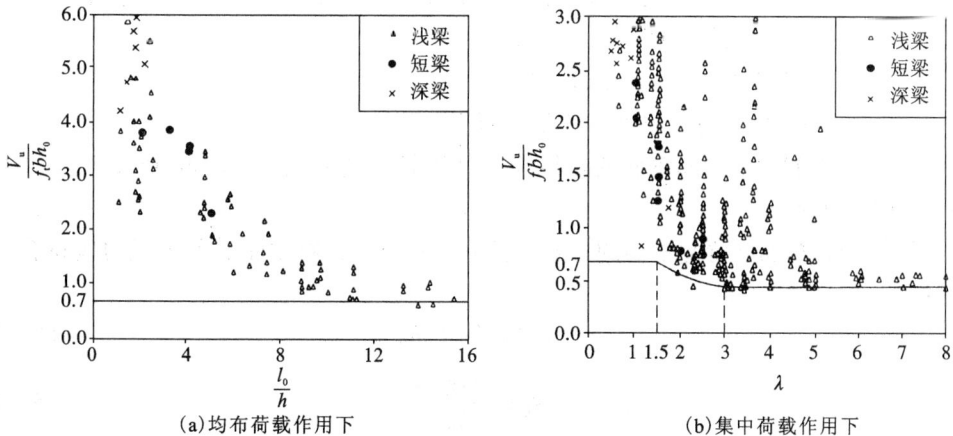

(a)均布荷载作用下　　　　　　　(b)集中荷载作用下

图 5-16　无腹筋梁的受剪承载力

均布荷载时

$$V_c = 0.7 f_t b h_0 \qquad (5-10)$$

集中荷载下的独立梁

$$V_c = \frac{1.75}{\lambda + 1} f_t b h_0 \qquad (5-11)$$

3. 计算公式

(1) 仅配置箍筋时,矩形、"T"形和"I"形截面受弯构件的斜截面受剪承载力应符合下列规定:

$$V \leqslant V_u = V_{cs} \qquad (5-12)$$

$$V_{cs} = \alpha_{cv} f_t b h_0 + f_{yv} \frac{A_{sv}}{s} h_0 \qquad (5-13)$$

式中:V_{cs}——斜截面上混凝土和箍筋的受剪承载力设计值;

α_{cv}——斜截面混凝土受剪承载力系数,对于一般受弯构件取 0.7;对集中荷载作用下(包括作用有多种荷载,其中集中荷载对支座截面或节点边缘所产生的剪力值占总剪力的 75% 以上的情况)的独立梁,取 α_{cv} 为 $\frac{1.75}{\lambda + 1}$,λ 为计算截面的剪跨比,可取 λ 等于 a/h_0,当 λ 小于 1.5 时,取 1.5,当 λ 大于 3 时,取 3,a 取集中荷载作用点至支座截面或节点边缘的距离;

A_{sv}——配置在同一截面内箍筋各肢的全部截面面积;

s——沿构件长度方向的箍筋间距;

f_{yv}——箍筋的抗拉强度设计值。

(2) 当配置箍筋和弯起钢筋时,矩形、"T"形和"I"形截面受弯构件的斜截面受剪承载力应符合下列规定:

$$V \leqslant V_u = V_{cs} + V_{sb} \qquad (5-14)$$

$$V_{sb} = 0.8 f_{yv} A_{sb} \sin \alpha_s \qquad (5-15)$$

式中:V——配置弯起钢筋处的剪力设计值;

V_{cs}——斜截面上混凝土和箍筋的受剪承载力设计值,按式(5-13)进行计算;

V_{sb}——弯起钢筋承担的剪力设计值;

f_{yv}——弯起钢筋的抗拉强度设计值;

A_{sb}——同一平面内弯起钢筋的截面面积;

α_s——斜截面上弯起钢筋的切线与构件纵轴线的夹角,一般取 45°,当梁高大于 800 mm 时,取 60°。

(3) 不配置箍筋和弯起钢筋的一般板类受弯构件,其斜截面受剪承载力应符合下列规定:

$$V \leqslant 0.7 \beta_h f_t b h_0 \qquad (5-16)$$

$$\beta_h = \left(\frac{800}{h_0} \right)^{\frac{1}{4}} \qquad (5-17)$$

式中:β_h——截面高度影响系数。当 h_0 小于 800 mm 时,取 800 mm;当 h_0 大于 2000 mm

时，取 2000 mm。

4. 公式说明

(1) V_{cs} 由两部分组成，第一部分 $\alpha_{cv} f_t bh_0$ 是由剪压区混凝土承担的剪力，第二部分 $f_{yv} \dfrac{A_{sv}}{s} h_0$ 中大部分是由箍筋承担的剪力，也有小部分是属于混凝土的，因为配置箍筋后，箍筋将抑制斜裂缝的开展，从而提高剪压区混凝土的受剪承载力，但究竟提高了多少，很难把它从第二部分中分离确定出来，也没有必要。因此，应该把 V_{cs} 理解为剪压区混凝土与箍筋共同承担的剪力。

(2) 计算公式(5 - 12)和式(5 - 14)都适用于矩形、"T"形和"I"形截面，并不说明截面形状对受剪承载力没有影响，只是影响不大。试验研究表明，"T"形和"I"形截面的剪压区面积比同样宽度 b 的矩形截面的大，其受剪承载力比同条件的矩形截面的要高，因而在荷载作用时，按公式(5 - 12)和(5 - 14)计算将提高"T"形及"I"形截面的受剪承载力储备。另一方面，当"T"形和"I"形截面的梁腹很薄时，可能在梁腹发生斜压破坏，其受剪承载力随腹板高度的增加而降低(此时翼缘宽度对受剪承载力影响甚微)，但这种破坏可以通过构造措施来防止。

(3) 板类构件通常承受不大的分布荷载，跨高比较大，剪力较小，因此对于正截面承载力来讲，其斜截面承载力往往是足够的，故一般不必进行斜截面承载力的计算，也不配箍筋和弯起钢筋。但是，当板上承受的荷载较大时，需要对其斜截面承载力进行计算。公式(5 - 16)考虑了尺寸效应的影响。

(4) 现浇混凝土楼盖和装配整体式混凝土楼盖中的主梁虽然主要承受集中荷载，但不是独立梁，除了吊车梁和试验梁以外，建筑工程中的独立梁是很少见的。

(5) 试验研究表明，箍筋对受弯构件受剪性能的提高优于弯起钢筋，故混凝土梁宜采用箍筋作为承受剪力的钢筋，同时考虑到设计与施工的方便，现今建筑工程中的一般梁(悬臂梁除外)、板都已基本不再采用弯起钢筋了，但在桥梁工程中，弯起钢筋还是常用的。

5. 计算公式的适用范围

由于梁的斜截面受剪承载力计算式是基于剪压破坏的形态而确定的，为防止斜压及斜拉破坏，还应规定其上、下限值。

(1) 上限值——最小截面尺寸。

当发生斜压破坏时，梁腹的混凝土被压碎，箍筋不屈服，其受剪承载力主要取决于构件的腹板宽度、梁截面高度及混凝土强度，即使配再多的箍筋，受剪承载力也不会明显增加。因而只要保证构件截面尺寸不太小，就可防止斜压破坏的发生。矩形、"T"形和"I"形截面受弯构件的最小截面尺寸应满足下列要求。

①当 $h_w/b \leqslant 4$ 时，为厚腹梁，也即一般梁，应满足：

$$V \leqslant 0.25 \beta_c f_c bh_0 \tag{5 - 18}$$

②当 $h_w/b \geqslant 6$ 时，为薄腹梁，应满足：

$$V \leqslant 0.2 \beta_c f_c bh_0 \tag{5 - 19}$$

③当 $4 < h_w/b < 6$ 时，按线性内插法确定。

式中：V——构件斜截面上的最大剪力设计值；

β_c——混凝土强度影响系数：当混凝土强度等级不超过 C50 时，取 1.0；当混凝土强度等级为 C80 时，取 0.8，其间按线性内插法确定；

b——矩形截面的宽度，"T"形截面或"I"形截面的腹板宽度；

h_0——截面的有效高度；

h_w——截面的腹板高度：矩形截面，取有效高度；"T"形截面，取有效高度减去翼缘高度；"I"形截面取腹板净高。

在设计中，如果不满足上面条件，应加大构件截面尺寸或提高混凝土强度等级，直到满足为止。

对于薄腹梁，采用了较严格的截面限制条件，是因为腹板在发生斜压破坏时，其受剪承载力要比厚腹梁低，同时也是为了避免梁在使用阶段的斜裂缝宽度过大。

(2)下限值——箍筋最大间距、箍筋最小直径以及最小配箍率。

试验表明，若箍筋的配置过少，在剪跨比较大时一旦出现斜裂缝，可能使箍筋迅速屈服甚至拉断，斜裂缝急剧开展，导致斜拉破坏。

当 $V < \alpha_{cv} f_t b h_0$ 时，可不进行斜截面的受剪承载力计算，但为了防止斜拉破坏，梁的箍筋最大间距与箍筋最小直径应满足本章第 5.5.1 节的规定。

当 $V > \alpha_{cv} f_t b h_0$ 时，梁的箍筋最大间距与箍筋最小直径除应满足本章第 5.5.1 节的规定外，尚应满足最小配箍率的要求，即

$$\rho_{sv} \geqslant \rho_{sv,\,min} = 0.24 \frac{f_t}{f_{yv}} \qquad (5-20)$$

5.3.3 斜截面受剪承载力的计算方法

1. 计算截面

(1)支座边缘处的截面，即图 5-17(a)、(b)中 1-1 截面。

(2)受拉区弯起钢筋弯起点处的截面，即图 5-17(a)中 2-2、3-3 截面。

(3)箍筋截面面积或间距改变处的截面，即图 5-17(b)中 4-4 截面。

(4)截面尺寸改变处的截面，即图 5-17(c)中 5-5 截面。

上述截面均为斜截面受剪承载力较薄弱的位置，在计算时应取其相应区段内的最大剪力值作为剪力设计值。设计时，弯起钢筋距支座边缘距离 s_1 及弯起钢筋之间的距离 s_2 均不应大于箍筋最大间距 s_{max}（见本章第 5.5.1 节表 5-2），以保证可能出现的斜裂缝与弯起钢筋相交。

2. 计算步骤

一般先由梁的剪跨比、跨高比等构造要求及正截面受弯承载力计算确定截面尺寸、混凝土强度等级及纵向钢筋用量，然后进行斜截面受剪承载力设计计算。其步骤为：

(1)确定计算截面和截面剪力设计值。

(2)验算截面尺寸是否足够。

(3)验算是否可按构造配置箍筋。

(4)当不能仅按构造配置箍筋时，按计算确定所需腹筋数量。

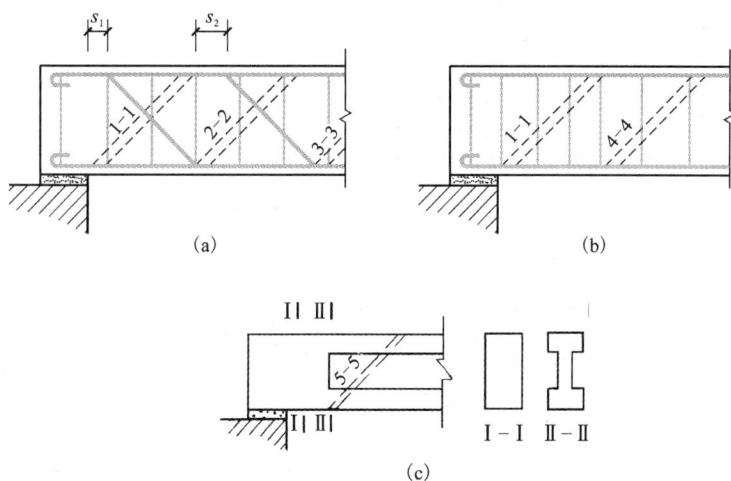

图 5 - 17 斜截面受剪承载力的计算截面位置

图 5 - 18 为钢筋混凝土梁斜截面受剪承载力计算步骤的框图。

3. 计算例题

【例 5 - 1】 某钢筋混凝土矩形截面简支梁,截面尺寸及纵筋数量等见图 5 - 19,该梁承受均布荷载,其中恒荷载标准值 $g_k = 25$ kN/m(包括自重),活荷载标准值 $q_k = 30$ kN/m,荷载分项系数分别取 $\gamma_G = 1.3$、$\gamma_Q = 1.5$;混凝土强度等级为 C30($f_t = 1.43$ N/mm²、$f_c = 14.3$ N/mm²);箍筋为 HPB300 级钢筋($f_{yv} = 270$ N/mm²),纵筋为 HRB400 级钢筋($f_y = 360$ N/mm²)。环境类别为一类,设计使用年限为 50 年,安全等级为二级。求箍筋和弯起钢筋的数量。

【解】

取 $a_s = 40$ mm, $h_0 = h - a_s = 550 - 40 = 510$ mm

(1)计算截面的确定和剪力设计值计算。

设计使用年限为 50 年,安全等级为二级:

$\gamma_0 = 1.0$、$\gamma_L = 1.0$

支座边缘处剪力最大,故应选择该截面进行受剪配筋计算,剪力设计值为:

$$V_1 = \frac{1}{2}\gamma_0(\gamma_G g_k + \gamma_Q \gamma_L q_k)l_n = \frac{1}{2} \times 1.0 \times (1.3 \times 25 + 1.5 \times 1.0 \times 30) \times 5.76$$
$$= 223.2 \text{ kN}_{\circ}$$

(2)验算截面尺寸。

$h_w = h_0 = 510$ mm, $\dfrac{h_w}{b} = \dfrac{510}{250} = 2.04 < 4$,属厚腹梁。

$0.25\beta_c f_c b h_0 = 0.25 \times 1.0 \times 14.3 \times 250 \times 510 = 455.8$ kN $> V_1 = 223.2$ kN

截面尺寸符合要求。

由正截面设计初步确定:
（1）截面尺寸。
（2）混凝土强度等级。
（3）钢筋类别。
（4）纵向钢筋用量。

改变截面尺寸,
重新确定

确定计算截面和截面剪力设计值

判别式（5-18）或式（5-19）

否

是

判别公式:
$$V \leq 0.7f_t bh_0$$
$$或 V \leq \frac{1.75}{\lambda + 1} f_t bh_0$$

是

否

仅配箍筋

兼配弯筋

按式（5-12）、式（5-13）确定箍筋用量

选定箍筋用量,再按式（5-14）求 V_{sb} ；按式（5-15），由 V_{sb} 求 A_{sb}

先根据已配纵筋选定 A_{sb} ，由式（5-15）、（5-14）求 V_{cs} ，并确定箍筋用量

判别是否满足最小配箍率公式（5-20）

是

否

按构造配箍筋

结束

按最小配箍率配箍筋

结束

结束

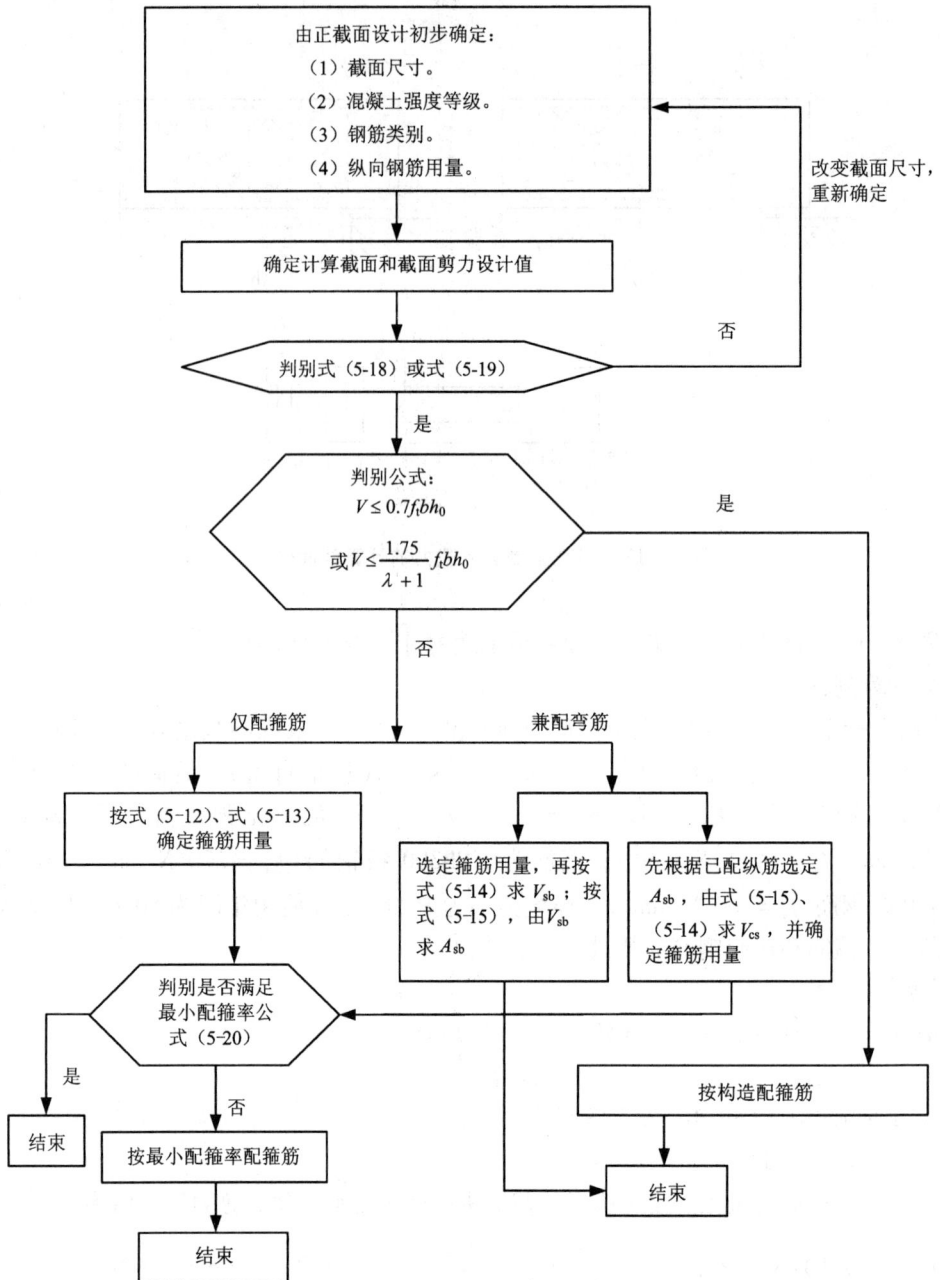

图 5 – 18　受弯构件斜截面受剪承载力的设计计算框图

（3）验算是否需要按计算配置箍筋。

$0.7f_t bh_0 = 0.7 \times 1.43 \times 250 \times 510 = 127.63$ kN $< V_1 = 223.2$ kN，故需按计算配置箍筋。

（4）只配箍筋而不用弯起钢筋。

令 $V_1 = V_u$ ，确定配箍量

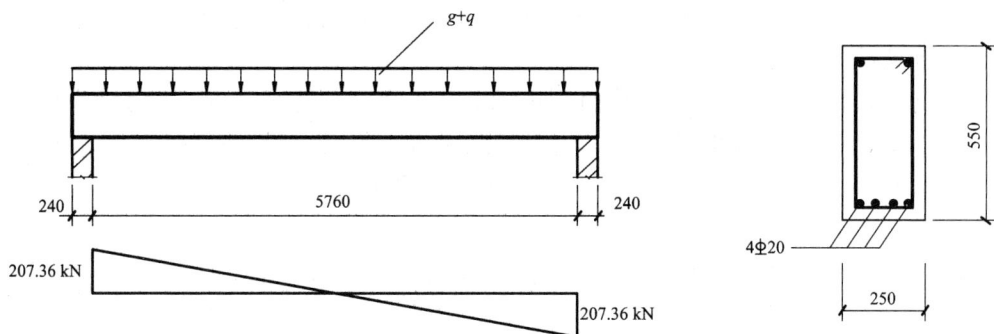

图 5 – 19　例 5 – 1 图

$$\frac{nA_{sv1}}{s} = \frac{V_1 - 0.7f_t b h_0}{f_{yv} h_0}$$

$$= \frac{223.2 \times 10^3 - 127.63 \times 10^3}{270 \times 510}$$

$$= 0.694 \ \text{mm}^2/\text{mm}$$

采用双肢箍筋 2 ϕ8@120(箍筋间距要求详见本章 5.5.1 节表 5 – 2),有

$$\frac{nA_{sv1}}{s} = \frac{2 \times 50.3}{120} = 0.838 \ \text{mm}^2/\text{mm} > 0.694 \ \text{mm}^2/\text{mm},满足要求。$$

箍筋配筋率

$$\rho_{sv} = \frac{nA_{sv1}}{bs} = \frac{2 \times 50.3}{250 \times 120} = 0.335\% > \rho_{sv,\,min} = 0.24 \frac{f_t}{f_{yv}} = 0.24 \times \frac{1.43}{270} = 0.127\%$$

满足要求。

《规范》指出,混凝土梁宜采用箍筋作为承受剪力的钢筋。因此本例题的计算可以到此为止,下面配弯起钢筋的计算是从教学目的出发的。

(5)若配箍筋又配弯起钢筋。

根据已配的 4 ϕ20,可利用 1 ϕ20 以 45°角弯起,则弯起钢筋承担的剪力:

$$V_{sb} = 0.8A_{sb}f_{yv}\sin\alpha_s = 0.8 \times 314.2 \times 360 \times \frac{\sqrt{2}}{2} = 63.99 \ \text{kN}$$

要求混凝土和箍筋承担的剪力:

$$V_{cs} = V_1 - V_{sb} = 223.2 - 63.99 = 159.21 \ \text{kN}$$

选双肢箍筋 2 ϕ6@150

$$\rho_{sv} = \frac{nA_{sv1}}{bs} = \frac{2 \times 28.3}{250 \times 150} = 0.151\% > \rho_{sv,\,min} = 0.127\%,满足要求。$$

$$V_{cs} = 0.7f_t b h_0 + f_{yv}\frac{nA_{sv1}}{s} h_0$$

$$= 127.63 \times 10^3 + 270 \times \frac{2 \times 28.3}{150} \times 510$$

$= 179.59 \text{ kN} > 159.21 \text{ kN}$，满足要求。

此题也可先选定箍筋，算出 V_{cs}，再利用 $V_1 = V_{cs} + V_{sb}$ 求得 V_{sb}，然后确定弯起钢筋面积 A_{sb}，此处计算从略。

(6)验算弯筋弯起点处的斜截面受剪承载力。弯筋斜弯段水平投影长度可取为 $550 - 25 \times 2 = 500 \text{ mm}$，即取梁高减去 2 倍混凝土保护层厚度。弯起钢筋距支座边缘距离 s_1 可取 200 mm，则弯起点离梁端净距为 $500 + 200 = 700 \text{ mm}$。

该处的剪力设计值为

$$V_2 = 223.2 \times \frac{5760/2 - 700}{5760/2} = 168.95 \text{ kN} < 179.59 \text{ kN}$$，可不必再弯起第二排钢筋或加大箍筋。

梁的配筋如图 5 - 20 所示。

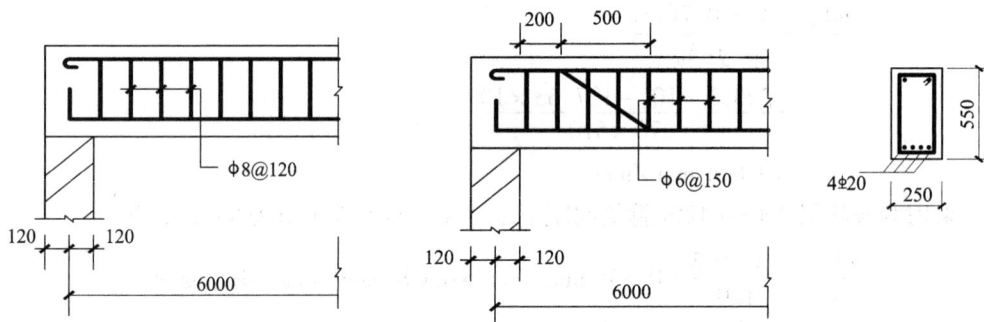

图 5 - 20　例 5 - 1 配筋图

【例 5 - 2】　某钢筋混凝土"T"形截面简支梁如图 5 - 21 所示，其中集中荷载设计值 $F = 120 \text{ kN}$，均布荷载设计值 $g + q = 7.5 \text{ kN/m}$(包括自重)。梁底已配有纵筋 4 Φ 25，混凝土强度等级为 C30，箍筋为 HPB300 级钢筋，设计使用年限为 50 年，一类环境，安全等级为二级。试求所需箍筋数量并绘制配筋图。

【解】

(1)已知条件。

混凝土 C30：$f_t = 1.43 \text{ N/mm}^2$，$f_c = 14.3 \text{ N/mm}^2$

HPB300 级箍筋：$f_{yv} = 270 \text{ N/mm}^2$

取 $a_s = 40 \text{ mm}$，$h_0 = h - a_s = 700 - 40 = 660 \text{ mm}$，$h_w = h_0 - b'_f = 660 - 200 = 460 \text{ mm}$

(2)计算截面的确定和剪力设计值计算，见图 5 - 21。

支座边缘处剪力最大，应选此截面进行受剪计算，剪力大小为

$$V = \frac{1}{2}(g + q)l_n + F = \frac{1}{2} \times 7.5 \times 5.75 + 120 = 141.56 \text{ kN}$$

集中荷载对支座截面产生的剪力 $V_F = 120 \text{ kN}$，$120/141.56 = 85\% > 75\%$，故对该简支梁应考虑剪跨比的影响，$a = 1875 + 120 = 1995 \text{ mm}$，有

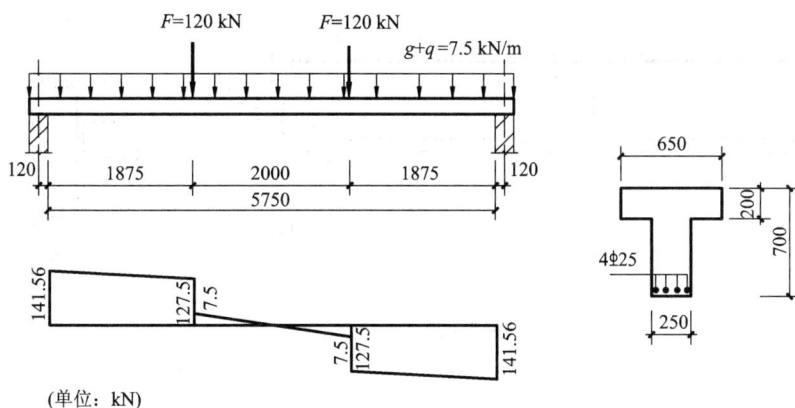

图 5 - 21　例 5 - 2 图

$$\lambda = \frac{a}{h_0} = \frac{1995}{660} = 3.02 > 3.0,\ \text{取}\ \lambda = 3.0$$

（3）验算截面条件。

$$\frac{h_w}{b} = \frac{460}{250} = 1.84 < 4,\ \text{属厚腹梁}。$$

$$0.25\beta_c f_c bh_0 = 0.25 \times 1.0 \times 14.3 \times 250 \times 660 = 589.88\ \text{kN} > V = 141.56\ \text{kN}，截面符合$$
要求。

（4）验算是否需要按计算配置箍筋。

$$\frac{1.75}{\lambda + 1} f_t bh_0 = \frac{1.75}{3.0 + 1} \times 1.43 \times 250 \times 660 = 103.23\ \text{kN} < V = 141.56\ \text{kN}，故需按计算配$$
置箍筋。

（5）箍筋数量计算。

令 $V = V_u$，确定配箍量。

$$\frac{nA_{sv1}}{s} = \frac{V - \dfrac{1.75}{\lambda + 1} f_t bh_0}{f_{yv} h_0} = \frac{141.56 \times 10^3 - 103.23 \times 10^3}{270 \times 660} = 0.215\ \text{mm}^2/\text{mm}$$

采用双肢箍筋 $2\,\phi 8@200$（箍筋间距要求详见表 5 - 2），有 $\dfrac{nA_{sv1}}{s} = \dfrac{2 \times 50.3}{200} = 0.503$

$\text{mm}^2/\text{mm} > 0.215\ \text{mm}^2/\text{mm}$，满足要求。

箍筋配筋率：

$$\rho_{sv} = \frac{nA_{sv1}}{bs} = \frac{2 \times 50.3}{250 \times 200} = 0.201\% > \rho_{sv,\,min} = 0.24\frac{f_t}{f_{yv}} = 0.24 \times \frac{1.43}{270} = 0.127\%$$

满足要求。箍筋沿梁全长均匀配置，梁配筋如图 5 - 22 所示。

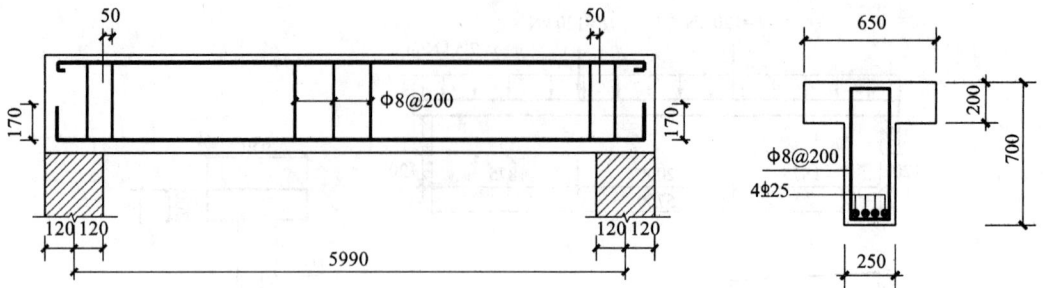

图 5 – 22　梁配筋图

5.4　斜截面受弯承载力

5.4.1　斜截面受弯承载力计算

前面介绍的主要是梁斜截面受剪承载力的计算问题。在剪力和弯矩共同作用下产生的斜裂缝，还会导致与其相交的纵向钢筋拉力增加，引起沿斜截面受弯承载力不足及锚固不足的破坏。对剪压区压应力合力作用点取矩，应符合下列规定(图 5 – 23)。

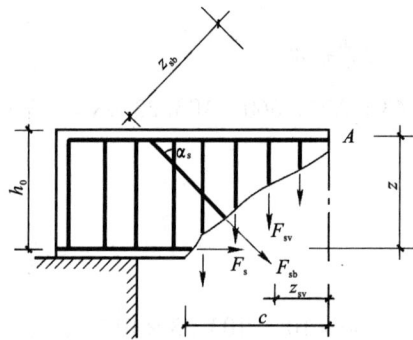

图 5 – 23　受弯构件斜截面受弯承载力计算

$$M \leqslant F_s z + \sum F_{sb} z_{sb} + \sum F_{sv} z_{sv} \tag{5 – 21}$$

此时，斜截面的水平投影长度 c 可按下式确定：

$$V = \sum F_{sb} \sin\alpha_s + \sum F_{sv} \tag{5 – 22}$$

式中：M——构件斜截面受压区末端弯矩设计值；

V——斜截面受压区末端的剪力设计值；

F_s——纵向受拉钢筋合力；

F_{sb}——同一弯起平面内弯起钢筋的合力；

F_{sv}——同一斜截面上箍筋的合力；

z——纵向受拉钢筋合力作用点至受压区合力点的距离，可近似取 $z = 0.9h_0$；

z_{sb}——同一弯起平面内弯起钢筋的合力点至斜截面受压区合力点的距离；

z_{sv}——同一斜截面上箍筋的合力点至斜截面受压区合力点的距离。

当受弯构件中配置的纵向受力钢筋满足各项弯起、锚固、截断要求，且箍筋的直径、间距等符合构造要求时，可以不进行构件的斜截面受弯承载力计算。

本节将在上一章讲述单个正截面受弯承载力的计算和构造的基础上，着重讲述整个受弯构件长度内的配筋构造问题。为了讲清楚这些问题，先介绍正截面受弯承载力图。

5.4.2　正截面受弯承载力图

1. 正截面受弯承载力图的概念

正截面受弯承载力图是指按实际配置的纵向钢筋绘制的梁上各正截面受弯承载力设计值 M_u 图。它反映了沿梁长正截面上材料的抗力，也称为材料的抵抗弯矩图，简称材料图（M_u 图）。图中竖标所表示的正截面受弯承载力设计值 M_u，简称抵抗弯矩。由荷载对梁的各个正截面产生的弯矩设计值 M 所绘制的图形，称为弯矩图（严格讲是弯矩包络图）。为满足 $M_u \geq M$ 的要求，M_u 图必须包住 M 图，才能保证梁的各个正截面受弯承载力。

材料图越接近弯矩图，表示材料利用程度越高，即反映了材料在各个截面的利用程度。同时，通过材料图还可以确定纵筋的弯起数量和位置以及纵筋的截断位置。

2. 正截面受弯承载力图的作法

按梁正截面承载力计算的纵向受力钢筋是以同符号弯矩区段的最大弯矩为依据求得的，该最大弯矩处的截面称为控制截面。

图 5 – 24 为一承受均布荷载简支梁的配筋图、弯矩图和材料图。该梁配置的纵筋为 2 Φ22 + 1 Φ20。如果纵筋的总面积等于跨中截面所要求的计算面积，则材料图的外围水平线与弯矩图的最大弯矩点相切。若纵筋的总面积稍大于计算面积，则可根据实际配筋量按以下方法来求得材料图外围水平线的位置，即：

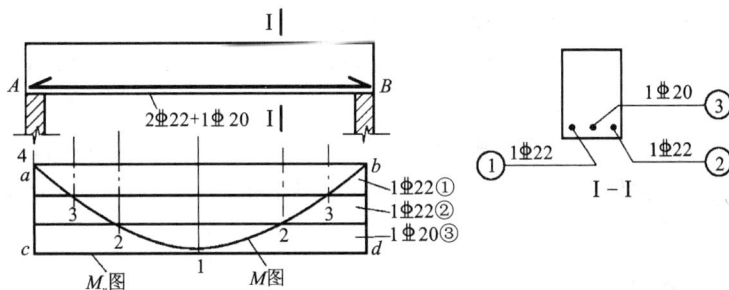

图 5 – 24　配通长纵筋的简支梁的正截面受弯承载力图

$$M_u = f_y A_s \left(h_0 - 0.5 \frac{f_y A_s}{\alpha_1 f_c b} \right) \qquad (5 – 23)$$

任一根纵筋所提供的受弯承载力 M_{ui} 可近似按该钢筋的截面面积 A_{si} 与总的纵筋截面面积 A_s 的比值乘以 M_u 求得，即：

$$M_{ui} = \frac{A_{si}}{A_s} M_u \qquad (5-24)$$

如果 3 根钢筋的两端全部伸入支座，则 M_u 图即为图 5-24 中的 $acdb$。每根钢筋所提供的弯矩 M_{ui} 分别用水平线标示于图上。可见除控制截面外，其他正截面处的 M_u 都比 M 大得多，靠近支座附近的正截面受弯承载力明显富余。在工程设计中，往往将靠近支座的部分纵筋弯起(图 5-25)，利用其受剪或抵抗支座负弯矩，以达到经济的效果。因为梁底部的纵向受拉钢筋不能截断，且规范规定进入支座的钢筋根数不能少于两根，所以将③号钢筋弯起，绘制 M_u 图时，必须将它画在 M_u 图的外侧。

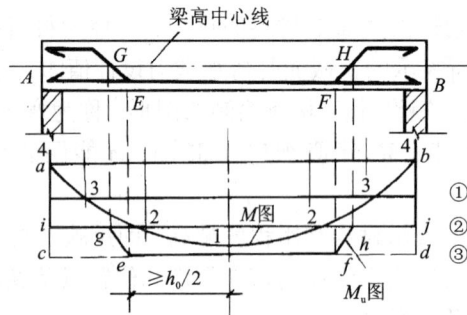

图 5-25　配弯起钢筋简支梁的正截面受弯承载力图

由图 5-24 可知，③号钢筋在截面 1 处被充分利用；②号钢筋在截面 2 处被充分利用；①号钢筋在截面 3 处被充分利用。因而把截面 3、2、1 分别称为①、②、③号钢筋的充分利用截面。从跨中向支座方向延伸，当过了截面 2 之后就不需要③号钢筋了，当过了截面 3 之后就不需要②号钢筋了，可把截面 2、3、4 分别称为③、②、①号钢筋的不需要截面。

如果将③号钢筋在靠近支座处弯起，如图 5-25 所示，弯起点 e、f 必须在截面 2 的外侧。③号钢筋在支座附近弯起后，其内力臂逐渐减小，因而其抵抗弯矩变小甚至等于零。假定该钢筋弯起后与梁轴线的交点为 G、H，过 G、H 点后不再考虑该钢筋承受弯矩，则 EG、FH 段的材料图分别为斜直线 eg、fh。点 g、h 不能落在 M 图以内，即纵筋弯起后的 M_u 图能完全包住 M 图。图 5-25 中的材料抵抗图 $aigefhjb$ 完全覆盖了荷载弯矩图，能保证梁的安全。

5.4.3　纵筋的弯起

上面讲的钢筋弯起方法只是从正截面受弯承载力出发的。下面将讲述纵向受拉钢筋应在其充分利用截面以外多大距离后才能弯起，以保证斜截面受弯承载力。也就是要弄清楚③号钢筋的弯起点 e、f 离充分利用截面 1 的距离。

为了保证斜截面的抗弯能力，纵向受力钢筋要满足图 5-26 所示的构造要求，即在梁的受拉区中，弯起点应设置在充分利用截面以外，其距离应大于或等于 $0.5h_0$；同时，弯筋与梁纵轴线的交点应位于按计算不需要截面以外。

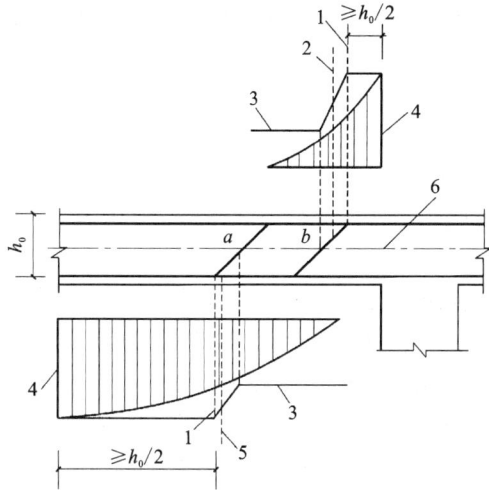

1—在受拉区域中的弯起截面；2—按计算不需要钢筋"b"的截面；

3—正截面受弯承载力图；4—按计算充分利用钢筋"a"或"b"强度的截面；

5—按计算不需要钢筋"a"的截面；6—梁中心线

图 5−26　弯起钢筋弯起点与弯矩图形的关系

为什么当弯起点设置在充分利用截面以外的距离大于或等于 $0.5h_0$ 时斜截面的抗弯承载力就足够呢？为证明这一点，考察图 5−27 所示的受力情况。

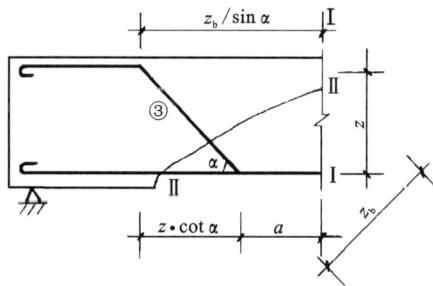

图 5−27　弯起点受力情况

图 5−27 中，设要弯起的纵向受拉钢筋截面面积为 A_{sb}，弯起前，它在被充分利用的正截面 I−I 处提供的受弯承载力：

$$M_{u, \ I} = f_y A_{sb} z \tag{5−25}$$

弯起后，它在斜截面 II−II 处提供的受弯承载力：

$$M_{u, \ II} = f_y A_{sb} z_b \tag{5−26}$$

从图 5−27 知，斜截面 II−II 所承担的弯矩设计值就是斜截面末端剪压区处正截面

Ⅰ－Ⅰ所承担的弯矩设计值，所以不能因为纵向钢筋弯起而使得斜截面Ⅱ－Ⅱ的受弯承载力降低，也就是说为了保证斜截面的受弯承载力，至少要求斜截面受弯承载力与正截面受弯承载力等强，即 $M_{u,Ⅰ} = M_{u,Ⅱ}$，$z = z_b$。

设弯起点离弯筋充分利用截面Ⅰ－Ⅰ的距离为 a，由图 5－27 知：

$$\frac{z_b}{\sin\alpha} = z\cot\alpha + a \tag{5-27}$$

$$a = z\frac{1-\cos\alpha}{\sin\alpha} \tag{5-28}$$

通常，弯起钢筋的弯起角取 45°或 60°，近似取 $z = 0.9h_0$，则：

$$a = (0.37 \sim 0.52)h_0 \tag{5-29}$$

为方便起见，《规范》规定弯起点与按计算充分利用该钢筋截面之间的距离，不应小于 $0.5h_0$，所以图 5－25 的 e 点离截面 1 应大于或等于 $0.5h_0$。连续梁中梁底纵向钢筋向上弯起作为支座负钢筋时也必须遵循这一规定。图 5－26 中的钢筋 a、b，钢筋 a 在梁底正弯矩区段弯起时的弯起点离充分利用截面 4 的距离应大于或等于 $0.5h_0$，钢筋 b 在梁顶负弯矩区段弯起时的弯起点离充分利用截面 4 的距离应大于或等于 $0.5h_0$。

设置弯起钢筋时，弯起角宜取 45°或 60°，在弯终点外应留有平行于梁轴线方向的锚固长度，且在受拉区不应小于 $20d$，在受压区不应小于 $10d$，d 为弯起钢筋的直径。对于光面钢筋，在末端还应设置弯钩(图 5－28)。梁底层钢筋中的角部钢筋不应弯起，顶层钢筋中的角部钢筋不应弯下。

当支座处剪力很大而又不能利用纵筋弯起受剪时，可设置仅用于受剪的鸭筋[图 5－29(a)]，其端部锚固与弯起钢筋的相同。同时，弯起钢筋不得采用浮筋[图 5－29(b)]。

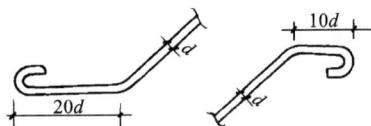

图 5－28　弯起钢筋端部构造

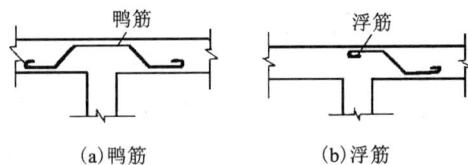

图 5－29　鸭筋和浮筋

5.4.4　纵筋的截断

前述可知，在混凝土梁中，根据内力分析所得的弯矩图沿梁纵长方向是变化的，因此，所配的纵向受力钢筋截面面积也应沿梁长方向有所变化。由于钢筋不宜在受拉区截断，而梁底正弯矩范围比较大，受拉区几乎覆盖整个跨度，故梁底纵筋不宜截断，一般都是采用弯向支座的方式来减少多余的钢筋量。而梁顶支座附近的负弯矩范围不大，故其纵向受拉钢筋往往采用截断的方式来减少多余的钢筋量，但仍不宜在受拉区截断。当需要截断时，为了使负弯矩钢筋的截断不影响它在各截面中发挥所需的抗弯能力，应通过两个条件控制截断点：

（1）从该钢筋充分利用截面起到截断点的长度，称为伸出长度 l_{dl}，为了可靠锚固，负钢筋截断时必须满足伸出长度 l_{dl} 的要求。

（2）从不需要该钢筋的截面起到截断点的长度，称为延伸长度 l_{d2}，为了保证斜截面受弯承载力，负钢筋截断时必须满足延伸长度 l_{d2} 的要求。

在结构设计中，应取上述两个条件确定的较长外伸长度作为纵向受力钢筋的实际外伸长度，且截断点不应位于负弯矩区段内（图 5-30）。负弯矩钢筋外伸长度截断点可按

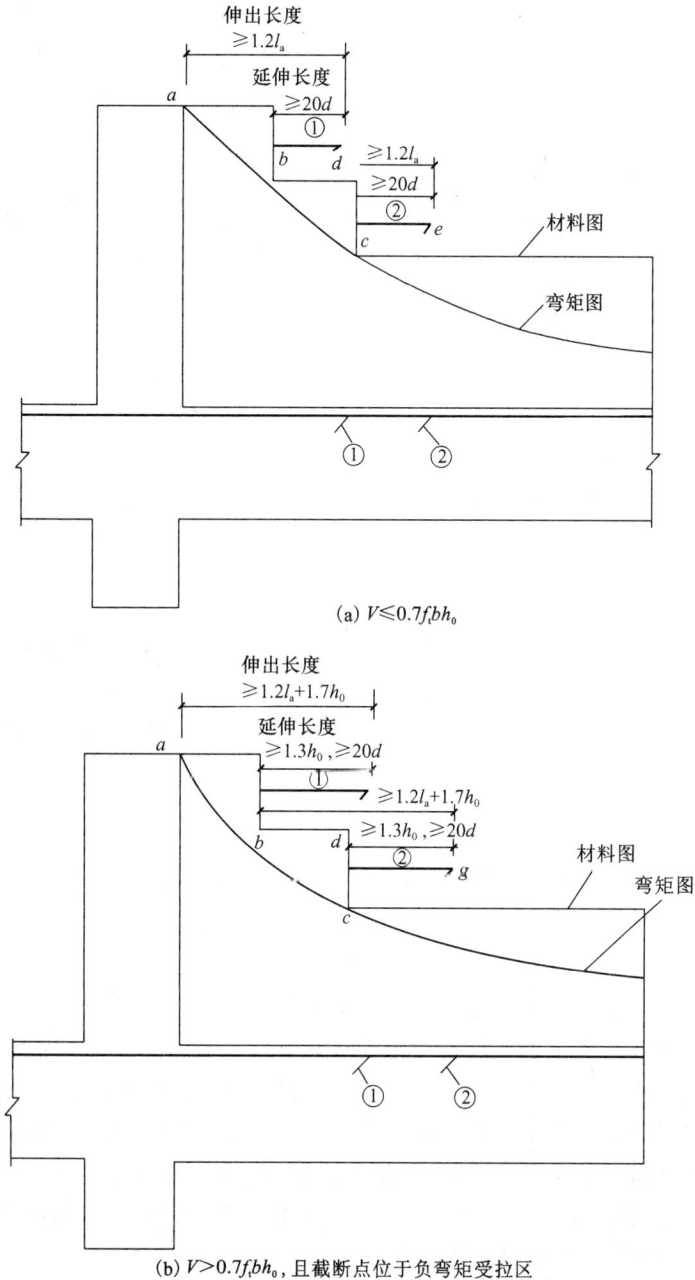

(a) $V \leqslant 0.7 f_t b h_0$

(b) $V > 0.7 f_t b h_0$，且截断点位于负弯矩受拉区

图 5-30　负弯矩区段纵向受拉钢筋的截断

表 5 - 1 中取 l_{d1} 与 l_{d2} 二者较大值来确定。

表 5 - 1　负弯矩钢筋的外伸长度取值

截面条件	伸出长度 l_{d1}	延伸长度 l_{d2}
$V \leqslant 0.7f_tbh_0$	$1.2l_a$	$20d$
$V > 0.7f_tbh_0$	$1.2l_a + h_0$	$20d$ 且 h_0
$V > 0.7f_tbh_0$ 且截断点仍在负弯矩区段内	$1.2l_a + 1.7h_0$	$20d$ 且 $1.3h_0$

在钢筋混凝土悬臂梁中,应有不少于 2 根上部钢筋伸至悬臂梁外端,向下弯折不小于 $12d$;其余钢筋不应在梁的上部截断,而应按规定的弯起点位置向下弯折,并在梁的下边锚固,弯终点外的锚固长度在受压区不应小于 $10d$,在受拉区不应小于 $20d$。

5.4.5　梁端支座处纵筋的锚固

纵向钢筋的锚固要求在第 2 章中已经讲过了,这里主要讲述梁端支座处纵筋的锚固要求。

支座附近的剪力较大,在出现斜裂缝后,由于与斜裂缝相交的纵筋应力会突然增大,若纵筋伸入支座的锚固长度不够,将使纵筋滑移,甚至从混凝土中被拔出引起锚固破坏。

为了防止这种破坏,伸入梁支座范围内的钢筋不应少于 2 根。钢筋混凝土简支梁和连续梁简支端的下部纵向受力钢筋,从支座边缘算起伸入支座内的锚固长度 l_{as}(图 5 - 31),应符合下列规定:

(1)当 $V \leqslant 0.7f_tbh_0$ 时,l_{as} 不小于 $5d$;当 $V > 0.7f_tbh_0$ 时,对带肋钢筋,l_{as} 不小于 $12d$,对光面钢筋,l_{as} 不小于 $15d$,d 为钢筋的最大直径。

(2)如纵向受力钢筋伸入梁支座范围内的

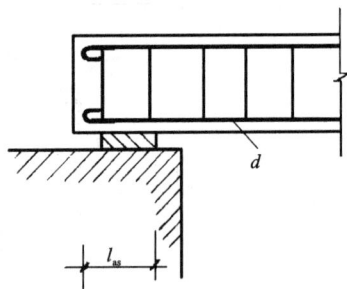

图 5 - 31　支座钢筋的锚固

锚固长度 l_{as} 不满足上述要求时,可采取弯钩或机械锚固措施,并应满足相应的技术要求。

(3)支撑在砌体结构上的钢筋混凝土独立梁,在纵向受力钢筋的锚固长度范围内应配置不少于 2 个箍筋,其直径不宜小于 $d/4$,d 为纵向受力钢筋的最大直径;间距不宜大于 $10d$,当采取机械锚固措施时箍筋间距不宜大于 $5d$,d 为纵向受力钢筋的最小直径。

(4)混凝土强度等级为 C25 及以下的简支梁和连续梁的简支端,当距支座边 $1.5h$ 范围内作用有集中荷载,且 V 大于 $0.7f_tbh_0$ 时,对带肋钢筋宜采取有效的锚固措施,或取锚固长度不小于 $15d$,d 为锚固钢筋的直径。

5.5 斜截面构造规定

5.5.1 箍筋

梁内箍筋的主要作用有：①约束混凝土；②提供斜截面受剪承载力和斜截面受弯承载力，抑制斜裂缝的开展；③联系受拉区和受压区，使其形成整体；④防止纵向受压钢筋压屈；⑤与纵向钢筋构成钢筋骨架。因此要重视箍筋的构造要求。

梁中箍筋的配置应符合下列规定：

(1)按承载力计算不需要箍筋的梁，当截面高度大于 300 mm 时，应沿梁全长设置构造箍筋；当截面高度 $h = 150 \sim 300$ mm 时，可仅在构件端部 $l_0/4$ 范围内设置构造箍筋，l_0 为跨度。但当在构件中部 $l_0/2$ 范围内有集中荷载作用时，应沿梁全长设置箍筋。当截面高度小于 150 mm 时，可以不设置箍筋。

(2)截面高度大于 800 mm 的梁，箍筋直径不宜小于 8 mm；截面高度不大于 800 mm 的梁，不宜小于 6 mm。梁中配有计算需要的纵向受压钢筋时，箍筋直径尚不应小于 $d/4$，d 为受压钢筋最大直径。

(3)梁中箍筋的最大间距 $s_{\max}$ 宜符合表 5-2 的规定；当 V 大于 $0.7f_t bh_0$ 时，箍筋的配筋率尚不应小于 $0.24 \dfrac{f_t}{f_{yv}}$。

表 5-2 梁中箍筋的最大间距 $s_{\max}$（mm）

梁高 h	$V > 0.7f_t bh_0$	$V \leqslant 0.7f_t bh_0$
$150 < h \leqslant 300$	150	200
$300 < h \leqslant 500$	200	300
$500 < h \leqslant 800$	250	350
$h > 800$	300	400

(4)当梁中配有按计算需要的纵向受压钢筋时，箍筋应符合以下规定：

①箍筋应做成封闭式（图 5-32），且弯钩直线段长度不应小于 $5d$，d 为箍筋直径。

②箍筋的间距不应大于 $15d$，并不应大于 400 mm。当一层内的纵向受压钢筋多于 5 根且直径大于 18 mm 时，箍筋间距不应大于 $10d$，d 为纵向受压钢筋的最小直径。

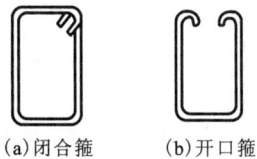

(a)闭合箍   (b)开口箍

图 5-32 箍筋形式

③当梁的高度大于 400 mm 且一层内的纵向受压钢筋多于 3 根时，或当梁的宽度不大于 400 mm 但一层内的纵向受力钢筋多于 4 根时，应设置复合箍筋。

5.5.2 纵向受力钢筋

简支板和连续板中,下部纵向受力钢筋在支座上的锚固长度 l_{as} 不应小于 $5d$。当连续板内温度、收缩应力较大时,伸入支座的锚固长度宜适当增加。

连续梁的中间支座,通常上部受拉、下部受压。上部的纵向受力钢筋应贯穿支座,下部的纵向钢筋在斜裂缝出现和黏结裂缝发生时,也有可能承受拉力,所以也应保证有一定的锚固长度,按下面的情况分别处理:

(1)设计中不利用支座下部纵向钢筋强度时,其伸入的锚固长度可按简支支座中当 $V > 0.7f_t bh_0$ 时的规定取用。

(2)设计中充分利用支座下部纵向钢筋的抗拉强度时,其伸入的锚固长度不应小于锚固长度 l_a。

(3)设计中充分利用支座下部纵向钢筋的抗压强度时,其伸入的锚固长度不应小于 $0.7l_a$。这是考虑在实际结构中,压力主要靠混凝土传递,钢筋作用较小,对锚固长度要求不高的缘故。

5.5.3 纵向构造钢筋

(1)为了构造上的要求(如形成钢筋骨架),梁的受压区通常也要配置纵向钢筋,这种纵向钢筋称为架立钢筋。当梁的跨度小于 4 m 时,直径不宜小于 8 mm;当梁的跨度为 4 ~ 6 m 时,直径不应小于 10 mm;当梁的跨度大于 6 m 时,直径不宜小于 12 mm。

(2)当梁端按简支计算但实际受到部分约束时,为避免负弯矩裂缝,应在支座区上部设置纵向构造钢筋。其截面面积不应小于梁跨中下部纵向受力钢筋计算所需截面面积的 1/4,且不应少于 2 根。该纵向构造钢筋自支座边缘向跨内伸出的长度不应小于 $l_0/5$,l_0 为梁的计算跨度。

(3)当梁腹板高度较大时,由于配筋较少,往往在梁腹板范围内的侧面产生垂直于梁轴线的收缩裂缝。为此,应在大尺寸梁的两侧沿梁长度方向布置纵向构造钢筋(即腰筋),以控制裂缝。具体要求为:梁的腹板高度 h_w 不小于 450 mm 时,每侧纵向构造钢筋(不包括梁上下部受力钢筋及架立钢筋)的间距不宜大于 200 mm,截面面积不应小于腹板截面面积 bh_w 的 0.1%,但当宽度较大时可以适当放松。

(4)薄腹梁或需作疲劳验算的钢筋混凝土梁,应在下部 1/2 梁高的腹板内沿两侧配置直径 8 ~ 14 mm 的纵向构造钢筋,其间距为 100 ~ 150 mm,并按下密上疏的方式布置。在上部 1/2 梁高的腹板内,纵向构造钢筋可按上一条的规定配置。

【例 5 – 3】 伸臂梁设计实例

本例综合运用前述受弯构件承载力的计算和构造知识,对一教室简支楼面的钢筋混凝土伸臂梁进行设计,使初学者对梁的设计全貌有较清楚的了解。在例题中,初步涉及到活荷载的布置及内力组合的概念,为梁、板结构设计打下基础。

1. 设计条件

某支承在 370 mm 厚砖墙上的钢筋混凝土伸臂梁,其跨度 $l_1 = 7.0$ m,伸臂长度 $l_2 = 1.86$ m,由楼面传来的恒荷载标准值 $g_{1k} = 28.60$ kN/m(未包括梁自重),活荷载标准值

$q_{1k} = 21.43$ kN/m，$q_{2k} = 71.43$ kN/m（图 5 – 33）。采用强度等级 C25 的混凝土，纵向受力钢筋为 HRB335 级，箍筋和构造钢筋为 HPB300 级。设计使用年限为 50 年，环境类别为一类，安全等级为二级，试设计该梁并绘制配筋详图。

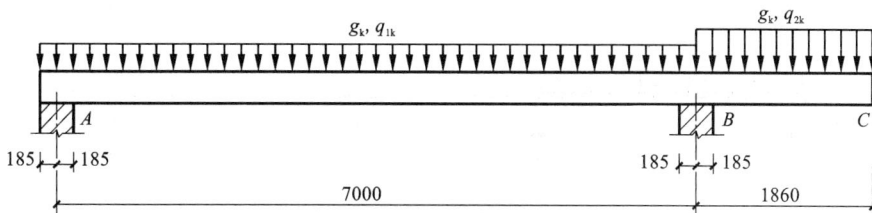

图 5 – 33　梁的跨度、支承及荷载

2. 梁的内力和内力图

（1）截面尺寸选择。

取高跨比 $h/l = 1/10$，则 $h = 700$ mm；

按高宽比的一般规定，$b = 250$ mm，$h/b = \dfrac{700}{250} = 2.8$。

按两排布置纵筋，初选 $h_0 = h - a_s = 700 - 60 = 640$ mm。

（2）荷载计算。

梁自重标准值（包括梁两侧各 15 mm 厚粉刷重）：

$g_{2k} = 0.25 \times 0.7 \times 25 + 0.015 \times 0.7 \times 2 \times 17 = 4.73$ kN/m

则梁的恒荷载设计值

$g = g_1 + g_2 = 1.3 \times 28.60 + 1.3 \times 4.73 = 43.33$ kN/m

当考虑悬臂恒载对求 AB 跨正弯矩有利时，取 $\gamma_G = 1.0$，则此时的悬臂恒载设计值为

$g' = 1.0 \times 28.60 + 1.0 \times 4.73 = 33.33$ kN/m

活荷载的设计值为

$q_1 = 1.5 \times 21.43 = 32.15$ kN/m

$q_2 = 1.5 \times 71.43 = 107.15$ kN/m

（3）梁的内力和内力包络图。

恒荷载 g 作用于梁上的位置是固定的，计算简图如图 5 – 34（a）、（b）所示；活荷载 q_1、q_2 的作用位置有三种可能情况，如图 5 – 34（c），（d）或者（c）+（d）的组合所示。

图 5 – 34 画出了四种荷载布置，按照结构力学的方法可以求得每种荷载下的弯矩图和剪力图。求 AB 跨的跨中最大正弯矩时，应将图（b）和图（c）荷载下的弯矩叠加。求支座 B 的最大负弯矩和 AB 跨的最小正弯矩时，应将图（a）和图（d）荷载下的弯矩叠加。求 A 支座的最大剪力时，应将图（b）和图（c）荷载下的剪力图叠加。求 B 支座的最大剪力时，应将图（a）、图（c）和图（d）荷载下的剪力图叠加。图 5 – 35 中画出了以上四种弯矩和剪力叠加图，相应的弯矩值、剪力值及弯矩和剪力为零时截面所在位置，可作为设计和配筋的依据。

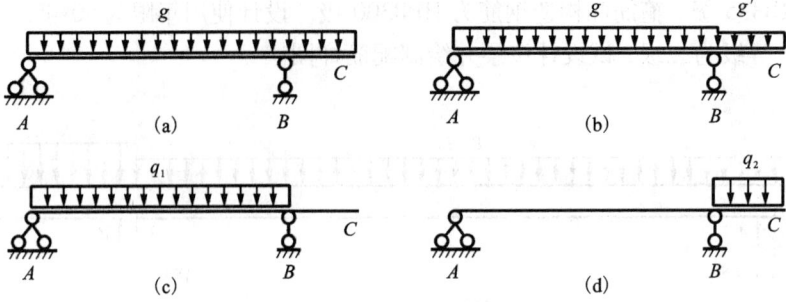

图 5-34 梁上各种荷载作用图

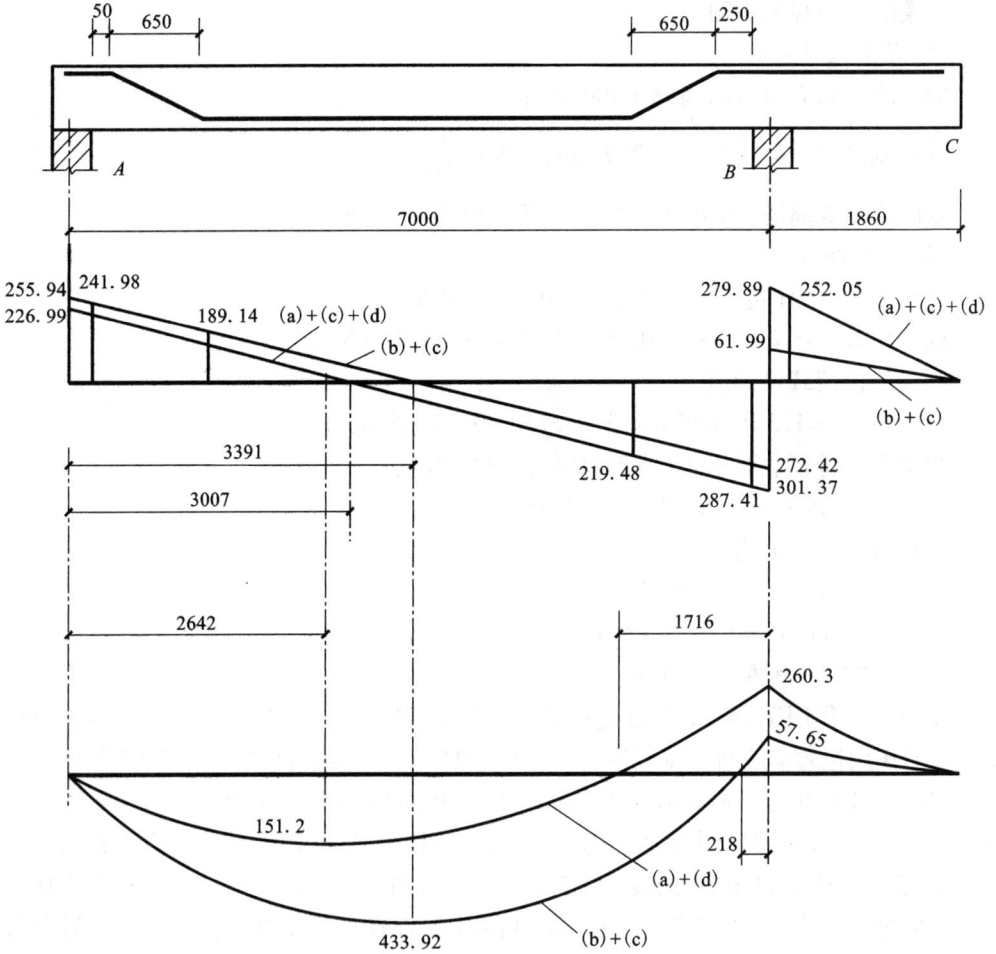

图 5-35 梁的内力图和内力包络图

3. 配筋计算

（1）已知条件。

混凝土强度等级 C25，$\alpha_1 = 1.0$，$f_c = 11.9 \text{ N/mm}^2$，$f_t = 1.27 \text{ N/mm}^2$；HRB335 钢筋，$f_y = 300 \text{ N/mm}^2$，$\xi_b = 0.550$；HPB300 级箍筋，$f_{yv} = 270 \text{ N/mm}^2$。

（2）截面尺寸验算。

剪切破坏发生在支座边缘。所以，抗剪计算时按支座边缘的剪力设计取值。沿梁全长的剪力设计值的最大值在 B 支座左边缘，$V_{max} = 287.41 \text{ kN}$。

$h_w / b = 640 / 250 = 2.56 < 4$，属一般梁。

$0.25 \beta_c f_c b h_0 = 0.25 \times 1.0 \times 11.9 \times 250 \times 640 = 476 \text{ kN} > V_{max} = 287.41 \text{ kN}$，故截面尺寸满足要求。

（3）纵筋计算（一般采用单筋截面）。

①跨中截面（$M = 433.92 \text{ kN·m}$）：

$$\alpha_s = \frac{M}{\alpha_1 f_c b h_0^2} = \frac{433.92 \times 10^6}{1.0 \times 11.9 \times 250 \times 640^2} = 0.3561$$

$$\xi = 1 - \sqrt{1 - 2\alpha_s} = 1 - \sqrt{1 - 2 \times 0.3561} = 0.4635 < \xi_b = 0.550$$

$$A_s = \frac{\alpha_1 f_c b h_0 \xi}{f_y} = \frac{1.0 \times 11.9 \times 250 \times 640 \times 0.4635}{300} = 2942 \text{ mm}^2$$

$A_{s,min} = \max(0.2\%, 45\frac{f_t}{f_y}) bh = 0.2\% \times 250 \times 700 = 350 \text{ mm}^2 < A_s = 2942 \text{ mm}^2$，选用 6 Φ 25，$A_s = 2945 \text{ mm}^2$。

②支座截面（$M = 260.3 \text{ kN·m}$）。

本梁支座弯矩较小（是跨中弯矩的 60.0%），可取单排钢筋，令 $a_s = 40 \text{ mm}$，则 $h_0 = 700 - 40 = 660 \text{ mm}$。按同样的计算步骤，可得

$$\alpha_s = \frac{M}{\alpha_1 f_c b h_0^2} = \frac{260.3 \times 10^6}{1.0 \times 11.9 \times 250 \times 660^2} = 0.2009$$

$$\xi = 1 - \sqrt{1 - 2\alpha_s} = 1 - \sqrt{1 - 2 \times 0.2009} = 0.2266$$

$$A_s = \frac{\alpha_1 f_c b h_0 \xi}{f_y} = \frac{1.0 \times 11.9 \times 250 \times 660 \times 0.2266}{300} = 1483 \text{ mm}^2$$

选用 2 Φ 25 + 2 Φ 18，$A_s = 1491 \text{ mm}^2$。

选择支座钢筋和跨中钢筋时，应考虑钢筋规格的协调及跨中纵向钢筋的弯起问题。现在我们选择将 2 Φ 25 的弯起。

（4）腹筋计算。

各支座边缘的剪力设计值已示于图 5 - 35。

①可否按构造配箍。

$0.7 f_t b h_0 = 0.7 \times 1.27 \times 250 \times 640 = 142.24 \text{ kN} < V = 287.41 \text{ kN}$

需按计算配箍。

②箍筋计算。

方案一:仅考虑箍筋抗剪,并沿梁全长配同一规格箍筋,则 $V = 287.41$ kN

由

$$V \leqslant V_{cs} = 0.7f_t b h_0 + f_{yv} \frac{A_{sv}}{s} h_0$$

有

$$\frac{A_{sv}}{s} = \frac{V - 0.7f_t b h_0}{f_{yv} h_0} = \frac{287410 - 0.7 \times 1.27 \times 250 \times 640}{270 \times 640} = 0.840 \ \text{mm}^2/\text{mm}$$

选用双肢箍 $(n = 2)\Phi 8 (A_{sv1} = 50.3 \ \text{mm}^2)$ 有

$$s = \frac{nA_{sv1}}{0.840} = \frac{2 \times 50.3}{0.840} = 120 \ \text{mm}$$

实选 $\Phi 8@120$,满足计算要求。全梁按此直径和间距配置箍筋。

方案二:配置箍筋和弯起钢筋共同抗剪。在 AB 段内配置箍筋和弯起钢筋,弯起钢筋参与抗剪并抵抗 B 支座负弯矩;BC 段仍配双肢箍。计算过程列表进行(表 5 - 3)。

表 5 - 3   腹筋计算表

截面位置	A 支座	B 支座左	B 支座右
剪力设计值 V/kN	241.98	287.41	252.05
$V_c = 0.7f_t b h_0$/kN	142.2		142.2
选用箍筋(直径、间距)	$\Phi 8@160$		$\Phi 8@150$
$V_{cs} = V_c + f_{yv} \dfrac{A_{sv}}{s} h_0$/kN	251.3		258.6
$V - V_{cs}$/kN	可不配弯起钢筋	36.11	可不配弯起钢筋
$A_{sb} = \dfrac{V - V_{cs}}{0.8f_{yv}\sin\alpha}$ /mm^2	—	236	—
弯起钢筋选择	—	2 $\Phi 25$ $A_{sb} = 982 \ \text{mm}^2$	—
弯起点距支座边缘距离/mm	—	$250 + 650 = 900$	—
弯起上点处剪力设计值 V_2/kN	—	$287.41 \times (1 - \dfrac{900}{3808})$ $= 219.48$	—
是否需要第二排弯起筋	—	$V_2 < V_{cs}$,不需要	—

4. 进行钢筋布置和作材料图(图 5 - 36)

纵筋的弯起和截断位置由材料图确定,故需按比例设计绘制弯矩图和材料图。A 支座按计算可以不配弯筋,本例中仍将②号钢筋在 A 支座处弯起。

(1)确定各纵筋承担的弯矩。

跨中钢筋 6 $\Phi 25$,由抗剪计算可知需弯起 2 $\Phi 25$,故可将跨中钢筋分为两种:

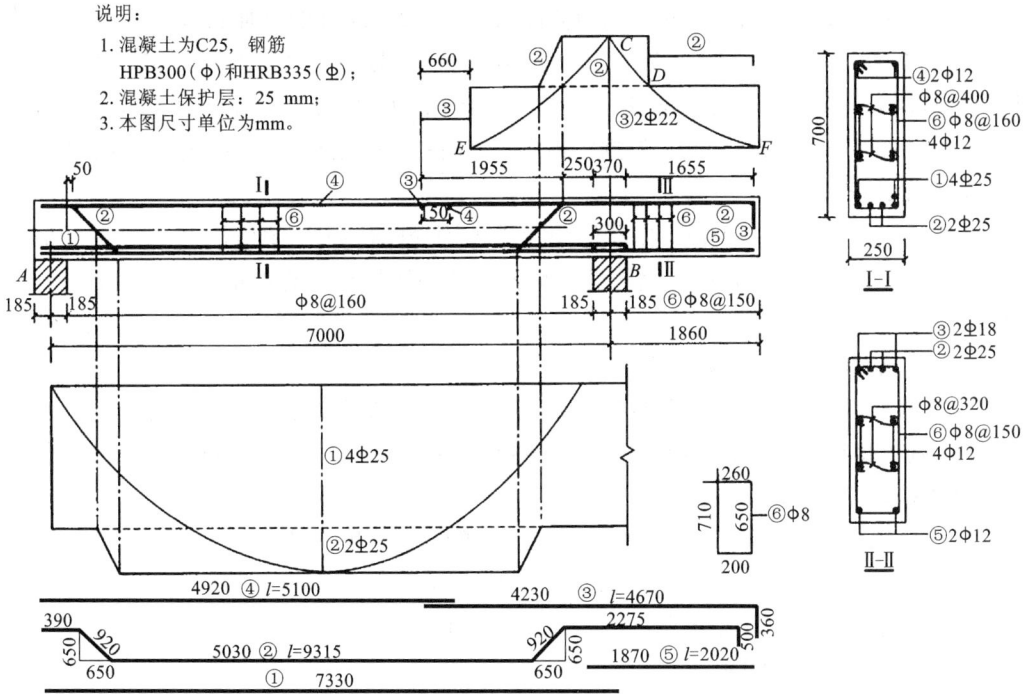

图 5-36　伸臂梁配筋图

① 4 Φ25 伸入支座，② 2 Φ25 弯起。按它们的面积比例将正弯矩包络图用虚线分为两部分，第一部分就是相应钢筋可承担的弯矩，虚线与包络图的交点就是钢筋强度的充分利用截面或不需要截面。

支座负弯矩钢筋 2 Φ25 + 2 Φ18，其中 2 Φ25 利用跨中的弯起钢筋②抵抗部分负弯矩，2 Φ18 抵抗其余的负弯矩，编号为③，两部分钢筋也按其面积比例将负弯矩包络图用虚线分成两部分。

在排列钢筋时，应将伸入支座的跨中钢筋、最后截断的负弯矩钢筋（或不截断的负弯矩钢筋）排在相应弯矩包络图内的最长区段内，然后再排列弯起点离支座距离最近（负弯矩钢筋为最远）的弯矩钢筋、离支座较远截面截断的负弯矩钢筋。

（2）确定弯起钢筋的弯起位置。

由抗剪计算确定的弯起钢筋位置作材料图。显然，②号筋的材料全部覆盖相应弯矩图，且弯起点离它的强度充分利用截面的距离都大于 $h_0/2$。故它满足抗剪、正截面抗弯、斜截面抗弯的三项要求。

若不需要弯起钢筋抗剪而仅需要弯起钢筋弯起后抵抗负弯矩，只需满足后两项要求（材料图覆盖弯矩图、弯起点离开其钢筋充分利用截面距离 $\geqslant h_0/2$）。

（3）确定纵筋截断位置。

②号筋的理论截断位置就是按正截面受弯承载力计算不需要该钢筋的截面（图中 D

处),从该处向外的延伸长度 l_{d2} 应不小于 $20d = 500$ mm,且不小于 $1.3h_0 = 1.3 \times 660 = 858$ mm;同时,从该钢筋强度充分利用截面(图中 C 处)向外的延伸长度 l_{d1} 长度应不小于 $1.2l_a + 1.7h_0 = 1.2 \times 827 + 1.7 \times 660 = 2114$ mm。根据材料图,可知其实际截断位置由尺寸 2114 mm 控制。③号筋的理论截断点是图中的 E 和 F,其中 $h_0 = 660$ mm;$1.2l_a + h_0 = 1.2 \times 595 + 660 = 1374$ mm。根据材料图,该筋的左端截断位置由 660 mm 控制。

5. 绘梁的配筋图

梁的配筋图包括纵断面图、横断面图及单根钢筋图(对简单配筋,可只画纵断面图或横断面图)。纵断面图表示各钢筋沿梁长方向的布置情形,横断面图表示钢筋在同一截面内的位置。

(1)按比例画出梁的纵断面和横断面。

当梁的纵横向断面尺寸相差悬殊时,在同一纵断面图中,纵横向可选用不同比例。

(2)画出每种规格钢筋在纵、横断面上的位置并进行编号(钢筋的直径、强度、外形尺寸完全相同时,用同一编号)。

1)直钢筋①4ϕ25 全部伸入支座,伸入支座的锚固长度 l_{as} 为:

$$l_{as} \geqslant 12d = 12 \times 25 = 300 \text{ mm}$$

考虑到施工方便,伸入 A 支座长度取 $370 - 20 = 350$ mm。

伸入 B 支座长度取 350 mm。

故该钢筋总长 $= 350 + 350 + (7000 - 370) = 7330$ mm。

2)弯起钢筋②2ϕ25 根据作材料图后确定的位置,在 A 支座附近向上弯起后锚固于受压区,应使其水平长度 $\geqslant 10d = 10 \times 25 = 250$ mm,实际取 $370 - 30 + 50 = 390$ mm,在 B 支座左侧弯起后,穿过支座伸至其端部后下弯 $20d$。该钢筋斜弯段的水平投影长度 $= 700 - 25 \times 2 = 650$ mm(弯起角度 $\alpha = 45°$,该长度即为梁高减去 2 倍混凝土保护层厚度),则②号筋的各段长度和总长度即可确定。

3)负弯矩钢筋③2ϕ18 左端的实际截断位置为正截面受弯承载力计算不需要该钢筋的截面之外 660 mm。同时,从该钢筋强度充分利用截面延伸的长度为 1955 mm,大于 $1.2l_a + h_0$。右端向下弯折 $20d = 360$ mm。该钢筋兼作梁的架立钢筋。

4)AB 跨内的架立钢筋可选 2ϕ12,左端伸入支座内 $370 - 25 = 345$ mm 处,右端与③号筋搭接,搭接长度可取 150 mm(非受力搭接)。该钢筋编号④,其水平长度 $345 + (7000 - 370) - (250 + 1955) + 150 = 4920$ mm。

伸臂下部的架立钢筋可同样选 2ϕ12,在支座 B 内与①号筋搭接 150 mm,其水平长度 $= 1860 + 185 - 150 - 25 = 1870$ mm,钢筋编号为⑤。

5)箍筋编号为⑥,在纵断面图上标出不同间距的范围。

(3)绘出单根钢筋图(或作钢筋表)。

详见图 5 - 36。

重点：

(1)斜截面破坏的主要形态和影响斜截面受剪承载力的主要因素。

(2)斜截面受剪承载力的设计计算方法及防止斜压破坏和斜拉破坏的措施。

难点：

(1)纵向受力钢筋的弯起、截断和锚固。

思考题：

1.什么是剪跨比？它对无腹筋梁斜截面受剪破坏形态有什么影响？

2.为什么梁一般在跨中产生垂直裂缝而在支座附近产生斜裂缝？斜裂缝有哪两种形态？

3.影响梁斜截面受剪承载力的主要因素有哪些？

4.简述梁斜截面受剪破坏的三种形态及其破坏特征。

5.简述简支梁斜截面受剪机理的力学模型。

6.梁内箍筋有哪些作用？其主要构造要求有哪些？

7.在设计中采用什么措施来防止梁的斜压和斜拉破坏？

8.计算梁斜截面受剪承载力时应取哪些计算截面？

9.简述梁斜截面受剪承载力计算的步骤。

10.为什么弯起钢筋的强度取 $0.8f_{yv}$？

11.为了保证梁斜截面受弯承载力，对纵筋的弯起、锚固、截断以及箍筋的间距，有哪些主要的构造要求？

练习题：

1.某钢筋混凝土简支梁，截面尺寸为 $b \times h = 200 \text{ mm} \times 500 \text{ mm}$，$a_s = 40 \text{ mm}$，采用 C30 混凝土，承受均布荷载，且剪力设计值 $V = 140 \text{ kN}$，设计使用年限为 50 年，环境类别为一类，箍筋采用 HPB300 级钢筋，求所需的受剪箍筋。

2.求 h_0 为 1475 mm 的钢筋混凝土板在 1 m 宽度内的斜截面受剪承载力。采用 C60 混凝土 $(f_t = 2.04 \text{ N/mm}^2)$。

3.某 T 形截面简支尺寸为：$b \times h = 200 \text{ mm} \times 500 \text{ mm}$（取 $a_s = 35\text{mm}$，$b'_f = 400 \text{ mm}$，$h'_f = 100 \text{ mm}$）；采用 C30 混凝土，箍筋为 HRB 400 级钢筋；由集中荷载产生的支座边剪力设计值 $V = 120 \text{ kN}$（包括自重），剪跨比 $\lambda = 3$。试选择该梁箍筋。

4.如图 5-37 所示简支梁，承受均布荷载设计值 $q = 80 \text{ kN/m}$（包括自重），混凝土强度等级为 C30，设计使用年限为 50 年，环境类别为一类，试求：

(1)不设弯起钢筋时的受剪箍筋；

(2)利用现有纵筋为弯起钢筋，求所需箍筋；

（3）当箍筋为 $2 \phi 8@200$ 时，弯起钢筋应为多少？

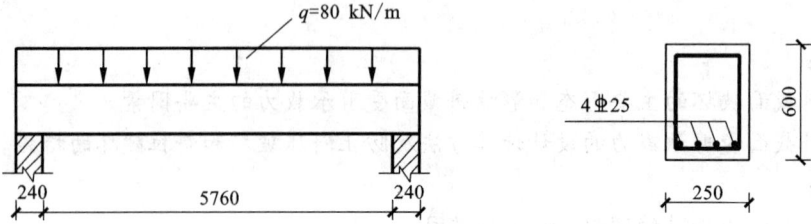

图 5－37

5. 如图 5－38 所示简支梁，设计使用年限为 50 年，环境类别为一类，混凝土强度等级为 C30，求受剪箍筋。

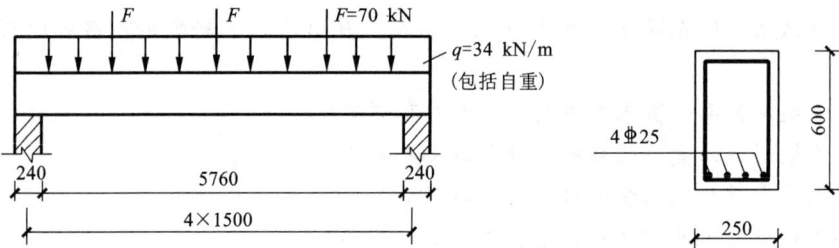

图 5－38

6. 如图 5－39 所示钢筋混凝土简支梁，采用 C30 混凝土，纵筋为 HRB400 级钢筋，箍筋为 HPB300 级钢筋，如果忽略梁自重及架立钢筋的作用，设计使用年限为 50 年，环境类别为二 a 类，求此梁所能承受的最大荷载设计值 F，此时该梁为正截面破坏还是斜截面破坏？

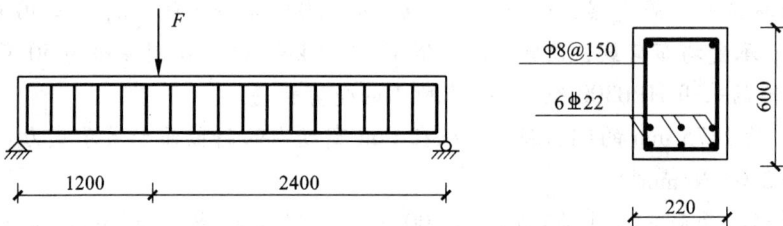

图 5－39

7. 已知某钢筋混凝土矩形截面简支梁，设计使用年限为 50 年，环境类别为一类，计算跨度 $l_0 = 6000$ mm，净跨 $l_n = 5760$ mm，截面尺寸为 $b \times h = 250$ mm $\times 550$ mm，采用 C30 混凝土，HRB400 级纵向钢筋和 HPB300 级箍筋。若已知梁的纵向受力钢筋为 4 Φ 22，并认为该梁的正截面受弯承载力已足够，试求当采用 ϕ 8@200 双肢箍和 ϕ 10@200 双肢箍时，梁所能承受的荷载设计值 $g + q$ 分别为多少？

第 **6** 章

混凝土受压构件承载力计算

　　受压构件是钢筋混凝土结构中最常见的构件之一,如房屋结构中的柱,单层排架柱,桁架结构中的受压弦杆、腹杆,剪力墙结构中的剪力墙,水塔和烟囱的筒壁以及桥梁结构中的桥墩等都属于受压构件。受压构件在结构中非常重要,一旦发生破坏,后果非常严重。

　　按照受压构件的受力情况可以分为轴心受压构件、单向偏心受压构件和双向偏心受压构件。一般情况下,在设计时不考虑混凝土材料的不均匀性质和钢筋的不对称布置的影响。当纵向压力的作用点位于构件正截面形心时,为轴心受压构件;当纵向压力作用点仅对构件正截面的一个主轴有偏心距时,为单向偏心受压构件,如图 6 – 1(a)所示;当纵向压力作用点对构件正截面的两个主轴都有偏心距时,则为双向偏心受压构件,如图 6 – 1(b)所示。

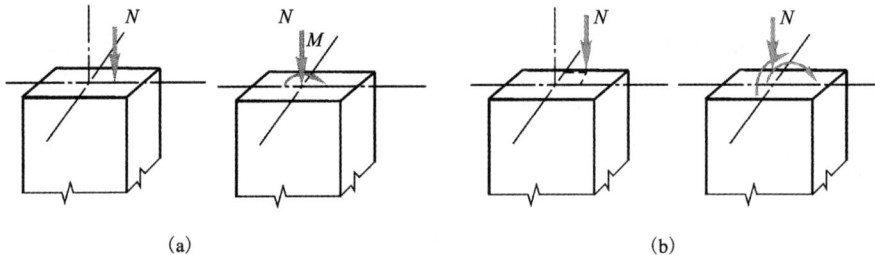

(a)　　　　　　　　　　　　　　　　　(b)

图 6 – 1　偏心受压构件的力的作用位置

6.1　轴心受压构件正截面受压承载力

　　在实际工程中,理想的轴心受压构件是不存在的。这是因为很难做到轴向压力恰好通过截面形心,同时施工误差也导致构件尺寸产生偏差,而混凝土材料具有不均匀性,钢筋也不一定是对称布置。这些因素会使纵向压力产生初始偏心距。但是对于某些构件,如以承受恒载为主的框架中柱、桁架的受压腹杆,构件截面上的弯矩很小,以承受轴向压力为主,可以近似按照轴心受压构件计算。此外,轴心受压构件正截面承载力计算还用于偏心受压构件垂直弯矩作用平面的承载力验算。

　　轴心受压构件内配有纵向钢筋和箍筋。根据箍筋的配置方式不同，轴心受压构件可分为两种：一种是配有纵向钢筋和普通箍筋的柱，简称普通箍筋柱；一种是配有纵向钢筋和间距较密的螺旋箍筋或焊接环式箍筋的柱，简称螺旋箍筋柱，见图6 - 2。

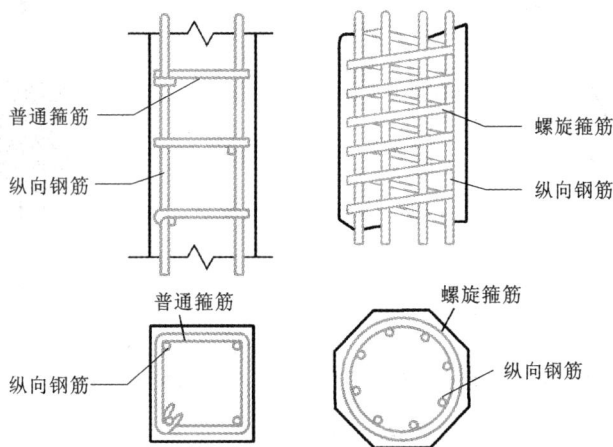

图 6 - 2　普通箍筋柱和螺旋箍筋柱

6.1.1　配有普通箍筋轴心受压柱的正截面受压承载力计算

　　轴心受压构件的纵向钢筋除了与混凝土共同承担轴向压力外，还能承担由于初始偏心或其他偶然因素引起的附加弯矩在构件中产生的拉应力，防止因偶然偏心而产生的破坏。在配置普通箍筋的轴心受压构件中，箍筋可以固定纵向受力钢筋的位置，与纵向钢筋形成骨架，防止纵向钢筋在混凝土压碎前压屈，保证纵筋与混凝土共同受力直到构件破坏。

1. 受力分析和破坏形态

　　根据长细比（柱的计算长度 l_0 与截面回转半径 i 之比）的不同，受压柱分为短柱和长柱两种情况。短柱指 $l_0/b \leqslant 8$（矩形截面，b 为截面较小边长）或 $l_0/d \leqslant 7$（圆形截面，d 为直径）或 $l_0/i \leqslant 28$（其他形状截面）的柱。两种构件的承载力和破坏形态不同。

　　钢筋混凝土轴心受压短柱的试验表明：在轴心压力作用下，整个截面的应变分布基本上是均匀的。当荷载较小时，变形的增加与外力的增长成正比；当荷载较大时，变形增加的速度快于外力增加的速度，纵筋配筋率越小，这个现象越明显。同时在相同荷载增量下，钢筋的压应力比混凝土的压应力增加得快，钢筋与混凝土之间出现了应力重分布，见图6 - 3。随着荷载的继续增加，柱中开始出现纵向细微裂缝，当到达极限荷载时，细微裂缝发展成明显的纵向裂缝并逐渐相互贯通，箍筋间的纵筋发生压屈外鼓，呈灯笼状，混凝土被压碎，柱子宣告破坏，破坏形态见图6 - 4。

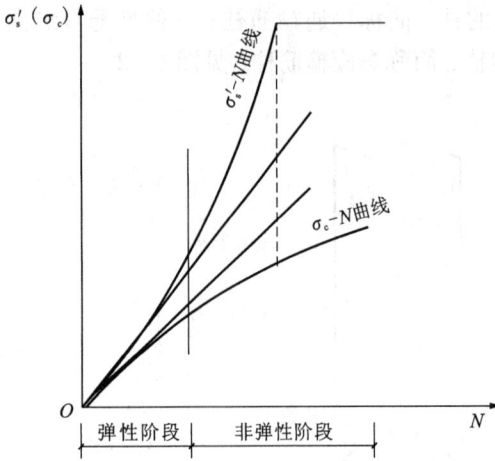

图6-3　荷载-应力曲线示意图

图6-4　轴心受压短柱的破坏形态

　　试验表明素混凝土棱柱体构件峰值压应变为0.0015～0.002,而钢筋混凝土短柱达到应力峰值时的压应变一般在0.0025～0.0035之间。这是由于纵向钢筋起到了调整混凝土应力的作用,使混凝土的塑性得到了较好的发挥,降低了混凝土受压破坏的脆性。破坏时,一般是纵筋先达到屈服强度,继续加载,最终混凝土达到极限压应变值,构件破坏。当纵筋的屈服强度较高时,可能会出现钢筋没有达到屈服强度而混凝土达到了极限压应变值的情况。总之,在轴心受压短柱中,不论受压钢筋在构件破坏时是否屈服,构件的最终承载力都是由混凝土被压碎来控制。

　　在计算时,取压应变等于0.002为控制条件,即认为此时混凝土强度达到f_c,则钢筋应力为$\sigma'_s = E_s\varepsilon'_s = 2 \times 10^5 \times 0.002 = 400$ N/mm^2；也就是说,如果采用了HRB400、HRB335、HPB300、RRB400级热轧钢筋作为纵筋,则构件破坏时钢筋都可以达到屈服强度；而对于抗压强度设计值大于400 N/mm^{2}的钢筋,在计算时f_y只能取400 N/mm^2。

　　实际工程中轴心受压构件是不存在的,荷载的微小初始偏心不可避免,这对轴心受压短柱的承载能力无明显影响,但对于长柱则不容忽视。长柱加载后,由于初始偏心距将产生附加弯矩,而附加弯矩产生的水平挠度又加大了原来的初始偏心距,这样相互影响的结果使得长柱最终在弯矩及轴力共同作用下发生破坏。破坏时,首先在凸侧混凝土出现垂直于纵轴方向的横

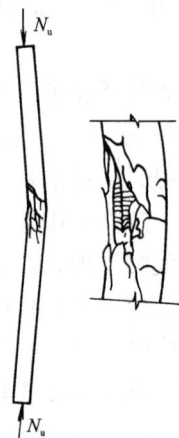

图6-5　长柱的破坏

向裂缝,侧向挠度急剧增大,凹侧出现纵向裂缝,随后混凝土被压碎,纵筋被压屈向外凸出,柱子破坏,见图6-5。

　　对于长细比较大的构件还有可能在材料发生破坏之前由于失稳而丧失承载力。此外，在长期荷载作用下，由于混凝土的徐变，侧向挠度将增大很多，从而使长柱的承载力降低更多，长期荷载在全部荷载中所占的比例越多，其承载力降低得越多。

　　《规范》采用稳定系数 φ 来表示长柱承载力降低的程度，即：

$$\varphi = \frac{N_{\mathrm{u}}^l}{N_{\mathrm{u}}^s} \tag{6-1}$$

式中：N_{u}^l、N_{u}^s——长柱和短柱的受压承载力。

　　稳定系数 φ 主要与构件的长细比有关，随着长细比的增大 φ 值减小。表6-1是《规范》根据有关试验研究结果给出的 φ 值。

表 6-1　钢筋混凝土轴心受压构件的稳定系数

l_0/b	l_0/d	l_0/i	φ	l_0/b	l_0/d	l_0/i	φ
≤8	≤7	≤28	1.00	30	26	104	0.52
10	8.5	35	0.98	32	28	111	0.48
12	10.5	42	0.95	34	29.5	118	0.44
14	12	48	0.92	36	31	125	0.40
16	14	55	0.87	38	33	132	0.36
18	15.5	62	0.81	40	34.5	139	0.32
20	17	69	0.75	42	36.5	146	0.29
22	19	76	0.70	44	38	153	0.26
24	21	83	0.65	46	40	160	0.23
26	22.5	90	0.60	48	41.5	167	0.21
28	24	97	0.56	50	43	174	0.19

　　注：表中 l_0 为构件的计算长度；b 为矩形截面的短边尺寸；d 为圆形截面的直径；i 为截面最小回转半径。

　　构件计算长度与构件两端支承情况有关，当两端铰支时，取 $l_0 = l$（l 是构件支座间长度）；当两端固定时，取 $l_0 = 0.5l$；当一端固定，一端铰支时，取 $l_0 = 0.7l$；当一端固定，一端自由时取 $l_0 = 2l$，具体见表6-2。

　　在实际结构中，构件端部的连接构造比较复杂，为此《规范》对单层厂房排架柱、框架柱等的计算长度做了具体规定，应用时可查阅规范或有关资料。

表 6 - 2　构件计算长度取值

两端支承情况	两端铰支	两端固定	一端固定， 一端铰支	一端固定， 一端自由
受力弯曲示意				
计算长度 $l_0 = \mu l$	$l_0 = l$	$l_0 = 0.5l$	$l_0 = 0.7l$	$l_0 = 2l$

2. 承载力计算公式

在轴向压力设计值 N 作用下，轴心受压构件的计算简图如图 6 - 6 所示。

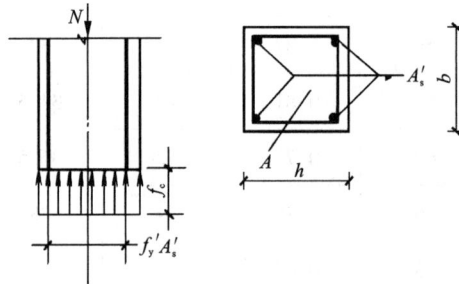

图 6 - 6　普通箍筋柱正截面受压承载力计算简图

由静力平衡条件并考虑长柱承载力的降低和可靠度的调整因素后，规范给出如下轴心受压构件承载力计算公式：

$$N \leqslant N_u = 0.9\varphi(f_c A + f'_y A'_s) \tag{6-2}$$

式中：N_u——轴向压力承载力设计值；

　　　0.9——可靠度调整系数；

　　　φ——钢筋混凝土轴心受压构件的稳定系数，查表 6 - 1；

　　　f_c——混凝土轴心抗压强度设计值；

　　　f'_y——纵向钢筋抗压强度设计值；

　　　A'_s——全部纵向钢筋的截面面积。

　　　A——构件截面面积，当纵向钢筋配筋率大于 3% 时，式中的 A 应改为 $A - A'_s$。

若构件在加载后荷载维持不变，由于混凝土的徐变作用，混凝土和钢筋的应力会发生变化，见图 6-7，由图可知，随着荷载持续时间的增加，混凝土的压应力逐渐变小，钢筋的压应力逐渐变大，一开始变化较快，经过一定时间（约 150 天）后，逐渐趋于稳定。在荷载突然卸载时，构件回弹，由于混凝土徐变变形大部分不可恢复，故当荷载为零时，会使柱中钢筋受压而混凝土受拉；若柱的配筋率过大，还可能将混凝土拉裂，若柱中纵筋和混凝土之间有很强的黏结应力，则可能产生纵向裂缝。为了防止出现这种情况，要控制柱中纵筋的配筋率，要求全部纵筋配筋率不宜超过 5%。

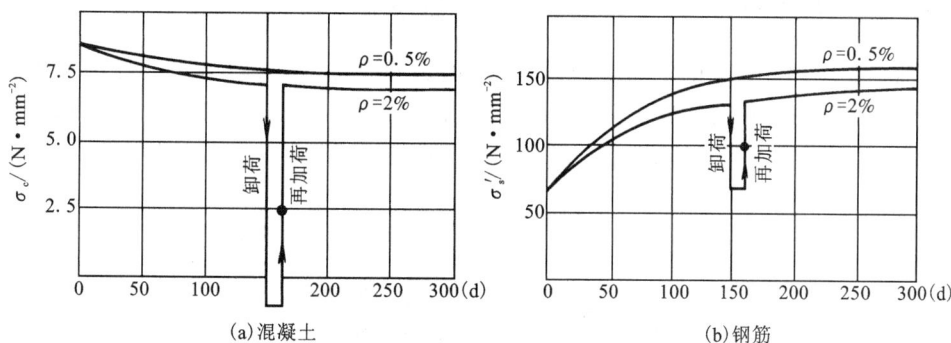

图 6-7 长期荷载作用下受压构件截面上混凝土和钢筋的应力重分布

【例 6-1】 某轴心受压柱，轴力设计值 $N = 2400$ kN，计算长度为 $l_0 = 6.2$ m，混凝土强度等级为 C25，纵筋采用 HRB400 级钢筋。环境类别为一类，设计使用年限为 50 年，安全等级为二级。试求柱截面尺寸，并配置受力钢筋。

【解】

初步估算截面尺寸：

C25 混凝土的 $f_c = 11.9$ N/mm^2，HRB400 级钢筋的 $f_y' = 360$ N/mm^2。取 $\varphi = 1.0$，$\rho' = 1.0\%$，由式（6-2）可得：

$$A = \frac{N}{0.9\varphi(f_c + f_y'\rho')} = \frac{2400 \times 10^3}{0.9 \times 1.0 \times (11.9 + 360 \times 0.01)} = 172.043 \times 10^3 \text{ mm}^2$$

若采用方柱，$h = b = \sqrt{A} = 414.78$ mm，取 $h \times b = 450$ mm $\times 450$ mm，$l_0/b = 6.2/0.45 = 13.78$，查表 6-1，得 $\varphi = 0.923$，由式（6-2）可得：

$$A_s' = \frac{N - 0.9\varphi f_c A}{0.9\varphi f_y'} = \frac{2400 \times 10^3 - 0.9 \times 0.923 \times 11.9 \times 450 \times 450}{0.9 \times 0.923 \times 360} = 1332 \text{ mm}^2$$

选配 4 Φ 22（$A_s' = 1520$ mm^2）。

$$\rho' = \frac{1520}{450 \times 450} = 0.751\% < 3\%$$

查附表 6-1，当采用 HRB400 级钢筋配筋时，受压构件全部纵向钢筋的最小配筋率为 0.55%，$\rho' = 0.751\% > 0.55\%$，满足最小配筋率要求。柱配筋如图 6-8 所示。

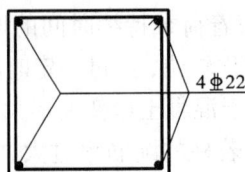

图 6 - 8　例 6 - 1 配筋图

6.1.2　配有螺旋箍筋轴心受压柱的正截面受压承载力计算

当轴心受压构件承受的轴向压力较大,同时其截面尺寸由于建筑上或使用上的要求受到限制时,若按配有纵筋和普通箍筋的柱来计算,即使提高混凝土强度等级和增加纵筋用量仍不能满足承载力计算要求,可考虑采用螺旋式或焊接环式箍筋柱(图 6 - 9),以提高构件的正截面受压承载力。

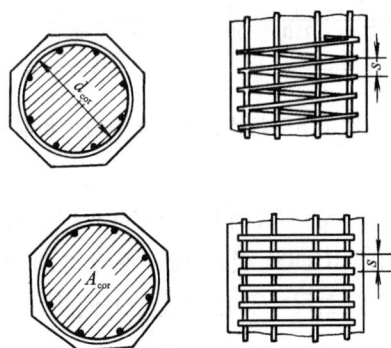

图 6 - 9　螺旋箍筋柱和焊接环式箍筋柱

1. 受力分析和破坏形态

试验研究表明,加载初期,当混凝土压应力较小时,螺旋箍筋或焊接环式箍筋对核心混凝土的横向变形约束作用并不明显。当混凝土压应力超过 $0.7f_c$ 时,混凝土横向变形急剧加大,使得螺旋箍筋或焊接环式箍筋中产生拉应力,反过来约束了核心混凝土的横向变形。螺旋箍筋或焊接环式箍筋侧向压应力有效地阻止了混凝土在轴向压力作用下产生的侧向变形和内部微裂缝的发展,提高了混凝土的抗压强度。可见,在柱的横向采用螺旋箍筋或焊接环式箍筋也能像直接配置纵向钢筋那样起到提高承载力和变形能力的作用,故把这种配筋方式称为间接配筋。当荷载逐步加大到混凝土压应变超过无约束时的极限压应变后,箍筋外部的混凝土将被压坏开始剥落,而箍筋以内即核心部分的混凝土则能继续承载,只有当箍筋受拉屈服失去对混凝土侧向变形的约束时,核心混凝土才会被压碎而导致整个构件破坏。可见,螺旋箍筋或焊接环式箍筋外的混凝土保护层在螺旋箍筋或焊接环式箍筋受到较大拉应力时就开裂,故在计算时不考虑此部分混凝土。

2. 承载力计算公式

根据混凝土圆柱三向受压的试验结果，被约束混凝土的轴心抗压强度可近似按下式计算：

$$f = f_c + \beta\sigma_c \tag{6-3}$$

式中：f——被约束混凝土轴心抗压强度；

　　　σ_c——间接钢筋屈服时，柱的核心混凝土受到的径向压应力；

　　　β——与径向压应力相关的混凝土轴心抗压强度提高系数。

当螺旋箍筋或焊接环式箍筋屈服时，σ_c 达最大值。根据图 6-10 所示隔离体，在一个螺旋箍筋间距 s 范围内核心混凝土径向压应力在竖直方向上的合力为：

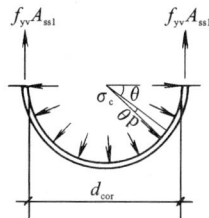

图 6-10　混凝土径向受力示意图

$$2\int_0^{\frac{\pi}{2}} \sigma_c \sin\theta \cdot d\theta \cdot \frac{d_{cor}}{2} \cdot s = \sigma_c s d_{cor}，由平衡条件可得：$$

$$\sigma_c s d_{cor} = 2 f_{yv} A_{ss1} \tag{6-4}$$

$$\sigma_c = \frac{2 f_{yv} A_{ss1}}{s d_{cor}} = \frac{2 f_{yv}}{4\dfrac{\pi d_{cor}^2}{4}} \times \frac{\pi d_{cor} A_{ss1}}{s} = \frac{f_{yv}}{2 A_{cor}} A_{ss0} \tag{6-5}$$

$$A_{ss0} = \frac{\pi d_{cor} A_{ss1}}{s} \tag{6-6}$$

式中：d_{cor}——构件的核心截面直径，从间接钢筋内表面算起；

　　　s——间接钢筋沿构件轴线方向的间距；

　　　A_{ss1}——螺旋式或焊接环式单根间接钢筋的截面面积；

　　　f_{yv}——间接钢筋的抗拉强度设计值；

　　　A_{cor}——构件的核心截面面积，间接钢筋内表面范围内的混凝土面积；

　　　A_{ss0}——螺旋式或焊接环式间接钢筋的换算截面面积。

根据力的平衡条件，得：

$$N_u = (f_c + \beta\sigma_c) A_{cor} + f_y' A_s'$$

故

$$N_u = f_c A_{cor} + \frac{\beta}{2} f_{yv} A_{ss0} + f_y' A_s' \tag{6-7}$$

将 $2\alpha = \beta/2$ 代入上式，同时考虑可靠度的调整系数 0.9 后，《规范》规定螺旋箍筋或焊接环式箍筋柱的承载力计算公式：

$$N \leq N_u = 0.9(f_c A_{cor} + 2\alpha f_{yv} A_{ss0} + f_y' A_s') \tag{6-8}$$

式中：α——间接钢筋对混凝土约束的折减系数，当混凝土强度等级不超过 C50 时，取 1.0；当混凝土强度等级为 C80 时，取 0.85；当混凝土强度等级在 C50 与 C80 之间时，按线性内插法确定。

为使间接钢筋外面的混凝土保护层对抵抗脱落有足够的安全性，按式(6-8)算得的构件受压承载力设计值不应大于按式(6-2)算得的构件受压承载力设计值的 1.5 倍。

凡有下列情况之一者，不应计入间接钢筋的影响而按式(6-2)计算构件的承载力：

(1)当 $l_0/d > 12$ 时，此时因长细比比较大，有可能因纵向弯曲引起间接钢筋不起作用。

(2)当按式(6-8)算得的受压承载力小于按式(6-2)算得的受压承载力时。

(3)当间接钢筋换算截面面积 A_{ss0} 小于纵筋全部截面面积 25% 时，可以认为间接钢筋配置得太少，套箍作用的效果不明显。

【例6-2】 某多层框架结构(框架按无侧移结构考虑)，底层门厅柱为圆形截面，直径 $d = 500$ mm，按轴心受压柱设计。轴力设计值 $N = 3900$ kN，计算长度 $l_0 = 6$ m，混凝土强度等级为 C30，纵筋采用 HRB400 级钢筋，螺旋钢筋采用 HRB335 级钢筋。环境类别为一类，设计使用年限为 50 年，安全等级为二级。试求柱配筋。

【解】 柱长细比 $l_0/d = 6/0.5 = 12$，符合要求。查表6-1，$\varphi = 0.92$。

C30 混凝土的 $f_c = 14.3$ N/mm^2，HRB400 级钢筋的 $f'_y = 360$ N/mm^2，HRB335 级钢筋的 $f_{yv} = 300$ N/mm^2。

由于纵向钢筋面积和螺旋钢筋的直径、间距等均未知，采用式(6-8)无法求解。为此先假设纵向受压钢筋为 6Φ20，$A'_s = 1884$ mm^2，柱核心截面直径 $d_{cor} = 440$ mm，核心截面面积 $A_{cor} = \frac{\pi}{4}d_{cor}^2 = 152053$ mm^2，需要配置的螺旋箍筋换算截面面积 A_{ss0} 为：

$$A_{ss0} = \frac{\dfrac{N}{0.9} - f_c A_{cor} - f'_y A'_s}{2\alpha f_{yv}} = \frac{\dfrac{3900 \times 10^3}{0.9} - 14.3 \times 152053 - 360 \times 1884}{2 \times 1.0 \times 300}$$

$= 2468$ mm$^2 > 25\% A'_s = 471$ mm^2，满足构造要求。

选螺旋箍筋为 Φ12，$A_{ss1} = 113.1$ mm^2。

$$s = \frac{\pi d_{cor} A_{ss1}}{A_{ss0}} = \frac{3.14 \times 440 \times 113.1}{2468} = 63.3 \text{ mm}$$

取 $s = 60$ mm，满足 $40 < s < 80$ mm，且 $s < \dfrac{1}{5}d_{cor}$ (箍筋构造要求具体见本章 6.8.4 节)。

验算：

$$N_u = 0.9\varphi(f_c A + f'_y A'_s)$$

$$= 0.9 \times 0.92 \times (14.3 \times \frac{1}{4} \times 3.14 \times$$

$$500^2 + 360 \times 1884) = 2885.3 \text{ kN}$$

3900 kN $< 1.5 \times 2885.3 = 4328.0$ kN，且 $\rho' = \dfrac{1884}{\pi \times 250^2} = 0.96\% < 3\%$，满足要求。

柱配筋图如图 6-11 所示。

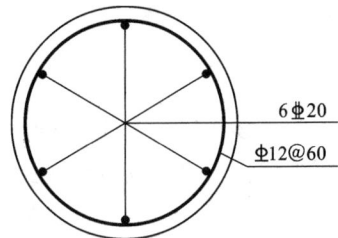

6Φ20

Φ12@60

图6-11 例6-2配筋图

6.2　偏心受压构件的破坏特征

6.2.1　偏心受压短柱的破坏形态

1.破坏形态

试验表明,钢筋混凝土偏心受压短柱的破坏形态有受拉破坏和受压破坏两种破坏形态。

(1)受拉破坏——大偏心受压情况。

受拉破坏形态又称为构件大偏心受压破坏,发生于轴向压力 N 的相对偏心距较大,且受拉钢筋配置得不太多时。在靠近轴向压力的一侧受压,另一侧受拉。受拉区混凝土较早地出现横向裂缝,由于配筋率不高,受拉钢筋应力增长很快,首先达到屈服。随着荷载增加,受拉区裂缝也不断开展,受压区高度减小,在破坏前主裂缝逐渐明显。最后受压区边缘混凝土到达其极限压应变值,出现纵向裂缝,混凝土被压碎,构件破坏。受拉破坏的特点是受拉钢筋首先达到屈服,最终导致受压区混凝土被压坏,其承载力主要取决于受拉钢筋,故称之为受拉破坏。这种破坏属于延性破坏类型,破坏时受压区的纵向钢筋也能达到屈服,破坏形态与适筋梁的破坏形态相似。构件破坏时正截面上的应力状态见图 6-12(a),破坏形态图见图 6-12(b)。

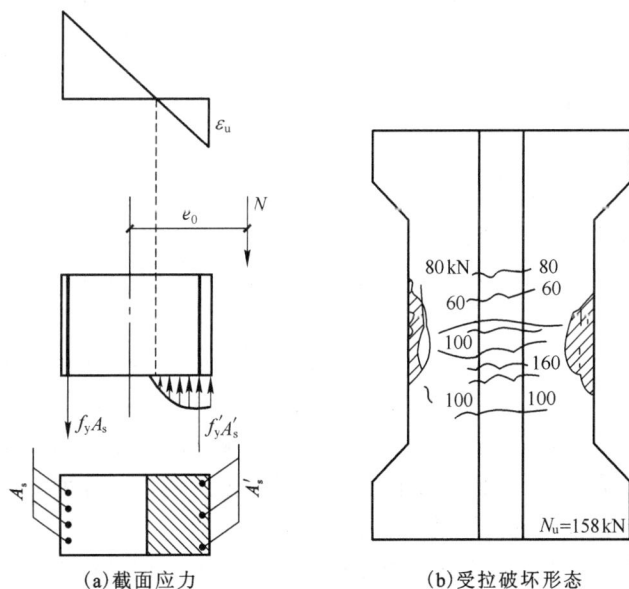

(a)截面应力　　　　　　(b)受拉破坏形态

图 6-12　受拉破坏时的截面应力和受拉破坏形态

(2)受压破坏——小偏心受压情况。

受压破坏截面应力分布较为复杂,但是截面破坏都是从受压区边缘开始的,分为以下两种情况：

①当轴向压力 N 的相对偏心距很小时，构件大部分截面受压或全截面受压，如图 6-13(a)所示。靠近轴向力一侧应变大，远离轴向力一侧应变小。破坏时靠近轴向力一侧受压区边缘处的压应变达到混凝土极限压应变值，混凝土压碎，钢筋受压屈服；远离轴向力一侧的钢筋(以下简称"远端钢筋")可能受拉也可能受压，但不会屈服。只有当相对偏心距很小(对矩形截面 $e_0 \leqslant 0.15h_0$)而轴向力 N 又较大时，远端钢筋才可能受压

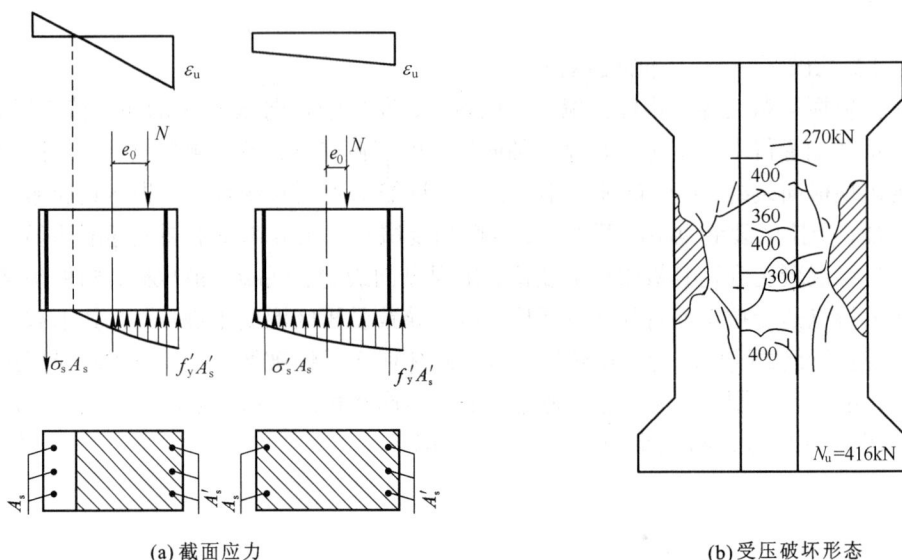

(a) 截面应力   (b) 受压破坏形态

图 6-13 受压破坏时的截面应力和受压破坏形态

屈服。另外，当相对偏心距很小时，由于截面的实际形心和构件的几何中心不重合，若近轴向力一侧的钢筋(以下简称"近端钢筋")配置较多，使得截面的实际形心向近端钢筋一侧偏移，构件的实际偏心反向，出现反向偏心受压，引起离轴向力作用点较远一侧的混凝土先压碎。

②纵向压力 N 的相对偏心距较大，但受拉钢筋配置过多，使得受拉钢筋不屈服。当截面上的 N 加大到一定数值，截面受拉边缘也出现水平裂缝，但是水平裂缝的开展与延伸并不明显，不会形成明显的主裂缝，而受压区边缘混凝土的压应变却增长很快，破坏比较突然，缺乏明显预兆，压碎区段较长。混凝土强度越高，这种突然性越大。一般破坏时受压区钢筋会屈服而受拉钢筋不屈服。

可见，受压破坏形态的特点是混凝土先被压碎，远侧钢筋可能受拉也可能受压，受拉时不屈服，受压时可能屈服也可能不屈服，属于脆性破坏类型，破坏形态图见图 6-13(b)。

2. 两类偏心受压破坏的界限

从上面的分析可以看出，大偏心受压破坏和小偏心受压破坏都属于材料发生了破坏，两类破坏的相同之处是截面的最终破坏都是受压区边缘混凝土达到其极限压应变而

被压碎；不同之处在于截面破坏的起因，受拉破坏的起因是受拉钢筋屈服，受压破坏的起因是受压区边缘混凝土被压碎。

在受拉破坏形态与受压破坏形态之间存在着一种界限破坏形态，称为"界限破坏"。它不仅有横向主裂缝，而且比较明显。其主要特点是：在受拉钢筋达到受拉屈服的同时，受压区边缘混凝土达到极限压应变。界限破坏形态也属于受拉破坏形态。

与受弯构件相似，利用平截面假定和规定了受压区边缘混凝土极限压应变值后，就可以求得偏心受压构件正截面在各种破坏情况下沿截面高度的平均应变分布，沿截面高度的平均应变分布见图 6 – 14。

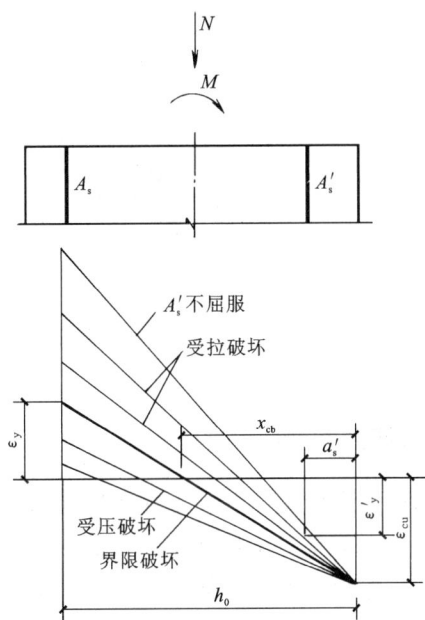

图 6 – 14　偏心受压构件正截面在各种破坏情况下沿截面高度的平均应变分布

在图 6 – 14 中，ε_{cu} 为受压区边缘混凝土极限压应变值；ε_y 为受拉纵筋屈服时的应变值；ε_y' 为受压纵筋屈服时的应变值；x_{cb} 为界限状态时的受压区高度。

从图 6 – 14 中可见，当受压区高度达到 x_{cb} 时，受拉纵筋屈服。为此，当采用普通热轧钢筋配筋时，对于界限破坏形态的相对受压区高度 ξ_b 可用第 4 章的式（4 – 18）确定。当 $\xi \leqslant \xi_b$ 时为大偏心受压破坏形态，当 $\xi > \xi_b$ 时为小偏心受压破坏形态。

3. 偏心受压构件的 N – M 相关曲线

对于给定截面、配筋及材料强度的偏心受压构件，到达承载能力极限状态时，截面承受的内力设计值 N、M 并不是独立的，而是相关的。轴力与弯矩对于构件的作用效应存在着叠加和制约的关系，也就是说，当给定轴力 N 时，有其唯一对应的弯矩 M，或者说构件可以在不同的 N 和 M 的组合下达到极限承载力。下面以对称配筋截面（$A_s' = A_s$，$f_y' = f_y$，$a_s' = a_s$）为例说明轴向力 N 与弯矩 M 的对应关系。如图 6 – 15 所示，ab 段表示大偏心受压时的 N – M 相关曲线，为二次抛物线。随着轴向压力 N 的增大，截面能承担的弯矩也相应提高。b 点为受拉钢筋与受压混凝土同时达到其强度值的界限状态,此时偏心受压构件承受的弯矩 M 最大。bc 段表示小偏心受压时的 $N-M$ 相关曲线,是一条二次函数曲线。由曲线趋向可以看出,在小偏心受压情况下,随着轴向压力的增大,截面所能承担的弯矩反而降低。图中 a 点表示受弯构件的情况,c 点表示轴心受压构件的情况。曲线上任一点 d 的坐标代表截面承载力的一种 N 与 M 的组合。如任意点 E 位于图中曲线的内侧,说明截面在该点坐标给出的内力组合下未达到截面承载能力极限状态,是安全的;若 E 点位于图中曲线的外侧,则表明截面的承载力不足。

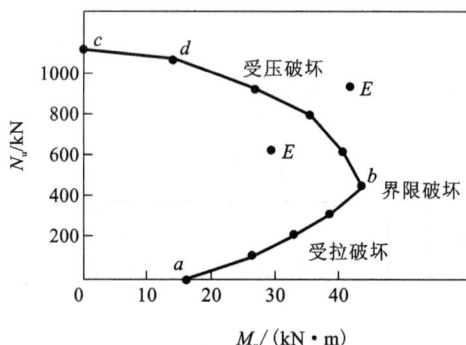

图 6-15   偏心受压构件的 $N-M$ 相关曲线图

6.2.2   偏心受压长柱的破坏类型

试验表明,偏心压力的作用会使钢筋混凝土柱产生纵向弯曲。对于短柱来说,由于纵向弯曲很小,可以忽略不计。但是对于长细比较大的柱,其纵向弯曲比较大,从而使柱产生了二阶弯矩,降低了柱的承载能力,设计时必须予以考虑。图 6-16 是一根长柱的荷载-侧向变形试验曲线。

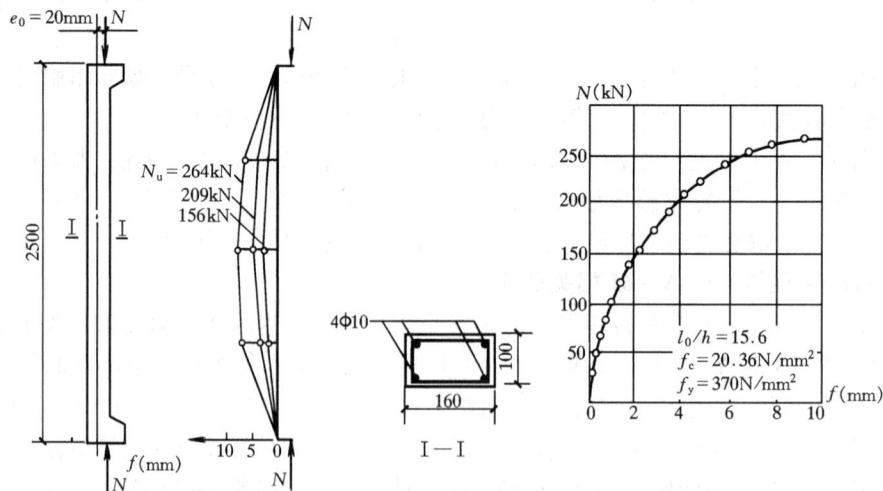

图 6-16   长柱荷载-侧向变形试验曲线

　　钢筋混凝土长柱在纵向弯曲的作用下,可能发生两种形式的破坏。长细比很大的柱,由于构件纵向弯曲失去平衡导致构件发生侧向"失稳破坏",构件的破坏不是由材料引起的。当长细比在一定范围内时,虽然在承受偏心压力后,随着偏心距增大,柱的承载能力比同样截面的短柱减小,但材料能达到极限强度,与短柱一样属于"材料破坏"。

　　在图 6-17 中,表示了截面尺寸、配筋和材料强度等完全相同,仅仅长细比不同的三根柱,从加载到破坏的示意图。

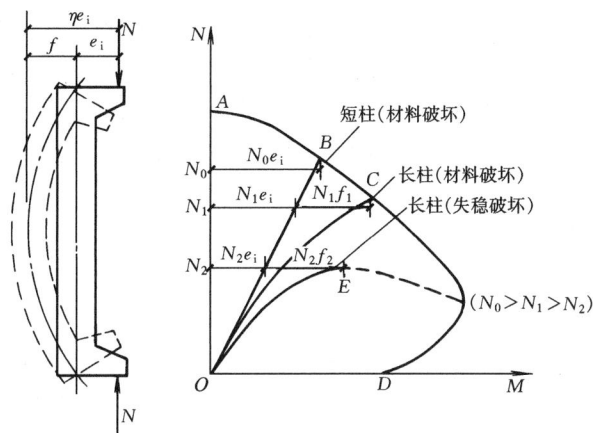

图 6-17　不同长细比柱从加载到破坏的 $N-M$ 关系

　　图 6-17 中 $ABCD$ 曲线为偏心受压构件发生材料破坏时的 $N-M$ 关系。直线 OB 表示长细比较小的短柱(构件长细比 $l_0/h \leqslant 5$ 或 $l_0/d \leqslant 5$ 或 $l_0/i \leqslant 17.5$ 时)加载到破坏点 B 时的 $N-M$ 关系线,在 B 点到达承载能力极限状态,属于材料破坏。

　　曲线 OC 表示长细比较大(构件长细 $5 < l_0/h \leqslant 30$)的长柱加载到破坏点 C 时的 $N-M$ 关系线。侧向挠度 f 与初始偏心距相比已不能忽略。长柱是在 f 引起的附加弯矩作用下发生的"材料破坏"。由于偏心距随着纵向力的加大而不断呈非线性增加,即 M/N 是变数,因此两种关系呈现曲线变化。

　　当柱的长细比很大时,在曲线 OE 与截面承载力 $N-M$ 关系线相交前,在 E 点的承载力已经达到最大,此时混凝土未达到极限压应变值,钢筋也尚未屈服,材料强度并未耗尽,但轴向力的微小增量可引起不收敛的弯矩增加而导致构件破坏,即"失稳破坏"。

　　如图 6-17 所示,在初始偏心距相同的情况下,随着柱长细比的增大,其正截面受压承载力依次降低,即 $N_0 \geqslant N_1 \geqslant N_2$,这是由于纵向弯曲引起了不可忽略的附加弯矩或称二阶弯矩。

6.2.3　偏心受压构件的二阶效应

　　轴向压力对偏心受压构件的侧移和挠曲产生附加弯矩和附加曲率的荷载效应称为偏心受压构件的二阶荷载效应,简称二阶效应。结构经内力组合后得到构件两端的内力,在考虑了二阶效应后,构件截面上的弯矩会有所增加。这其中包括由侧移产生的二阶效应,即结构层面上的 $P-\Delta$ 效应;由挠曲产生的二阶效应,即构件层面上的 $P-\delta$ 效应。

1. $P-\Delta$ 效应

$P-\Delta$ 效应为重力二阶效应,其计算属于结构整体层面问题,一般在结构分析中需要考虑。《规范》给出了两种计算方法:有限元法和增大系数法。由于计算机广泛应用于结构设计,使考虑结构在受力全过程中材料、几何尺寸、刚度的变化对结构内力分析的影响成为可能,这也是通过计算机进行结构分析一并考虑结构侧移引起的二阶效应。当需要利用简化方法计算侧移二阶效应时,可用《规范》附录 B 推荐的增大系数法。根据结构二阶效应的基本规律,增大系数 η_s 只会增大引起结构侧移的荷载或作用所产生的构件内力。对框架结构采用层增大系数法计算;对剪力墙、框架 - 剪力墙和筒体结构用整体增大法计算;对排架结构采用 $\eta-l_0$ 法考虑排架的 $P-\Delta$ 效应。由于 $P-\Delta$ 效应涉及结构整体层面的问题,《混凝土结构设计》课程中将按不同的结构形式逐步讲解如何考虑 $P-\Delta$ 效应。

2. $P-\delta$ 二阶效应

(1)杆端弯矩同号时的 $P-\delta$ 二阶效应。

①控制截面的转移。

根据偏心受压构件 $N-M$ 相关曲线可知,"不论大偏心受压构件,还是小偏心受压构件,弯矩的增大对正截面承载力总是不利的",因此,在偏心受压构件中,当轴向压力相差不多时,弯矩大的截面就是整个构件的配筋控制截面。

分析如下偏心受压构件,在其杆端存在同号弯矩 M_1、$M_2(M_2>M_1)$,同时构件还受到轴向力 P 的作用,如图 6 - 18(a)所示。

在不考虑二阶效应的情况下,杆件的弯矩图如 6 - 18(b),可见杆件的底端弯矩 M_2 最大,故杆件底面便是该构件的控制截面。

当考虑了二阶效应后,轴向压力 P 对杆件中部任一截面产生附加弯矩 $P\delta$,与一阶弯矩 M_0 叠加后,杆中截面的弯矩均有不同程度增加,任一截面叠加弯矩值 $M=(M_0+P\delta)$,δ 为任一截面的挠度值,图 6 - 18(c)、图 6 - 18(d)分别为附加弯矩图、叠加弯矩图。可见,在杆件中部总有一个截面,它的弯矩 M 是最大的。如果附加弯矩比较大,且 M_1 接近 M_2,最大弯矩截面可能会在杆件中部出现,构件的控制截面就变成了构件中部弯矩最大的那个截面。可见在一些情况下,二阶弯矩是设计中必须要考虑的一部分。

②考虑 $P-\delta$ 二阶效应的条件。

二阶效应虽然能够增大构件截面的弯矩和曲率,但增大后的弯矩不一定都会超过构件端部的控制截面弯矩,因此《规范》规定,当只要构件满足下列三个条件中的一个条件时,就要在设计时考虑 $P-\delta$ 二阶效应。

$$M_1/M_2 > 0.9 \qquad (6-9a)$$

或

$$轴压比 \ N/f_cA > 0.9 \qquad (6-9b)$$

或

$$l_c/i > 34 - 12(M_1/M_2) \qquad (6-9c)$$

式中:M_1、M_2——已考虑侧移影响的偏心受压构件两端截面按结构弹性分析确定的同一

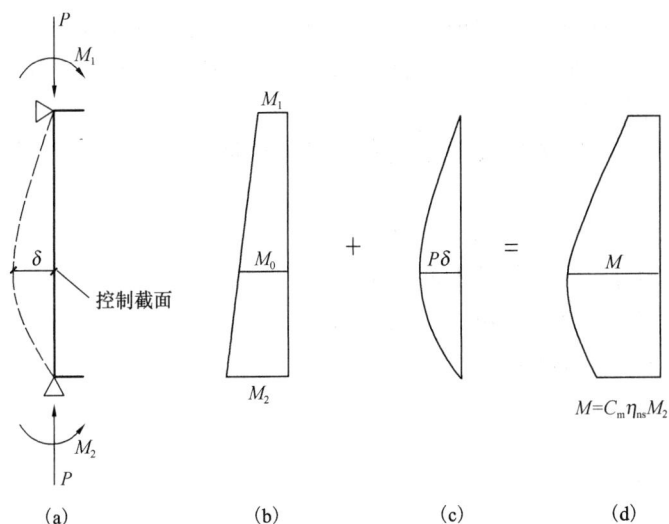

图 6 - 18　杆端弯矩同号时的的二阶效应

主轴的组合弯矩设计值，绝对值较大端为 M_2，绝对值较小端为 M_1，当构件按单曲率弯曲时，M_1/M_2 取正值；

l_c——构件的计算长度，可近似取偏心受压构件相应主轴方向上下支撑点之间的距离；

i——偏心方向的截面回转半径；

A——偏心受压构件的截面面积。

③考虑 $P - \delta$ 二阶效应后控制截面的弯矩设计值。

除排架结构柱外，其他偏心受压构件考虑轴向压力在挠曲杆件中产生的 $P - \delta$ 二阶效应后控制截面的弯矩设计值，应该按照下列公式计算：

$$M = C_m \eta_{ns} M_2 \tag{6-10a}$$

$$C_m = 0.7 + 0.3 \frac{M_1}{M_2} \tag{6-10b}$$

$$\eta_{ns} = 1 + \frac{1}{1300\left(\frac{M_2}{N} + e_a\right)/h_0}\left(\frac{l_c}{h}\right)^2 \zeta_c \tag{6-10c}$$

$$\zeta_c = \frac{0.5 f_c A}{N} \tag{6-10d}$$

式中：C_m——构件端截面偏心距调节系数，当小于 0.7 时取 0.7；

η_{ns}——弯矩增大系数；

N——与弯矩设计值 M_2 相应的轴向压力设计值；

e_a——附加偏心距，取 20 mm 和偏心方向截面尺寸的 1/30 两者中的较大值；

ζ_c——截面曲率修正系数，当计算值大于 1.0 时取 1.0；

h——截面高度,对环形截面,取外直径;对圆形截面,取直径;

h_0——截面有效高度;对环形截面,取 $h_0 = r_2 + r_s$;对圆形截面,取 $h_0 = r + r_s$,此处, r_2 是环形截面的外半径, r_s 是纵向钢筋重心所在圆周的半径, r 是圆形截面的半径;

A——构件截面面积。

当 $C_m \eta_{ns}$ 小于 1.0 时取 1.0;对剪力墙及核心筒墙肢,因其 $P - \delta$ 效应不明显,可取 $C_m \eta_{ns}$ 等于 1.0。

(2)杆端弯矩异号时的 $P-\delta$ 二阶效应。

当杆两端弯矩异号时,在杆件的中间会出现反弯点,见图 6 – 19(a),虽然由于二阶效应会增大杆件中间部分的弯矩值,但是构件截面最大弯矩依然位于端部,控制截面没有发生转移,因此不必考虑 $P-\delta$ 二阶效应。

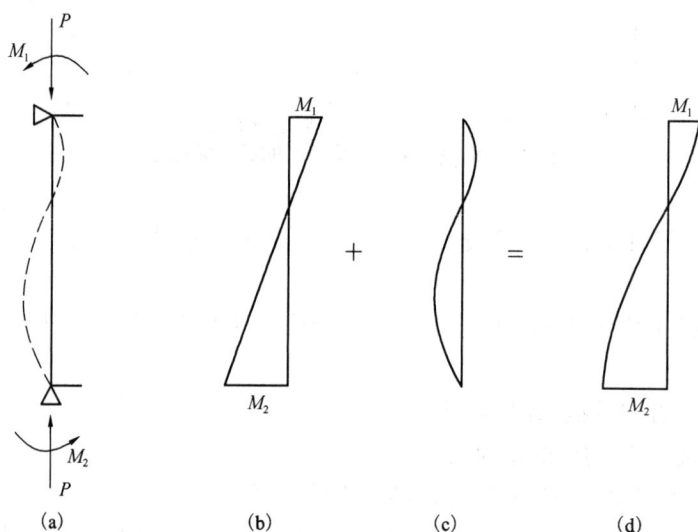

图 6 – 19　杆端弯矩异号时的二阶效应

6.3　矩形截面偏心受压构件正截面受压承载力的基本计算公式

6.3.1　大偏心受压构件正截面受压承载力的基本计算公式

大偏心受压时,纵向受拉钢筋屈服,故纵向受拉钢筋 A_s 的应力取抗拉强度设计值 f_y,纵向受压钢筋 A_s' 的应力取抗压强度设计值 f_y',与受弯构件正截面承载力计算采用相同的基本假定。按受弯构件的处理方法,将受压区混凝土的曲线压应力图等效为矩形应力图以方便计算,应力值取为 $\alpha_1 f_c$,受压区高度为 x,计算简图如图 6 – 20 所示。

(1)计算公式。

根据力的平衡条件及各力对受拉钢筋合力点取矩的力矩平衡条件,有:

$$N \leqslant \alpha_1 f_c bx + f_y' A_s' - f_y A_s \tag{6 – 11}$$

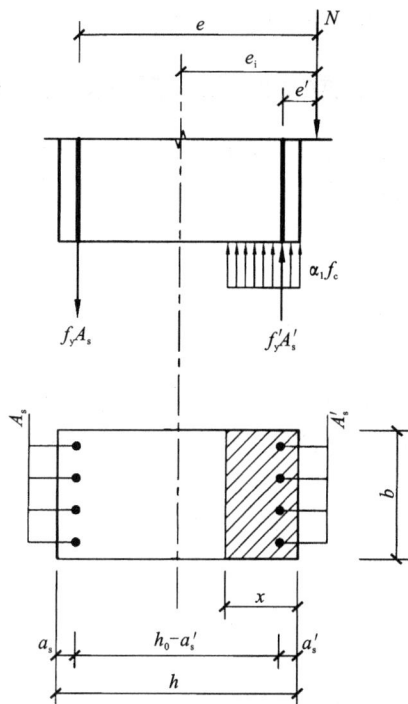

图 6-20　大偏心受压构件正截面承载力计算简图

$$Ne \leqslant \alpha_1 f_c bx \left(h_0 - \frac{x}{2} \right) + f_y' A_s' (h_0 - a_s') \qquad (6-12)$$

$$e = e_i + \frac{h}{2} - a_s \qquad (6-13)$$

$$e_i = e_0 + e_a \qquad (6-14)$$

$$e_0 = M/N \qquad (6-15)$$

式中：e——轴向力作用点至受拉钢筋 A_s 合力点之间的距离；

　　e_i——初始偏心距；

・　e_0——轴向力对截面重心的偏心距；

　　e_a——附加偏心距，其值取偏心方向截面尺寸的 1/30 和 20 mm 中的较大者；

　　M——控制截面弯矩设计值，考虑 $P-\delta$ 二阶效应时，按式（6-10a）计算；

　　N——与 M 相应的轴向压力设计值；

　　x——混凝土受压区高度。

（2）适用条件。

为了保证构件破坏时受拉钢筋首先屈服，要求：

$$x \leqslant x_b \qquad (6-16)$$

为了保证构件破坏时受压钢筋屈服，要求：

$$x \geqslant 2a_s' \qquad (6-17)$$

式中：x_b——界限破坏时的混凝土受压区高度，$x_b = \xi_b h_0$，ξ_b 取值与受弯构件相同；

　　　　a'_s——纵向受压钢筋合力点至受压区边缘的距离。

6.3.2　小偏心受压构件正截面受压承载力的基本计算公式

　　小偏心受压破坏时，受压区边缘混凝土先被压碎，该侧钢筋应力可以达到受压屈服强度，故 A'_s 应力取抗压强度设计值 f'_y。而远端钢筋可能受拉也可能受压，可能屈服也可能不屈服。

　　小偏心受压分为三种情况：

　　①$\xi_b < \xi < \xi_{cy}$，远端钢筋 A_s 受拉或受压，但都不屈服，如图 6 - 21(a)所示；

　　②$\xi_{cy} \leqslant \xi \leqslant h/h_0$，远端钢筋 A_s 受压屈服，但 $x < h$，如图 6 - 21(b)所示；

　　③$\xi > \xi_{cy}$，且 $\xi \geqslant h/h_0$，远端钢筋 A_s 受压屈服，这时全截面受压，如图 6 - 21(c)所示；ξ_{cy} 为远端钢筋 A_s 受压屈服时的相对受压区高度，见下文所述。

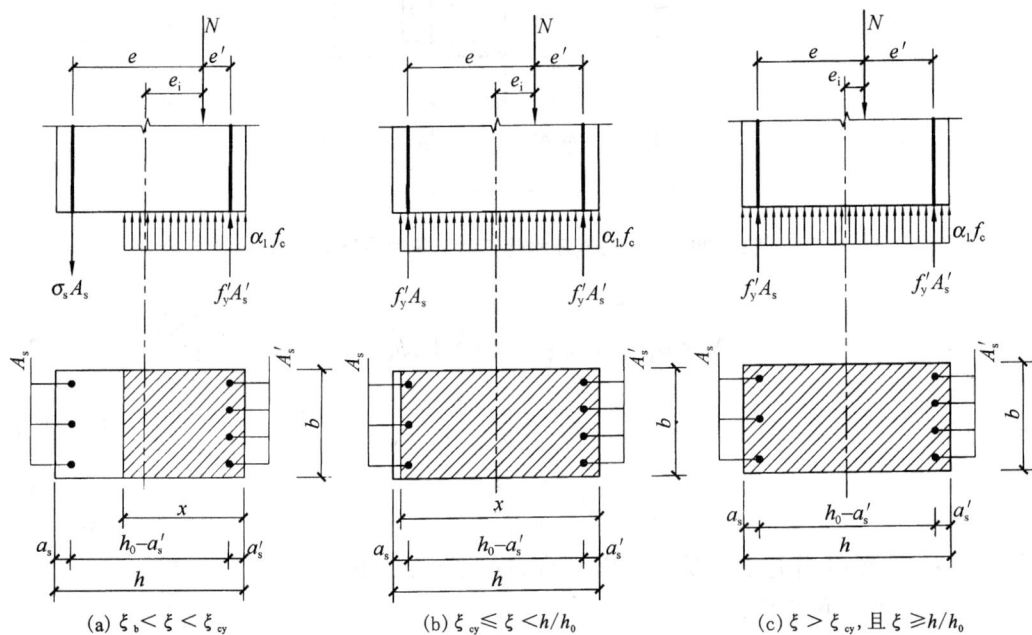

图 6 - 21　小偏心受压构件正截面承载力计算简图

　　先假定远端钢筋 A_s 受拉，根据力的平衡条件及力矩平衡条件，由图 6 - 21(a)有：

$$N \leqslant \alpha_1 f_c bx + f'_y A'_s - \sigma_s A_s \qquad (6 - 18)$$

$$Ne \leqslant \alpha_1 f_c bx \left(h_0 - \frac{x}{2} \right) + f'_y A'_s (h_0 - a'_s) \qquad (6 - 19)$$

或　　　　　　$$Ne' \leqslant \alpha_1 f_c bx \left(\frac{x}{2} - a'_s \right) - \sigma_s A_s (h_0 - a'_s) \qquad (6 - 20)$$

式中：x——混凝土受压区高度，当 $x > h$ 时，取 $x = h$；

　　　　e、e'——轴向力作用点至受拉钢筋 A_s 合力点、受压钢筋 A'_s 合力点之间的距离；

$$e' = \frac{h}{2} - e_i - a'_s \qquad (6-21)$$

σ_s——钢筋 A_s 的应力值,可根据平截面假定计算,也可以近似取

$$\sigma_s = \frac{\xi - \beta_1}{\xi_b - \beta_1} f_y \qquad (6-22)$$

当计算出 σ_s 为正号时,表示 A_s 受拉,σ_s 为负号时,表示 A_s 受压,且要满足 $-f'_y \le \sigma_s \le f_y$。

令 $\sigma_s = -f'_y$,代入上式可得 A_s 受压屈服时的相对受压区高度 $\xi_{cy} = 2\beta_1 - \xi_b$。

下面说明式(6-22)的建立过程。

σ_s 在理论上可以按应变的平截面假定确定 ε_s,再由 $\sigma_s = \varepsilon_s E_s$ 确定。

根据平截面假定,小偏心受压截面的应变分布如图 6-22 所示。有存在受拉区和不存在受拉区两种情况。按照应变分布的几何关系,有:

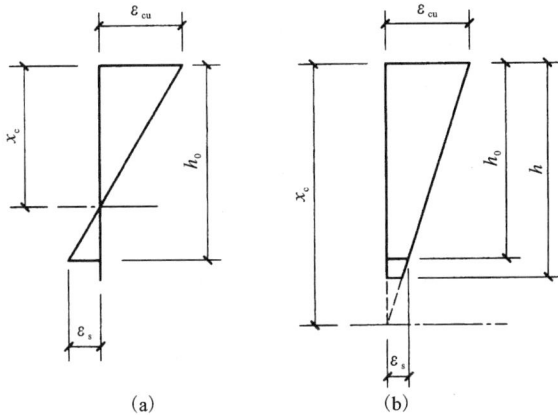

(a)　　　　　　(b)

图 6-22　小偏心受压截面应变分布图

$$\frac{\varepsilon_s}{\varepsilon_{cu}} = \frac{h_0 - x_c}{x_c}$$

由此可得到受拉钢筋或较小受压钢筋的应变为:

$$\varepsilon_s = \varepsilon_{cu} \left(\frac{1}{x_c/h_0} - 1 \right)$$

则钢筋的应力为:

$$\sigma_s = \varepsilon_s E_s = \varepsilon_{cu} \left(\frac{1}{x_c/h_0} - 1 \right) E_s$$

式中:x_c——中和轴到最大受压边的距离。

以 x_c 与等效矩形应力图形的高度 x 的关系 $x_c = \dfrac{x}{\beta_1}$ 代入上式,可得:

$$\sigma_s = \varepsilon_{cu} \left(\frac{\beta_1 h_0}{x} - 1 \right) E_s = \varepsilon_{cu} \left(\frac{\beta_1}{\xi} - 1 \right) E_s \qquad (6-23)$$

上式计算结果应满足 $-f_y' \leqslant \sigma_s \leqslant f_y$。若用上式与基本方程联立求解小偏心受压构件，则需要求解一个关于 x（或 ξ）的三次方程，计算比较复杂。

我国大量的试验资料及计算分析表明，小偏心受压情况下实测的钢筋应变 ε_s 与 ξ 接近直线关系，见图 6-23。为简化计算，《规范》取 ε_s 与 ξ 为直线关系。同时注意到截面破坏的特点：当 $\xi = \xi_b$ 时，$\sigma_s = f_y$；当 $\xi = \beta_1$ 时，$\sigma_s = 0$。由此两点建立直线方程，即

$$\varepsilon_s = \frac{f_y}{E_s} \cdot \frac{\xi - \beta_1}{\xi_b - \beta_1} \tag{6-24}$$

由 $\sigma_s = \varepsilon_s E_s$，故可得式 (6-22)。

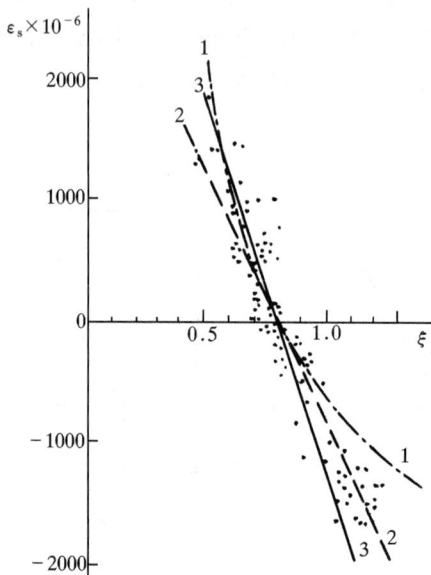

图 6-23 ε_s 与 ξ 关系曲线

1—按平截面假定，$\varepsilon_s = 0.0033(0.8/\xi - 1)$；2—回归方程，

$\varepsilon_s = 0.0044(0.81 - \xi)$；3—简化公式，$\varepsilon_s = \dfrac{f_y}{E_s}\left(\dfrac{0.8 - \xi}{0.8 - \xi_b}\right)$。$\varepsilon_{cu}$ 取 0.0033，β_1 取 0.8。

6.3.3 小偏心受压构件反向破坏正截面受压承载力的基本计算公式

当构件的偏心距很小，轴向压力很大，且 A_s' 比 A_s 大很多时，截面的实际形心轴偏向 A_s' 一侧，导致偏心方向的改变，有可能在离轴向力较远一侧的边缘混凝土会首先被压坏，称之为反向受压破坏。此时的计算简图见图 6-24。

由于附加偏心距 e_a 的反向使得 e_0 变小，即：

$$e' = \frac{h}{2} - a_s' - (e_0 - e_a) \tag{6-25}$$

对 A_s' 合力点取矩，得到：

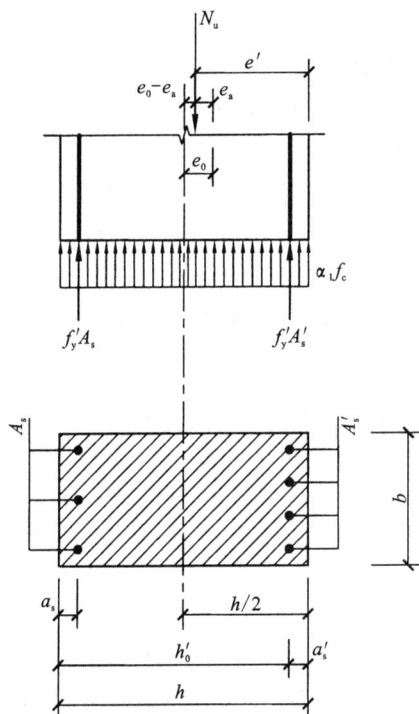

图 6-24 反向破坏时的正截面承载力计算简图

$$A_s = \frac{Ne' - \alpha_1 f_c bh \left(h'_0 - \dfrac{h}{2} \right)}{f'_y (h'_0 - a_s)} \qquad (6-26)$$

截面设计时，按式（6-26）计算得到的 A_s 值应满足最小配筋率的要求，即 $A_s \geqslant 0.002bh$。《规范》规定，当 $N > f_c bh$ 时，尚需验算反向受压破坏承载力。研究表明，当 $N \leqslant f_c bh$ 时，求得的 A_s 值一般小于 $0.002bh$，仅需按构造配筋即可。

6.4 矩形截面非对称配筋偏心受压构件正截面受压承载力计算

6.4.1 截面设计

当截面尺寸、材料强度及构件截面上的内力设计值 N、M 均为已知，要计算 A_s 和 A'_s 时，首先判断构件偏心受压类型，才能够用相应的公式进行计算。但是此时由于截面配筋情况未知，无法按照前面所述通过计算混凝土相对受压区高度判断。此时，可先算出偏心距 e_i，采用以下方法进行初判：当 $e_i > 0.3h_0$ 时，可先按大偏心受压情况计算；当 $e_i \leqslant 0.3h_0$ 时，则先按小偏心受压情况计算。然后利用初判偏心受压类型的计算公式求得钢筋截面面积 A_s 和 A'_s，再计算混凝土受压区高度 x，利用 x 与 x_b 大小关系来检查原来的假定是否正确，如不正确则重新计算。在所有情况下，A_s 和 A'_s 要满足最小配筋率的要求；同时$(A_s + A_s')$不宜大于bh的5%。最后，要按轴心受压构件验算垂直于弯矩作用平面的受压承载力。

1. 大偏心受压构件的截面设计

分为受压钢筋A_s'未知和A_s'已知两种情况。

(1)A_s和A_s'均未知，求A_s和A_s'。

根据上述大偏心受压计算公式，即式$(6-11)$、式$(6-12)$可见，在两个方程中有三个未知数：A_s、A_s'和x，不能得到唯一解。所以与双筋受弯构件类似，为了使总的配筋面积$(A_s' + A_s)$最小，可取$x = x_b = \xi_b h_0$，代入式$(6-12)$得：

$$A_s' = \frac{Ne - \alpha_1 f_c b h_0^2 \xi_b (1 - 0.5\xi_b)}{f_y'(h_0 - a_s')} \tag{6-27}$$

计算得到的A_s'应不小于$\rho_{min} bh$，如小于则取$A_s' = \rho_{min} bh$。将求得的A_s'代入式$(6-11)$得：

$$A_s = \frac{\alpha_1 f_c b h_0 \xi_b - N + f_y' A_s'}{f_y} \tag{6-28}$$

同样计算得到的A_s应不小于$\rho_{min} bh$，如小于则取$A_s = \rho_{min} bh$。

(2)已知A_s'，求A_s。

当A_s'为已知时，式$(6-11)$、$(6-12)$中有两个未知数A_s和x，可以求得唯一解。但是如果直接代入求解要算关于x的二次方程，计算非常麻烦。对此可仿照第4章受弯构件双筋矩形截面已知A_s'的情况，将Ne看成由两部分组成：$M_{u1} = f_y' A_s'(h_0 - a_s')$及$M_{u2} = \alpha_1 f_c bx(h_0 - x/2)$，由式$(6-12)$有$M_{u2} = Ne - M_{u1}$，由此算出$\alpha_s = \dfrac{M_{u2}}{\alpha_1 f_c b h_0^2}$，于是$\xi = 1 - \sqrt{1 - 2\alpha_s}$，代入式$(6-11)$求得$A_s$。

需要指出，如果求得$x > \xi_b h_0$，说明已知的A_s'不足，应改用小偏心受压重新计算，如果仍要采用大偏心受压进行计算，则要采取加大截面尺寸、提高混凝土强度等级、加大A_s'的数量等措施，保证$x \leqslant \xi_b h_0$。如果$x < a_s'$，与双筋受弯构件相似，可近似取$x = 2a_s'$，对A_s'合力点取矩得出A_s，即：

$$A_s = \frac{N\left(e_i - \dfrac{h}{2} + a_s'\right)}{f_y(h_0 - a_s')} \tag{6-29}$$

另外，再按不考虑受压钢筋A_s'，即取$A_s' = 0$，利用式$(6-11)$、$(6-12)$计算A_s值，然后与式$(6-29)$求得的A_s值作比较，取二者较小值配筋。

最后也要按轴心受压构件验算垂直于弯矩作用平面的受压承载力。

2. 小偏心受压构件的截面设计

未知数有A_s、A_s'和x三个，而独立的平衡方程式只有两个，因此需要补充一个条件进行求解。可按以下步骤进行截面设计。

(1)确定A_s，作为补充条件。

当$\xi_b < \xi < \xi_{cy}$，无论A_s配置多少，它总是不屈服，为了经济，可取$A_s = \rho_{min} bh = 0.002bh$，同时考虑到防止出现反向破坏的情况，最终$A_s$按以下方法确定：

当 $N \leqslant f_c bh$ 时，取 $A_s = 0.002bh$；

当 $N > f_c bh$ 时，由式(6-26)确定 A_s，同时要保证 $A_s \geqslant 0.002bh$。

(2)求出 ξ 值。

将确定下来的 A_s 数值代入式(6-18)、(6-19)，消去 A_s'，利用 σ_s 的近似公式得到关于 ξ 的一元二次方程，解得 ξ 为

$$\xi = u + \sqrt{u^2 + v} \qquad (6-30)$$

$$u = \frac{a_s'}{h_0} + \frac{f_y A_s}{(\xi_b - \beta_1)\alpha_1 f_c bh_0}\left(1 - \frac{a_s'}{h_0}\right) \qquad (6-31)$$

$$v = \frac{2Ne'}{\alpha_1 f_c bh_0^2} - \frac{2\beta_1 f_y A_s}{(\xi_b - \beta_1)\alpha_1 f_c bh_0}\left(1 - \frac{a_s'}{h_0}\right) \qquad (6-32)$$

(3)计算 A_s'。

得到 ξ 值后，按小偏心受压的三种情况分别求出 A_s'。

①$\xi_b < \xi < \xi_{cy}$ 时，将 ξ 代入力的平衡方程或力矩平衡方程求出 A_s'。

②$\xi_{cy} \leqslant \xi < h/h_0$ 时，取 $\sigma_s = -f_y'$，按下式重新计算 ξ 为：

$$\xi = \frac{a_s'}{h_0} + \sqrt{\left(\frac{a_s'}{h_0}\right)^2 + 2\left[\frac{Ne'}{\alpha_1 f_c bh_0^2} - \frac{A_s}{bh_0}\frac{f_y'}{\alpha_1 f_c}\left(1 - \frac{a_s'}{h_0}\right)\right]} \qquad (6-33)$$

再代入式(6-18)求出 A_s'。

③$\xi > \xi_{cy}$ 且 $\xi \geqslant h/h_0$ 时，取 $\sigma_s = -f_y'$，$x = h$ 重新计算，由式(6-19)得：

$$A_s' = \frac{Ne - \alpha_1 f_c bh(h_0 - 0.5h)}{f_y'(h_0 - a_s')} \qquad (6-34)$$

如果以上求得的 A_s' 值小于 $0.002bh$，应取 $A_s' = 0.002bh$。

6.4.2　截面复核

当构件的截面尺寸、配筋面积 A_s 和 A_s'，材料强度及计算长度均为已知，要求根据给定的轴向力设计值 N(或偏心距 e_0)确定构件所能承受的弯矩设计值 M(或轴向力设计值 N)时，属于截面承载力复核问题。

1. 弯矩作用平面内的承载力复核

(1)已知轴向力设计值 N，求弯矩设计值 M

首先将已知截面配筋 A_s 和 A_s' 和 ξ_b 代入式(6-11)中，得到截面临界轴向力设计值 N_{ub}。将已知的轴向力设计值 N 与临界轴向力设计值 N_{ub} 对比，若 $N \leqslant N_{ub}$，则为大偏心受压，可由式(6-11)求得 x，再将 x 代入式(6-12)求得 e，由式(6-13)、(6-14)求得 e_0，得到弯矩设计值 $M = Ne_0$。若 $N > N_{ub}$，则为小偏心受压，可先假定属于第一种小偏心受压情况，由式(6-18)与(6-22)求得 x，当 $x < \xi_{cy} h_0$ 时，说明假定成立，再将 x 代入式(6-19)求得 e，由式(6-13)、(6-14)求得 e_0，得到弯矩设计值 $M = Ne_0$；当 $x \geqslant \xi_{cy} h_0$，则应按式(6-33)重求得 x；当 $x \geqslant h$，就取 $x = h$。

(2)已知偏心距 e_0，求轴向力设计值 N

这种情况下，截面配筋 A_s 和 A_s' 及偏心距 e_0 均已知，故可按图6-20对轴向力 N 作用点取矩求 x。当 $x \leqslant x_b$ 时，为大偏心受压，将已知条件代入式(6-11)可求得 N。当

$x > x_b$，为小偏心受压，联立式(6-18)、(6-19)、(6-22)可求得N。

2. 垂直于弯矩作用平面的承载力复核

无论是设计题还是截面复核题，是大偏心受压还是小偏心受压，除了在弯矩作用平面内按偏心受压构件进行计算外，尚应按轴心受压构件验算垂直于弯矩作用平面的受压承载力。

【例6-3】 已知荷载作用下柱的轴向力作用值$N=396$ kN，杆端弯矩设计值$M_1=0.92M_2$，$M_2=218$ kN·m，截面尺寸：$b=300$ mm，$h=400$ mm，$a_s=a_s'=40$ mm；混凝土强度等级为C30，$f_c=14.3$ N/mm²，钢筋采用HRB400级，$f_y=f_y'=360$ N/mm²；$l_c/h=6$；设计使用年限50年，一类环境，安全等级为二级。

求：钢筋截面面积A_s'及A_s。

【解】 (1)求弯矩设计值

因$\dfrac{M_1}{M_2}=0.92>0.9$，故需要考虑$P-\delta$效应。

$$C_m=0.7+0.3\frac{M_1}{M_2}=0.7+0.3\times0.92=0.976$$

$$\zeta_c=\frac{0.5f_cA}{N}=0.5\times\frac{14.3\times300\times400}{396\times10^3}=2.17>1，取\zeta_c=1。$$

$$e_a=\max(20,400/30)=20\text{ mm}$$

$$\eta_{ns}=1+\frac{1}{1300\dfrac{\left(\dfrac{M_2}{N}+e_a\right)}{h_0}}\left(\frac{l_c}{h}\right)^2\zeta_c=1+\frac{1}{1300\dfrac{\left(\dfrac{218\times10^6}{396\times10^3}+20\right)}{360}}(6)^2\times1=1.017$$

$$C_m\eta_{ns}=0.976\times1.017=0.993<1，取C_m\eta_{ns}=1$$

$$M=C_m\eta_{ns}M_2=M_2=218\text{ kN·m}$$

(2)判断大小偏心受压类别

$$e_i=\frac{M}{N}+e_a=\frac{218\times10^6}{396\times10^3}+20=551+20=571\text{ mm}$$

因$e_i=571$ mm$>0.3h_0=0.3\times360=108$ mm，先按大偏压情况计算

(3)计算钢筋面积

$$e=e_i+h/2-a_s=571+400/2-40=731\text{ mm}$$

取$\xi=\xi_b$，由式(6-27)得

$$A_s'=\frac{Ne-\alpha_1f_cbh_0^2\xi_b(1-0.5\xi_b)}{f_y'(h_0-a_s')}$$

$$=\frac{396\times10^3\times731-1.0\times14.3\times300\times360^2\times0.518(1-0.5\times0.518)}{360\times(360-40)}$$

$$=660\text{ mm}^2>\rho_{min}'bh=0.002\times300\times400=240\text{ mm}^2$$

由式(6-28)得

$$A_s = \frac{\alpha_1 f_c b h_0 \xi_b - N + f_y' A_s'}{f_y}$$

$$= \frac{1.0 \times 14.3 \times 300 \times 360 \times 0.518 - 396 \times 10^3}{360} + 660 = 1782 \ \text{mm}^2$$

(4)选择钢筋及画配筋图

受拉钢筋 A_s 选用 3 Φ 22 + 2 Φ 20($A_s = 1768 \ \text{mm}^2$),受压钢筋 A_s' 选用 2 Φ 18 + 1 Φ 14 ($A_s' = 662.9 \ \text{mm}^2$)。

$A_s + A_s' = 1768 + 662.9 = 2430.9 \ \text{mm}^2$,全部纵向钢筋配筋率:

$$\rho = \frac{2430.9}{300 \times 400} = 2.03\% > 0.55\%,\text{满足要求。}$$

垂直于弯矩作用平面的承载力经验算满足要求,不再赘述。柱配筋图如图 6 - 25 所示。箍筋按构造要求选用。

【例 6 - 4】 已知条件同例 6 - 3,$A_s' = 942 \ \text{mm}^2$ (3 Φ 20)。

求:受拉钢筋截面面积 A_s。

【解】 (1)叠加法求 A_s

令 $N = N_u$,采用叠加法解

$$M_{u1} = f_y' A_s' (h_0 - a_s') = 360 \times 942 \times (360 - 40)$$

$$= 108.5 \times 10^6 \ \text{N} \cdot \text{mm}$$

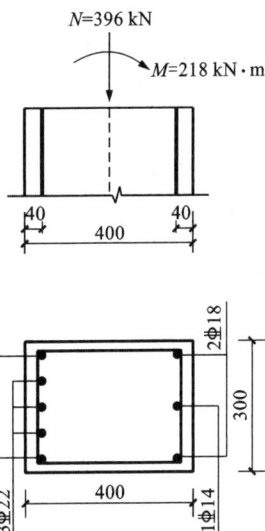

图 6 - 25 例 6 - 3 配筋图

由式(6 - 12)有:

$$M_{u2} = Ne - M_{u1} = 396 \times 10^3 \times 731 - 108.5 \times 10^6 = 181 \times 10^6 \ \text{N} \cdot \text{mm}$$

已知 M_{u2} 后,按单筋矩形截面求 A_{s2}。

$$\alpha_s = \frac{M_{u2}}{\alpha_1 f_c b h_0^2} = \frac{181 \times 10^6}{1.0 \times 14.3 \times 300 \times 360^2} = 0.326$$

$$\xi = 1 - \sqrt{1 - 2\alpha_s} = 1 - \sqrt{1 - 2 \times 0.326} = 0.41 < \xi_b = 0.518,\text{为大偏心受压}$$

$$x = \xi h_0 = 0.41 \times 360 = 148 \ \text{mm} > 2a_s' = 80 \ \text{mm}$$

$$A_s = \frac{\alpha_1 f_c b x + f_y' A_s' - N}{f_y} = \frac{1.0 \times 14.3 \times 300 \times 148 + 360 \times 942 - 396 \times 10^3}{360}$$

$$= 1606 \ \text{mm}^2 > \rho_{min} bh = 0.002 \times 300 \times 400 = 240 \ \text{mm}^2$$

(2)选择钢筋及画配筋图

选用 2 Φ 20 + 2 Φ 25($A_s = 1610 \ \text{mm}^2$),则 $A_s + A_s' = 1610 + 942 = 2552 \ \text{mm}^2$,全部纵向钢筋配筋率:

$$\rho = \frac{2552}{300 \times 400} = 2.13\% > 0.55\%,\text{满足要求。}$$

垂直于弯矩作用平面的承载力经验算满足要求,不再赘述。柱配筋图如图 6 - 26 所示。箍筋按构造要求选用。

通过比较例 6 – 3 与例 6 – 4 可以看出，当取 $\xi = \xi_b$ 时，截面总用钢量为 $662.9 + 1768 = 2430.9$ mm^2，比例 6 – 4 求得的截面总用钢 $942 + 1610 = 2552$ mm^2 少 4.7%。

【例 6 – 5】　已知，$N = 600$ kN，杆端弯矩设计值 $M_1 = M_2 = 180$ kN·m，$b = 300$ mm，$h = 500$ mm，$a_s = a'_s = 45$ mm，采用 HRB400 级钢筋，$f_y = f'_y = 360$ N/mm^2，混凝土强度等级为 C40，$f_c = 19.1$ N/mm^2，构件的计算长度 $l_c = 5$ m，设计使用年限为 50 年，一类环境，安全等级为二级。

求：钢筋截面面积 A'_s 及 A_s。

【解】　(1)求弯矩设计值

由式(6 – 9c) $\dfrac{l_c}{i} = \dfrac{5000}{0.289 \times 500} = 34.6 > 34 - 12$

$(M_1 / M_2) = 22$，需要考虑 $P – \delta$ 效应。其中，$i = \sqrt{\dfrac{I}{A}}$

$= \sqrt{\dfrac{\dfrac{1}{12}bh^3}{bh}} = 0.289h$。

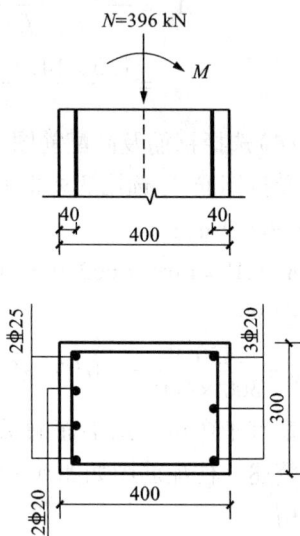

图 6 – 26　例 6 – 4 配筋图

$$C_m = 0.7 + 0.3 \frac{M_1}{M_2} = 0.7 + 0.3 \times 1 = 1$$

$$\zeta_c = \frac{0.5 f_c A}{N} = 0.5 \times \frac{19.1 \times 300 \times 500}{600 \times 10^3} = 2.39 > 1，取 \zeta_c = 1$$

$$e_a = \max(500/30, 20) = 20 \text{ mm}$$

$$\eta_{ns} = 1 + \frac{1}{1300 \dfrac{\left(\dfrac{M_2}{N} + e_a\right)}{h_0}} \left(\frac{l_c}{h}\right)^2 \zeta_c = 1 + \frac{1}{1300 \times \dfrac{\left(\dfrac{180 \times 10^6}{600 \times 10^3} + 20\right)}{500 - 45}} \left(\frac{5000}{500}\right)^2 \times 1 = 1.11$$

$$M = C_m \eta_{ns} M_2 = 1 \times 1.11 \times 180 = 199.8 \text{ kN·m}$$

(2)判断大小偏心受压类别

$$e_0 = \frac{M}{N} = \frac{199.8 \times 10^6}{600 \times 10^3} = 333 \text{ mm}$$

则

$$e_i = e_0 + e_a = 333 + 20 = 353 \text{ mm}$$

因 $e_i = 353$ mm $> 0.3 h_0 = 0.3 \times 455 = 136.5$ mm，可先按大偏压情况计算

(3)计算钢筋面积

$$e = e_i + h/2 - a_s = 353 + 500/2 - 45 = 558 \text{ mm}$$

取 $\xi = \xi_b$，由式(6 – 27)得

$$A_s' = \frac{Ne - \alpha_1 f_c b h_0^2 \xi_b (1 - 0.5\xi_b)}{f_y'(h_0 - a_s')}$$

$$= \frac{600 \times 10^3 \times 558 - 1.0 \times 19.1 \times 300 \times 455^2 \times 0.518 \times (1 - 0.5 \times 0.518)}{360 \times (455 - 45)} < 0$$

取 $A_s' = \rho_{min}' bh = 0.002 \times 300 \times 500 = 300 \ \mathrm{mm}^2$

选用 $2\ \Phi 14(A_s' = 308\ \mathrm{mm}^2)$。下面按已知 $A_s' = 308\ \mathrm{mm}^2$ 求解 A_s 的情况进行计算。
由式 $(6-12)$ 得

$$M_{u2} = Ne - f_y'A_s'(h_0 - a_s') = 600 \times 10^3 \times 558 - 360 \times 308 \times (455 - 45) = 289.3\ \mathrm{kN \cdot m}$$

$$\alpha_s = \frac{M_{u2}}{\alpha_1 f_c b h_0^2} = \frac{289.3 \times 10^6}{1.0 \times 19.1 \times 300 \times 455^2} = 0.244$$

$\xi = 1 - \sqrt{1 - 2\alpha_s} = 1 - \sqrt{1 - 2 \times 0.244} = 0.284 < \xi_b = 0.518$，是大偏心受压。

$x = \xi h_0 = 0.284 \times 455 = 129.2\ \mathrm{mm} > 2a_s' = 2 \times 45 = 90\ \mathrm{mm}$

由式 $(6-11)$ 得

$$A_s = \frac{\alpha_1 f_c b x + f_y'A_s' - N}{f_y} = \frac{1.0 \times 19.1 \times 300 \times 129.2 + 360 \times 308 - 600 \times 10^3}{360} = 697.8\ \mathrm{mm}^2$$

$A_s = \rho_{min} bh = 0.002 \times 300 \times 500 = 300\ \mathrm{mm}^2 < 697.8\ \mathrm{mm}^2$，选用 $2\ \Phi 16 + 1\ \Phi 20(A_s = 716\ \mathrm{mm}^2)$。

$A_s + A_s' = 716 + 308 = 1024\ \mathrm{mm}^2$，则全部纵向钢筋配筋率：

$$\rho = \frac{1024}{300 \times 500} = 0.68\% > 0.55\%$$，满足要求。

垂直于弯矩作用平面的承载力经验算满足要求，不再赘述。

（4）画配筋图

柱配筋图如图 $6-27$ 所示。箍筋按构造要求选用。

【例 $6-6$】 已知，$N = 1200\ \mathrm{kN}$，$b = 400\ \mathrm{mm}$，$h = 600\ \mathrm{mm}$，$a_s = a_s' = 40\ \mathrm{mm}$，采用 HRB400 级钢筋，混凝土强度等级为 C40，A_s 选用 $4\ \Phi 20(A_s = 1256\ \mathrm{mm}^2)$，$A_s'$ 选用 $4\ \Phi 22(A_s' = 1520\ \mathrm{mm}^2)$。构件的计算长度 $l_c = 4\ \mathrm{m}$，两杆端弯矩设计值比值为 $M_1 = 0.85 M_2$。设计使用年限为 50 年，一类环境，安全等级为二级。

求：该截面在 h 方向能承受的弯矩设计值。

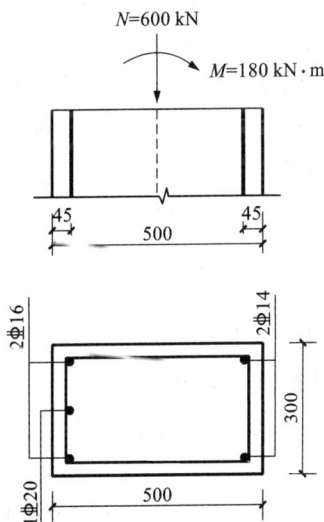

图 $6-27$　例 $6-5$ 配筋图

【解】 （1）判断是否需要考虑 $P-\delta$ 效应

因为 $M_1/M_2 = 0.85 < 0.9$，且 $\dfrac{N}{f_cA} = \dfrac{1200 \times 10^3}{19.1 \times 400 \times 600} = 0.26 < 0.9$，且 $\dfrac{l_c}{i} = \dfrac{4000}{0.289 \times 600}$

$= 23.1 < 34 - 12\left(\dfrac{M_1}{M_2}\right) = 23.8$

故不考虑 $P-\delta$ 效应。

（2）判断大小偏心受压类别

令 $N = N_u$，由式（6-11）得：

$$x = \frac{N - f'_y A'_s + f_y A_s}{\alpha_1 f_c b} = \frac{1200 \times 10^3 - 360 \times 1520 + 360 \times 1256}{1.0 \times 19.1 \times 400}$$

$$= 145 \text{ mm} < \xi_b h_0 = 0.518 \times 560 = 290 \text{ mm}$$

属于大偏心受压情况。

（3）求 M

$x = 145 \text{ mm} > 2a'_s = 2 \times 40 = 80 \text{ mm}$，受压钢筋可以屈服。由式（6-12）得

$$e = \frac{\alpha_1 f_c b x \left(h_0 - \dfrac{x}{2}\right) + f'_y A'_s (h_0 - a'_s)}{N}$$

$$= \frac{1.0 \times 19.1 \times 400 \times 145 \times (560 - 145/2) + 360 \times 1520 \times (560 - 40)}{1200 \times 10^3} = 687 \text{ mm}$$

$$e_i = e - h/2 + a_s = 687 - 600/2 + 40$$

$$= 427 \text{ mm}$$

$$e_a = 20 \text{ mm}$$

$$e_0 = e_i - e_a = 427 - 20 = 407 \text{ mm}$$

$$M = N e_0 = 1200 \times 0.407 = 488.4 \text{ kN} \cdot \text{m}$$

该截面在 h 方向能承受的弯矩设计值为 $M = 488.4 \text{ kN} \cdot \text{m}$

【例6-7】　已知，框架柱截面尺寸 $b = 500 \text{ mm}$，$h = 700 \text{ mm}$，$a_s = a'_s = 45 \text{ mm}$，采用 HRB400 级钢筋，混凝土强度等级为 C35，A_s 选用 6 Φ 25（$A_s = 2945 \text{ mm}^2$），A'_s 选用 4 Φ 25（$A'_s = 1964 \text{ mm}^2$）。构件的计算长度 $l_c = 12.25 \text{ m}$，轴向力的偏心距 $e_0 = 600 \text{ mm}$。

求：该截面能承受的轴向力设计值 N_u。

【解】　（1）求 x

框架柱的反弯点在柱间，故不考虑 $P - \delta$ 效应。

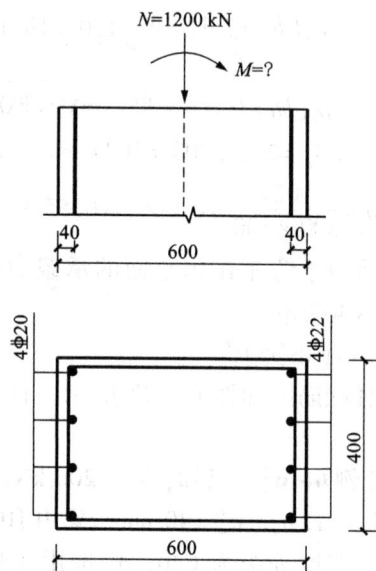

图6-28　例6-6图

$$e_0 = 600 \text{ mm}, \quad e_a = 700/30 = 23 \text{ mm} > 20 \text{ mm}$$

则

$$e_i = e_0 + e_a = 600 + 23 = 623 \text{ mm}$$

按图6-20对轴向力 N 作用点取矩求 x，得

$$\alpha_1 f_c b x \left(e_i - \frac{h}{2} + \frac{x}{2}\right) = f_y A_s \left(e_i + \frac{h}{2} - a_s\right) - f'_y A'_s \left(e_i - \frac{h}{2} + a'_s\right)$$

代入数据，有

$$1.0 \times 16.7 \times 500 \times x \left(623 - 350 + \frac{x}{2}\right)$$

$$= 360 \times 2945 \times (623 + 350 - 45) - 360 \times 1964 \times (623 - 350 + 45)$$

移项整理得：

$x^2 + 546x - 181803 = 0$，解得 $x = 233$ mm

（2）判断大小偏心受压类别

$2a_s' = 2 \times 45 = 90$ mm $< x = 233$ mm $< x_b = 0.518 \times 655 = 339$ mm，为大偏心受压情况

（3）求 N_u

由式（6-11）得

$$
\begin{aligned}
N_u &= \alpha_1 f_c bx + f_y' A_s' - f_y A_s \\
&= 1.0 \times 16.7 \times 500 \times 233 + 360 \\
&\quad \times 1964 - 360 \times 2945 \\
&= 1592.4 \text{ kN}
\end{aligned}
$$

该截面能承受的轴向力设计值为 $N = 1592.4$ kN

【例 6-8】　已知柱轴向压力设计值 $N = 2580$ kN，杆端弯矩设计值 $M_1 = 0.913M_2$，$M_2 =$

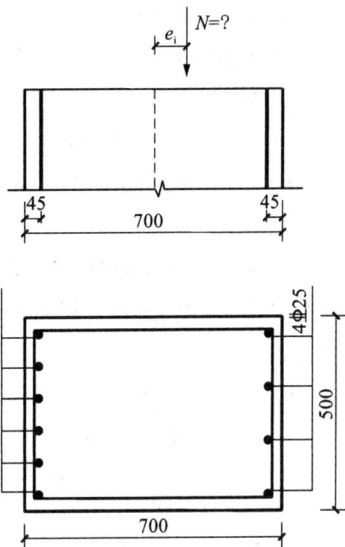

图 6-29　例 6-7 图

263 kN·m。截面尺寸 $b = 400$ mm，$h = 600$ mm，$a_s = a_s' = 40$ mm，采用 HRB400 级钢筋，混凝土强度等级为 C30。构件的计算长度 $l_c = l_o = 5.5$ m。设计使用年限为 50 年，一类环境，安全等级为二级。

求：钢筋截面面积 A_s 及 A_s'。

【解】　（1）求弯矩设计值

$\dfrac{M_1}{M_2} = 0.913 > 0.9$，需要考虑 $P - \delta$ 效应影响。

$e_a = \max = (\dfrac{600}{30}, 20) = 20$ mm

$C_m = 0.7 + 0.3 \dfrac{M_1}{M_2} = 0.7 + 0.3 \times 0.913 = 0.974$

$\zeta_c = \dfrac{0.5 f_c A}{N} = 0.5 \times \dfrac{14.3 \times 400 \times 600}{2580 \times 10^3} = 0.665 < 1$

$\eta_{ns} = 1 + \dfrac{1}{1300 \dfrac{\left(\dfrac{M_2}{N} + e_a\right)}{h_0}} \left(\dfrac{l_c}{h}\right)^2 \zeta_c = 1 + \dfrac{1}{1300 \dfrac{\left(\dfrac{263 \times 10^6}{2580 \times 10^3} + 20\right)}{560}} \times \left(\dfrac{5500}{600}\right)^2 \times 0.665$

$\quad = 1.197$

$C_m \eta_{ns} = 0.974 \times 1.197 = 1.166 > 1$

$M = C_m \eta_{ns} M_2 = 1.166 \times 263 = 306.66$ kN·m

（2）判断大小偏心受压类别

$e_0 = \dfrac{M}{N} = \dfrac{306.66 \times 10^6}{2580 \times 10^3} = 119$ mm

$e_i = e_0 + e_a = 119 + 20 = 139$ mm

$e_i = 139$ mm $< 0.3h_0 = 0.3 \times 560 = 168$ mm

故先按小偏压情况计算,并分为三个步骤。

(3)计算钢筋面积

$e = e_i + h/2 - a_s = 139 + 600/2 - 40 = 399$ mm

$e' = h/2 - e_i - a_s' = 600/2 - 139 - 40 = 121$ mm

①确定 A_s

$f_c bh = 14.3 \times 400 \times 600 = 3432$ kN > 2580 kN,可不进行反向受压破坏验算,故取 $A_s = \rho_{min} bh = 0.002 \times 400 \times 600 = 480$ mm^2,选 $2 \phi 12 + 1 \phi 18 (A_s = 480.5$ mm$^2)$。

②求 ξ

$$u = \frac{a_s'}{h_0} + \frac{f_y A_s}{(\xi_b - \beta_1)\alpha_1 f_c bh_0}(1 - \frac{a_s'}{h_0})$$

$$= \frac{40}{560} + \frac{360 \times 480.5}{(0.518 - 0.8) \times 1.0 \times 14.3 \times 400 \times 560}\left(1 - \frac{40}{560}\right)$$

$$= 0.0714 - 0.1778 = -0.1064$$

$$v = \frac{2Ne'}{\alpha_1 f_c bh_0^2} - \frac{2\beta_1 f_y A_s}{(\xi_b - \beta_1)\alpha_1 f_c bh_0}(1 - \frac{a_s'}{h_0})$$

$$= \frac{2 \times 2580 \times 10^3 \times 121}{1.0 \times 14.3 \times 400 \times 560^2} - 2 \times 0.8 \times (-0.1778) = 0.633$$

$$\xi = u + \sqrt{u^2 + v}$$

$$= -0.1064 + \sqrt{(-0.1064)^2 + 0.633}$$

$$= 0.696$$

$\xi = 0.696 > \xi_b = 0.518$,确定截面为小偏心受压。

③求 A_s'

$\xi_{cy} = 2\beta_1 - \xi_b = 2 \times 0.8 - 0.518 = 1.082 > \xi = 0.696$,故为小偏心受压的第 1 种情况: $\xi_b < \xi < \xi_{cy}$

由力矩平衡条件式(6-19)得

$$A_s' = \frac{Ne - \alpha_1 f_c bh_0^2 \xi(1 - 0.5\xi)}{f_y'(h_0 - a_s')}$$

$$= \frac{2580 \times 10^3 \times 399 - 1.0 \times 14.3 \times 400 \times 560^2 \times 0.696 \times (1 - 0.5 \times 0.696)}{360 \times (560 - 40)}$$

$$= 1151 \text{ mm}^2$$

$A_s' = 1151$ mm$^2 > \rho_{min}' bh = 0.002 \times 400 \times 600 = 480$ mm^2,满足条件。

选用 $2 \phi 16 + 2 \phi 22 (A_s' = 1162$ mm$^2)$。

截面总配筋率

$$\rho = \frac{A_s' + A_s}{bh} = \frac{1162 + 480.5}{400 \times 600} = 0.0068 > 0.0055,满足要求。$$

(4)验算轴心受压承载力

最后验算垂直于弯矩作用平面的受压承载力:

由 $\dfrac{l_0}{b} = \dfrac{5500}{400} = 13.75$，查表 6 - 1 得 $\varphi =$

0.924，由式（6 - 2）

$$N_u = 0.9\varphi[f_c A + f'_y(A_s + A'_s)]$$
$$= 0.9 \times 0.924 \times [14.3 \times 400 \times 600 + 360$$
$$\times (480.5 + 1162)]$$
$$= 3346 \text{ kN} > 2580 \text{ kN}，且 \rho = 0.68\% <$$

3%，满足要求。

（5）画配筋图

柱配筋图如图 6 - 30 所示。箍筋按构造要求选用。

【例 6 - 9】　已知：框架柱轴向压力设计值 $N = 3500$ kN，柱截面尺寸 $b = 400$ mm，$h = 600$ mm，$a_s = a'_s = 45$ mm；混凝土强度等级为 C40，采用 HRB400 级钢筋，A_s 选用 4 $\oplus$ 16（$A_s = 804 \text{ mm}^2$），A'_s 选用 4 $\oplus$ 25（$A'_s = 1964 \text{ mm}^2$）；构

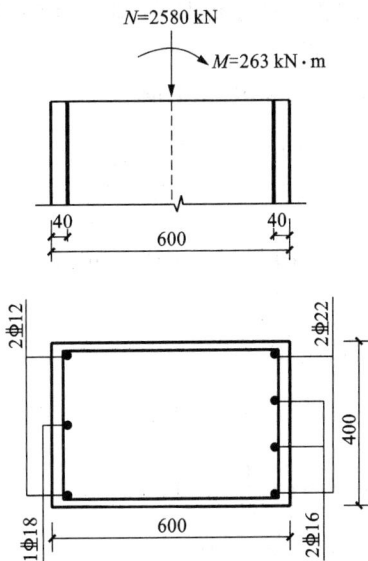

图 6 - 30　例 6 - 8 配筋图

件的计算长度 $l_c = l_o = 7.2$ m；杆端弯矩设计值 $-M_1 = M_2$；设计使用年限为 50 年，一类环境，安全等级为二级。

求：该截面 h 方向能承受的弯矩设计值。

【解】　（1）求 x

因 $\dfrac{M_1}{M_2} = -1$，反弯点在柱间，无需考虑 $P - \delta$ 效应。

先暂按大偏心受压式（6 - 11）计算 x 值

$$x = \frac{N - f'_y A'_s + f_y A_s}{\alpha_1 f_c b} = \frac{3500 \times 10^3 - 360 \times 1964 + 360 \times 804}{1.0 \times 19.1 \times 400}$$

$= 403$ mm $> \xi_b h_0 = 0.518 \times 555 = 287$ mm，属于小偏心受压破坏情况。

重求 x 值，假定属于小偏心受压的第 1 种情况。

将式（6 - 22）代入式（6 - 18），整理可得 ξ：

$$\xi = \frac{N - f'_y A'_s - \dfrac{0.8}{\xi_b - 0.8} f_y A_s}{\alpha_1 f_c b h_0 - \dfrac{1}{\xi_b - 0.8} f_y A_s}$$

$$= \frac{3500 \times 10^3 - 360 \times 1964 - \dfrac{0.8 \times 360 \times 804}{0.518 - 0.8}}{1.0 \times 19.1 \times 400 \times 555 - \dfrac{360 \times 804}{0.518 - 0.8}} = 0.686 > \xi_b = 0.518$$

$x = \xi h_0 = 0.686 \times 555 = 380.7$ mm

（2）判断大小偏心受压类别

$\xi_{cy} = 2\beta_1 - \xi_b = 2 \times 0.8 - 0.518 = 1.082 > \xi = 0.686$，故原假定是正确的，可按小偏心

受压的第 1 种情况计算，即 $\xi_b < \xi < \xi_{cy}$。

（3）求 e

由式（6－19）求 e 值

$$e = \frac{\alpha_1 f_c b x \left(h_0 - \dfrac{x}{2} \right) + f_y' A_s' (h_0 - a_s')}{N}$$

$$e = \frac{1.0 \times 19.1 \times 400 \times 380.7 \times \left(555 - \dfrac{380.7}{2} \right) + 360 \times 1964 \times (555 - 45)}{3500 \times 10^3} = 406 \text{ mm}$$

（4）求 M

$$e_i = e - \frac{h}{2} + a_s = 406 - \frac{600}{2} + 45 = 151 \text{ mm}$$

$$e_a = \max\left(\frac{600}{30},\ 20 \right) = 20 \text{ mm}$$

$e_i = e_0 + e_a$，因此

$$e_0 = e_i - e_a = 151 - 20 = 131 \text{ mm}$$

则该截面在 h 方面能承受的弯矩设计值

$$M = Ne_0 = 3500 \times 0.131 = 458.5 \text{ kN} \cdot \text{m}$$

（5）验算轴心受压承载力

验算垂直于弯矩作用平面的承载力是否安全：

由已知条件 $\dfrac{l_0}{b} = \dfrac{7200}{400} = 18$，查表 6－1 得

$\varphi = 0.81$，由式（6－2）

$$N_u = 0.9\varphi [f_c A + f_y'(A_s + A_s')]$$

$$= 0.9 \times 0.81 \times [19.1 \times 400 \times 600 + 360 \times (804 + 1964)]$$

$$= 4068 \text{ kN} > 3500 \text{ kN},\ \rho = \frac{1964 + 804}{400 \times 600} = 1.15\% < 3\%,\ 满足要求。$$

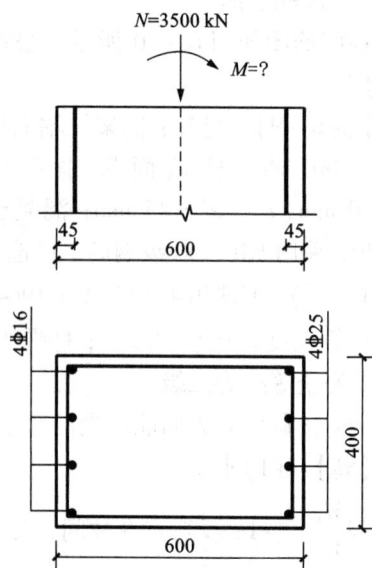

图 6－31　例 6－9 图

6.5　矩形截面对称配筋偏心受压构件正截面受压承载力计算

在工程设计中，需要考虑各种荷载组合，受压构件常常要受到变号弯矩的作用，为了构造简单便于施工等，一般采用对称配筋截面。装配式柱为了保证吊装不会出错，一般也采用对称配筋。

6.5.1　截面设计

对称配筋时，截面两侧的配筋相同，即 $A_s = A_s'$，$f_y = f_y'$。

1. 大偏心受压构件的计算

将 $A_s = A_s'$，$f_y = f_y'$代入式（6－11）、（6－12），得到对称配筋大偏心受压构件的计算公

式：

$$x = \frac{N}{\alpha_1 f_c b} \tag{6-35}$$

$$A = A_s' = \frac{Ne - \alpha_1 f_c b x \left(h_0 - \frac{x}{2} \right)}{f_y' (h_0 - a_s')} \tag{6-36}$$

式(6-35)和式(6-36)的适用条件仍然是 $x \geqslant 2a_s'$ 及 $x \leqslant x_b$。

当 $x < 2a_s'$，可按照不对称配筋计算方法处理。当 $x > x_b$，说明截面属于小偏心破坏情况，需按小偏心受压公式计算。计算方法如下述。

2. 小偏心受压构件的计算

对称配筋情况下，取 $A_s = A_s'$，$f_y = f_y'$，$x = \xi h_0$，将式(6-22)代入式(6-18)得：

$$N = \alpha_1 f_c \xi b h_0 + f_y' A_s' \frac{\xi_b - \xi}{\xi_b - \beta_1}$$

即

$$f_y' A_s' = (N - \alpha_1 f_c \xi b h_0) \frac{\xi_b - \beta_1}{\xi_b - \xi}$$

代入式(6-19)得：

$$Ne \frac{\xi_b - \xi}{\xi_b - \beta_1} = \alpha_1 f_c b h_0^2 \xi (1 - 0.5\xi) \frac{\xi_b - \xi}{\xi_b - \beta_1} + (N - \alpha_1 f_c b h_0 \xi)(h_0 - a_s') \tag{6-37}$$

这是一个关于 ξ 的三次方程，手算非常不便，为了简化计算，令

$$Y = \xi(1 - 0.5\xi) \frac{\xi - \xi_b}{\beta_1 - \xi_b} \tag{6-38}$$

当钢材级别和混凝土强度等级给定时，ξ_b、β_1 均为已知，由式(6-38)可以画出 Y 与 ξ 的关系曲线，见图6-32。可见在小偏心受压($\xi_b < \xi < \xi_{cy}$)区段内，Y 与 ξ 的关系近似直线。对于 HPB300、HRB335、HRB400(或 RRB400)级钢筋，近似取为

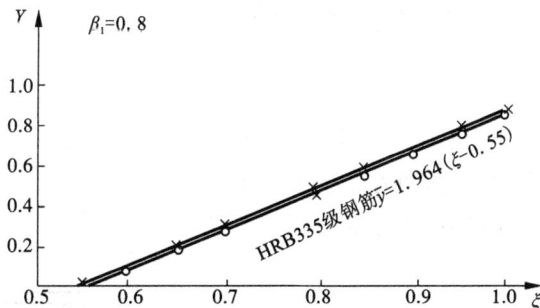

图6-32　Y 与 ξ 关系的简化

$$Y = 0.43 \frac{\xi - \xi_b}{\beta_1 - \xi_b} \tag{6-39}$$

将式(6-39)代入式(6-37)并加以整理得到

$$\xi = \frac{N - \xi_b \alpha_1 f_c b h_0}{\dfrac{Ne - 0.43\alpha_1 f_c b h_0^2}{(\beta_1 - \xi_b)(h_0 - a_s')} + \alpha_1 f_c b h_0} + \xi_b \qquad (6-40)$$

将计算得到的 ξ 代入式(6-36),得:

$$A_s = A_s' = \frac{Ne - \alpha_1 f_c b h_0^2 \xi(1 - 0.5\xi)}{f_y'(h_0 - a_s')} \qquad (6-41)$$

6.5.2 截面复核

可按不对称配筋截面的复核方法进行验算,取 $A_s = A_s'$, $f_y = f_y'$。同时也要考虑到与弯矩作用平面垂直方向的轴向受压承载力验算。

【例6-10】 已知条件同例6-3,设计成对称配筋。

求:钢筋截面面积 $A_s = A_s'$。

【解】 (1)判断大小偏心受压类别

由例6-3的已知条件,可求得 $e_i = 571$ mm $> 0.3h_0$,属于大偏心受压。由式(6-35)及式(6-36)得

$$x = \frac{N}{\alpha_1 f_c b} = \frac{396 \times 10^3}{1.0 \times 14.3 \times 300} = 92.3 \text{ mm}$$

满足 $2a_s' = 2 \times 40 = 80$ mm $< x = 92.3$ mm $< \xi_b h_0 = 0.518 \times 360 = 186.48$ mm

故前面假定为大偏心受压是正确的。

(2)计算钢筋面积

$$A_s = A_s' = \frac{Ne - \alpha_1 f_c b x\left(h_0 - \dfrac{x}{2}\right)}{f_y'(h_0 - a_s')}$$

$$= \frac{396 \times 10^3 \times 731 - 1.0 \times 14.3 \times 300 \times 92.3 \times \left(360 - \dfrac{92.3}{2}\right)}{360 \times (360 - 40)}$$

$$= 1434 \text{ mm}^2 > 0.002bh = 0.002 \times 300 \times 400$$

$$= 240 \text{ mm}^2$$

每边配置 $3\,\underline{\Phi}\,20 + 2\,\underline{\Phi}\,18\,(A_s = A_s' = 1451 \text{ mm}^2)$。

本题与例6-3比较可以看出,当采用对称配筋时,钢筋用量需要多一些。配筋率验算与垂直于弯矩作用平面的承载力验算均满足要求,不再赘述。

(3)画配筋图

柱配筋图如图6-33所示。箍筋按构造要求选用。

【例6-11】 已知:柱轴向压力设计值 $N = 3400$ kN,弯矩 $M_1 = 0.88M_2$, $M_2 = 360$ kN·m,柱截面尺寸 $b = 400$ mm, $h = 700$ mm, $a_s = a_s' = 45$ mm;

N=396 kN

M=218 kN·m

40   400   40

2Φ18   2Φ18

300

3Φ20   400   3Φ20

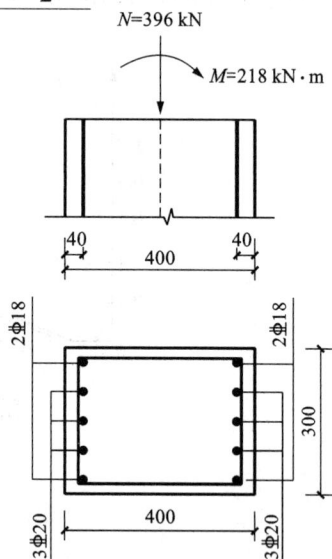

图6-33 例6-10配筋图

混凝土强度等级为 C40，采用 HRB400 级钢筋；构件的计算长度 $l_c = l_o = 3.5$ m；设计使用年限为 50 年，一类环境，安全等级为二级。

求：对称配筋时 $A_s = A'_s$ 的数值。

【解】　（1）求弯矩设计值

$M_1/M_2 = 0.88 < 0.9$

$$\frac{N}{f_c A} = \frac{3400 \times 10^3}{19.1 \times 400 \times 700} = 0.64 < 0.9$$

$$\frac{l_c}{i} = \frac{3500}{0.289 \times 700} = 17.3 < 34 - 12 \frac{M_1}{M_2} = 23.4$$

因此无需考虑 $P-\delta$ 效应。

$M = M_2 = 360$ kN·m

（2）判断大小偏心受压类别

$e_a = 700/30 = 23$ mm > 20 mm

$$e_0 = M/N = \frac{360 \times 10^6}{3400 \times 10^3} = 106 \text{ mm}$$

$e_i = e_0 + e_a = 106 + 23 = 129$ mm

$e_i = 129$ mm $< 0.3h_0 = 0.3 \times 655 = 196.5$ mm

$e = e_i + h/2 - a_s = 129 + 700/2 - 45 = 434$ mm

$$x = \frac{N}{\alpha_1 f_c b} = \frac{3400 \times 10^3}{1.0 \times 19.1 \times 400} = 445 \text{ mm} > x_b = 0.518 \times 655 = 339 \text{ mm}$$

判断截面属于小偏心受压，按简化计算方法（近似公式法）计算。

（3）计算钢筋面积

由 $\beta_1 = 0.8$ 和式（6-40），求得 ξ

$$\xi = \frac{N - \xi_b \alpha_1 f_c b h_0}{\dfrac{Ne - 0.43\alpha_1 f_c b h_0^2}{(\beta_1 - \xi_b)(h_0 - a'_s)} + \alpha_1 f_c b h_0} + \xi_b$$

$$= \frac{3400 \times 10^3 - 0.518 \times 1.0 \times 19.1 \times 400 \times 655}{\dfrac{3400 \times 10^3 \times 434 - 0.43 \times 1.0 \times 19.1 \times 400 \times 655^2}{(0.8 - 0.518)(655 - 45)} + 1.0 \times 19.1 \times 400 \times 655} + 0.518$$

$= 0.668$

$x = \xi h_0 = 0.668 \times 655 = 438$ mm

由式（6-36）得：

$$A_s = A'_s = \frac{Ne - \alpha_1 f_c b x \left(h_0 - \dfrac{x}{2}\right)}{f'_y(h_0 - a'_s)}$$

$$= \frac{3400 \times 10^3 \times 434 - 1.0 \times 19.1 \times 400 \times 438 \times \left(655 - \dfrac{438}{2}\right)}{360 \times (655 - 45)}$$

$= 75.6$ mm$^2 < \rho'_{min} bh = 0.002 \times 400 \times 700 = 560$ mm^2

取 $A_s = A'_s = 560\ \text{mm}^2$ 配筋。同时满足整体配筋率不小于 0.55% 的要求,每边选用 $2\ \Phi\ 14 + 2\ \Phi\ 18$, $A_s = A'_s = 817\ \text{mm}^2$, $\rho = \dfrac{817+817}{400 \times 700} = 0.58\% > 0.55\%$,且 $\rho < 3\%$。

(4)验算轴心受压承载力

由 $\dfrac{l_0}{b} = \dfrac{3500}{400} = 8.75$,查表 6-1 得 $\varphi = 0.993$

由式(6-2)

$$
\begin{aligned}
N &= 0.9\varphi[f_c A + f'_y(A_s + A'_s)] \\
&= 0.9 \times 0.993 \times [19.1 \times 400 \times 700 + 360 \times (817 + 817)] \\
&= 5305\ \text{kN} > 3400\ \text{kN},满足要求。
\end{aligned}
$$

(5)画配筋图

柱配筋图如图 6-34 所示。箍筋按构造要求选用。

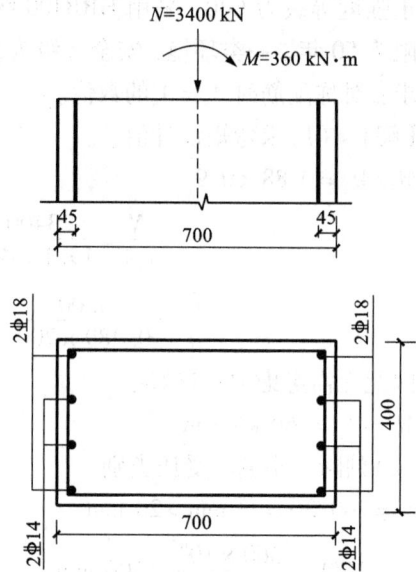

图 6-34　例 6-11 配筋图

6.6　"I"形截面对称配筋偏心受压构件正截面受压承载力计算

在实际工程中,如单层工业厂房等,为了节省混凝土和减轻构件自重,对于截面高度较大的柱,多采用"I"形截面。"I"形截面柱的正截面破坏形态与矩形截面相同,其计算方法也基本一致。

"I"形截面非对称配筋的计算方法与前述矩形截面的计算方法并无原则区别,只需注意翼缘的作用,本章从略。

6.6.1　大偏心受压

1. 计算公式

(1) $x > h'_f$ 时,受压截面为"T"形截面,见图 6-35(a),计算公式如下:

$$N \leqslant \alpha_1 f_c [bx + (b'_f - b)h'_f] \tag{6-42}$$

$$Ne \leqslant \alpha_1 f_c \left[bx\left(h_0 - \frac{x}{2}\right) + (b'_f - b)h'_f\left(h_0 - \frac{h'_f}{2}\right) \right] + f'_y A'_s (h_0 - a'_s) \tag{6-43}$$

(2) $x \leqslant h'_f$ 时,受压截面为矩形,计算方法同宽度为 b'_f 的矩形截面,见图 6-35(b),计算公式如下:

$$N \leqslant \alpha_1 f_c b'_f x \tag{6-44}$$

$$Ne \leqslant \alpha_1 f_c b'_f x\left(h_0 - \frac{x}{2}\right) + f'_y A'_s (h_0 - a'_s) \tag{6-45}$$

式中: b'_f——"I"形截面受压翼缘宽度;

h'_f——"I"形截面受压翼缘高度。

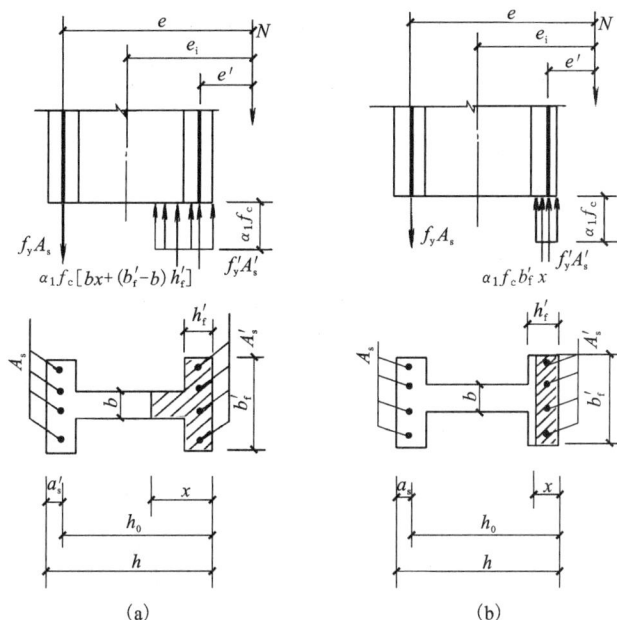

图 6 – 35　"I"形截面大偏心受压计算简图

2. 适用条件

同双筋矩形截面相同,为保证上述计算公式中的受拉区钢筋 A_s 及受压区钢筋 A'_s 能达到屈服强度,要满足两个适用条件: $x \leqslant x_b$ 及 $x \geqslant 2a'_s$。

3. 计算方法

首先按照宽度为 b'_f 的矩形截面,由式(6 – 44)计算混凝土受压区高度:

$$x = \frac{N}{\alpha_1 f_c b'_f} \qquad (6-46)$$

①当 $x > h'_f$ 时,用式(6 – 42)、式(6 – 43)计算。

②当 $2a'_s \leqslant x \leqslant h'_f$ 时,用式(6 – 44)、式(6 – 45)计算。

③当 $x < 2a'_s$ 时,取 $x = 2a'_s$,可对受压钢筋合力点取矩,按式(6 – 29)计算,即:

$$A'_s = A_s = \frac{N\left(e_i - \dfrac{h}{2} + a'_s\right)}{f_y(h_0 - a'_s)}$$

另外,再按不考虑受压钢筋 A'_s,即取 $A'_s = 0$,按非对称配筋构件计算 A_s 值,然后与式(6 – 29)求得的 A_s 值作比较,取二者较小值配筋。

6.6.2　小偏心受压

1. 计算公式

对于小偏心受压"I"形截面,一般不会出现 $x < h'_f$ 的情况,这里仅列出 $x > h'_f$ 的计算公式。以下根据 x 的值分为两类。

(1) $h'_f < x \le h - h_f$ 时，计算简图见图 6-36(a)，有

$$N \le \alpha_1 f_c [bx + (b'_f - b)h'_f] + f'_y A'_s - \sigma_s A_s \tag{6-47}$$

$$Ne \le \alpha_1 f_c \left[bx\left(h_0 - \frac{x}{2}\right) + (b'_f - b)h'_f\left(h_0 - \frac{h'_f}{2}\right) \right] + f'_y A'_s(h_0 - a'_s) \tag{6-48}$$

(2) $x > h - h_f$ 时，计算简图见图 6-36(b)，有：

$$N \le \alpha_1 f_c [bx + (b'_f - b)h'_f + (b_f - b)(h_f + x - h)] + f'_y A'_s - \sigma_s A_s \tag{6-49}$$

$$Ne \le \alpha_1 f_c \left[bx\left(h_0 - \frac{x}{2}\right) + (b'_f - b)h'_f\left(h_0 - \frac{h'_f}{2}\right) \right.$$

$$\left. + (b_f - b)(h_f + x - h)\left(h_f - \frac{h_f + x - h}{2} - a_s\right) \right] + f'_y A'_s(h_0 - a'_s) \tag{6-50}$$

上式中当 $x > h$，取 $x = h$ 按全截面受压计算。σ_s 仍可按式(6-22)近似计算。

对小偏心受压构件，还需要满足下列条件：

$$N\left[\frac{h}{2} - a'_s - (e_0 - e_a)\right]$$

$$\le \alpha_1 f_c \left[bh\left(h'_0 - \frac{h}{2}\right) + (b_f - b)h_f\left(h'_0 - \frac{h_f}{2}\right) + (b'_f - b)h'_f\left(\frac{h'_f}{2} - a'_s\right) \right] + f'_y A_s(h'_0 - a_s)$$

$$\tag{6-51}$$

式中：h'_0——钢筋 A'_s 合力点至离纵向力较远一侧边缘的距离，即 $h'_0 = h - a'_s$。

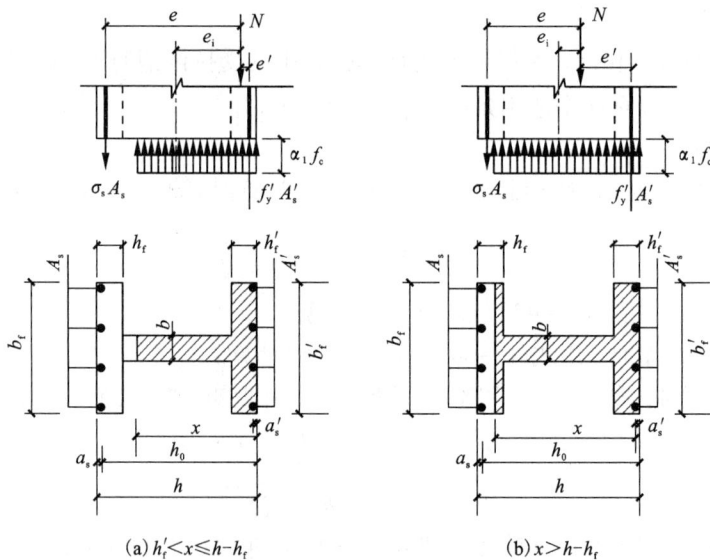

(a) $h'_f < x \le h - h_f$　　　　(b) $x > h - h_f$

图 6-36　"I"形截面小偏心受压计算简图

2. 适用条件

应满足 $x > x_b$。

3. 计算方法

"I"形截面小偏心受压配筋计算方法与矩形截面基本一致，基本受力公式采用本章节中的式(6-47)、式(6-48)或式(6-49)、式(6-50)即可。具体过程可见例题。

【例 6-12】　已知："I"形截面边柱，柱的计算长度 $l_c = l_o = 6.6$ m。柱截面尺寸如图 6-37 所示，$a_s = a'_s = 50$ mm。混凝土强度等级为 C40，采用 HRB400 级钢筋。柱轴向压力设计值 $N = 850$ kN，弯矩设计值 $M_1 = M_2 = 360$ kN·m，采用对称配筋。设计使用年限为 50 年，一类环境，安全等级为二级。

求：所需钢筋截面面积 $A_s = A'_s$。

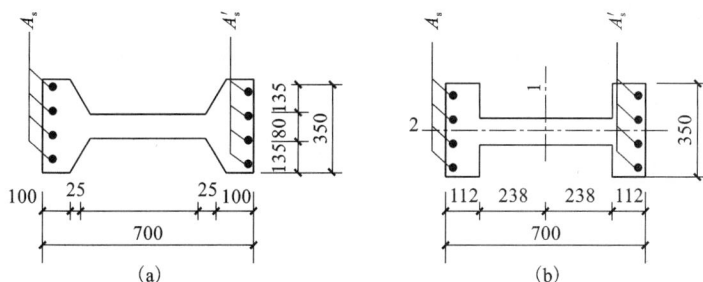

图 6-37　截面尺寸和配筋布置

【解】　(1)求弯矩设计值

在计算时，可近似把图 6-37(a)简化成图 6-37(b)。

$b = 80$ mm，$h = 700$ mm，$b_f = b'_f = 350$ mm，$h_f = h'_f = 112$ mm。

由于 $\dfrac{M_1}{M_2} = 1 > 0.9$，故需要考虑 $P-\delta$ 效应

$$C_m = 0.7 + 0.3 \frac{M_1}{M_2} = 0.7 + 0.3 \times 1 = 1$$

$$e_a = \max\left(\frac{700}{30}, 20\right) = 23 \text{ mm}$$

$$\zeta_c = \frac{0.5 f_c A}{N} = \frac{0.5 \times 19.1 \times (700 \times 350 - 476 \times 270)}{850 \times 10^3} = 1.3 > 1，取 \zeta_c = 1$$

$$\frac{l_c}{h} = \frac{6600}{700} = 9.43$$

$$\eta_{ns} = 1 + \frac{1}{1300 \dfrac{\left(\dfrac{M_2}{N} + e_a\right)}{h_0}}\left(\frac{l_c}{h}\right)^2 \zeta_c = 1 + \frac{1}{1300 \times \dfrac{\left(\dfrac{360 \times 10^6}{850 \times 10^3} + 23\right)}{650}}(9.43)^2 \times 1 = 1.1$$

$$M = C_m \eta_{ns} M_2 = 1 \times 1.1 \times 360 = 396 \text{ kN·m}$$

(2)判断大小偏心受压类别

$$e_0 = \frac{M}{N} = \frac{396 \times 10^6}{850 \times 10^3} = 466 \text{ mm}$$

则 $\qquad\qquad e_i = e_0 + e_a = 466 + 23 = 489$ mm

先按大偏压情况计算，由式(6-46)求出受压区高度

$$x = \frac{N}{\alpha_1 f_c b_f'} = \frac{850 \times 10^3}{1.0 \times 19.1 \times 350} = 127 \text{ mm} > h_f' = 112 \text{ mm}$$

判断中和轴位于腹板内，应改用式(6-42)重新计算 x 值。

$$x = \frac{N - \alpha_1 f_c h_f'(b_f' - b)}{\alpha_1 f_c b} = \frac{850 \times 10^3 - 1.0 \times 19.1 \times 112 \times (350 - 80)}{1.0 \times 19.1 \times 80}$$

$$= 178.3 \text{ mm} < x_b = 0.518 \times 650 = 336.7 \text{ mm}$$

截面属于大偏心受压情况

（3）计算钢筋面积

$$e = e_i + h/2 - a_s = 489 + 700/2 - 50 = 789 \text{ mm}$$

由式(6-43)解得：

$$A_s = A_s' = \frac{Ne - \alpha_1 f_c \left[bx\left(h_0 - \frac{x}{2}\right) + (b_f' - b)h_f'\left(h_0 - \frac{h_f'}{2}\right) \right]}{f_y'(h_0 - a_s')}$$

$$= \frac{850 \times 10^3 \times 789 - 1.0 \times 19.1 \times \left[80 \times 178.3 \times (650 - \frac{178.3}{2}) + (350 - 80) \times 112 \times (650 - \frac{112}{2}) \right]}{360 \times (650 - 50)}$$

$$= 809 \text{ mm}^2 > \rho_{min}' bh = 0.002 \times 80 \times 700 = 112 \text{ mm}^2$$

每边选用 4⌀16，$A_s = A_s' = 804$ mm²。

（4）验算轴心受压承载力

由图 6-37(b)得

$$I_{2-2} = 2 \times \frac{1}{12} \times 112 \times 350^3 + \frac{1}{12} \times 476 \times 80^3 = 8.2 \times 10^8 \text{ mm}^4$$

$$A = 700 \times 350 - 476 \times 270 = 116480 \text{ mm}^2$$

$$i_{2-2} = \sqrt{\frac{I_{2-2}}{A}} = \sqrt{\frac{8.2 \times 10^8}{116480}} = 83.9 \text{ mm}$$

$$\frac{l_0}{i_{2-2}} = \frac{6600}{83.9} = 78.7,\ \text{查表} 6-1 \text{计算，得}$$

$\varphi = 0.68$

由式(6-2)

$$N = 0.9\varphi[f_c A + f_y'(A_s + A_s')]$$
$$= 0.9 \times 0.68 \times [19.1 \times 116480 +$$
$$360 \times (804 + 804)]$$
$$= 1716 \text{ kN} > 1600 \text{ kN},$$

且 $\rho = \frac{804 \times 2}{116480} = 1.38\% < 3\%$，满足要求。

（5）画配筋图

柱配筋图如图 6-38 所示。

N=850 kN

M=360 kN·m

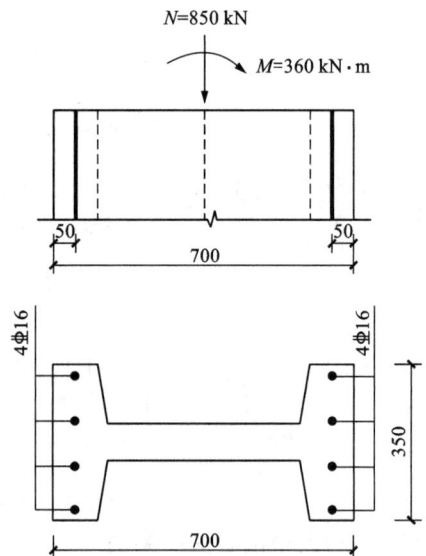

图6-38　例6-12配筋图

【例 6 - 13】　已知条件同例 6 - 12，柱的截面控制内力设计值 $N = 1600$ kN，$M = 250$ kN·m，采用对称配筋。

求：所需钢筋截面面积 $A_s = A_s'$。

【解】　（1）求弯矩设计值

由于 $\dfrac{M_1}{M_2} = 1 > 0.9$，故需要考虑 $P - \delta$ 效应

$$C_m = 0.7 + 0.3\frac{M_1}{M_2} = 0.7 + 0.3 \times 1 = 1$$

$$e_a = 700/30 = 23 \text{ mm} > 20 \text{ mm}$$

$$\zeta_c = \frac{0.5f_cA}{N} = \frac{0.5 \times 19.1 \times (700 \times 350 - 476 \times 270)}{1600 \times 10^3} = 0.695$$

$$\frac{l_c}{h} = \frac{6600}{700} = 9.43$$

$$\eta_{ns} = 1 + \frac{1}{1300 \dfrac{\left(\dfrac{M_2}{N} + e_a\right)}{h_0}}\left(\frac{l_c}{h}\right)^2 \zeta_c = 1 + \frac{1}{1300 \times \dfrac{\left(\dfrac{250 \times 10^6}{1600 \times 10^3} + 23\right)}{650}}(9.43)^2 \times 0.695$$

$$= 1.172$$

$$M = C_m\eta_{ns}M_2 = 1.0 \times 1.172 \times 250 = 293 \text{ kN·m}$$

（2）判断大小偏心受压类别

先按大偏心受压考虑。

$$x = \frac{N}{\alpha_1 f_c b_f'} = \frac{1600 \times 10^3}{1.0 \times 19.1 \times 350} = 239 \text{ mm} > h_f' = 112 \text{ mm}，中和轴位于腹板内，应改用$$

式（6 - 42）重新计算 x 值。

$$x = \frac{N - \alpha_1 f_c h_f'(b_f' - b)}{\alpha_1 f_c b} = \frac{1600 \times 10^3 - 1.0 \times 19.1 \times 112 \times (350 - 80)}{1.0 \times 19.1 \times 80}$$

$$= 669 \text{ mm} > x_b = 0.518 \times 650 = 336.7 \text{ mm}$$

截面属于小偏心受压情况。

（3）计算钢筋面积

$$e_0 = \frac{M}{N} = \frac{293 \times 10^6}{1600 \times 10^3} = 183 \text{ mm}$$

则

$$e_i = e_0 + e_a = 183 + 23 = 206 \text{ mm}$$

$$e = e_i + h/2 - a_s = 206 + 700/2 - 50 = 506 \text{ mm}$$

用近似方法计算。对于"I"形小偏心受压截面，如果采用近似公式时，式（6 - 40）可改写成如下的求解公式：

$$\xi = \frac{N - \alpha_1 f_c(b_f' - b)h_f' - \xi_b\alpha_1 f_c bh_0}{\dfrac{Ne - \alpha_1 f_c(b_f' - b)h_f'(h_0 - h_f'/2) - 0.43\alpha_1 f_c bh_0^2}{(\beta_1 - \xi_b)(h_0 - a_s')} + \alpha_1 f_c bh_0} + \xi_b$$

代入数据得 $\xi = 0.759$，$x = \xi h_0 = 0.759 \times 650 = 493.4 \text{ mm}$

代入式(6-48)得：

$A_s = A_s' = 752 \text{ mm}^2$，每边选配钢筋 3$\oplus$18，$A_s = A_s' = 763 \text{ mm}^2$。垂直于弯矩作用平面的承载力经验算满足要求，不再赘述。

（4）画配筋图

柱配筋图如图 6-39 所示。

6.7　偏心受压构件斜截面受剪承载力计算

6.7.1　轴心压力对构件斜截面受剪承载力的影响

偏心受压构件在受到水平荷载作用时，构件截面上不仅有轴力和弯矩，而且还有剪力。因此，偏心受压构件还要计算斜截面受剪承载力。

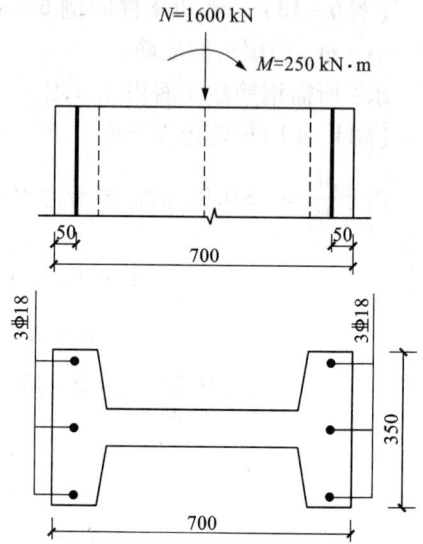

图 6-39　例 6-13 配筋图

轴力的存在，对斜截面的受剪承载力会产生一定影响。试验表明，轴向的压力能够推迟裂缝的出现，并减小裂缝宽度，延缓斜裂缝的出现和发展，降低纵筋拉力，使得构件斜截面受剪承载力得到提高。但是这种提高有一定限度，当轴压比 $N/f_cbh = 0.3 \sim 0.5$ 时，受剪承载力达到最大值。若再增加轴向压力，受剪承载力会随着轴压比的增大而降低，如图 6-40 所示。

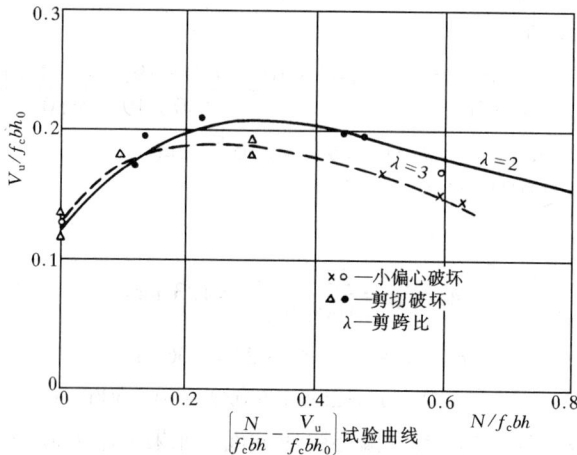

图 6-40　受剪承载力与轴压力的关系

6.7.2　偏心受压构件斜截面受剪承载力的计算公式

规范对于承受轴向压力和横向力的矩形、"T"形和"I"形截面偏心受压构件,给出如下斜截面受剪承载力计算公式:

$$V \leqslant \frac{1.75}{\lambda + 1.0} f_t b h_0 + f_{yv} \frac{A_{sv}}{s} h_0 + 0.07N \qquad (6-52)$$

式中:λ——偏心受压构件计算截面的剪跨比;对各类结构的框架柱,取 $\lambda = M/Vh_0$;当框架结构中柱的反弯点在层高范围内时,可取 $\lambda = H_n/2h_0$(H_n 为柱的净高);当 $\lambda < 1$ 时,取 $\lambda = 1$;当 $\lambda > 3$ 时,取 $\lambda = 3$;此处 M 为计算截面上与剪力设计值 V 相应的弯矩设计值;对其他偏心受压构件,当承受均布荷载时,取 $\lambda = 1.5$;当承受集中荷载时(包括作用有多种荷载、且集中荷载对支座截面或节点边缘所产生的剪力值占总剪力的75%以上的情况),取 $\lambda = a/h_0$;当 $\lambda < 1.5$ 时,取 $\lambda = 1.5$;当 $\lambda > 3$ 时,取 $\lambda = 3$;此处,a 为集中荷载至支座或节点边缘的距离;

N——与剪力设计值 V 相应的轴向压力设计值;当 $N > 0.3f_c A$ 时,取 $N = 0.3f_c A$;A 为构件的截面面积。

如符合下列公式的要求时,则可不进行斜截面受剪承载力计算,仅按构造要求配置箍筋。

$$V \leqslant \frac{1.75}{\lambda + 1.0} f_t b h_0 + 0.07N \qquad (6-53)$$

6.8　构造规定

6.8.1　截面形式及尺寸

钢筋混凝土受压构件截面形式的选择要考虑到受力合理和模板制作方便。轴心受压构件截面一般采用方形或矩形,有时也采用圆形或多边形。偏心受压构件一般采用长宽比不超过 1.5 的矩形截面,但为了节约混凝土和减轻柱的自重,特别是装配式柱中,较大尺寸的柱通常采用"I"形截面,拱结构的肋常做成"T"形截面。采用离心法制造的柱、桩、电杆以及烟囱、水塔支筒等常采用环形截面。

方形柱截面尺寸不宜小于 250 mm × 250 mm。对于"I"形截面,翼缘厚度不宜小于120 mm,因为翼缘太薄,会使构件过早出现裂缝,影响柱的承载力和使用年限;腹板厚度不宜小于 100 mm,否则浇捣混凝土困难,对于地震区的腹板截面尺寸宜适当加大。

同时为了避免矩形截面轴心受压构件长细比过大,承载力降低过多,一般情况下,常取 $l_0/b \leqslant 30$,$l_0/h \leqslant 25$;对圆形截面 $l_0/d \leqslant 25$。此处 l_0 为柱的计算长度,b 和 h 分别为矩形截面短边及长边尺寸,d 为圆形截面的直径。

此外,为了施工支模方便,柱截面尺寸宜采用整数,800 mm 及以下的,宜取 50 mm的倍数,800 mm 以上的,可取 100 mm 的倍数。

6.8.2　材料强度要求

混凝土强度等级对受压构件的抗压承载力影响很大,特别是对于轴心受压构件。为了减小构件截面尺寸,节省钢材,宜采用较高强度等级的混凝土。一般采用 C30、C35、C40,对于高层建筑的底层柱,必要时可采用高强度等级的混凝土。

纵向钢筋一般采用 HRB400 级、RRB400 级、HRB500 级。箍筋一般采用 HRB400级、HRB335 级钢筋,也可采用 HPB300 级钢筋。

6.8.3　纵筋

柱中纵向钢筋直径不宜小于 12 mm;全部纵向钢筋的配筋率不宜大于 5%;全部纵向钢筋的配筋率与截面一侧纵向钢筋的配筋率应同时满足附表 6 - 1 的规定。

轴心受压构件的纵向受力钢筋应沿截面的四周均匀放置。纵向受力钢筋根数不得少于 4 根,以便与箍筋形成钢筋骨架,见图 6 - 41(a)。选用钢筋直径一般在 16 ~ 32 mm 范围内。为了减少钢筋在施工时可能产生的纵向弯曲,宜采用较粗的钢筋。

圆形截面受压构件中纵向钢筋宜沿周边均匀布置,根数不宜少于 8 根,且不应少于6 根。

偏心受压构件的纵向受力钢筋应放置在偏心方向截面两边。当截面高度 $h \geqslant 600$ mm时,在侧面应设置直径不小于 10 mm 的纵向构造钢筋,并相应地设置附加箍筋或拉筋,见图 6 -41(b)。

根据附表 3 - 1,一类环境柱内纵筋的混凝土保护层厚度一般取 20 mm。纵筋净距不应小于 50 mm。在水平位置上浇筑的预制柱,其纵向钢筋的最小净距可按梁的规定采用。纵向受力钢筋彼此间的中距不宜大于 300 mm。

纵筋的连接接头宜设置在受力较小处,同一根钢筋宜少设接头。钢筋的接头可采用机械连接接头,也可采用焊接接头和搭接接头,不宜采用绑扎搭接接头。

6.8.4　箍筋

受压构件中,一般箍筋沿构件纵向等距离放置,并与纵向钢筋构成空间骨架。为了防止纵向钢筋的压曲,柱中箍筋应做成封闭式;箍筋间距不应大于 400 mm 及构件截面短边尺寸,且不应大于纵向钢筋的最小直径的 15 倍;箍筋直径不应小于纵向钢筋的最大直径的 1/4,且不应小于 6 mm;当纵筋配筋率超过 3% 时,箍筋直径不应小于 8 mm,间距不应大于纵向钢筋最小直径的 10 倍,且不应大于 200 mm;箍筋末端应做成 135°弯钩且弯钩末端平直段长度不应小于纵向钢筋最小直径的 10 倍。

当柱截面短边尺寸大于 400 mm 且各边纵向钢筋多于 3 根时,或当柱截面短边尺寸不大于 400 mm 但各边纵向钢筋多于 4 根时,应设置复合箍筋,见图 6 - 41(b)。

设置柱内箍筋时,宜使纵筋每隔 1 根位于箍筋的转折点处。

在配有螺旋式或焊接环式箍筋的柱中,如在正截面受压承载力计算中考虑间接钢筋的作用时,箍筋间距不应大于 80 mm 及 $d_{cor}/5$,且不宜小于 40 mm,d_{cor} 为按箍筋内表面确定的核心截面直径。

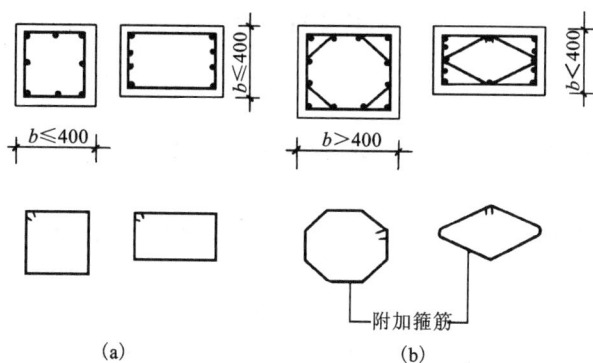

图 6 – 41　方形、矩形截面箍筋形式

对于截面形状复杂的构件，不可采用带有内折角的箍筋，以免产生向外拉力，致使折角处的混凝土破损，影响结构安全，见图 6 – 42。

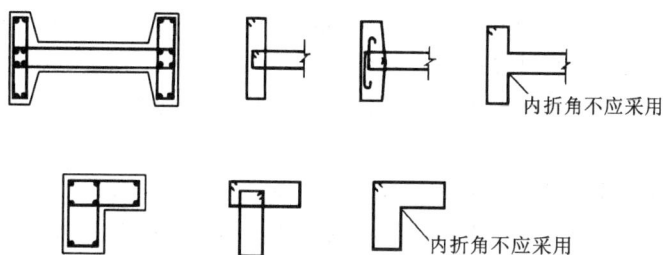

图 6 – 42　"I"形、"L"形截面箍筋形式

重点与难点

重点：

(1)轴压构件正截面承载力的设计计算方法。

(2)偏心受压构件正截面承载力的设计计算方法。

难点：

(1)配有螺旋式和焊接环式箍筋轴心受压构件承载力计算。

(2)小偏心受压构件正截面承载力计算。

思考与练习

思考题:

1. 普通箍筋柱和螺旋箍筋柱中,箍筋各有什么作用? 对箍筋有什么构造方面的要求?

2. 轴心受压普通箍筋短柱与长柱的破坏形态有何不同? 计算中如何考虑长柱的影响?

3. 轴心受压普通箍筋柱与螺旋箍筋柱的正截面受压承载力的计算有何不同?

4. 什么是偏心受压构件的 $P-\delta$ 二阶效应? 对无侧移结构和有侧移结构分别应采用什么方法计算? 什么情况下可以不考虑 $P-\delta$ 二阶效应?

5. 说明大、小偏心受压破坏的发生条件和破坏特征。

6. 什么是大、小偏心受压的界限破坏? 与界限状态对应的 ξ_b 是如何确定的?

7. 矩形截面非对称配筋大偏心受压构件正截面受压承载力的计算简图是怎样的?

8. 矩形截面非对称配筋小偏心受压构件正截面受压承载力如何计算?

9. 矩形截面小偏心受压构件正截面受压承载力计算公式中,离纵向压力较远一侧的钢筋应力 σ_s 如何确定? 应满足何种条件?

10. 如何进行非对称矩形截面大、小偏心受压构件正截面受压承载力的截面设计及截面复核?

11. 矩形截面对称配筋偏心受压构件大、小偏心受压破坏的界限如何区分?

12. 如何进行矩形截面对称配筋大、小偏心受压构件正截面受压承载力的截面设计?

13. 如何进行"I"形截面对称配筋大、小偏心受压构件正截面受压承载力的截面设计?

14. 为什么要对垂直于弯矩作用平面的截面受压承载力进行验算? 如何验算?

15. 什么是偏心受压构件正截面承载力 N_u-M_u 相关曲线?

16. 轴向压力对偏心受压构件的受剪承载力有何影响? 计算上是如何考虑的?

练习题:

1. 某轴心受压柱,环境类别为一类,设计使用年限为 50 年,轴心压力设计值 $N=2400$ kN,构件计算长度 $l_0=4.5$ m,柱截面尺寸 $b=350$ mm,$h=350$ mm,混凝土强度等级为 C35,采用 HRB400 级钢筋,求所需纵筋面积。

2. 已知圆形截面现浇钢筋混凝土柱,环境类别为一类,设计使用年限为 50 年,直径不超过 350 mm,承受轴心压力设计值 $N=2900$ kN,构件计算长度 $l_0=4$ m,混凝土强度等级为 C40,纵筋采用 HRB400 级钢筋,箍筋采用 HPB300 级钢筋,设计该柱截面。

3. 已知偏心受压柱的轴向力设计值 $N=800$ kN,杆端弯矩设计值 $M_1=0.6M_2$,$M_2=160$ kN·m;截面尺寸 $b=300$ mm,$h=450$ mm,$a_s=a'_s=40$ mm;混凝土强度等级为 C30,采用 HRB400 级钢筋,构件的计算长度 $l_c=l_0=2.8$ m。求钢筋截面面积 A'_s 及 A_s。

4. 已知柱的轴向力设计值 $N=2000$ kN,杆端弯矩设计值 $M_1=-M_2$,$M_2=250$ kN·m;截面尺寸 $b=300$ mm,$h=600$ mm,$a_s=a'_s=40$ mm;混凝土强度等级为

C30，采用 HRB400 级钢筋，构件的计算长度 $l_c = l_o = 3.5$ m。求钢筋截面面积 A'_s 及 A_s。

5. 钢筋混凝土偏心受压柱，截面尺寸 $b = 300$ mm，$h = 450$ mm，$a_s = a'_s = 45$ mm；纵向压力偏心距 $e_0 = 320$ mm；混凝土强度等级为 C35，采用 HRB400 级钢筋；受压钢筋 A'_s 按 4 Φ 14 配置，受拉钢筋 A_s 按 4 Φ 18 配置。要求确定截面在弯矩作用平面内能够承受的偏心压力设计值 N_u。

6. 已知柱的轴向力设计值 $N = 7500$ kN，杆端弯矩设计值 $M_1 = 0.9M_2$，$M_2 = 1800$ kN·m；截面尺寸 $b = 600$ mm，$h = 1000$ mm，$a_s = a'_s = 40$ mm；混凝土强度等级为 C40，采用 HRB400 级钢筋，构件的计算长度 $l_c = l_o = 6$ m。求解对称配筋时的钢筋截面面积（$A_s = A'_s$）。

7. "I" 形截面偏心受压柱，柱计算长度 $l_c = l_o = 7.7$ m。截面尺寸 $b = 100$ mm，$h = 700$ mm，$b_f = b'_f = 400$ mm，$h_f = h'_f = 120$ mm，$a_s = a'_s = 45$ mm；混凝土强度等级为 C35，采用 HRB400 级钢筋，截面承受轴向力设计值 $N = 698$ kN，杆端弯矩设计值 $M_1 = 0.9M_2$，$M_2 = 375$ kN·m，求解对称配筋时的钢筋截面面积（$A_s = A'_s$）。

8. 已知条件同上题，截面承受轴向力设计值 $N = 1500$ kN，求解对称配筋时的钢筋截面面积（$A_s = A'_s$）。

第 7 章

混凝土受拉构件承载力计算

    纵向拉力作用线与构件截面形心线重合的构件(图7-1),称为轴心受拉构件。在实际工程中,由于荷载不可避免的偏心和构件制作过程中的不均匀性,轴心受拉构件几乎是不存在的。但轴心受拉构件设计计算简单,因此拱和桁架结构中的拉杆,以及圆形水池的池壁等结构构件,可近似地按轴心受拉构件设计计算。轴心受拉构件中配有纵向钢筋和箍筋,纵向钢筋的作用是承受轴向拉力,箍筋的主要作用是固定纵向钢筋,使其在构件制作的过程中不发生变形和错位。

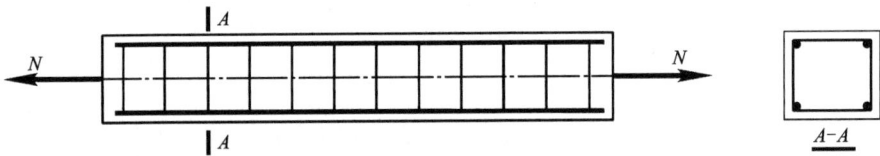

图7-1 轴心受拉构件

7.1 轴心受拉构件正截面受拉承载力计算

1. 受力过程及破坏特征

    与适筋梁相似,轴心受拉构件从加载开始到破坏为止,其受力全过程也可分为三个阶段。

    (1)第Ⅰ阶段。

    从开始加载到混凝土受拉开裂前。此时,纵向钢筋和混凝土共同承受拉力,应力与应变大致成正比,拉力 N 与截面平均拉应变 ε_t 之间基本上呈线性关系,如图7-2(a)中的 OA 段所示。此阶段末一般作为构件抗裂验算的依据。

    (2)第Ⅱ阶段。

    混凝土开裂后至纵向钢筋屈服前。首先在截面最薄弱处产生第一条裂缝,随着荷载的增加,先后在一些截面上出现裂缝,逐渐形成图7-2(b)中(Ⅱ)所示的裂缝分布形式。此时,在裂缝处的混凝土不再承受拉力,所有拉力均由纵向钢筋来承担。拉力增加时,纵向钢筋的应变显著增大,反映在图7-2(a)中的 AB 段斜率比第Ⅰ阶段的 OA 段的斜率要小。此阶段可作为构件裂缝宽度和变形验算的依据。

（3）第Ⅲ阶段。

钢筋屈服后的破坏阶段。此过程出现屈服平台和强化，拉力有少许增加，变形显著增大，裂缝不断加宽，直至构件破坏，如图 7 - 2(a)中的 BC 段所示。此阶段可作为构件正截面承载力计算的依据。

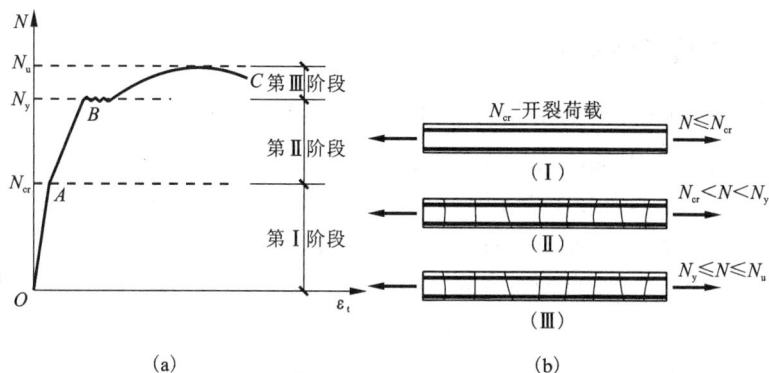

图 7 - 2　轴心受拉构件破坏的三个阶段

2. 轴心受拉构件正截面承载力计算

对于轴心受拉构件正截面承载力的计算而言，以构件第Ⅲ阶段的受力情况为基础，但是要考虑可靠度的要求，轴心受拉构件计算简图如图 7 - 3 所示。此时，裂缝截面上混凝土因开裂不能承受拉力，全部拉力由纵向钢筋承受，直到钢筋受拉屈服。如果不考虑钢筋的强化段，钢筋的屈服就成为轴心受拉构件的极限状态，故轴心受拉构件正截面受拉承载力应满足：

$$N \leqslant N_u = f_y A_s \tag{7-1}$$

式中：N——轴心拉力组合设计值；

　　　N_u——轴心受拉承载力设计值；

　　　f_y——钢筋的抗拉强度设计值；

　　　A_s——受拉钢筋的全部截面面积。

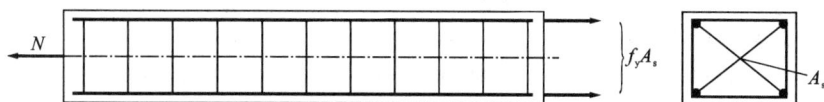

图 7 - 3　轴心受拉构件计算简图

【**例 7 - 1**】　已知某钢筋混凝土屋架下弦，截面尺寸 $b \times h = 200\ \text{mm} \times 150\ \text{mm}$，其所受的轴心拉力设计值为 288 kN，混凝土强度等级 C30，钢筋为 HRB400。求截面配筋。

【**解**】　HRB400 级钢筋，$f_y = 360\ \text{N/mm}^2$，代入式(7 - 1)得：

$$A_s = N/f_y = 288 \times 10^3/360 = 800 \ \text{mm}^2$$

选用 $4 \ \underline{\Phi} \ 16$，$A_s = 804 \ \text{mm}^2$。

屋架下弦的配筋如图 7 - 4 所示。

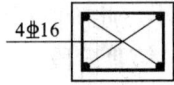

图 7 - 4　例 7 - 1 配筋图

7.2　偏心受拉构件正截面受拉承载力计算

7.2.1　偏心受拉构件的受力特点

偏心受拉构件同时承受轴心拉力 N 和弯矩 M，其偏心距 $e_0 = M/N$。它是介于轴心受拉（$e_0 = 0$）和受弯（$N = 0$，相当于 $e_0 = \infty$）之间的一种受力构件。因此，其受力和破坏特点与 e_0 的大小有关。当偏心距很小时（$e_0 < h/6$），构件处于全截面受拉的状态，开裂前的应力分布如图 7 - 5(a)所示，随着偏心拉力的增大，截面受拉较大一侧的混凝土将先开裂，并迅速向对边贯通。此时，裂缝截面混凝土退出工作，偏心拉力由两侧的钢筋 A_s 和 A_s' 共同承受，只是 A_s 承受的拉力较大。当偏心距稍大时（$h/6 < e_0 < h/2 - a_s$），起初，截面一侧受拉另一侧受压，其应力分布如图 7 - 5(b)所示，随着偏心拉力的增大，靠近偏心拉力一侧的混凝土先开裂。由于偏心拉力作用于 A_s 和 A_s' 之间，在 A_s 一侧的混凝土开裂后，为保持力的平衡，在 A_s' 一侧的混凝土将不可能再存在有受压区，此时中和轴已经移至截面之外，而使这部分混凝土转化为受拉，并随偏心拉力的增大而开裂。由于截面应变的变化 A_s' 也转化为受拉钢筋，因此，如图 7 - 5(a)、图 7 - 5(b)所示的两种受力情况，截面混凝土都将裂通，偏心拉力全由左右两侧的纵向受拉钢筋承受。只要两侧钢筋配置适中，则当截面达到承载能力极限状态时，钢筋 A_s 和 A_s' 的拉应力均能达到屈服强度。因此可以认为，对 $h/2 - a_s > e_0 > 0$ 的偏心受拉构件，即轴向拉力位于 A_s 和 A_s' 之间的受拉构件，混凝土完全不参加工作，两侧钢筋 A_s 和 A_s' 均受拉屈服。这种构件称为小偏心受拉构件。

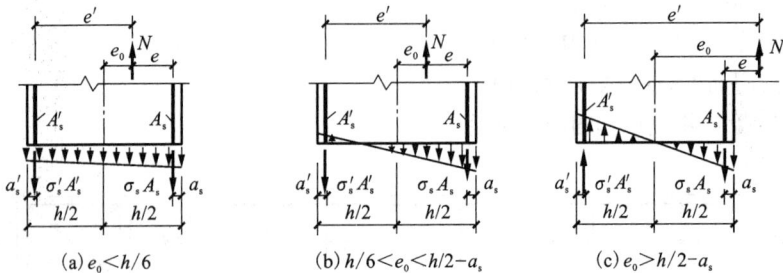

图 7 - 5　偏心受拉构件截面应力状态

当偏心距 $e_0 > h/2 - a_s$ 时，即轴向拉力位于 A_s 和 A_s' 之外时，开始截面应力分布如图 7 - 5(c)所示，混凝土受压区比图 7 - 5(b)明显增大，随着偏心拉力的增加，靠近偏心拉力一侧的混凝土开裂，裂缝虽能开展，但不会贯通全截面，而始终保持一定的受压区。其破坏特点取决于靠近偏心拉力一侧的纵向受拉钢筋 A_s 的数量。当 A_s 适量时，它将先达到屈服强度,随着偏心拉力的继续增大,裂缝开展,混凝土受压区缩小。最后,因受压区混凝土达到极限压应变以及纵向受压钢筋 A'_s 达到屈服,而使构件进入承载能力极限状态。这种构件称为大偏心受拉构件。

同时还应指出,偏心受拉构件在弯矩和轴心拉力的作用下,也发生纵向弯曲。但与偏心受压构件相反,这种纵向弯曲将减小轴向拉力的偏心距。为计算简化,在设计基本公式中一般不考虑这种有利影响。

7.2.2　大偏心受拉构件正截面承载力计算

当轴向拉力作用在 A_s 合力点及 A'_s 合力点以外时,截面虽开裂但还有受压区,否则拉力 N 得不到平衡。既然还有受压区,截面不会裂通,这种情况称为大偏心受拉。

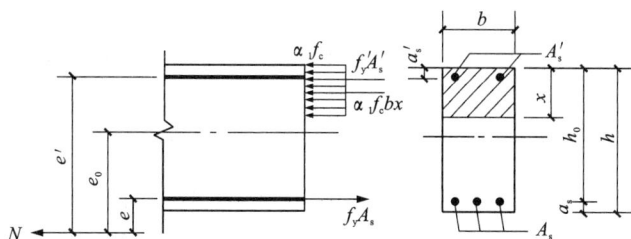

图 7 - 6　大偏心受拉构件截面受拉承载力计算简图

图 7 - 6 表示矩形截面大偏心受拉构件的计算简图。构件破坏时,钢筋 A_s 及 A'_s 的应力都达到屈服强度,受压区混凝土强度达到 $\alpha_1 f_c$。

基本公式如下:

$$N \leqslant f_y A_s - f'_y A'_s - \alpha_1 f_c bx \tag{7-2}$$

$$Ne \leqslant \alpha_1 f_c bx \left(h_0 - \frac{x}{2} \right) + f'_y A'_s (h_0 - a'_s) \tag{7-3}$$

$$e = e_0 - \frac{h}{2} + a_s \tag{7-4}$$

受压区的高度应当符合 $x \leqslant x_b$ 的条件,计算中考虑受压钢筋时,还要符合 $x \geqslant 2a'_s$ 的条件。

设计时为了使钢筋总用量 $(A_s + A'_s)$ 最少,与偏心受压构件一样,应取 $x = x_b$,代入式(7-3)及式(7-2),可得

$$A'_s = \frac{Ne - \alpha_1 f_c bx_b \left(h_0 - \frac{x_b}{2} \right)}{f'_y (h_0 - a'_s)} \tag{7-5}$$

$$A_s = \frac{\alpha_1 f_c bx_b + N}{f_y} + \frac{f'_y}{f_y} A'_s \tag{7-6}$$

式中:x_b——界限破坏时受压区高度,$x_b = \xi_b h_0$。

采用对称配筋时,由于 $A_s = A'_s$ 和 $f_y = f'_y$,将其代入基本公式(7-2)后,必然会求得 x

为负值，即属于 $x < 2a_s'$ 的情况。这时候，可按偏心受压的相应情况类似处理，即取 $x = 2a_s'$，并对 A_s' 合力点取矩和取 $A_s' = 0$ 分别计算 A_s 值，最后按所得较小值配筋。

其他情况的设计题和复核题的计算与大偏心受压构件相似，所不同的是轴向力为拉力。

7.2.3　小偏心受拉构件正截面承载力计算

在小偏心拉力作用下，临近破坏前，一般情况是截面全部裂通，拉力完全由钢筋承担，其计算简图如图 7 - 7 所示。

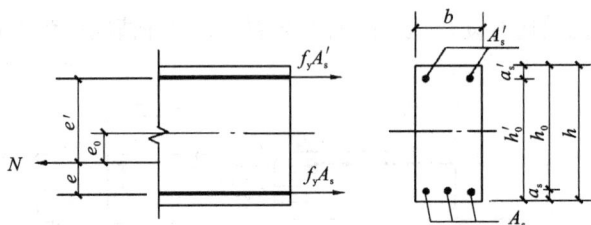

图 7 - 7　小偏心受拉构件截面受拉承载力计算简图

在这种情况下，不考虑混凝土的受拉工作。设计时，可假定构件破坏时钢筋 A_s 及 A_s' 的应力都达到屈服强度。根据内外力分别对钢筋 A_s 及 A_s' 的合力点取矩的平衡条件，可得：

$$Ne \leqslant f_y A_s'(h_0 - a_s') \tag{7 - 7}$$

$$Ne' \leqslant f_y A_s(h_0' - a_s) \tag{7 - 8}$$

$$e = \frac{h}{2} - e_0 - a_s \tag{7 - 9}$$

$$e' = e_0 + \frac{h}{2} - a_s' \tag{7 - 10}$$

采用对称配筋时可取：

$$A_s' = A_s = \frac{Ne'}{f_y(h_0' - a_s)} \tag{7 - 11}$$

《规范》规定：轴心受拉及小偏心受拉杆件的纵向受力钢筋不得采用绑扎接头。

【例 7 - 2】　如图 7 - 8 所示，已知某矩形水池，壁厚为 300 mm，可通过内力分析，求得跨中水平方向每米宽度上最大弯矩设计值 $M = 120$ kN·m，相应的每米宽度上的轴向拉力设计值 $N = 240$ kN，该水池的混凝土强度等级为 C25，钢筋用 HRB400 钢筋，设计使用年限为 50 年，环境类别为二 a 类。求水池在该处需要的 A_s 及 A_s' 值。

【解】　(1)判断偏拉构件类型

$b \times h = 1000$ mm $\times 300$ mm；取 $a_s = a_s' = 35$ mm，$h_0 = 300 - 35 = 265$ mm

$$e_0 = \frac{M}{N} = \frac{120 \times 1000}{240} = 500 \text{ mm} > \frac{h}{2} - a_s = 150 - 35 = 115 \text{ mm}$$

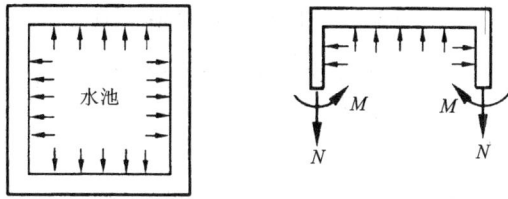

图 7 - 8   矩形水池池壁弯矩 M 和拉力 N 的示意图

为大偏心受拉。

（2）计算 A_s' 及配筋

$$e = e_0 - \frac{h}{2} + a_s = 500 - 150 + 35 = 385 \text{ mm}$$

$$e' = e_0 + \frac{h}{2} - a_s' = 500 + 150 - 35 = 615 \text{ mm}$$

取 $x = x_b = \xi_b h_0 = 0.518 \times 265 = 137$ mm，使 $A_s + A_s'$ 的用量最少。

$$A_s' = \frac{Ne - \alpha_1 f_c b x_b \left(h_0 - \dfrac{x_b}{2} \right)}{f_y'(h_0 - a_s')}$$

$$= \frac{240 \times 10^3 \times 385 - 1.0 \times 11.9 \times 1000 \times 137 \times (265 - 137/2)}{360 \times (265 - 35)} < 0$$

取 $A_s' = \rho_{min}' bh = 0.002 \times 1000 \times 300 = 600$ mm²，选用 $\Phi 12@180$ mm（$A_s' = 628$ mm²）。

（3）计算 A_s 及配筋

该题由计算 A_s 及 A_s' 的问题转化为已知 A_s' 求 A_s 的问题。此时 x 不再取界限值 x_b 了，必须重新计算 x 值，计算方法和偏心受压构件计算类同。由式（7-3）计算 x 值。

将式（7-3）转化成下式：

$$\alpha_1 f_c b x^2 / 2 - \alpha_1 f_c b h_0 x + Ne - f_y' A_s' (h_0 - a_s') = 0$$

代入数据得

$$1.0 \times 11.9 \times 1000 \times x^2 / 2 - 1.0 \times 11.9 \times 1000 \times 265 x +$$

$$240 \times 10^3 \times 385 - 360 \times 628 \times (265 - 35) = 0$$

$$5.95 x^2 - 3153.5 x + 40401.6 = 0$$

$$x = \frac{3153.5 - \sqrt{3153.5^2 - 4 \times 5.95 \times 40401.6}}{2 \times 5.95} = 13.1 \text{ mm}$$

$x = 13.1$ mm $< 2a_s' = 70$ mm，取 $x = 2a_s'$，并对 A_s' 合力点取矩，可求得

$$A_s = \frac{Ne'}{f_y(h_0 - a_s')} = \frac{240 \times 10^3 \times 615}{360 \times (265 - 35)} = 1782.6 \text{ mm}^2$$

另外，当不考虑 A_s'，即取 $A_s' = 0$，由式（7-3）重求 x 值。

$$\alpha_1 f_c b x^2 / 2 - \alpha_1 f_c b h_0 x + Ne = 0$$

代入数据得

$$1.0 \times 11.9 \times 1000 \times x^2/2 - 1.0 \times 11.9 \times 1000 \times 265x + 240 \times 10^3 \times 385 = 0$$

$$5.95x^2 - 3153.5x + 92400 = 0$$

$$x = \frac{3153.5 - \sqrt{3153.5^2 - 4 \times 5.95 \times 92400}}{2 \times 5.95} = 31.1 \text{ mm}$$

由式(7-2)重新求得 A_s 值:

$$A_s = \frac{N + f'_y A'_s + \alpha_1 f_c bx}{f_y} = \frac{240 \times 10^3 + 1.0 \times 11.9 \times 1000 \times 31.1}{360} = 1694.7 \text{ mm}^2$$

从上面计算中取小者配筋(即在 $A_s = 1782.6 \text{ mm}^2$ 和 1694.7 mm^2 中取小值配筋)。取 $A_s = 1694.7 \text{ mm}^2$ 来配筋,选用 $\Phi 14@90$ mm($A_s = 1710 \text{ mm}^2$)。

7.3　偏心受拉构件斜截面受剪承载力计算

　　一般偏心受拉构件,在承受弯矩和拉力的同时,也存在着剪力,当剪力较大时,除进行正截面承载力计算外,还要验算斜截面受剪承载力。由于轴力的存在,使得混凝土的剪压区高度比受弯构件的小,对斜截面的受剪承载力会产生一定的影响。试验表明,拉力 N 的存在有时甚至会使斜裂缝贯穿全截面,使斜截面末端没有剪压区,构件的斜截面承载力比无轴向拉力时要降低一些,降低的程度与轴向拉力的大小有关。

　　通过对试验资料的分析,偏心受拉构件的斜截面受剪承载力可按下式计算:

$$V \leqslant V_u = \frac{1.75}{\lambda + 1.0} f_t b h_0 + f_{yv} \frac{A_{sv}}{s} h_0 - 0.2N \tag{7-12}$$

式中:λ——计算截面的剪跨比;

　　　　N——轴向拉力设计值。

　　式(7-12)右侧的计算值小于 $f_{yv}\dfrac{A_{sv}}{s}h_0$ 时,应取等于 $f_{yv}\dfrac{A_{sv}}{s}h_0$,且 $f_{yv}\dfrac{A_{sv}}{s}h_0$ 值不得小于 $0.36f_t b h_0$。

　　与偏心受压构件相同,受剪截面尺寸尚应符合《规范》的有关要求。

　　【例7-3】　某钢筋混凝土偏心受拉构件,环境类别为一类,设计使用年限为50年,截面配筋如图7-9所示。构件上作用轴向拉力设计值 $N = 65$ kN,跨中承受集中荷载设计值120 kN,混凝土强度等级为 C25($f_t = 1.27 \text{ N/mm}^2$,$f_c = 11.9 \text{ N/mm}^2$,$\beta_c = 1.0$),箍筋用 HPB300 级($f_{yv} = 270 \text{ N/mm}^2$),纵向钢筋用 HRB335 级。求箍筋的数量。

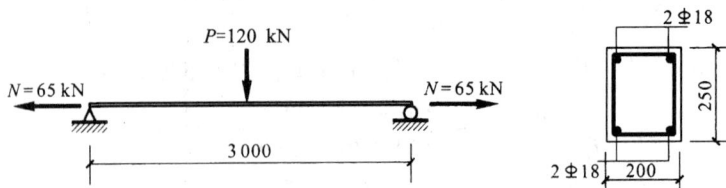

图7-9　例7-3图

【解】　设 $a_s = a_s' = 35$ mm，则：

$$h_w = h_0 = 250 - 35 = 215 \text{ mm}$$

由题意：

$$N = 65 \text{ kN}$$

$$V = \frac{120}{2} = 60 \text{ kN}$$

$$M = 60 \times 1.5 = 90 \text{ kN} \cdot \text{m}$$

$$\lambda = \frac{a}{h_0} = \frac{1500}{215} = 6.98 > 3.0$$

取 $\lambda = 3.0$。

验算截面尺寸：

$$\frac{h_w}{b} = \frac{215}{200} = 1.075 < 4.0$$

$$0.25\beta_c f_c b h_0 = 0.25 \times 1.0 \times 11.9 \times 200 \times 215 = 127.9 \text{ kN} > V = 60 \text{ kN}$$

截面尺寸符合要求。

由式(7-12)求箍筋的数量：

$$V_c = \frac{1.75}{\lambda + 1.0} f_t b h_0 = \frac{1.75}{1+3} \times 1.27 \times 200 \times 215 = 23892 \text{ N}$$

$$> 0.2N = 0.2 \times 65000 = 13000 \text{ N}$$

$$\frac{nA_{sv1}}{s} = \frac{V - V_c + 0.2N}{f_{yv} h_0} = \frac{60000 - 23892 + 13000}{270 \times 215}$$

$$= 0.846 \text{ mm}^2/\text{mm}$$

采用 Φ10@150 的双肢箍时：

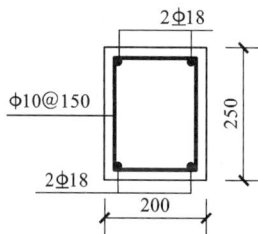

图 7-10　例 7-3 配筋图

$$\frac{nA_{sv1}}{s} = \frac{2 \times 78.5}{150} = 1.05 \text{ mm}^2/\text{mm} > 0.846 \text{ mm}^2/\text{mm}$$

满足要求。

配筋图如图 7-10 所示。

重点与难点

重点：

(1)轴心受拉构件正截面承载力的设计计算方法。

(2)偏心受拉构件正截面承载力的设计计算方法。

难点：

(1)偏心受拉构件的受力特性。

　　　　　　　　　　　　　　　　思考与练习

思考题:

1. 当轴心受拉构件的受拉钢筋强度不同时,怎样计算其正截面的承载力?

2. 怎样区别偏心受拉构件所属的类型?

3. 怎样计算小偏心受拉构件的正截面承载力?

4. 大偏心受拉构件的正截面承载力计算中,x_b 为什么取与受弯构件相同?

5. 偏心受拉和偏心受压构件斜截面承载力计算公式有何不同?为什么?

练习题:

1. 已知某构件承受轴向拉力设计值 $N = 450$ kN,弯矩 $M = 180$ kN·m,混凝土强度等级为 C30,采用 HRB400 级钢筋。柱截面尺寸为 $b = 400$ mm,$h = 600$ mm,$a_s = a_s' = 40$ mm。若截面为对称配筋,求所需纵筋面积。

2. 某钢筋混凝土偏拉构件,$b = 300$ mm,$h = 450$ mm,承受轴向拉力设计值 $N = 950$ kN,弯矩设计值 $M = 90$ kN·m,采用 C30 混凝土,HRB400 级钢筋。则所需钢筋面积 A_s、A_s' 各为多少?

3. 某偏心受拉构件,截面尺寸 $b \times h = 300$ mm $\times 400$ mm,截面承受轴向力设计值为 $N = 852$ kN,在距节点边缘 480 mm 处作用有一集中力,集中力产生的节点边缘截面剪力设计值 $V = 30$ kN。构件环境类别为一类,设计使用年限为 50 年。混凝土强度等级采用 C30 级,箍筋采用 HPB300 级,纵筋采用 HRB400 级。试求该偏心受拉构件所需配置的箍筋。

第 **8** 章

混凝土受扭构件承载力计算

扭转是结构构件基本的受力形态之一。在钢筋混凝土结构中,吊车梁、现浇框架的边梁、雨棚梁、平面曲梁或折梁、螺旋楼梯等结构构件在荷载作用下,截面上除弯矩和剪力作用外还有扭矩作用。工程结构中,处于纯扭矩作用的情况是很少见的,绝大多数都属弯、剪、扭或压(拉)、弯、剪、扭共同作用下的复合受力情况。图 8 – 1 给出了几种常见的钢筋混凝土弯、剪、扭复合受力构件。

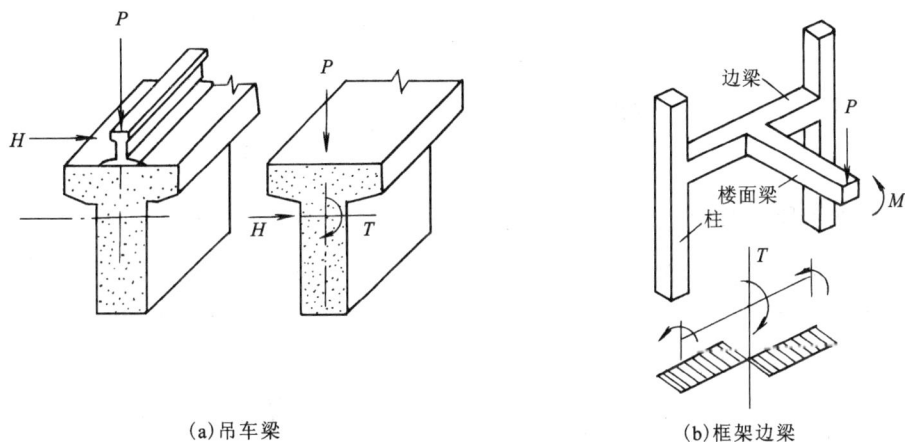

(a)吊车梁　　　　　　　　　(b)框架边梁

图 8 – 1　平衡扭转与协调扭转图例

钢筋混凝土结构在扭矩作用下,根据扭矩形成的原因,可以分为两种类型:一是平衡扭转;二是协调扭转。

静定的受扭构件,由荷载产生的扭矩根据构件的静力平衡条件确定,而与受扭构件的扭转刚度无关的,称为平衡扭转。例如图 8 – 1(a)所示的吊车梁,在吊车横向水平制动力和轮压的偏心对吊车梁截面产生的扭矩 T 就属于平衡扭转。对于超静定受扭构件,作用在构件上的扭矩除了静力平衡条件以外,还必须由与相邻构件的变形协调条件才能确定的,称为协调扭转。例如图 8 – 1(b)所示的现浇框架边梁,边梁承受的扭矩 T 就是由楼面梁的支座负弯矩以及楼面梁支承点处的转角与该处边梁扭转角的变形协调条件所决定。当边梁和楼面梁开裂后,由于楼面梁的弯曲刚度特别是边梁的扭转刚度发生了显著的变化，楼面梁和边梁都产生内力重分布，此时边梁的扭转角急剧增大，从而作用于边梁的扭矩迅速减小。

本章介绍的受扭承载力计算公式主要是针对平衡扭转而言的。至于协调扭转，过去常不作专门计算，而仅仅适当增配若干构造钢筋进行处理。协调扭转目前的设计方法有以下两种：

（1）《规范》设计法。

《规范》规定支承梁（框架边梁）的扭矩值宜采用考虑内力重分布的分析方法，将支承梁按弹性分析所得的梁端扭矩内力设计值进行调整，取 $T = (1 - \beta)T_{弹}$，β 为梁端扭矩调幅系数。根据国内的试验研究：若支承梁、柱为现浇的整体式结构，梁上板为预制板时，梁端扭矩调幅系数不超过 0.4；若支承梁、板、柱为现浇的整体式结构，结构整体性较好，现浇板通过弯扭的形式承受支承梁的部分扭矩，故梁端扭矩调幅系数可适当放大。结构根据调幅后的扭矩设计值，进行弯剪扭构件的承载力计算，并满足受扭纵筋及箍筋的构造要求，可满足混凝土裂缝宽度的限值要求。

（2）零刚度设计法。

零刚度设计法是目前国外一些国家规范通常采用的设计方法，即取支承梁（框架边梁）的截面扭转刚度为零，忽略扭矩的作用，按构造要求配置受扭纵向钢筋和箍筋，以保证构件有足够的延性和满足正常使用时裂缝宽度的要求。

8.1 纯扭构件的试验研究

8.1.1 开裂前的性能

配有纵筋和箍筋的钢筋混凝土构件受扭矩作用时，在斜裂缝出现前，纵筋和箍筋的应力都很小。随着扭矩的增大，构件的扭转角变形呈线性增加，受力性能与素混凝土构件几乎没有什么差别，大体上符合圣维南弹性扭转理论，扭转刚度与按弹性理论的计算值十分接近，如图 8-2 所示。当扭矩增至接近开裂扭矩 T_{cr} 时，扭矩 - 扭转角曲线偏离了原直线。

8.1.2 开裂后的性能

裂缝出现时，由于部分混凝土退出工作，钢筋应力明显增大，特别是扭转角开始显著增大。此时，裂缝出现前构件截面受力的平衡状态被打破，带有裂缝的混凝土和钢筋共同组成一个新的受力体系以抵抗扭矩，

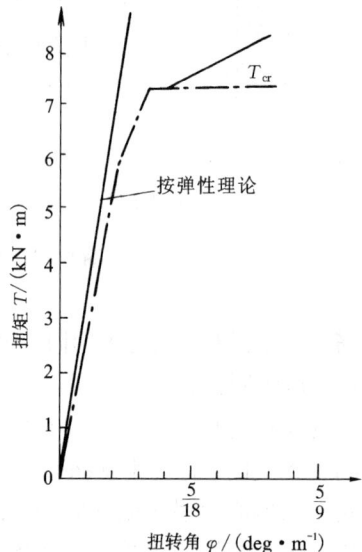

图 8-2 开裂前的性能

并获得新的平衡。如图 8 - 3 所示，裂缝出现后，构件截面的扭转刚度降低较大，且受扭钢筋用量愈少，构件截面的扭转刚度降低愈多。试验研究表明，裂缝出现后，在由带有裂缝的混凝土和钢筋共同组成的新受力体系中，混凝土受压，受扭纵筋和箍筋均受拉。钢筋混凝土构件截面的开裂扭矩比相应的素混凝土构件高10% ~ 30%。

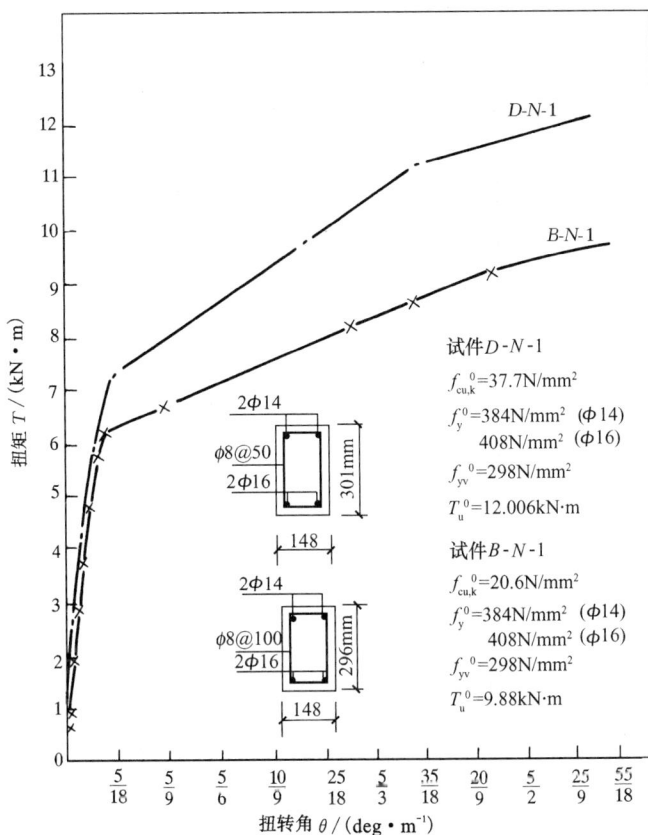

图 8 - 3　扭矩 - 扭转角曲线

初始裂缝发生在截面长边的中点附近，其方向与构件轴线呈45°角。此裂缝迅速以螺旋形向相邻两个面延伸并相继出现许多新的螺旋形裂缝，最后形成一个三面开裂一面受压的空间扭曲破坏面，使结构立即破坏，破坏带有突然性，具有典型脆性破坏性质，其螺旋形裂缝展开图如图 8 - 4 所示。长边的裂缝方向与构件轴线基本上呈45°角，而短边的裂缝方向则较为不规则。开裂后，试件的抗扭刚度大幅下降，扭矩 - 扭转角曲线出现明显的转折。随着扭矩的继续增加，混凝土和钢筋的应力、应变不断增加，直至试件破坏。图 8 - 5 为纵筋与箍筋的扭矩 - 钢筋拉应变关系曲线。

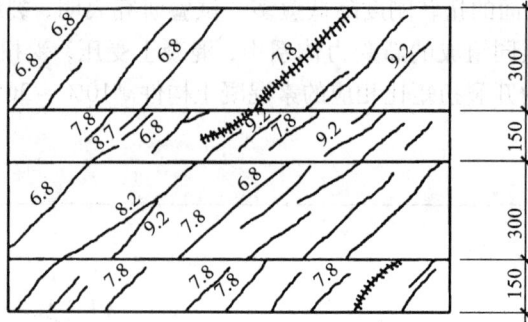

图 8-4 钢筋混凝土受扭试件的螺旋形裂缝展开图

注：图中所注数字是该裂缝出现时的扭矩值(kN·m)，未注数字的裂缝是破坏时出现的裂缝。

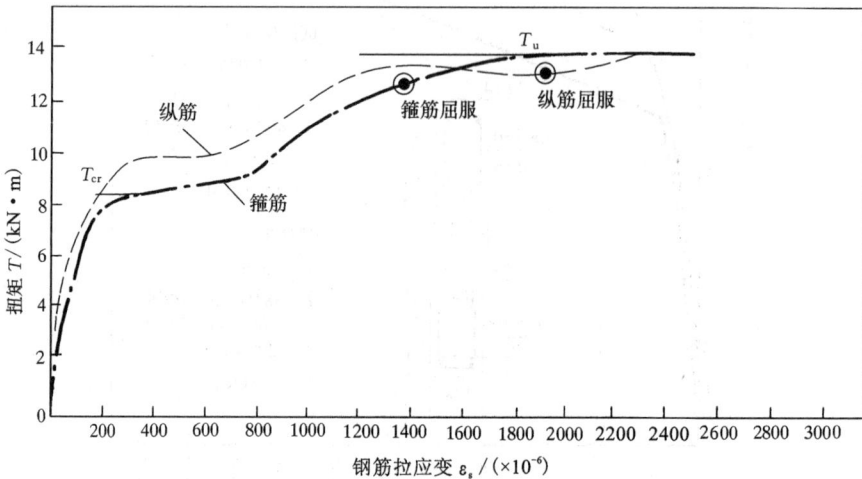

图 8-5 纯扭构件纵筋和箍筋的扭矩-钢筋拉应变曲线

8.1.3 斜裂缝出现原因

纯扭矩作用下的钢筋混凝土矩形截面构件，当结构扭矩较小时，截面内的应力也很小，其应力与应变关系处于弹性阶段，由材料力学公式可知：在纯扭构件的正截面上仅有剪应力 τ 作用，截面形心处剪应力值等于零，截面边缘处剪应力值较大，其中截面长边中点处剪应力值最大。截面在剪应力 τ 作用下，相应产生的主拉应力 σ_{tp}、主压应力 σ_{cp} 及最大剪应力 τ_{max} 满足 $\sigma_{tp} = -\sigma_{cp} = \tau_{max} = \tau$，截面上主拉应力 σ_{tp} 与构件轴线呈 45°角，主拉应力 σ_{tp} 与主压应力 σ_{cp} 互成 90°。由此可见，纯扭构件截面上的最大剪应力、主拉应力和主压应力均相等。混凝土最本质的开裂原因是拉应变达到混凝土的极限拉应变，因此当截面主拉应力达到混凝土抗拉强度后，结构在垂直于主拉应力作用的平面内产生与纵轴呈 45°的斜裂缝，见图 8-6。

在混凝土受扭构件中可沿 45° 主拉应力方向配置螺旋钢筋，并将螺旋钢筋配置在截面的边缘处，由于 45° 方向螺旋钢筋不便于施工，为此通常在构件中配置纵筋和箍筋来承受主拉应力和扭矩作用效应，而配筋数量则决定了构件的破坏形态。

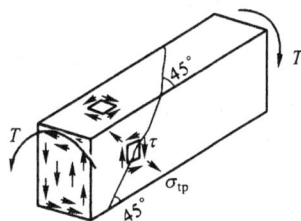

图 8-6　纯扭构件应力状态及斜裂缝

8.1.4　破坏形态

试验表明受扭构件的破坏形态与受扭纵筋和受扭箍筋配筋率大小有关，可分为适筋破坏、部分超筋破坏、超筋破坏和少筋破坏四类。

（1）适筋破坏。

对于正常配筋条件下的钢筋混凝土构件，在扭矩作用下，纵筋和箍筋先到达屈服强度，然后混凝土被压碎而破坏。这种破坏与受弯构件适筋梁类似，属延性破坏类型。工程设计中应设计成具有这种破坏特征的构件。

（2）部分超筋破坏。

当纵筋和箍筋不匹配，两者配筋率相差较大，例如纵筋的配筋率比箍筋的配筋率小得多，则破坏时仅纵筋屈服，而箍筋不屈服；反之，则箍筋屈服，纵筋不屈服。由于构件破坏时有部分钢筋达到屈服，破坏特征并非完全脆性，所以这类构件在设计中允许采用，但不经济。

（3）超筋破坏。

当纵筋和箍筋配筋率都过高，致使纵筋和箍筋都没有达到屈服强度，而混凝土先行压坏，这种破坏和受弯构件超筋梁类似，属脆性破坏类型，工程设计中应予以避免。

（4）少筋破坏。

若纵筋和箍筋均配置过少，一旦裂缝出现，构件会立即发生破坏。此时，纵筋和箍筋不仅达到屈服强度而且可能进入强化阶段，其破坏特征类似于受弯构件中的少筋梁。这种破坏具有脆性，没有任何预兆，工程设计中应予以避免。因此，应控制受扭构件箍筋和纵筋的最小配筋率。

试验表明：受扭构件配置钢筋不能有效地提高受扭构件的开裂扭矩，但能较大幅度地提高受扭构件破坏时的极限扭矩值。

8.2　纯扭构件的扭曲截面承载力

矩形截面是钢筋混凝土结构中最常用的截面形式。纯扭构件的扭曲截面计算包括两个方面的内容：一为结构受扭的开裂扭矩计算；二为结构受扭的承载力计算。如果扭矩大于构件的开裂扭矩，则要按计算配置受扭纵筋和箍筋，以满足构件的承载力要求。同时还应满足结构受扭的构造要求。

8.2.1 开裂扭矩

如前所述,钢筋混凝土纯扭构件在裂缝出现前,钢筋应力很小,且钢筋对开裂扭矩的影响也不大,可以忽略钢筋的作用。

若将混凝土视为弹性材料,纯扭构件截面上剪应力流的分布,如图 8 −7(a)所示。当截面上最大剪应力或最大主应力达到混凝土抗拉强度时,结构达到混凝土即将出现裂缝的极限状态。根据材料力学公式,结构开裂扭矩值为:

$$T_{cr} = \beta b^2 h f_t \qquad (8-1)$$

式中:β——与截面长边和短边 h/b 比值有关的系数,当比值 $h/b = 1 \sim 10$ 时,$\beta = 0.208 \sim 0.313$。

若将混凝土视为理想的弹塑性材料,当截面上最大剪应力值达到材料强度时,结构材料进入塑性阶段,材料的塑性截面上剪应力重新分布,如图 8 −7(b)所示。当截面上剪应力全截面达到混凝土抗拉强度时,结构达到混凝土即将出现裂缝的极限状态。根据塑性力学理论,可将截面上剪应力划分为四个部分,各部分剪应力的合力,如图 8 −7(c)所示。计算各部分剪应力合力形成的力偶,其总和则为 T_{cr},如图 8 −7(b)所示,即:

$$T_{cr} = \tau_{max} W_t = f_t W_t = f_t \frac{b^2}{6}(3h - b) \qquad (8-2)$$

式中:h、b——矩形截面的长边和短边尺寸;

W_t——截面受扭塑性抵抗矩,对于矩形截面,$W_t = \dfrac{b^2}{6}(3h - b)$。

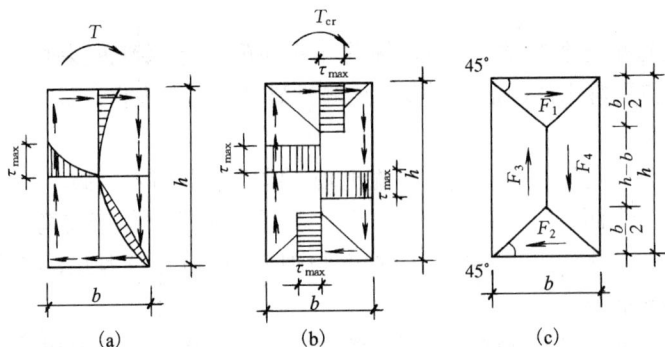

图 8 −7 扭剪应力分布

实际上,混凝土既非弹性材料,又非理想的塑性材料,而是介于两者之间的弹塑性材料。对于低强度等级混凝土,具有一定的塑性性质;对于高强度等级混凝土,其脆性显著增大。截面上混凝土剪应力既不会像理想塑性材料那样完全的应力重分布,也不会全截面达到抗拉强度 f_t,因此按式(8 −1)计算的受扭开裂扭矩值比试验值低,按式(8 −2)计算的受扭开裂扭矩值比试验值偏高。

为方便计算,开裂扭矩可近似采用理想弹塑性材料的应力分布图形进行计算,但要适当降低混凝土抗拉强度。试验表明,对高强度混凝土,其降低系数约为 0.7,对低强度混凝土,降低系数接近 0.8。

《规范》取混凝土抗拉强度降低系数为 0.7,故开裂扭矩设计值的计算公式为:

$$T_{cr} = 0.7 f_t W_t \qquad (8-3)$$

8.2.2　变角度空间桁架受扭模型

试验表明,受扭的素混凝土构件,一旦出现斜裂缝就立即发生破坏。若配置适量的受扭纵筋和箍筋,不但其承载力有显著的提高,且构件破坏时,具有较好的延性。

目前钢筋混凝土受扭构件扭曲截面受扭承载力的计算,主要有以变角度空间桁架模型和以斜弯理论(扭曲破坏面极限平衡理论)为基础的两种计算方法,《规范》采用的是前者。

图 8-8 所示的变角度空间桁架模型是 P. Lampert 和 B. Thürlimann 在 1968 年提出来的,它是 1929 年 E. Raüsch 提出的 45°空间桁架模型的改进和发展。

变角度空间桁架模型的基本思路是,在裂缝充分发展且钢筋应力接近屈服强度时,截面核心混凝土退出工作,从而可以将实心截面的钢筋混凝土受扭构件假想为一空心的箱形截面构件。此时,具有螺旋形裂缝的混凝土外壳、纵筋和箍筋共同组成空间桁架以抵抗扭矩。

变角度空间桁架模型采用的基本假定:

(1)混凝土只承受压力,具有螺旋形裂缝的混凝土外壳组成桁架的斜压杆,其倾角为 α。

(2)纵筋和箍筋只承受拉力,分别为桁架的弦杆和腹杆。

(3)忽略核心混凝土的受扭作用及钢筋的销栓作用。

按弹性薄壁管理论,在扭矩 T 作用下,沿箱形截面侧壁中将产生大小相等的环向剪力流 q,见图 8-8(b),且

$$q = \tau\, t_d = \frac{T}{2A_{cor}} \qquad (8-4)$$

式中: A_{cor}——剪力流路线所围成的面积,取箍筋内表面围成的核心部分的面积, $A_{cor} = b_{cor} \times h_{cor}$;

　　　　τ——扭剪应力;

　　　　t_d——箱型截面侧壁厚度。

由图 8-8(a)知,变角度空间桁架模型是由 2 榀竖向的变角度平面桁架和 2 榀水平的变角度平面桁架组成的。现在先研究竖向的变角度平面桁架。

作用于侧壁的剪力流 q 所引起的桁架内力如图 8-8(c)所示。图中,斜压杆倾角为 α,其平均压应力 σ_c,斜压杆的总压力为 D。由静力平衡条件知:

斜压力

$$D = \frac{q b_{cor}}{\sin\alpha} = \frac{\tau\, t_d b_{cor}}{\sin\alpha} \qquad (8-5)$$

混凝土平均压应力

$$\sigma_c = \frac{D}{t_d b_{cor}\cos\alpha} = \frac{q}{t_d \sin\alpha\cos\alpha} = \frac{\tau}{\sin\alpha\cos\alpha} \qquad (8-6)$$

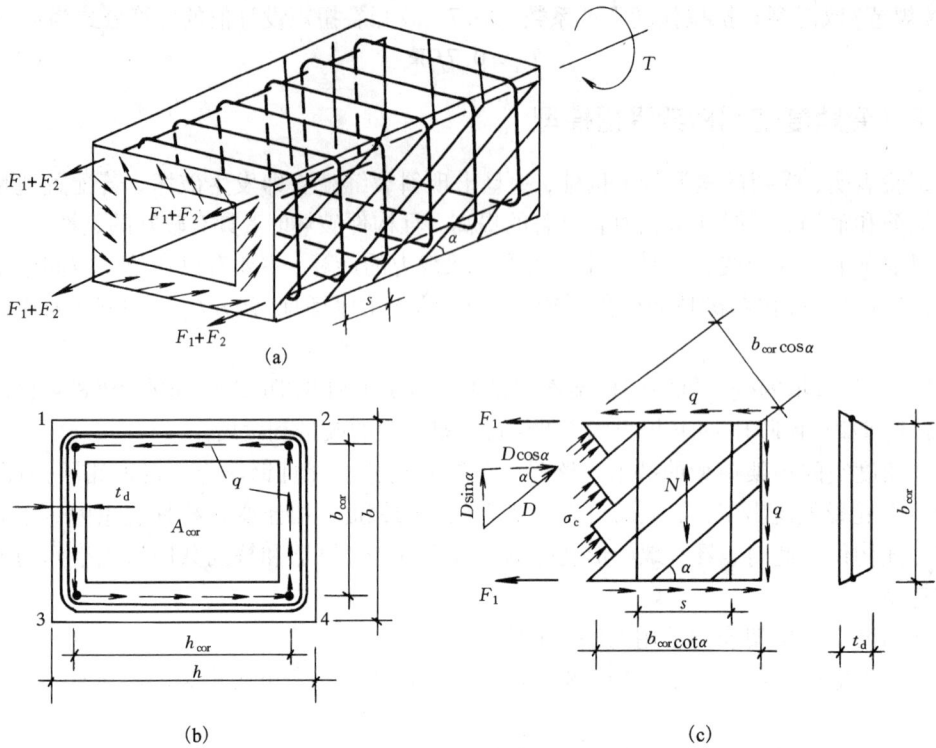

图 8 − 8　变角度空间桁架模型

纵筋拉力

$$F_1 = \frac{1}{2}D\cos\alpha = \frac{1}{2}qb_{cor}\cot\alpha = \frac{1}{2}\tau\, t_d b_{cor}\cot\alpha = \frac{Tb_{cor}}{4A_{cor}}\cot\alpha \qquad (8-7)$$

箍筋拉力

$$N = qb_{cor}\frac{s}{b_{cor}\cot\alpha}$$

故

$$N = qs\tan\alpha = \tau\, t_d s\tan\alpha = \frac{T}{2A_{cor}}s\tan\alpha \qquad (8-8)$$

设水平的变角度平面桁架的斜压杆倾角也为 α，则同理可得纵向钢筋的拉力

$$F_2 = \frac{Th_{cor}}{4A_{cor}}\cot\alpha \qquad (8-9)$$

故全部纵筋的总拉力

$$R = 4(F_1 + F_2) = q\cot\alpha u_{cor} = \frac{Tu_{cor}}{2A_{cor}}\cot\alpha \qquad (8-10)$$

式中：u_{cor}——截面核心部分的周长，$u_{cor} = 2(b_{cor} + h_{cor})$。

混凝土平均压应力

$$\sigma_c = \frac{T}{2A_{cor}t_d \sin\alpha\cos\alpha} \tag{8-11}$$

式(8-4)、式(8-8)、式(8-10)和式(8-11)是按变角度空间桁架模型得出的四个基本的静力平衡方程。若属适筋受扭构件，即混凝土压坏前纵筋和箍筋先屈服，故它们的应力可分别取为 f_y 或 f_{yv}，设受扭的全部纵向钢筋截面面积为 A_{stl}，受扭的单肢箍筋截面面积 A_{st1}，则 R 和 N 分别为：

$$R = R_y = f_y A_{stl} \tag{8-12}$$

$$N = N_y = f_{yv} A_{st1} \tag{8-13}$$

由式(8-10)和式(8-8)可分别得出适筋受扭构件扭曲截面受扭承载力计算公式：

$$T_u = 2R_y \frac{A_{cor}}{u_{cor}}\tan\alpha = 2f_y A_{stl}\frac{A_{cor}}{u_{cor}}\tan\alpha \tag{8-14}$$

$$T_u = 2N_y \frac{A_{cor}}{s}\cot\alpha = 2f_{yv} A_{st1}\frac{A_{cor}}{s}\cot\alpha \tag{8-15}$$

消去 T_u，得到

$$\tan\alpha = \sqrt{\frac{f_{yv}A_{st1}u_{cor}}{f_y A_{stl}s}} = \sqrt{\frac{1}{\zeta}} \tag{8-16}$$

故

$$T_u = 2A_{cor}\sqrt{\frac{f_y A_{stl}f_{yv}A_{st1}}{u_{cor}s}} = 2\sqrt{\zeta}\frac{f_{yv}A_{st1}A_{cor}}{s} \tag{8-17}$$

$$\zeta = \frac{f_y A_{stl}s}{f_{yv}A_{st1}u_{cor}} \tag{8-18}$$

式中：ζ——受扭构件纵筋与箍筋的配筋强度比，见式(8-18)。

纵筋为不对称配筋截面时，按较少一侧配筋的对称配筋截面计算。对于纵筋与箍筋的配筋强度比 ζ 为 1 的特殊情况，由式(8-16)可知，斜压杆倾角为 45°，此时，式(8-14)、式(8-15)分别简化为：

$$T_u = 2f_y A_{stl}\frac{A_{cor}}{u_{cor}} \tag{8-19}$$

$$T_u = 2f_{yv}A_{st1}\frac{A_{cor}}{s} \tag{8-20}$$

式(8-19)及式(8-20)则为按 E. Raüsch 45°空间桁架模型的计算公式。当 ζ 不等于 1 时，在纵筋(或箍筋)屈服后产生内力重分布，斜压杆倾角也会改变。试验研究表明，若斜压杆倾角 α 介于 30°~60° 之间，按式(8-18)得到的 $\zeta = 3 \sim 0.333$，构件破坏时，若纵筋和箍筋用量适当，则两种钢筋应力均能达到屈服强度。为了进一步限制构件在使用荷载作用下的裂缝宽度，一般取 α 角的限制范围为：

$$\frac{3}{5} \leqslant \tan\alpha \leqslant \frac{5}{3} \tag{8-21}$$

或

$$0.360 \leqslant \zeta \leqslant 2.778 \tag{8-22}$$

由式(8-17)、式(8-18)可以看出，构件扭曲截面的受扭承载力主要取决于钢筋骨架尺寸，纵筋和箍筋用量及屈服强度。为了避免发生超筋构件的脆性破坏，必须限制纵筋和箍筋的最大用量或限制斜压杆平均压应力 σ_c 的大小。

8.2.3 《规范》中的计算方法

《规范》基于变角度空间桁架模型分析和试验资料的统计分析，并考虑可靠度的要求，给出了如图 8-9 所示的矩形截面、箱形截面以及"T"形、"I"形截面纯扭构件的受扭承载力计算公式。

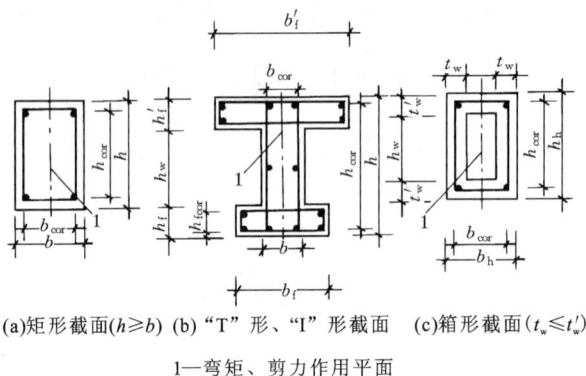

(a)矩形截面(h≥b)　(b) "T" 形、"I" 形截面　　(c)箱形截面($t_w \leqslant t'_w$)

1—弯矩、剪力作用平面

图 8-9　受扭构件截面

1. 矩形截面钢筋混凝土纯扭构件受扭承载力计算公式

矩形截面纯扭构件的受扭承载力按下式计算：

$$T_u = 0.35 f_t W_t + 1.2 \sqrt{\zeta} f_{yv} \frac{A_{st1} A_{cor}}{s} \qquad (8-23)$$

式中：ζ——受扭纵向钢筋与箍筋的配筋强度比值，按式(8-18)采用，ζ 应满足 $0.6 \leqslant \zeta \leqslant 1.7$；

A_{stl}——受扭计算中取对称布置的全部纵向普通钢筋截面面积；

A_{st1}——受扭计算中沿截面周边配置的箍筋单肢截面面积；

f_{yv}——受扭箍筋的抗拉强度设计值，按附表 2-3 采用，但取值不应大于 360 N/mm²；

A_{cor}——截面核心部分的面积，$A_{cor} = b_{cor} h_{cor}$，此处，$b_{cor}$、$h_{cor}$ 分别为箍筋内表面范围内截面核心部分的短边、长边尺寸；

u_{cor}——截面核心部分的周长，$u_{cor} = 2(b_{cor} + h_{cor})$；

s——受扭箍筋间距。

式(8-23)中，等式右边的第一项为混凝土的受扭作用，第二项为钢筋的受扭作用。混凝土的抗扭承载力和箍筋与纵筋的抗扭承载力并非完全独立的变量，而是相互关联的。因此，应将构件的抗扭承载力作为一个整体来考虑。《规范》采用的方法是先确定有关的基本变量，然后根据大量的实测数据进行回归分析，从而得到抗扭承载力计算公式。对于混凝土的受扭承载力，借用 $f_t W_t$ 作为基本变量；而对于箍筋与纵筋的受扭承载力，选取箍筋的单肢配筋承载力 $f_{yv} A_{st1}/s$ 与截面核心部分面积 A_{cor} 的乘积作为基本变量，再用 $\sqrt{\zeta}$ 来反映纵筋与箍筋的共同工作。

对于钢筋的受扭作用，可采用变角度空间桁架模型予以说明。由式(8-23)第二项与式(8-17)比较看出，除系数小于 2 外，其表达式完全相同。该系数小于理论值 2 的主要原因是，《规范》的公式，即式(8-23)考虑了混凝土的抗扭作用，A_{cor} 为按箍筋内表面计算的而非截面角部纵筋中心连线计算的截面核心面积，以及建立规范公式时，包括了少量部分超配筋构件的试验点。此外，如图 8-10 所示，公式(8-23)的系数 1.2 及 0.35，是在统计试验资料的基础上，考虑了可靠指标 β 值的要求，由试验点偏下限得出的。

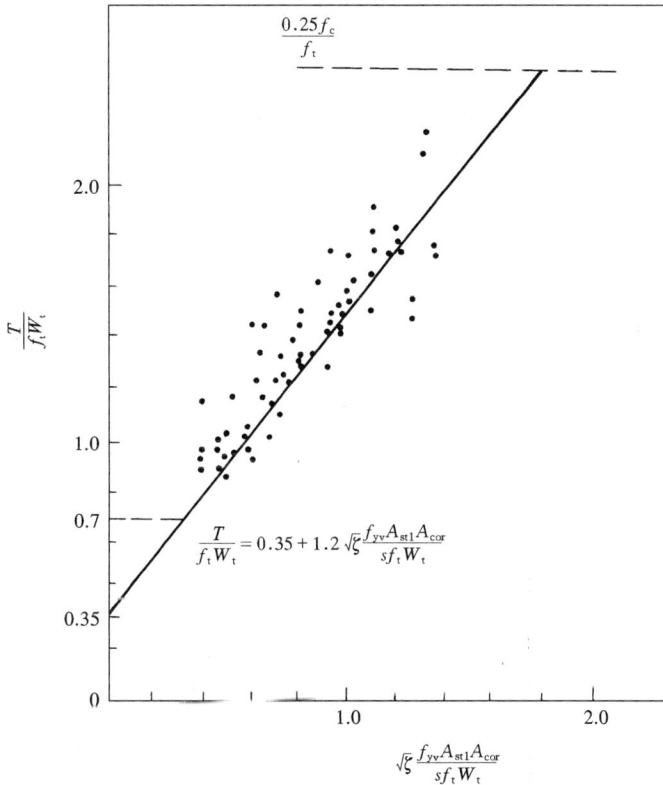

图 8 - 10　计算公式与试验值的比较

试验研究表明，截面尺寸及配筋完全相同的受扭构件，混凝土强度等级对极限扭矩是有影响的，混凝土强度等级高的，受扭承载力亦较大。对于带有裂缝的钢筋混凝土纯扭构件，《规范》取混凝土提供的受扭承载力，即式(8-23)中的第一项为开裂扭矩的 50%。

国内试验表明，若 ζ 在 0.5~2.0 范围内变化，构件破坏时，其受扭纵筋和箍筋应力均可达到屈服强度。为了稳妥，《规范》取 ζ 的限制条件为 $0.6 \leqslant \zeta \leqslant 1.7$。

为了避免出现"少筋"和"完全超配筋"这两类具有脆性破坏性质的构件,在按式(8-23)进行抗扭承载力计算时还需满足一定的构造要求。

对于在轴向压力和扭矩共同作用下的矩形截面钢筋混凝土构件,其受扭承载力应按下列公式计算:

$$T_u = 0.35 f_t W_t + 1.2 \sqrt{\zeta} f_{yv} \frac{A_{st1} A_{cor}}{s} + 0.07 \frac{N}{A} W_t \qquad (8-24)$$

此处,ζ 应按公式(8-18)计算,且应符合 $0.6 \leqslant \zeta \leqslant 1.7$ 的要求。式中 N 为与扭矩设计值 T 相应的轴向压力设计值,当 $N > 0.3 f_c A$ 时,取 $N = 0.3 f_c A$;A 为构件截面面积。

2. 箱形截面钢筋混凝土纯扭构件受扭承载力计算公式

试验和理论研究表明,当截面宽度和高度、混凝土强度及配筋完全相同时,一定壁厚(例如壁厚 $t_w = 0.4 b_h$)的箱形截面,其受扭承载力与实心截面 $b_h \times h_h$ 是基本相同的。因此,对于箱形截面纯扭构件,《规范》在矩形截面受扭承载力的基础上将式(8-23)中的混凝土项乘以与壁厚有关的折减系数 α_h,得出如下受扭承载力计算公式:

$$T_u = 0.35 \alpha_h f_t W_t + 1.2 \sqrt{\zeta} f_{yv} \frac{A_{st1} A_{cor}}{s} \qquad (8-25)$$

式中:α_h——箱形截面壁厚影响系数,$\alpha_h = \dfrac{2.5 t_w}{b_h}$,当 $\alpha_h > 1$ 时,取 $\alpha_h = 1$;

t_w——箱形截面壁厚,其值不应小于 $b_h/7$;

b_h——箱形截面的宽度。

ζ 值应该按式(8-18)计算,且应符合 $0.6 \leqslant \zeta \leqslant 1.7$。

箱形截面受扭塑性抵抗矩为:

$$W_t = \frac{b_h^2}{6}(3 h_h - b_h) - \frac{(b_h - 2 t_w)^2}{6} \left[3 h_w - (b_h - 2 t_w) \right] \qquad (8-26)$$

式中:b_h、h_h——箱形截面的宽度和高度;

h_w——箱形截面的腹板净高;

t_w——箱形截面壁厚。

3. "T"形和"I"形截面钢筋混凝土纯扭构件受扭承载力计算公式

试验表明,"T"形和"I"形截面的钢筋混凝土纯扭构件,当 $b > h_f$,$b > h_f'$ 时,结构的第一条斜裂缝出现在腹板侧面的中部,其破坏形态和规律与矩形截面纯扭构件相似。

如图 8-11 所示,当"T"形截面腹板宽度大于翼缘厚度时,如果将其悬挑部分去掉,则可看出腹板侧面斜裂缝与其顶面裂缝基本相连,形成不连续螺旋形斜裂缝;斜裂缝是随较宽的腹板而独立形成,基本不受悬挑翼缘存在的影响。这说明结构受扭承载力满足腹板的完整性

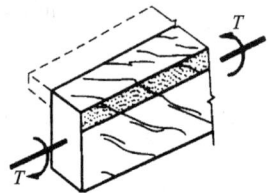

图 8-11 $b > h_f'$ 时"T"形
截面纯扭构件裂缝图

原则,为将"T"形及"I"形截面划分为数个矩形分别进行计算的合理性提供了依据。

对于"T"形和"I"形截面纯扭构件,可将其截面划分为几个矩形截面进行配筋计算,

矩形截面划分的原则是首先按截面的总高度划分出腹板截面并保持其完整性，然后再划出受压翼缘和受拉翼缘的面积，如图 8 – 12 所示。划出的各矩形截面所承担的扭矩值，按各矩形截面的受扭塑性抵抗矩与截面总的受扭塑性抵抗矩的比值进行分配的原则确定，并分别按式(8 – 23)计算受扭钢筋。每个矩形截面的扭矩设计值可按下列规定计算。

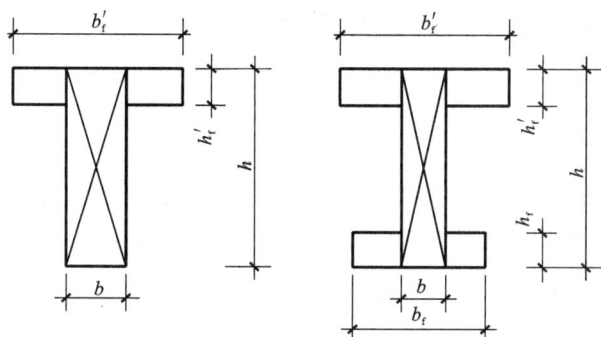

图 8 – 12 "T"形和"I"形截面的矩形划分方法

(1)腹板。

$$T_{w} = \frac{W_{tw}}{W_{t}}T \tag{8-27}$$

(2)受压翼缘。

$$T'_{f} = \frac{W'_{tf}}{W_{t}}T \tag{8-28}$$

(3)受拉翼缘。

$$T_{f} = \frac{W_{tf}}{W_{t}}T \tag{8-29}$$

式中：T——整个截面所承受的扭矩设计值；

T_{w}——腹板截面所承受的扭矩设计值；

T'_{f}、T_{f}——受压翼缘、受拉翼缘截面所承受的扭矩设计值；

W_{tw}、W'_{tf}、W_{tf}、W_{t}——分别为腹板、受压翼缘、受拉翼缘受扭塑性抵抗矩和截面总的受扭塑性抵抗矩。《规范》规定，"T"形和"I"形截面的腹板、受压和受拉翼缘部分的矩形截面受扭塑性抵抗矩 W_{tw}、W'_{tf}、W_{tf} 可分别按下列公式计算：

$$W_{tw} = \frac{b^{2}}{6}(3h - b) \tag{8-30}$$

$$W'_{tf} = \frac{h'^{2}_{f}}{2}(b'_{f} - b) \tag{8-31}$$

$$W_{tf} = \frac{h^{2}_{f}}{2}(b_{f} - b) \tag{8-32}$$

截面总的受扭塑性抵抗矩为：

$$W_{t} = W_{tw} + W'_{tf} + W_{tf} \tag{8-33}$$

计算受扭塑性抵抗矩时取用的翼缘宽度尚应符合 $b'_f \leqslant b + 6h'_f$ 及 $b_f \leqslant b + 6h_f$ 的要求。

求得各矩形截面承受的扭矩后，按式(8-23)计算确定各自所需的抗扭纵筋和抗扭箍筋面积，最后再统一配筋。试验证明，"I"形截面整体受扭承载力大于上述分块计算后再相加得出的总承载力，故分块计算的办法是偏于安全的。

8.3　弯剪扭构件的扭曲截面承载力

8.3.1　破坏形态

钢筋混凝土构件在弯矩、剪力和扭矩共同作用下，其受力状态十分复杂，构件的破坏形态及其承载力，与构件的弯矩、剪力和扭矩三个外力之间的比例关系有关，通常以扭弯比 $\psi(\psi = \dfrac{T}{M})$ 和扭剪比 $\chi(\chi = \dfrac{T}{Vb})$ 表示。此外，还与构件的截面尺寸、配筋及材料强度等因素有关。钢筋混凝土弯剪扭构件的破坏形态主要有三种。

(1)弯型破坏。

结构在弯剪扭共同作用下，在配筋适当的条件下，当扭弯比 ψ 较小时，弯矩起主导作用。裂缝首先在弯曲受拉底面出现，然后发展到两个侧面。三个面上的螺旋形裂缝形成一个扭曲破坏面，而第四面即弯曲受压顶面无裂缝。构件破坏时与螺旋形裂缝相交的纵筋和箍筋均受拉并达到屈服强度，构件顶部受压，形成如图 8-13(a)所示的弯型破坏。

(2)扭型破坏。

结构在弯剪扭共同作用下，若扭弯比 ψ 及扭剪比 χ 均较大时扭矩作用显著，而构件顶部纵筋少于底部纵筋时，可能形成如图 8-13(b)所示的受压区在构件底部的扭型破坏。这种现象出现的原因是，虽然由于弯矩作用使顶部纵筋受压，但由于弯矩较小，从而其压应力亦较小。又由于顶部纵筋少于底部纵筋，故扭矩产生的拉应力就有可能抵消弯矩产生的压应力并使顶部纵筋先期达到屈服强度，最后促使构件底部受压而破坏。

(3)剪扭型破坏。

结构在弯剪扭共同作用下，若剪力和扭矩起控制作用，则裂缝首先在侧面出现(在这个侧面上，剪力和扭矩产生的主应力方向是相同的)，然后向顶面和底面扩展，这三个面上的螺旋形裂缝构成扭曲破坏面，破坏时与螺旋形裂缝相交的纵筋和箍筋受拉并达到屈服强度，而受压区则靠近另一侧面(在这个侧面上，剪力和扭矩产生的主应力方向是相反的)，形成如图 8-13(c)所示的剪扭型破坏。

无扭矩作用的受弯构件斜截面会发生剪压破坏。对于弯剪扭共同作用下的构件，除了前述三种破坏形态外，试验表明，若剪力作用十分显著而扭矩较小时即扭剪比 χ 较小时，还会发生与剪压破坏十分相近的剪型破坏。

弯剪扭共同作用下的钢筋混凝土构件扭曲截面承载力计算，与纯扭构件相同，主要有以变角度空间桁架模型和以斜弯理论(扭曲破坏面极限平衡理论)为基础的两种计算方法。

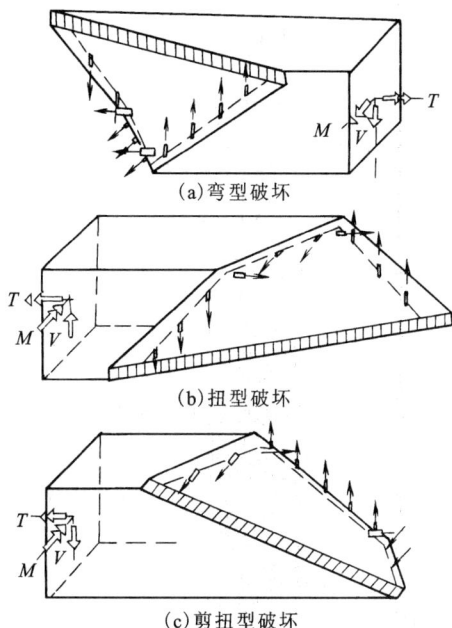

(a)弯型破坏

(b)扭型破坏

(c)剪扭型破坏

图 8 - 13　弯剪扭构件的破坏形态

8.3.2　《规范》中的配筋计算方法

钢筋混凝土结构在剪扭、弯扭及弯剪扭共同作用下，属于空间受力问题，按变角度空间桁架模型和斜弯理论进行承载力计算时十分繁琐。在国内大量试验研究和按变角度空间桁架模型分析的基础上，《规范》给出了剪扭、弯扭及弯剪扭构件扭曲截面的实用配筋计算方法。

鉴于《规范》的受剪和受扭承载力计算公式中都考虑了混凝土的作用，因此剪力和扭矩共同作用的剪扭构件的承载力计算公式必须考虑扭矩对混凝土受剪承载力和剪力对混凝土受扭承载力的影响，剪力的存在会降低构件的抗扭承载力，同样，扭矩的存在也会引起构件抗剪承载力的降低。类似于纯扭构件的扭曲截面承载力计算，根据截面形式的不同，规范采用了不同的计算公式，分述如下：

1. 剪力和扭矩共同作用下矩形截面钢筋混凝土剪扭构件

（1）一般剪扭构件的受剪承载力。

$$V_{u} = 0.7(1.5 - \beta_{t})f_{t}bh_{0} + f_{yv}\frac{A_{sv}}{s}h_{0} \qquad (8-34)$$

（2）一般剪扭构件的受扭承载力。

$$T_{u} = 0.35\beta_{t}f_{t}W_{t} + 1.2\sqrt{\zeta}f_{yv}\frac{A_{st1}A_{cor}}{s} \qquad (8-35)$$

式中：β_{t}——剪扭构件混凝土受扭承载力降低系数，一般剪扭构件的 β_{t} 值按下列公式计算，将在后文说明依据。

$$\beta_t = \frac{1.5}{1 + 0.5\,\dfrac{V}{T}\,\dfrac{W_t}{bh_0}} \qquad\qquad (8-36)$$

对集中荷载作用下的独立剪扭构件,其受剪承载力计算式(8-34)应改为

$$V_u = \frac{1.75}{\lambda + 1}(1.5 - \beta_t)f_t bh_0 + f_{yv}\frac{A_{sv}}{s}h_0 \qquad\qquad (8-37)$$

受扭承载力仍按式(8-35)计算,但式(8-35)和式(8-37)中的剪扭构件混凝土受扭承载力降低系数应改为下列公式:

$$\beta_t = \frac{1.5}{1 + 0.2(\lambda + 1)\,\dfrac{V}{T}\,\dfrac{W_t}{bh_0}} \qquad\qquad (8-38)$$

按式(8-36)及式(8-38)计算得出的剪扭构件混凝土受扭承载力降低系数 β_t 值,若小于0.5,则可不考虑扭矩对混凝土受剪承载力的影响,故此时取 $\beta_t = 0.5$。若大于1.0,则可不考虑剪力对混凝土受扭承载力的影响,故此时取 $\beta_t = 1.0$。λ 为计算截面的剪跨比。

2. 剪力和扭矩共同作用下箱形截面钢筋混凝土剪扭构件

(1)一般剪扭构件的受剪承载力。

$$V_u = 0.7(1.5 - \beta_t)f_t bh_0 + f_{yv}\frac{A_{sv}}{s}h_0 \qquad\qquad (8-39)$$

(2)一般剪扭构件的受扭承载力。

$$T_u = 0.35\alpha_h\beta_t f_t W_t + 1.2\sqrt{\zeta}f_{yv}\frac{A_{st1}A_{cor}}{s} \qquad\qquad (8-40)$$

此处,α_h 值和 ζ 值应按箱形截面钢筋混凝土纯扭构件的受扭承载力计算规定要求取值。

箱形截面一般剪扭构件混凝土受扭承载力降低系数 β_t 近似按公式(8-36)计算,但式中的 W_t 应以 $\alpha_h W_t$ 代替,即

$$\beta_t = \frac{1.5}{1 + 0.5\,\dfrac{V}{T}\,\dfrac{\alpha_h W_t}{b_h h_0}} \qquad\qquad (8-41)$$

对集中荷载作用下独立的箱形截面剪扭构件,其受剪承载力计算公式与式(8-37)相同,但其中的 β_t 应按式(8-38)计算,且式中的 W_t 应以 $\alpha_h W_t$ 代替。

集中荷载作用下独立箱形截面剪扭构件的受扭承载力仍按式(8-40)计算,但式中的 β_t 应按式(8-38)计算,且式中的 W_t 应以 $\alpha_h W_t$ 代替。

3. 剪力和扭矩共同作用下"T"形和"I"形截面钢筋混凝土剪扭构件

(1)剪扭构件的受剪承载力。

按公式(8-34)与式(8-36)或按式(8-37)与式(8-38)进行计算,但计算时应将 T 及 W_t 分别以 T_w 及 W_{tw} 代替,即假设剪力全部由腹板承担。

(2)剪扭构件的受扭承载力。

可按纯扭构件的计算方法,将截面划分为几个矩形截面分别进行计算。腹板为剪扭

构件，可按公式(8 – 35)及式(8 – 36)或式(8 – 38)进行计算，但计算时应将 T 及 W_t 分别以 T_w 及 W_{tw} 代替；受压翼缘及受拉翼缘为纯扭构件，可按矩形截面纯扭构件的规定进行计算，但计算时应将 T 及 W_t 分别以 T'_f 及 W'_{tf} 和 T_f 及 W_{tf} 代替。

矩形、箱形、"T"形及"I"形截面的弯扭构件的配筋计算，《规范》采用按受纯弯矩(M)和受纯扭矩(T)分别计算纵筋和箍筋，然后将相应的钢筋截面面积进行叠加。即弯扭构件的纵筋用量为受弯的纵筋(弯矩为 M)和受扭的纵筋(扭矩为 T)截面面积之和，而箍筋用量则由受扭(扭矩为 T)箍筋所决定。

矩形、箱形、"T"形及"I"形截面钢筋混凝土弯剪扭构件的配筋计算的一般原则是：纵向钢筋应按受弯构件的正截面受弯承载力和剪扭构件的受扭承载力分别计算所需的钢筋截面面积，并应配置在相应位置。箍筋则应按剪扭构件的受剪承载力和受扭承载力分别计算所需的箍筋截面面积，并应配置在相应位置。

因此，对于矩形截面弯剪扭构件，当内力设计值 M、V、T 已知时，根据 M 按受纯弯构件正截面承载力计算所需的纵筋(A_s、A'_s)，根据 V、T 按剪扭构件受剪扭承载力由式(8 – 36)或式(8 – 38)确定 β_t 值，并根据式(8 – 34)及式(8 – 35)，或式(8 – 37)及式(8 – 35)，来计算构件截面的受剪承载力所需的箍筋(A_{sv})和受扭承载力所需的纵筋(A_{stl})和箍筋(A_{stl})，并配置在相应位置。

《规范》规定，在弯矩、剪力和扭矩共同作用下但剪力或扭矩较小的矩形、"T"形、"I"形和箱形截面钢筋混凝土弯剪扭构件，当符合下列条件时，可按下列规定进行承载力计算：

① 当 $V \le 0.35 f_t b h_0$ 或 $V \le \dfrac{0.875 f_t b h_0}{\lambda + 1}$ 时，可忽略剪力的作用，仅计算受弯构件的正截面受弯承载力和纯扭构件的受扭承载力。

② 当 $T \le 0.175 f_t W_t$ 或对于箱形截面构件 $T \le 0.175 \alpha_h f_t W_t$ 时，可仅验算受弯构件的正截面受弯承载力和斜截面受剪承载力。

4. 剪扭构件混凝土受扭承载力降低系数 β_t 的依据

试验表明，若构件中同时有剪力和扭矩的作用，剪力的存在会降低构件的抗扭承载力；同样，由于扭矩的存在，也会引起构件抗剪承载力的降低。这便是剪力和扭矩的相关性。

图 8 – 14(a)给出了无腹筋构件在不同扭矩和剪力比值下的承载力试验结果。图中 T_c、V_c 为无腹筋构件同时作用剪力和扭矩时混凝土的受扭承载力和受剪承载力；T_{co} 为无腹筋构件受纯扭时的受扭承载力；V_{co} 为无腹筋构件受纯剪时的受剪承载力。从图中可以看出，无腹筋构件剪扭承载力相关曲线基本上符合 1/4 圆曲线规律。如果假定配有箍筋的有腹筋构件，其混凝土的剪扭承载力相关曲线也符合 1/4 圆曲线规律，并将其简化为如图 8 – 14(b)所示的三折线，则有：

(1) $\dfrac{V_c}{V_{co}} \le 0.5$ 时，可忽略剪力的影响，仅按纯扭构件的受扭承载力公式进行计算，取

$$\frac{T_c}{T_{co}} = 1.0 \tag{8 – 42}$$

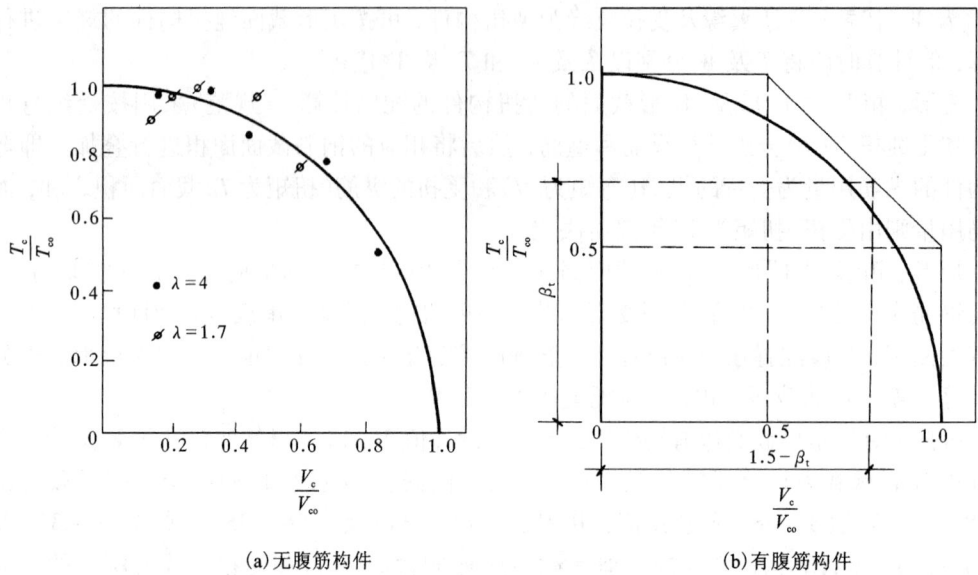

(a)无腹筋构件   (b)有腹筋构件

图 8 – 14　剪扭承载力相关关系

(2)$\dfrac{T_c}{T_{co}} \leqslant 0.5$ 时，可忽略扭矩的影响，仅按受弯构件的斜截面受剪承载力公式进行计算，取

$$\frac{V_c}{V_{co}} = 1.0 \tag{8-43}$$

(3)$0.5 < \dfrac{T_c}{T_{co}} \leqslant 1.0$ 或 $0.5 < \dfrac{V_c}{V_{co}} \leqslant 1.0$ 时，要考虑剪扭相关性，但以线性相关代替圆弧相关，取

$$\frac{T_c}{T_{co}} + \frac{V_c}{V_{co}} = 1.5 \tag{8-44}$$

对于式(8 –44)，若令

$$\frac{T_c}{T_{co}} = \beta_t \tag{8-45}$$

则有

$$\frac{V_c}{V_{co}} = 1.5 - \beta_t \tag{8-46}$$

用式(8 –45)等号两边分别除式(8 –46)等号两边从而得到

$$\beta_t = \frac{1.5}{1 + \dfrac{V_c/V_{co}}{T_c/T_{co}}} \tag{8-47}$$

式(8 –42)~(8 –47)中，T_c、V_c 为有腹筋构件同时受到剪力和扭矩作用时，混凝土的受扭承载力和受剪承载力，T_{co}、V_{co} 为有腹筋构件单纯受扭矩或剪力作用时，混凝土的

受扭承载力和受剪承载力。式(8－47)中,若以剪力和扭矩设计值之比$\dfrac{V}{T}$代替$\dfrac{V_c}{T_c}$,取$T_{co}=0.35f_tW_t$和$V_{co}=0.7f_tbh_0$代入时,则可得出式(8－36),取$T_{co}=0.35f_tW_t$和$V_{co}=\dfrac{1.75f_tbh_0}{\lambda+1}$代入时,则可得出式(8－38)。

　　根据图8－14(b),当$\beta_t>1.0$时,取$\beta_t=1.0$;当$\beta_t<0.5$时,取$\beta_t=0.5$。即$0.5\leqslant\beta_t\leqslant1.0$,故称$\beta_t$为剪扭构件的混凝土受扭承载力降低系数。因此,当考虑剪力和扭矩的相关性时,对构件的抗剪承载力公式和抗扭承载力公式分别予以修正,按照式(8－46)对抗剪承载力公式中的混凝土项乘以$1.5-\beta_t$,按照式(8－45)对抗扭承载力公式中的混凝土项乘以β_t即得出公式(8－34)和(8－35)。

　　有腹筋构件的试验表明,弯剪扭构件共同作用下矩形截面构件剪扭承载力相关曲线一般可近似以1/4圆曲线表示,如图8－15所示。图中T_0、V_0分别代表受纯扭作用有腹筋构件的受扭承载力及扭矩为零剪跨比λ值不同时有腹筋构件的受剪承载力。按前述变角度空间桁架模型的计算分析,虽然构件的剪扭承载力相关关系相当复杂,但一般情况下,构件的剪扭承载力相关关系亦可近似用1/4圆曲线描述。

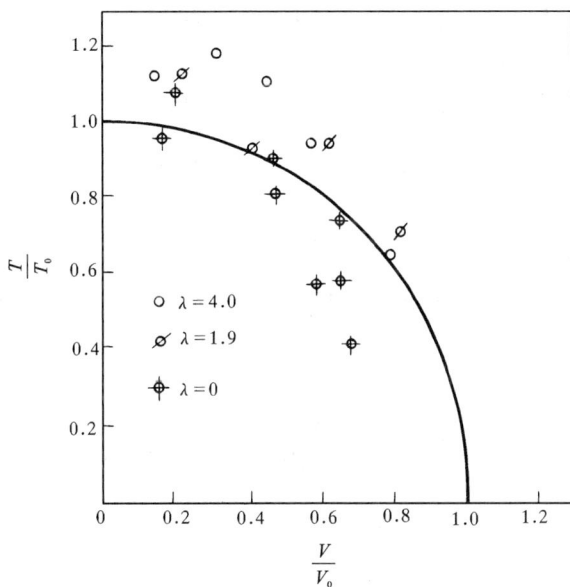

图 8－15　剪扭承载力相关关系

　　对于弯剪扭及剪扭矩形截面构件,《规范》采用的受剪和受扭承载力计算公式是根据有腹筋构件的剪扭承载力相关关系为1/4圆曲线作为校正线,采用混凝土部分相关、钢筋部分不相关的近似拟合公式。虽然,按式(8－36)和(8－38)计算的混凝土受扭承载力降低系数β_t值,如图8－14(b)所示,较按1/4圆曲线的计算值稍大,但采用此β_t值后,构件的剪扭承载力相关曲线与1/4圆曲线较为接近。

8.4　拉、压弯剪扭矩形截面框架柱受扭承载力计算

1. 轴力为压力时

《规范》规定, 在轴向压力、弯矩、剪力和扭矩共同作用下的钢筋混凝土矩形截面框架柱, 其受剪扭承载力可按下列规定计算:

(1)受剪承载力。

$$V_u = (1.5 - \beta_t)\left(\frac{1.75}{\lambda + 1}f_t bh_0 + 0.07N\right) + f_{yv}\frac{A_{sv}}{s}h_0 \tag{8-48}$$

(2)受扭承载力。

$$T_u = \beta_t\left(0.35f_t W_t + 0.07\frac{N}{A}W_t\right) + 1.2\sqrt{\zeta}f_{yv}\frac{A_{st1}A_{cor}}{s} \tag{8-49}$$

此处, 在 β_t 计算中可不考虑轴向压力的影响, 仍可按公式(8-38)计算。λ 为计算截面的剪跨比。

在轴向压力、弯矩、剪力和扭矩共同作用下的钢筋混凝土矩形截面框架柱, 其纵向普通钢筋截面面积应分别按偏心受压构件正截面承载力和剪扭构件的受扭承载力计算确定, 并应配置在相应的位置。箍筋截面面积应分别按剪扭构件的受剪承载力和受扭承载力计算确定, 并应配置在相应位置。

在轴向压力、弯矩、剪力和扭矩共同作用下的钢筋混凝土矩形截面框架柱, 当 $T \leqslant \left(0.175f_t + 0.035\frac{N}{A}\right)W_t$ 时, 可仅计算偏心受压构件的正截面承载力和斜截面受剪承载力。

2. 轴力为拉力时

在轴向拉力、弯矩、剪力和扭矩共同作用下的钢筋混凝土矩形截面框架柱, 其受剪扭承载力应符合下列规定。

(1)受剪承载力。

$$V_u = (1.5 - \beta_t)\left(\frac{1.75}{\lambda + 1}f_t bh_0 - 0.2N\right) + f_{yv}\frac{A_{sv}}{s}h_0 \tag{8-50}$$

当 $V_u < f_{yv}\frac{A_{sv}}{s}h_0$ 时, 取 $V_u = f_{yv}\frac{A_{sv}}{s}h_0$。

(2)受扭承载力。

$$T_u = \beta\left(0.35f_t - 0.2\frac{N}{A}\right)W_t + 1.2\sqrt{\zeta}f_{yv}\frac{A_{st1}A_{cor}}{s} \tag{8-51}$$

当 $T_u < 1.2\sqrt{\zeta}f_{yv}\frac{A_{st1}A_{cor}}{s}$ 时, 取 $T_u = 1.2\sqrt{\zeta}f_{yv}\frac{A_{st1}A_{cor}}{s}$。

式中: λ——计算截面的剪跨比;

　　A_{sv}——受剪承载力所需的箍筋截面面积;

　　N——与剪力、扭矩设计值 V、T 相应的轴向力设计值;

　　A_{st1}——受扭计算中沿截面周边配置的箍筋单肢截面面积。

在轴向拉力、弯矩、剪力和扭矩作用下的钢筋混凝土矩形截面框架柱，当 $T \leqslant \left(0.175 f_t - 0.1 \dfrac{N}{A}\right) W_t$ 时，可仅计算偏心受拉构件的正截面承载力和斜截面承载力。

《规范》还规定，在轴向拉力、弯矩、剪力和扭矩共同作用下的钢筋混凝土矩形截面框架柱，其纵向普通钢筋截面面积应分别按偏心受拉构件的正截面承载力和剪扭构件的受扭承载力确定，并应配置在相应位置；箍筋截面面积应分别按剪扭构件的受剪承载力和受扭承载力确定，并配置在相应位置。

8.5　受扭构件计算公式的适用条件及构造要求

1. 截面限制条件

为了使弯剪扭构件不发生在钢筋屈服前混凝土先压碎的超筋破坏，《规范》规定，在弯矩、剪力和扭矩共同作用下，h_w/b 不大于 6 的矩形、"T"形、"I"形截面和 h_w/t_w 不大于 6 的箱形截面构件(图 8-9)，其截面尺寸应符合下列条件：

①当 h_w/b(或 h_w/t_w)不大于 4 时

$$\frac{V}{bh_0} + \frac{T}{0.8W_t} \leqslant 0.25\beta_c f_c \qquad (8-52)$$

②当 h_w/b(或 h_w/t_w)等于 6 时

$$\frac{V}{bh_0} + \frac{T}{0.8W_t} \leqslant 0.2\beta_c f_c \qquad (8-53)$$

③当 h_w/b(或 h_w/t_w)大于 4 但小于 6 时，按线性内插法确定。

④当 h_w/b(或 h_w/t_w)大于 6 时，受扭构件的截面尺寸要求及扭曲截面承载力计算应符合专门规定。

式中：T——扭矩设计值；

b——矩形截面的宽度，"T"形或"I"形截面取腹板宽度，箱形截面取两侧壁总厚度 $2t_w$；

W_t——受扭构件的截面受扭塑性抵抗矩；

h_w——截面的腹板高度：对矩形截面，取有效高度 h_0；对"T"形截面，取有效高度减去翼缘高度；对"I"形和箱形截面，取腹板净高；

t_w——箱形截面壁厚，其值不应小于 $b_h/7$，此处，b_h 为箱形截面宽度。

2. 按构造要求配置受扭纵向钢筋和受扭箍筋的条件

在弯矩、剪力和扭矩作用下的构件，当符合下列条件时，可不进行构件受剪扭承载力的计算，而按构造要求配置受扭纵向钢筋和受扭箍筋：

$$\frac{V}{bh_0} + \frac{T}{W_t} \leqslant 0.7f_t + 0.05\frac{N_{p0}}{bh_0} \qquad (8-54)$$

或

$$\frac{V}{bh_0} + \frac{T}{W_t} \leqslant 0.7f_t + 0.07\frac{N}{bh_0} \qquad (8-55)$$

式中：N_{p0}——计算截面上混凝土法向预应力等于零时的预加力，按第 10 章的规定计算，

当 $N_{p0} > 0.3 f_c A_0$ 时，取 $0.3 f_c A_0$，此处，A_0 为构件的换算截面面积；

N——与剪力、扭矩设计值 V、T 相应的轴向压力设计值，当 $N > 0.3 f_c A$ 时，取 $N = 0.3 f_c A$。此处，A 为构件的截面面积。

3. 受扭纵向钢筋的构造要求

（1）为了防止发生少筋破坏，梁内受扭纵向钢筋的配筋率 ρ_{tl} 应不小于其最小配筋率 $\rho_{tl, \min}$，即

$$\rho_{tl} = \frac{A_{stl}}{bh} \geqslant \rho_{tl, \min} \tag{8-56}$$

$$\rho_{tl, \min} = \frac{A_{stl, \min}}{bh} = 0.6 \sqrt{\frac{T}{Vb}} \frac{f_t}{f_y} \tag{8-57}$$

式中：当 $\dfrac{T}{Vb} > 2$ 时，取 $\dfrac{T}{Vb} = 2$。

（2）受扭纵向受力钢筋的间距不应大于 200 mm 和梁截面短边长度。

（3）在截面四角必须设置受扭纵向受力钢筋，并沿截面周边均匀对称布置；当支座边作用有较大扭矩时，受扭纵向钢筋应按充分受拉锚固在支座内。

（4）在弯剪扭构件中，配置在截面弯曲受拉边的纵向受力钢筋，其截面面积不应小于按受弯构件受拉钢筋最小配筋率计算的截面面积与按受扭纵向钢筋最小配筋率计算并分配到弯曲受拉边的钢筋截面面积之和。

4. 受扭箍筋的构造要求

（1）为了防止发生少筋破坏，弯剪扭构件中，箍筋的配筋率 ρ_{sv} 应不小于其最小配筋率 $\rho_{sv, \min}$，即

$$\rho_{sv} = \frac{n A_{sv1}}{bs} \geqslant \rho_{sv, \min} \tag{8-58}$$

$$\rho_{sv, \min} = \frac{A_{sv, \min}}{bs} = 0.28 \frac{f_t}{f_{yv}} \tag{8-59}$$

（2）受扭所需的箍筋应做成封闭式，且应沿截面周边布置。当采用复合箍时，位于截面内部的箍筋不应计入受扭所需的截面面积。

（3）受扭所需的箍筋的末端应做成 135° 弯钩，弯钩平直段长度不应小于 $10d$，d 为箍筋直径。

注意，在变角度空间桁架模型中，受扭纵向钢筋是上、下弦杆，混凝土是斜压腹杆，箍筋是受拉的竖向腹杆，因此受扭箍筋与受扭纵向钢筋两者必须同时配置，才能起桁架作用。

对于箱形截面构件，式(8-56)、式(8-57)、式(8-58)及式(8-59)中的 b 均应以 b_h 代替。

【例 8-1】 已知：均布荷载作用下"T"形截面构件，截面尺寸 $b \times h = 250 \text{ mm} \times 500 \text{ mm}$，$b_f' = 400 \text{ mm}$，$h_f' = 100 \text{ mm}$，$a_s = 40 \text{ mm}$；弯矩作用值 $M = 110 \text{ kN·m}$，剪力设计值 $V = 120 \text{ kN}$，扭矩设计值 $T = 15 \text{ kN·m}$。混凝土强度等级 C30（$f_c = 14.3 \text{ N/mm}^2$，$f_t = 1.43 \text{ N/mm}^2$）；纵筋采用 HRB400 级钢筋（$f_y = 360 \text{ N/mm}^2$）；箍筋采用 HRB335 级钢筋（$f_{yv} = 300 \text{ N/mm}^2$）。环境类别为一类，设计使用年限为 50 年，安全等级为二级。

求：受弯、受剪及受扭所需的钢筋。

【解】

(1)验算构件截面尺寸。

$h_0 = h - a_s = 500 - 40 = 460$ mm

$W_{tw} = \dfrac{b^2}{6}(3h - b) = \dfrac{250^2}{6} \times (3 \times 500 - 250) = 1302.1 \times 10^4$ mm^3

$W'_{tf} = \dfrac{h_f'^2}{2}(b_f' - b) = \dfrac{100^2}{2} \times (400 - 250) = 75 \times 10^4$ mm^3

$W_t = W_{tw} + W'_{tf} = (1302.1 + 75) \times 10^4 = 1377.1 \times 10^4$ mm^3

$h_w = h_0 - h_f' = 460 - 100 = 360$ mm

$b_f' = 400 < b + 6h_f' = 250 + 6 \times 100 = 850$ mm

$\dfrac{h_w}{b} = \dfrac{360}{250} = 1.44 < 4$

按 $\dfrac{V}{bh_0} + \dfrac{T}{0.8W_t} \leqslant 0.25\beta_c f_c$ 进行截面尺寸验算

$\dfrac{V}{bh_0} + \dfrac{T}{0.8W_t} = \dfrac{120 \times 10^3}{250 \times 460} + \dfrac{15 \times 10^6}{0.8 \times 1377.1 \times 10^4} = 2.41$ N/mm$^2 \leqslant 0.25\beta_c f_c = 0.25 \times 1.0 \times$

$14.3 = 3.58$ N/mm^2

截面尺寸满足要求。

(2)验算是否可以按构造配置受扭纵向钢筋和受扭箍筋。

按 $\dfrac{V}{bh_0} + \dfrac{T}{W_t} \leqslant 0.7f_t$ 进行计算

$\dfrac{V}{bh_0} + \dfrac{T}{W_t} = \dfrac{120 \times 10^3}{250 \times 460} + \dfrac{15 \times 10^6}{1377.1 \times 10^4} = 2.13$ N/mm$^2 > 0.7f_t = 0.7 \times 1.43 = 1.0$ N/mm^2

应需按计算配置钢筋。

(3)验算是否要考虑剪扭相关性。

$T = 15$ kN·m $> 0.175f_t W_t = 0.175 \times 1.43 \times 1377.1 \times 10^4 = 3.45$ kN·m

$V = 120$ kN $> 0.35f_t bh_0 = 0.35 \times 1.43 \times 250 \times 460 = 57.56$ kN

须考虑剪扭相关性。

(4)计算受弯纵筋。

由于 $\alpha_1 f_c b_f' h_f' \left(h_0 - \dfrac{h_f'}{2}\right) = 1.0 \times 14.3 \times 400 \times 100 \times \left(460 - \dfrac{100}{2}\right)$

$= 234.52$ kN·m > 110 kN·m

故属于第一类"T"形截面梁。

求 α_s：$\alpha_s = \dfrac{M}{\alpha_1 f_c b_f' h_0^2} = \dfrac{110 \times 10^6}{1.0 \times 14.3 \times 400 \times 460^2} = 0.091$

得出：$\xi = 1 - \sqrt{1 - 2\alpha_s} = 1 - \sqrt{1 - 2 \times 0.091} = 0.096 < \xi_b = 0.518$

$A_s = \dfrac{\alpha_1 f_c b_f' \xi h_0}{f_y} = \dfrac{1.0 \times 14.3 \times 400 \times 0.096 \times 460}{360} = 702$ mm^2

(5)计算受剪及受扭钢筋

1)腹板和受压翼缘承受的扭矩。

腹板 $\qquad T_w = \dfrac{W_{tw}}{W_t}T = \dfrac{1302.1 \times 10^4}{1377.1 \times 10^4} \times 15 \times 10^6 = 14.18 \text{ kN} \cdot \text{m}$

受压翼缘 $\qquad T'_w = \dfrac{W'_{tf}}{W_t}T = \dfrac{75 \times 10^4}{1377.1 \times 10^4} \times 15 \times 10^6 = 0.817 \text{ kN} \cdot \text{m}$

2)腹板配筋计算。

取混凝土保护层厚度 $c = 20$ mm，箍筋直径为 8 mm，

$b_{cor} = 250 - 2 \times (20 + 8) = 194$ mm

$h_{cor} = 500 - 2 \times (20 + 8) = 444$ mm

$A_{cor} = b_{cor} \times h_{cor} = 194 \times 444 = 86136 \text{ mm}^2$

$u_{cor} = 2(b_{cor} + h_{cor}) = 2 \times (194 + 444) = 1276$ mm

①腹板箍筋计算。

受扭箍筋计算，由式(8-36)有

$$\beta_t = \frac{1.5}{1 + 0.5 \dfrac{V}{T_w} \dfrac{W_{tw}}{bh_0}} = \frac{1.5}{1 + 0.5 \times \dfrac{120 \times 10^3}{14.18 \times 10^6} \times \dfrac{1302.1 \times 10^4}{250 \times 460}} = 1.014 > 1.0$$

取 $\beta_t = 1.0$

取 $\zeta = 1.2$，按式(8-35)得

$$\frac{A_{st1}}{s} = \frac{T_w - 0.35\beta_t f_t W_{tw}}{1.2\sqrt{\zeta}f_{yv}A_{cor}}$$

$$= \frac{14.18 \times 10^6 - 0.35 \times 1.0 \times 1.43 \times 1302.1 \times 10^4}{1.2 \times \sqrt{1.2} \times 300 \times 86136}$$

$$= 0.226 \text{ mm}^2/\text{mm}$$

受剪箍筋计算，由式(8-34)得

$$\frac{A_{sv}}{s} = \frac{V_u - 0.7(1.5 - \beta_t)f_t bh_0}{f_{yv}h_0}$$

$$= \frac{120 \times 10^3 - 0.7 \times (1.5 - 1.0) \times 1.43 \times 250 \times 460}{300 \times 460}$$

$$= 0.452 \text{ mm}^2/\text{mm}$$

腹板所需单肢箍筋总面积

$$\frac{A_{st1}}{s} + \frac{A_{sv}}{2s} = 0.226 + \frac{0.452}{2} = 0.452 \text{ mm}^2/\text{mm}$$

取箍筋直径为 $\Phi 8$ 的 HRB335 级钢筋，其截面面积为 50.3 mm²，得箍筋间距为

$$s = \frac{50.3}{0.452} = 111.3, \text{ 取 } s = 110 \text{ mm}$$

②腹板纵筋计算。

受扭纵筋计算，由式(8-18)，求得

$$A_{stl} = \frac{\zeta f_{yv} A_{st1} u_{cor}}{f_y s} = \frac{1.2 \times 300 \times 0.226 \times 1276}{360} = 288.4 \ \text{mm}^2$$

腹板底面所需受弯和受扭纵筋截面面积

$$A_s + A_{stl} \frac{(b_{cor} + 2 \times 0.25 h_{cor})}{u_{cor}} = 702 + 288.4 \times \frac{194 + 0.5 \times 444}{1276} = 796 \ \text{mm}^2$$

选用 3 根直径 20 mm 的 HRB400 级钢筋，其截面面积为 941 mm^2。

腹板两侧边所需受扭纵筋截面面积

$$A_{stl} \frac{2 \times 0.5 h_{cor}}{u_{cor}} = 288.4 \times \frac{444}{1276} = 100.4 \ \text{mm}^2$$

选用 2 根直径为 12 mm 的 HRB400 级钢筋，其截面面积为 226 mm^2。

腹板顶面所需受扭纵筋的截面面积

$$A_{stl} \frac{b_{cor} + 2 \times 0.25 h_{cor}}{u_{cor}} = 288.4 \times \frac{194 + 0.5 \times 444}{1276} = 94 \ \text{mm}^2$$

选用 2 根直径为 12 mm 的 HRB400 级钢筋，其截面面积为 226 mm^2。

3）受压翼缘配筋计算。

$$b'_{cor} = 400 - 250 - 2 \times (20 + 8) = 94 \ \text{mm}$$
$$h'_{cor} = 100 - 2 \times (20 + 8) = 44 \ \text{mm}$$
$$A'_{cor} = b'_{cor} \times h'_{cor} = 94 \times 44 = 4136 \ \text{mm}^2$$
$$u'_{cor} = 2(b'_{cor} + h'_{cor}) = 2 \times (94 + 44) = 276 \ \text{mm}$$

①受扭箍筋计算。

取 $\zeta = 1.0$，按式（8 - 23）求得

$$\frac{A'_{st1}}{s} = \frac{T'_w - 0.35 f_t W'_{tf}}{1.2 \sqrt{\zeta} f_{yv} A'_{cor}} = \frac{0.817 \times 10^6 - 0.35 \times 1.43 \times 75 \times 10^4}{1.2 \times \sqrt{1.0} \times 300 \times 4136} = 0.297 \ \text{mm}^2/\text{mm}$$

取箍筋直径为 8 mm 的双肢箍，采用 HRB335 级钢筋，则箍筋间距为

$s = \dfrac{50.3}{0.297} = 169 \ \text{mm}$，取 $s = 150$ mm

②受扭纵筋计算。

由式（8 - 18），得：

$$A_{stl} = \frac{\zeta f_{yv} A'_{st1} u'_{cor}}{f_y s} = \frac{1.0 \times 300 \times 0.297 \times 276}{360} = 68.31 \ \text{mm}^2$$

选用 4 根直径为 8 mm 的 HRB400 级钢筋，其截面面积为 201 mm^2。

（6）验算腹板最小箍筋配筋率。

由式（8 - 59），有

$$\rho_{sv,\min} = 0.28 \frac{f_t}{f_{yv}} = 0.28 \times \frac{1.43}{300} = 0.0013$$

腹板按 $\oplus$ 8@110 配箍，配箍率为：

$$\rho_{sv} = \frac{n A_{sv1}}{bs} = \frac{2 \times 50.3}{250 \times 110} = 0.0037 > 0.0013$$

（7）验算腹板弯曲受拉边的纵筋配筋量。

受扭纵筋最小配筋率，由式（8-57），得：

$$\rho_{tl, \min} = \frac{A_{stl, \min}}{bh} = 0.6\sqrt{\frac{T_w}{Vb}}\frac{f_t}{f_y} = 0.6 \times \sqrt{\frac{14.18 \times 10^6}{120 \times 10^3 \times 250} \times \frac{1.43}{360}} = 0.0016$$

$$\frac{T_w}{Vb} = \frac{14.18 \times 10^6}{120 \times 10^3 \times 250} = 0.473 < 2$$

受弯构件纵筋最小配筋率为：

$$\rho_{s, \min} = 0.45\frac{f_t}{f_y} = 0.45 \times \frac{1.43}{360} = 0.178\% < 0.2\%, \ 取\ \rho_{s, \min} = 0.2\%$$

截面弯曲受拉边的纵向受力钢筋最小配筋量为

$$\rho_{s, \min}bh + \rho_{stl, \min}bh\frac{(b_{cor} + 2 \times 0.25h_{cor})}{u_{cor}}$$

$$= 0.002 \times 250 \times 500 + 0.0016 \times 250 \times 500 \times \frac{194 + 0.5 \times 444}{1276}$$

$$= 315.2 \ mm^2 < 942 \ mm^2 \quad （实配\ 3\ \Phi 20\ 的截面面积）$$

（8）翼缘受扭的最小纵筋和最小箍筋配筋率的验算已满足，验算过程略。截面配筋见图 8-16。

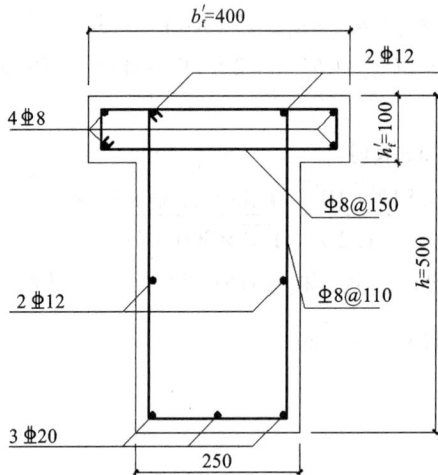

图 8-16　例 8-1 截面配筋图

重点与难点

重点：

（1）受扭构件的设计计算方法。

难点：

（1）空间桁架理论和剪扭相关性。

（2）受扭构件的构造要求。

思考与练习

思考题：

1. 按变角度空间桁架模型计算扭曲截面承载力的基本思路是什么？有哪些基本假设？有几个主要计算公式？

2. 简述钢筋混凝土纯扭和剪扭构件的扭曲截面承载力的计算步骤。

3. 纵向钢筋和箍筋的配筋强度比 ζ 的含意是什么？它起什么作用？有什么限制？

4. 在钢筋混凝土构件纯扭试验中，有几种破坏形态？它们各有什么特点？在受扭计算中如何避免少筋破坏和超筋破坏？

5. 在剪扭构件承载力计算中如符合下列条件，说明了什么？

$$\frac{V}{bh_0}+\frac{T}{W_t}>0.7f_t \quad 和 \quad \frac{V}{bh_0}+\frac{T}{0.8W_t}>0.25\beta_c f_c$$

6. 为满足受扭构件受扭承载力计算和构造规定要求，配置受扭纵筋和箍筋应当注意哪些问题？

7. 我国《规范》中受扭承载力计算公式中的 β_t 的物理意义是什么？其表达式表示了什么关系？此表达式的取值考虑了哪些因素？

练习题：

1. 有一钢筋混凝土矩形截面受纯扭构件，设计使用年限为 50 年，环境类别二 a 类，已知截面尺寸为 $b\times h=300$ mm $\times 500$ mm，配有 4 根直径为 16 mm 的 HRB400 级钢筋。箍筋直径为 8 mm 的 HRB335 级钢筋，间距为 100 mm，混凝土强度等级为 C30，试求该构件扭曲截面的受扭承载力。

2. 雨篷剖面见图 8 - 17。雨篷板上承受均布荷载（已包括板的自身重力）$q=3.6$ kN/m² （设计值），在雨篷自由端沿板宽方向每米承受活荷载 $p=1.4$ kN/m（设计值）。雨篷梁截面尺寸 240 mm $\times$ 240 mm，计算跨度 2.5 m。采用混凝土强度等级为 C30，箍筋采用 HRB335 级钢筋，纵筋采用 HRB400 级钢筋，环境类别为二 a 类，设计使用年限为 50 年。经计算知：雨篷梁弯矩设计值 $M=14$ kN·m，剪力设计值 $V=26$ kN，试确定雨篷梁端的

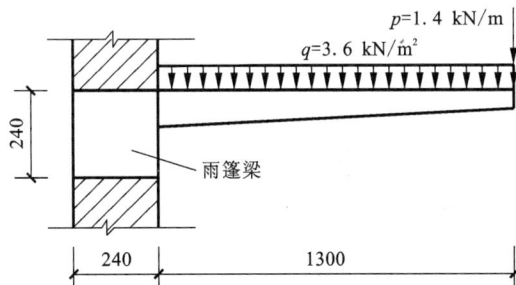

图 8 - 17

扭矩设计值并进行配筋。

3. 有一钢筋混凝土弯扭构件，设计使用年限为 50 年，环境类别二 a 类，截面尺寸为 $b \times h = 200 \text{ mm} \times 400 \text{ mm}$，弯矩设计值为 $M = 70 \text{ kN} \cdot \text{m}$，扭矩设计值为 $T = 12 \text{ kN} \cdot \text{m}$，采用 C30 混凝土，箍筋用 HRB335 级钢筋，纵向钢筋用 HRB400 级钢筋，试计算其配筋。

第 9 章

混凝土构件的裂缝、变形及耐久性

任何建筑物和构筑物的设计,必须满足下列各项预定的功能要求:

(1)安全性。结构构件能承受在正常施工和正常使用时可能出现的各种作用,以及在偶然事件发生时及发生后,仍能保持必需的整体稳定性。

(2)适用性。结构构件在正常使用时具有良好的工作性能,不出现过大的变形和过宽的裂缝。

(3)耐久性。结构构件在正常维护下具有足够的耐久性能,不发生锈蚀和风化现象。

安全、适用和耐久是结构可靠的标志,总称为结构的可靠性。

本书前面各章讨论的承载力设计问题主要是解决结构构件的安全性问题,不能解决结构构件的适用性和耐久性问题。对于使用上需要控制变形和裂缝的结构构件,除了要进行承载力计算外,还要进行正常使用情况下的变形和裂缝验算。因为,过大的变形会造成房屋内粉刷层剥落、填充墙和隔断墙开裂及屋面渗漏和积水等后果;在多层精密仪表车间中,过大的楼面变形导致仪器设备难以保持水平,进而影响产品的质量;吊车梁的挠度过大会妨碍吊车的正常运行;过大的变形,导致结构构件在可变荷载作用下可能出现因动力效应引起的共振;水池、油罐等结构开裂会引起渗漏现象;过大的裂缝会影响结构的耐久性;过大的变形和裂缝也将使用户产生心理上的不安全感。

此外,混凝土结构是由多种材料组成的复合人工材料,由于结构本身组成成分及承载力特点,在水和侵蚀性介质作用下,随着时间的推移,混凝土将出现裂缝、酥裂、溶蚀和破碎等现象,钢筋将出现锈蚀、脆化、疲劳、应力腐蚀等现象,钢筋和混凝土之间的黏结作用将逐渐减弱,即出现耐久性问题。从短期效果而言,耐久性问题影响结构构件的外观和使用功能;从长远来看,会降低结构的安全度,引起承载力方面的问题,甚至发生突然的破坏。

进行结构构件设计时,既要保证不超过承载能力极限状态,又要保证不超过正常使用极限状态。因此,需进行以下计算和验算:

(1)所有结构构件都必须进行承载能力极限状态的计算,必要时应进行结构的倾覆和滑移验算。处于地震区的结构,还应进行结构构件的抗震承载力验算。

(2)对某些直接承受重复荷载的构件,应进行疲劳强度验算。

(3)对使用上需要控制变形值的结构构件,应进行变形验算。

(4)根据裂缝控制等级要求,应对混凝土结构构件的裂缝控制情况进行验算。对叠合式受弯构件,尚应进行纵向钢筋拉应力验算。

正常使用极限状态和承载能力极限状态对应着结构的两个不同的工作阶段,因而要采用不同的荷载效应代表值和荷载效应组合进行验算和计算。此外,由于混凝土的收缩、徐变等特性,裂缝和变形将随着时间的推移而发展。因此,讨论变形和裂缝宽度验算的荷载效应组合时,应区分荷载效应的标准组合和准永久组合。对构件进行正常使用极限状态验算时,应根据不同要求,分别按荷载效应的标准组合或准永久组合进行验算,以保证变形、裂缝宽度、应力等计算值不超过相应的规定限值。

9.1 裂缝宽度验算

裂缝按其形成原因可分为两大类:一类是荷载引起的裂缝;另一类是变形因素(非荷载)引起的裂缝,如由材料收缩、温度变化、钢筋锈蚀膨胀以及不均匀沉降等原因引起的裂缝。非荷载裂缝的产生原因非常复杂,目前主要通过构造措施进行控制。本节仅讨论由荷载引起的与构件形心轴线垂直的正截面裂缝验算。裂缝宽度验算采用荷载准永久组合和材料强度的标准值。

在进行结构构件设计时,应根据使用要求选用不同的裂缝控制等级。《规范》将裂缝控制等级划分为三级:

(1)一级:严格要求不出现裂缝的构件,按荷载效应的标准组合计算时,构件受拉边缘混凝土不应产生拉应力。

(2)二级:一般要求不出现裂缝的构件,即按荷载效应标准组合计算时,构件受拉边缘混凝土的拉应力不应大于混凝土抗拉强度标准值。

(3)三级:允许出现裂缝的构件,按荷载效应准永久组合并考虑长期作用影响求得的最大裂缝宽度 w_{max},不应超过《规范》规定的最大裂缝宽度限值 w_{lim}(取值见附表 8−1)。

上述一、二级裂缝控制属于构件的抗裂能力控制;对于钢筋混凝土构件来说,混凝土在使用阶段一般都是带裂缝工作的,故按三级标准来控制裂缝宽度。

9.1.1 裂缝机理

以受弯构件纯弯段为例说明裂缝的形成和开展过程。

1. 裂缝的出现

在裂缝出现前,受弯构件纯弯段内,各截面受拉混凝土的拉应力、拉应变大致相同;钢筋拉应力、拉应变也大致相同。

当受拉区外边缘的混凝土达到其抗拉强度 f_{tk} 时,由于混凝土的塑性变形,混凝土不会马上开裂;当其拉应变接近混凝土的极限拉应变时,处于即将开裂的临界状态,即第 IIa 阶段,如图 9−1(a)所示。

当受拉区混凝土外边缘拉应变达到其极限拉应变后,在最薄弱截面处将出现第一批裂缝:一条或几条裂缝,如图 9−1(b)中的 $a−a$、$c−c$ 截面处。

第一批裂缝出现后,裂缝截面处混凝土拉应力降低为零,拉力全部由钢筋承受,钢筋拉应力突然增大。原受拉张紧的混凝土分别向截面两侧回缩,混凝土与钢筋表面存在相对滑移,促进裂缝开展。由于钢筋和混凝土之间的黏结作用,裂缝截面处的钢筋应力

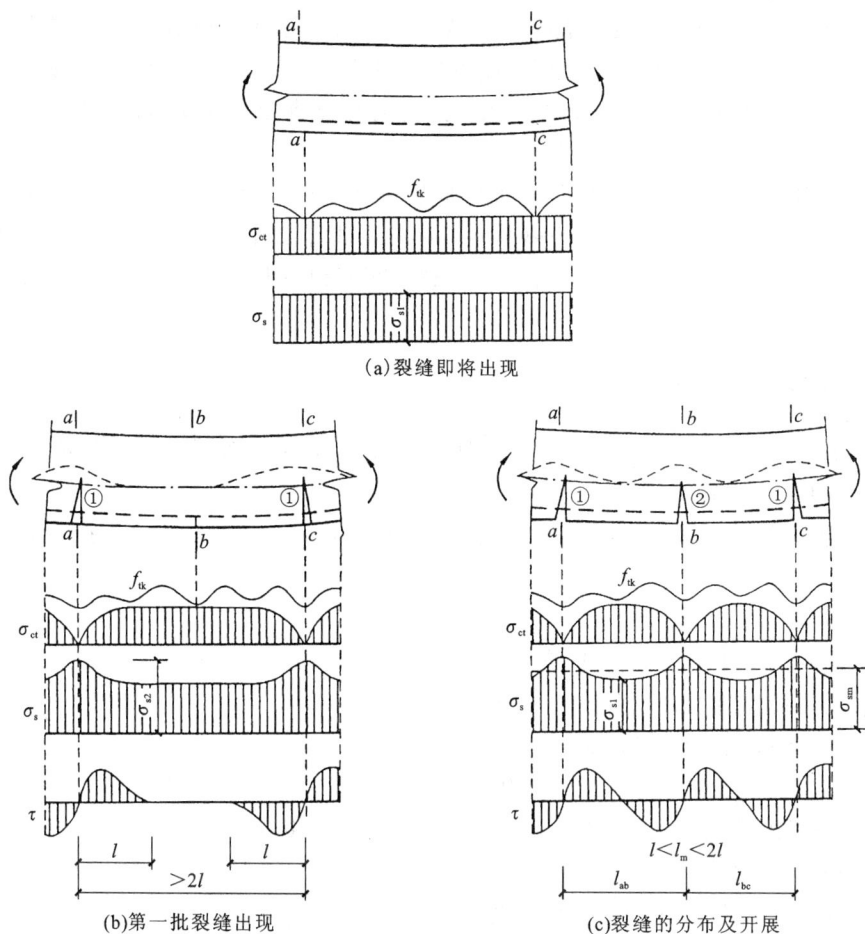

(a)裂缝即将出现

(b)第一批裂缝出现   (c)裂缝的分布及开展

图 9 - 1   裂缝的形成和开展

又通过黏结应力逐步传递给混凝土，使混凝土拉应力随离开裂缝截面距离的增大而增大，而钢筋的应力相应减小，直到钢筋和混凝土的应变相等，相对滑移和黏结应力降低为零，如图 9 - 1(b)所示。长度 l 即为黏结应力作用长度，也称为传递长度。

2. 裂缝的出齐

第一批裂缝出现后，在黏结应力作用长度 l 以外的混凝土仍处于受拉张紧状态，当弯矩增大时，离第一批开裂截面距离大于等于 l 的薄弱截面，将出现第二批裂缝，如图 9 - 1(b)、图 9 - 1(c)所示。按照此规律，其余裂缝不断出现，裂缝间距不断减小，直到裂缝间距减小到裂缝间混凝土拉应力再也不能增大到其抗拉强度时，构件上不会再出现新的裂缝，即裂缝出齐。

3. 裂缝的间距

显然，两条相邻裂缝的最大间距为 $2l$。实际的裂缝间距必定在 $l \sim 2l$ 之间，平均裂缝间距为 $1.5l$。

4. 裂缝的宽度

同一条裂缝,不同位置处的裂缝宽度是不一样的,例如,梁底面的裂缝宽度比梁侧表面的大。另外,沿裂缝深度,裂缝宽度也是不相等的,钢筋表面处的裂缝宽度大约只有混凝土表面裂缝宽度的 $1/5 \sim 1/3$。《规范》定义的裂缝开展宽度是指受拉钢筋重心水平处构件侧表面混凝土的裂缝宽度。

由于材料的不均匀性以及截面尺寸的偏差等因素的影响,裂缝的出现带有随机性,裂缝的分布和裂缝宽度具有较大的离散性。对大量试验资料的统计分析表明,平均裂缝宽度和平均裂缝间距是有规律可循的,平均裂缝宽度和最大裂缝宽度之间也具有一定的规律性。

9.1.2 平均裂缝间距

研究表明,裂缝间距主要取决于有效配筋率 ρ_{te}、钢筋直径 d 及其表面形状。此外,还与混凝土保护层厚度 c 有关。

有效配筋率 ρ_{te} 是指按有效受拉混凝土截面面积 A_{te} 计算的纵向受拉钢筋的配筋率,即:

$$\rho_{te} = A_s / A_{te} \tag{9-1}$$

有效受拉混凝土截面面积 A_{te} 按下列规定取用:

对轴心受拉构件,A_{te} 取构件截面面积;

对受弯、偏心受压和偏心受拉构件,取:

$$A_{te} = 0.5bh + (b_f - b)h_f \tag{9-2}$$

式中:b——矩形截面宽度,"T"形和工字形截面腹板厚度;

h——截面高度;

b_f, h_f——受拉翼缘的宽度和高度。

对于矩形、"T"形、倒"T"形和工字形截面,A_{te} 的取用见图 $9-2$ 所示的阴影部分面积。

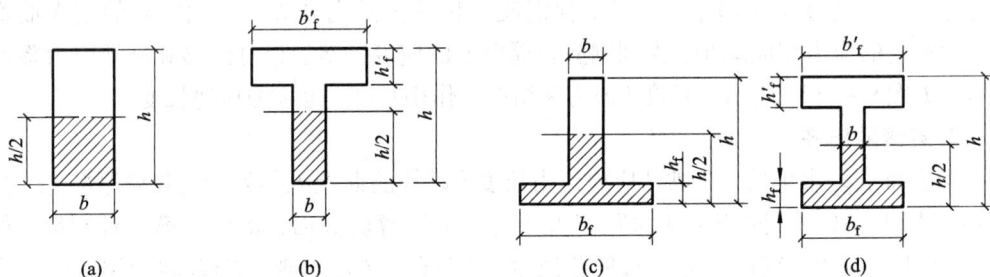

图 9 - 2 有效受拉混凝土截面面积(阴影面积)

试验表明,有效配筋率 ρ_{te} 愈高,钢筋直径愈小,则裂缝愈密,其宽度愈小。随着混凝土保护层 c 的增大,外表混凝土比靠近钢筋的内部混凝土所受约束要小。因此,当构件出现第一批裂缝后,保护层大的与保护层小的相比,在离开裂缝截面较远的地方,外表混凝土的拉应力才能增大到其抗拉强度，才可能出现第二批裂缝，其平均裂缝间距 l_{cr} 将相应增大。

根据试验结果，平均裂缝间距可按照半理论半经验公式计算：

$$l_{cr} = \beta(1.9c_s + 0.08\frac{d_{eq}}{\rho_{te}}) \tag{9-3}$$

式中：β——系数，对轴心受拉构件取 $\beta = 1.1$，对受弯、偏心受压和偏心受拉构件取 $\beta = 1.0$；

c_s——最外层纵向受拉钢筋外边缘至受拉区底边的距离，当 $c_s < 20$ mm 时，取 $c_s = 20$ mm；当 $c_s > 65$ mm 时，取 $c_s = 65$ mm；

d_{eq}——受拉区纵向钢筋的等效直径，$d_{eq} = \dfrac{\sum n_i d_i^2}{\sum n_i v_i d_i}$，$n_i$ 为受拉区第 i 种纵向钢筋的根数，d_i 为受拉区第 i 种纵向钢筋的公称直径；

v——纵向受拉钢筋相对黏结特征系数，对变形钢筋，取 $v = 1.0$；对光面钢筋，取 $v = 0.7$。

9.1.3 平均裂缝宽度

研究表明，裂缝宽度的离散性比裂缝间距更大，因此，平均裂缝宽度的确定，必须以平均裂缝间距为基础。

1. 平均裂缝宽度计算式

平均裂缝宽度 w_m 等于构件裂缝区段内钢筋的平均伸长量与相应水平处构件侧表面混凝土平均伸长量的差值(图 9-3)，即：

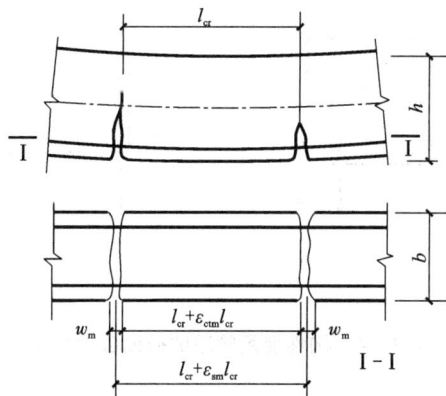

图 9-3 平均裂缝宽度计算图式

$$w_m = \varepsilon_{sm}l_{cr} - \varepsilon_{ctm}l_{cr} = \varepsilon_{sm}(1 - \frac{\varepsilon_{ctm}}{\varepsilon_{sm}})l_{cr} \tag{9-4}$$

式中：ε_{sm}——纵向受拉钢筋的平均拉应变，$\varepsilon_{sm} = \psi\varepsilon_{sq} = \psi\sigma_{sq}/E_s$；

ε_{ctm}——与纵向受拉钢筋相同水平处侧表面混凝土的平均拉应变。

将 $\varepsilon_{sm} = \psi\sigma_{sq}/E_s$ 代入式(9-4)可得:

$$w_m = \alpha_c\psi\frac{\sigma_{sq}}{E_s}l_{cr} = 0.85\psi\frac{\sigma_{sq}}{E_s}l_{cr} \tag{9-5}$$

式中: α_c——裂缝间混凝土自身伸长对裂缝宽度的影响系数, $\alpha_c = 1 - \dfrac{\varepsilon_{ctm}}{\varepsilon_{sm}}$, 可近似取值 $\alpha_c = 0.85$。

2. 裂缝截面处的钢筋应力 σ_{sq}

在荷载效应的准永久组合作用下,构件裂缝截面处纵向受拉钢筋的应力,可根据使用阶段的应力状态(图9-4),按下列公式计算:

(1)轴心受拉[图9-4(a)]。

$$\sigma_{sq} = \frac{N_q}{A_s} \tag{9-6a}$$

(2)偏心受拉[图9-4(b)]。

$$\sigma_{sq} = \frac{N_q e'}{A_s(h_0 - a_s')} \tag{9-6b}$$

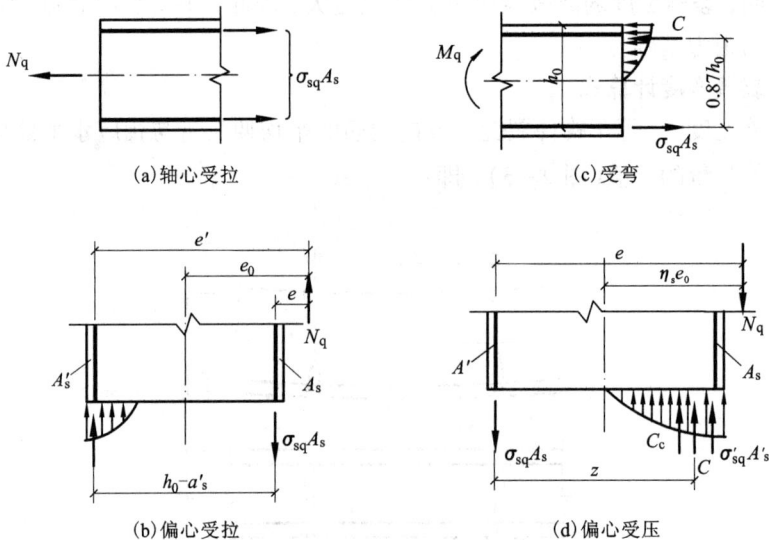

(a)轴心受拉 (c)受弯

(b)偏心受拉 (d)偏心受压

图9-4 构件使用阶段的截面应力状态

(3)受弯[图9-4(c)]。

$$\sigma_{sq} = \frac{M_q}{0.87h_0 A_s} \tag{9-6c}$$

(4)偏心受压[图9-4(d)]。

$$\sigma_{sq} = \frac{N_q(e-z)}{A_s z} \tag{9-6d}$$

$$z = \left[0.87 - 0.12 (1 - \gamma_{\mathrm{f}}') \left(\frac{h_0}{e} \right)^2 \right] h_0 \tag{9-6e}$$

$$e = \eta_{\mathrm{s}} e_0 + y_{\mathrm{s}} \tag{9-6f}$$

$$\eta_{\mathrm{s}} = 1 + \frac{1}{4000 \dfrac{e_0}{h_0}} \left(\frac{l_0}{h} \right)^2 \tag{9-6g}$$

当 $\dfrac{l_0}{h} \le 14$ 时，可取 $\eta_{\mathrm{s}} = 1.0$。

式中：A_{s}——受拉区纵向钢筋截面面积；对轴心受拉构件，A_{s} 取全部纵向钢筋截面面积；对偏心受拉构件，取受拉较大边的纵向钢筋截面面积；对受弯构件和偏心受压构件，A_{s} 取受拉区纵向钢筋截面面积；

e'——轴向拉力作用点至受压区或受拉较小边纵向钢筋合力点的距离；

e——轴向压力作用点至纵向受拉钢筋合力点的距离；

z——纵向受拉钢筋合力点至受压区合力点之间的距离，且 $z \le 0.87 h_0$；

η_{s}——使用阶段的偏心距增大系数；

y_{s}——截面重心至纵向受拉钢筋合力点的距离，对矩形截面 $y_{\mathrm{s}} = h/2 - a_{\mathrm{s}}$；

γ_{f}'——受压翼缘面积与腹板有效面积之比值：$\gamma_{\mathrm{f}}' = \dfrac{(b_{\mathrm{f}}' - b) h_{\mathrm{f}}'}{b h_0}$，其中，$b_{\mathrm{f}}'$，$h_{\mathrm{f}}'$ 为受压翼缘的宽度、高度，当 $h_{\mathrm{f}}' > 0.2 h_0$ 时，取 $h_{\mathrm{f}}' = 0.2 h_0$。

3. 钢筋应变不均匀系数 ψ

钢筋应变不均匀系数 ψ 为裂缝之间钢筋的平均应变与裂缝截面处钢筋的应变的比值，即：

$$\psi = \sigma_{\mathrm{sm}} / \sigma_{\mathrm{sq}} = \varepsilon_{\mathrm{sm}} / \varepsilon_{\mathrm{sq}} \tag{9-7}$$

ψ 愈小，裂缝之间的混凝土协助钢筋抗拉工作愈强；当 $\psi = 1$，即 $\sigma_{\mathrm{sm}} = \sigma_{\mathrm{sq}}$ 时，裂缝截面之间的钢筋应力等于裂缝截面的钢筋应力，钢筋和混凝土之间的黏结作用完全退化，混凝土不再协助钢筋抗拉。系数 ψ 反映了裂缝之间混凝土协助钢筋抗拉工作的程度。《规范》规定，ψ 按下式计算：

$$\psi = 1.1 - \frac{0.65 f_{\mathrm{tk}}}{\rho_{\mathrm{te}} \sigma_{\mathrm{sq}}} \tag{9-8}$$

为避免过高估计混凝土协助钢筋抗拉的作用，当按式（9-8）算得的 $\psi < 0.2$ 时，取 $\psi = 0.2$；$\psi > 1.0$ 时，取 $\psi = 1.0$。直接承受重复荷载的构件 $\psi = 1.0$。

9.1.4 最大裂缝宽度及其验算

由于混凝土材料的不均匀性及裂缝出现的随机性，导致裂缝间距和裂缝宽度的离散性较大，故必须考虑裂缝分布和开展的不均匀性。

按式（9-5）计算出的平均裂缝宽度应乘以考虑裂缝不均匀性扩大系数 τ_{s}，使计算出来的最大裂缝宽度 $w_{\max}$ 具有 95% 的保证率，该系数可由实测裂缝宽度分布图的统计分析求得，对于轴心受拉和偏心受拉构件 $\tau_{\mathrm{s}} = 1.9$；对于受弯和偏心受压构件 $\tau_{\mathrm{s}} = 1.66$。此外，最大裂缝宽度 w_{max} 尚应考虑在荷载长期作用影响下，由于受拉区混凝土应力松弛和滑移以及混凝土收缩，裂缝间受拉钢筋平均应变还将继续增长，裂缝宽度还会随之加大。因此，短期的最大裂缝宽度还应乘上荷载长期作用影响的裂缝扩大系数 τ_1。对各种受力构件，《规范》均取 $\tau_1 = 1.5$。这样，最大裂缝宽度为 $w_{max} = \tau_s \tau_1 w_m$，将式(9-3)和式(9-5)代入可得：

$$w_{max} = \tau_s \tau_1 \alpha_c \beta \psi \frac{\sigma_{sq}}{E_s}(1.9c_s + 0.08\frac{d_{eq}}{\rho_{te}}) \qquad (9-9)$$

令 $\alpha_{cr} = \tau_s \tau_1 \alpha_c \beta$，即可得到各种受力构件正截面最大裂缝度的统一计算公式为：

$$w_{max} = \alpha_{cr}\psi \frac{\sigma_{sq}}{E_s}(1.9c_s + 0.08\frac{d_{eq}}{\rho_{te}}) \qquad (9-10)$$

式中：α_{cr}——构件受力特征系数：对轴心受拉构件 $\alpha_{cr} = 2.7$，对偏心受拉构件 $\alpha_{cr} = 2.4$，对受弯和偏心受压构件 $\alpha_{cr} = 1.9$。

在计算最大裂缝宽度时，按式(9-1)算得的 $\rho_{te} < 0.1$ 时，《规范》规定取 $\rho_{te} = 0.1$。

对 $e_0/h_0 \leqslant 0.55$ 的偏心受压构件，裂缝宽度很小，可不进行裂缝宽度验算。

按式(9-10)算得的最大裂缝宽度 w_{max} 不应超过《规范》规定的最大裂缝宽度允许值 w_{lim}，按附表8-2取用。

在验算裂缝宽度时，构件的材料、截面尺寸及配筋、按荷载效应的准永久组合计算的钢筋应力 σ_{sq}，系数 ψ、E_s、ρ_{te} 均为已知，而保护层厚度 c 值按构造一般变化较小，故 w_{max} 主要取决于 d、v 这两个参数。因此，当计算得出 $w_{max} > w_{lim}$ 时，宜选择较细直径的变形钢筋，以增大钢筋与混凝土接触面积，提高钢筋与混凝土的黏结强度。但钢筋直径的选择也要考虑施工的方便。

如采用上述措施不能满足要求时，也可增加钢筋截面面积 A_s，加大有效配筋率 ρ_{te}，从而减小钢筋应力 σ_{sq} 和裂缝间距 l_{cr}，达到要求。而改变截面形式和尺寸、提高混凝土强度等级等措施，效果较差，一般不宜采用。

按式(9-10)算得的最大裂缝宽度 w_{max} 是指计算在纵向受拉钢筋水平处的最大裂缝宽度，而在结构试验或质量检验时，通常只能观察构件外表面的裂缝宽度，后者比前者约大 τ_b 倍。该倍数可按下列经验公式确定：

$$\tau_b = 1 + 1.5a_s/h_0 \qquad (9-11)$$

式中：a_s——从受拉钢筋截面中心到构件近边缘的距离。

【例9-1】 简支矩形截面梁的截面尺寸为 $b \times h = 200\ mm \times 500\ mm$，设计使用年限为50年，环境类别为一类。混凝土强度等级为C30，受拉纵筋为 $4\ \Phi 16$，箍筋直径为6 mm。按荷载准永久组合计算的跨中弯矩 $M_q = 70\ kN \cdot m$，最大裂缝宽度限值为 $w_{lim} = 0.3\ mm$。试验算该梁的最大裂缝宽度是否符合要求。

【解】 由附表1-1和附表1-3查得：

$$f_{tk} = 2.01\ N/mm^2,\ E_s = 2.0 \times 10^5\ N/mm^2$$

$$h_0 = 500 - 20 - 6 - \frac{16}{2} = 466\ mm,\ A_s = 804\ mm^2$$

$$v_i = v = 1.0,\ d_{dq} = d/v = 16\ mm,\ c_s = 20 + 6 = 26\ mm$$

$$\rho_{te} = \frac{A_s}{A_{te}} = \frac{A_s}{0.5bh} = \frac{804}{0.5 \times 200 \times 500} = 0.0161$$

$$\sigma_{sq} = \frac{M_q}{0.87A_s h_0} = \frac{70 \times 10^6}{0.87 \times 466 \times 804} = 214 \text{ N/mm}^2$$

$$\psi = 1.1 - 0.65 \frac{f_{tk}}{\rho_{te}\sigma_{sq}} = 1.1 - 0.65 \times \frac{2.01}{0.0161 \times 214} = 0.721$$

$$w_{max} = \alpha_{cr}\psi \frac{\sigma_{sq}}{E_s}(1.9c_s + 0.08\frac{d_{eq}}{\rho_{te}})$$

$$= 1.9 \times 0.721 \times \frac{214}{2.0 \times 10^5} \times (1.9 \times 26 + 0.08 \times \frac{16}{0.0161})$$

$$= 0.189 \text{ mm} < w_{lim} = 0.3 \text{ mm}$$

故满足要求。

9.2　受弯构件变形验算

变形验算主要是指受弯构件的挠度验算。因此，本节对受弯构件的挠度验算方法进行介绍。

9.2.1　截面弯曲刚度的定义

结构或构件受力后将在截面上产生内力，并使截面产生变形。截面上的材料抵抗内力的能力就是截面承载力，抵抗变形的能力即为截面刚度。对于承受弯矩 M 的截面来说，截面抵抗转动的能力，就是截面弯曲刚度。截面的转动以截面曲率 $\frac{1}{r}$ 来度量的，因此截面弯曲刚度就是使截面产生单位曲率需施加的弯矩值。

对于匀质弹性材料，受弯构件的挠度可按结构力学公式计算：

$$f = S\frac{Ml^2}{B} \tag{9-12}$$

式中：f——梁跨中最大挠度；

　　　S——与荷载形式、支撑条件有关的挠度系数，如承受均布荷载的简支梁，$S = 5/48$；

　　　l——计算跨度；

　　　M——跨中弯矩；

　　　B——截面弯曲刚度。

由式（9-12）可知，挠度与刚度成反比。因此挠度计算实质上就是构件弯曲刚度 B 的计算。如图9-5所示，对于匀质弹性体，受弯构件的截面刚度不随荷载的大小和时间而变化，是个常量（$B = EI$）。对于钢筋混凝土受弯构件，正常使用时处于带裂缝工作状态，裂缝处的实际截面减小，即梁的惯性矩减小，导致梁的刚度下

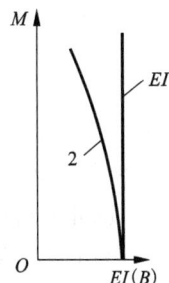

图 9-5　$M - EI(B)$ 关系曲线
（2 为钢筋混凝土适筋梁）

降。另一方面，随着弯矩增加，梁塑性变形发展，变形模量也随之减小，即 E 也随之减小。由此可见，钢筋混凝土梁的截面弯曲刚度不是一个常数，而是随着弯矩的大小而变化。同时随着荷载作用持续时间的增加，钢筋混凝土梁的截面抗弯刚度还将进一步减小，梁的挠度还将进一步增大。故不能用 EI 来表示钢筋混凝土的弯曲刚度。为了区别匀质弹性材料受弯构件的弯曲刚度，用 B_s 表示钢筋混凝土梁在荷载效应标准组合作用下的截面弯曲刚度，简称为短期刚度；用 B 表示钢筋混凝土梁在荷载效应标准组合并考虑荷载长期作用下的截面弯曲刚度，称为长期刚度。

9.2.2　短期刚度 B_s

受弯构件的弯曲刚度反映其抵抗弯曲变形的能力。在受弯构件的纯弯段，当弯矩一定时，截面弯曲刚度大，则其弯曲变形小；反之，弯曲变形大。因此，弯矩作用下的截面曲率与其刚度有关。从几何关系分析曲率是由构件截面受拉区伸长、受压区变短而形成。显然，截面拉、压变形愈大，其曲率也愈大。若知道截面受拉区和受压区的应变值就能求出曲率，再由弯矩与曲率的关系，即可求出钢筋混凝土受弯构件截面刚度。

由材料力学可知，弹性匀质材料梁的截面弯矩 M 和曲率 $\frac{1}{r}$ 的关系为：

$$\frac{1}{r} = \frac{M}{EI} \qquad (9-13)$$

式中：r——截面曲率半径；

　　　$\frac{1}{r}$——截面曲率；

　　　EI——$M - \frac{1}{r}$ 曲线的斜率。

试验表明，钢筋混凝土适筋梁 $M - \frac{1}{r}$ 曲线的斜率随弯矩增大而减小(图 9-6)。在混凝土开裂前的第 I 阶段，考虑受拉区混凝土的塑性，通常偏安全地取混凝土短期刚度为：

$$B_s = 0.85 E_c I_0 \qquad (9-14)$$

式中：E_c——混凝土的弹性模量；

　　　I_0——换算截面的惯性矩。

构件受拉区混凝土开裂后，裂缝截面处受拉混凝土逐步退出工作，截面弯曲刚度出现明显下降。钢筋混凝土受弯构件的变形验算以第 II 阶段的 $\sigma - \varepsilon$ 状态为依据。图 9-7 给出了正常使用时纯弯段内混凝土和钢筋应变的分布情况。裂缝出现后，受压混凝土和受拉钢筋的应变沿构件长度方向的分布是不均匀的，中和轴呈波浪状；曲率分布也是不均匀的，裂缝截

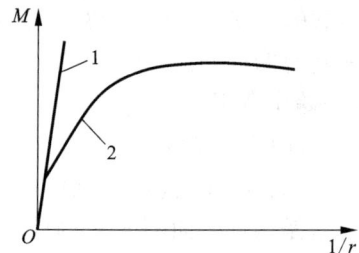

1—匀质弹性材料梁；　2—钢筋混凝土适筋梁

图 9-6　$M - \frac{1}{r}$ 关系曲线

面曲率最大,裂缝中间截面曲率最小;平均应变 ε_{cm}、ε_{sm} 及平均中和轴高度在纯弯段内是不变的,且符合平截面假定。

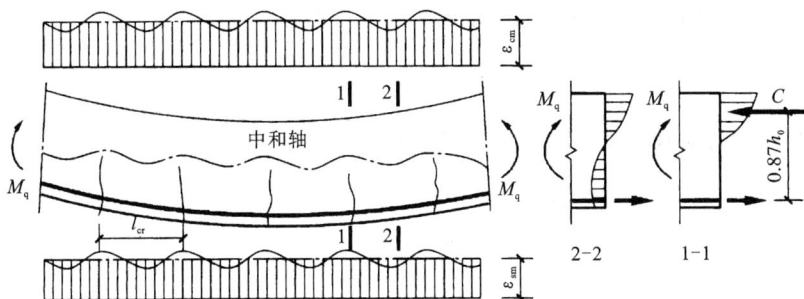

图 9 - 7 纯弯段内混凝土和钢筋应变分布

根据平截面假定,可得到平均曲率为:

$$\frac{1}{r} = \frac{\varepsilon_{cm} + \varepsilon_{sm}}{h_0} \tag{9-15}$$

而曲率与弯矩和刚度有如下关系:

$$\frac{1}{r} = \frac{M_q}{B_s} \tag{9-16}$$

将式(9-16)代入式(9-15)得:

$$B_s = \frac{M_q h_0}{\varepsilon_{cm} + \varepsilon_{sm}} \tag{9-17}$$

式中: ε_{sm}——裂缝截面之间钢筋的平均应变;

ε_{cm}——裂缝截面之间受压区混凝土边缘的平均应变;

M_q——按荷载准永久组合计算的纯弯段截面弯矩。

纵向受拉钢筋的平均应变 ε_{sm} 可由裂缝截面处纵向受拉钢筋的应变 ε_{sq} 来表示,即:

$$\varepsilon_{sm} = \psi \varepsilon_{sq} = \psi \frac{\sigma_{sq}}{E_s} = \psi \frac{M_q}{A_s \eta h_0 E_s} \tag{9-18}$$

式中: ψ——裂缝间纵向受拉钢筋的应变不均匀系数,按式(9-8)计算;

η——裂缝截面处内力臂系数,可近似取 $\eta = 0.87$。

受压区边缘混凝土的平均压应变 ε_{cm} 可取为:

$$\varepsilon_{cm} = \frac{M_q}{\zeta b h_0^2 E_c} \tag{9-19}$$

式中: ζ——受压区边缘混凝土平均应变综合系数。

将式(9-18)和式(9-19)代入式(9-17)得:

$$B_s = \frac{h_0}{\dfrac{\psi}{A_s \eta h_0 E_s} + \dfrac{1}{\zeta b h_0^2 E_c}} \tag{9-20}$$

以 $E_s h_0 A_s$ 同乘分子和分母,并取 $\alpha_E = E_s / E_c$、$\rho = A_s / (b h_0)$,可得:

$$B_s = \frac{E_s A_s h_0^2}{1.15\psi + \dfrac{\alpha_E \rho}{\zeta}} \qquad (9-21)$$

通过对常见截面受弯构件实测结果的分析,可取:

$$\frac{\alpha_E \rho}{\zeta} = 0.2 + \frac{6\alpha_E \rho}{1 + 3.5\gamma_f'} \qquad (9-22)$$

从而得到钢筋混凝土受弯构件的短期刚度 B_s 的计算公式:

$$B_s = \frac{E_s A_s h_0^2}{1.15\psi + 0.2 + \dfrac{6\alpha_E \rho}{1 + 3.5\gamma_f'}} \qquad (9-23)$$

式中:γ_f'——受压翼缘截面面积与腹板有效面积的比值,对矩形截面,$\gamma_f' = 0$;"T"形和工字形截面,$\gamma_f' = (b_f' - b)b_f'/(bh_0)$;当 $b_f' > 0.2h_0$ 时,取 $b_f' = 0.2h_0$。

9.2.3 长期刚度 B

在长期荷载作用下,钢筋混凝土梁的挠度将随时间推移而不断缓慢增长,抗弯刚度随时间推移而不断降低,这一过程往往要持续很长时间。钢筋混凝土梁挠度不断增长的原因主要是由于受压区混凝土的徐变变形,使混凝土的压应变随时间而增长。另外,裂缝之间受压区混凝土的应力松弛、受拉钢筋和混凝土之间黏结滑移徐变,都使得混凝土不断退出工作,从而使受拉钢筋平均应变随时间增大。因此,凡是影响混凝土徐变和收缩的因素,如受压钢筋配筋率、加荷龄期和使用环境的温湿度等,都对长期荷载作用下构件挠度的增长有影响。

《规范》关于变形验算的条件,要求在荷载效应标准组合作用下并考虑荷载长期作用影响后的构件挠度不超过规定挠度限值。因此,应用长期刚度来计算构件的挠度。按《规范》规定,受弯构件采用荷载准永久组合时的刚度可按下式计算:

$$B = \frac{B_s}{\theta} \qquad (9-24)$$

式中:θ——考虑荷载长期作用对挠度增大的影响系数。当 $\rho' = 0$,取 $\theta = 2.0$;$\rho' = \rho$,取 $\theta = 1.6$;ρ' 为中间数值时,θ 按线性插值取用。此处,ρ' 为受压钢筋的配筋率,取 $\rho' = A_s'/(bh_0)$。此外,对于翼缘位于受拉区的倒"T"形截面,θ 应增大 20%。

9.2.4 挠度验算

上面所讲的刚度均指纯弯区段内平均的截面弯曲刚度。但是,即使是等截面梁,在剪跨区段内各截面弯矩也是不相等的(图9-8),靠近支座的截面弯曲刚度要大于纯弯区段内截面弯曲刚度。按照这样的变刚度来计算梁的挠度显然十分烦琐。为简化计算,可近似按纯弯区段内平均的截面弯曲刚度采用,这就是"最小刚度原则"。"最小刚度原则"就是取同号弯矩区段内弯矩最大截面的弯曲刚度作为该区段的弯曲刚度。对于简支梁即取最大正弯矩截面按式(9-24)计算的截面刚度,并以此作为全梁的弯曲刚度。对于带悬挑的简支梁、连续梁或框架梁,则取最大正弯矩截面和最小负弯矩截面的弯曲刚度,分别作为相应弯矩区段的弯曲刚度。例如,受均布荷载作用的等截面伸臂梁,弯矩分布如图 9 - 9(a)所示,弯曲刚度取值如图 9 - 9(b)所示。

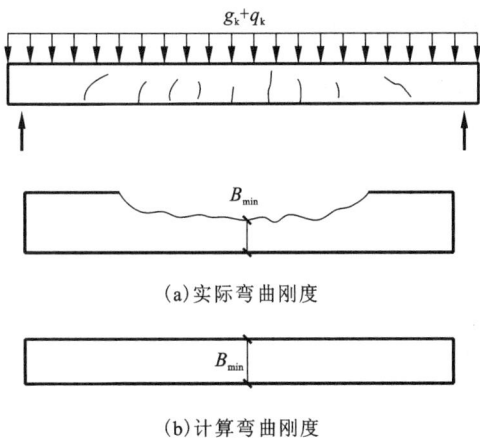

(a)实际弯曲刚度

(b)计算弯曲刚度

图 9 - 8　简支梁弯曲刚度分布图

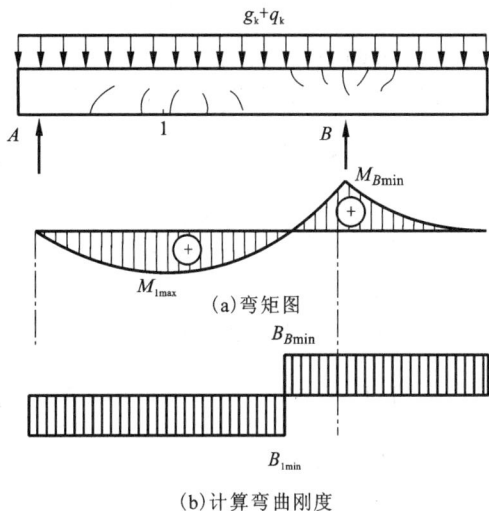

(a)弯矩图

(b)计算弯曲刚度

图 9 - 9　伸臂梁弯曲刚度分布图

需要指出的是,钢筋混凝土受弯构件同一符号区段内最大弯矩处截面刚度最小,但此截面的挠度不一定最大,如外伸梁的 B 支座截面(图 9 - 9),弯矩绝对值最大,而挠度为零。

弯曲刚度分布图确定后,即可按结构力学的方法计算钢筋混凝土受弯构件的挠度。挠度应按照荷载准永久组合并考虑荷载长期效应影响进行验算。最大挠度 f 应满足:

$$f \leqslant f_{lim} \tag{9 - 25}$$

式中:f_{lim}——《规范》规定的受弯构件的挠度限值,按附表 8 - 1 取用;

f——根据最小刚度原则采用的刚度 B 计算的挠度,当跨间为同号弯矩时,由式(9 - 12)得:

$$f - S \frac{M_q l_0^2}{B} \tag{9 - 26}$$

【例 9 - 2】　矩形截面简支梁,计算跨度 $l_0 = 6$ m,截面尺寸 $b \times h = 200$ mm × 550 mm,承受均布恒荷载 $g_k = 10$ kN/m,均布活荷载 $q_k = 12$ kN/m,活荷载的准永久值系数 $\psi_q = 0.5$。混凝土强度等级为 C25($E_c = 2.8 \times 10^4$ N/mm², $f_{tk} = 1.78$ N/mm²),受拉纵筋为 3 ⏀ 20($E_s = 2.0 \times 10^5$ N/mm², $A_s = 941$ mm²),环境类别为一类。试验算该梁的挠度。

【解】　(1)荷载效应计算。

均布恒荷载

$$M_{gk} = \frac{1}{8} g_k l_0^2 = \frac{1}{8} \times 10 \times 6^2 = 45 \text{ kN · m}$$

均布活荷载

$$M_{qk} = \frac{1}{8}q_k l_0^2 = \frac{1}{8} \times 12 \times 6^2 = 54 \text{ kN} \cdot \text{m}$$

荷载准永久组合下的弯矩

$$M_q = M_{gk} + \psi_q M_{qk} = 45 + 0.5 \times 54 = 72 \text{ kN} \cdot \text{m}$$

(2)短期刚度 B_s 计算。

混凝土保护层厚度为 25 mm，假设箍筋直径为 8 mm，则：

$$a_s = 25 + 8 + \frac{20}{2} = 43 \text{ mm}, \quad h_0 = h - a_s = 550 - 43 = 507 \text{ mm}$$

$$\sigma_{sq} = \frac{M_q}{\eta A_s h_0} = \frac{72 \times 10^6}{0.87 \times 941 \times 507} = 173 \text{ N/mm}^2$$

$$\rho_{te} = \frac{A_s}{A_{te}} = \frac{A_s}{0.5bh} = \frac{941}{0.5 \times 200 \times 550} = 0.0171$$

$$\psi = 1.1 - 0.65 \frac{f_{tk}}{\rho_{te}\sigma_{sq}} = 1.1 - 0.65 \times \frac{1.78}{0.0171 \times 173} = 0.71$$

$$\alpha_E = \frac{E_s}{E_c} = \frac{2.0 \times 10^5}{2.8 \times 10^4} = 7.14$$

$$\rho = \frac{A_s}{bh_0} = \frac{941}{200 \times 507} = 0.0093$$

矩形截面 $\gamma_f' = 0$

$$B_s = \frac{E_s A_s h_0^2}{1.15\psi + 0.2 + \dfrac{6\alpha_E\rho}{1 + 3.5\gamma_f'}} = \frac{2 \times 10^5 \times 941 \times 507^2}{1.15 \times 0.71 + 0.2 + 6 \times 7.14 \times 0.0093} \quad (\text{V})$$

$$= 3.42 \times 10^{13} \text{ N} \cdot \text{mm}^2$$

(3)长期刚度 B 计算。

$\rho' = 0$，取 $\theta = 2$，则

$$B = \frac{B_s}{\theta} = \frac{3.42 \times 10^{13}}{2} = 1.71 \times 10^{13}$$

(4)挠度计算。

$$f = \frac{5}{384} \frac{g_k + \psi_q q_k}{B} l_0^4 = \frac{5}{384} \times \frac{10 + 0.5 \times 12}{1.71 \times 10^{13}} \times 6000^4 = 15.8 \text{ mm} < f_{\lim} = \frac{l_0}{200} = 30 \text{ mm}$$

故满足要求。

9.3　混凝土结构的耐久性

9.3.1　耐久性设计的一般概念

混凝土结构的耐久性是指在规定的设计使用年限内，在正常维护条件下，不需要进行大修即可满足正常使用和安全功能的能力。设计使用年限主要根据建筑物的重要程度或业主需要确定。一般建筑设计使用年限为 50 年，纪念性建筑和特别重要建筑为

100 年。

混凝土结构的耐久性问题主要表现为：混凝土的损伤（裂缝、破碎、酥裂、磨损、溶蚀等）；钢筋的锈蚀、脆化、疲劳、应力腐蚀等；以及钢筋和混凝土之间黏结锚固作用的削弱等。从短期效果看，耐久性问题影响结构的外观及使用功能；从长远看，会降低结构的安全度，引起构件承载力问题，甚至发生破坏。

影响混凝土耐久性的因素很多，可分为内部因素和外部因素两方面。内部因素包括混凝土强度、密实性、水泥用量、水胶比、氯离子和碱含量、保护层厚度等；外部因素主要指环境条件，包括温湿度、CO_2 浓度和侵蚀性介质等。其中混凝土的碳化和钢筋的锈蚀是影响混凝土结构耐久性的最主要因素。

混凝土结构的耐久性按正常使用极限状态控制，耐久性设计应根据结构的环境类别和设计使用年限来进行。

9.3.2　混凝土结构的耐久性设计

混凝土结构耐久性设计的基本内容如下：

1. 确定结构所处环境类别

结构工作环境分为五大类，详见附表 8 – 3。

2. 提出对混凝土材料的耐久性基本要求

一类、二类和三类环境中，设计使用年限为 50 年的结构混凝土应符合表 9 – 1 的规定。

表 9 – 1　结构混凝土材料的耐久性基本要求

环境类别	最大水胶比	最低混凝土强度等级	最大氯离子含量（％）	最大碱含量（kg/m³）
一	0.60	C20	0.30	不限制
二 a	0.55	C25	0.20	3.0
二 b	0.50（0.55）	C30（C25）	0.15	
三 a	0.45（0.50）	C35（C30）	0.15	
三 b	0.40	C40	0.10	

注：1. 氯离子含量系指其占水泥用量的百分比；

2. 预应力构件混凝土中的最大氯离子含量为 0.06％；最低混凝土强度等级应按表中规定提高两个等级；

3. 素混凝土构件的水胶比及最低强度等级的要求可适当放松；

4. 有可靠工程经验时，二类环境中的最低混凝土强度等级可降低一个等级；

5. 处于严寒和寒冷地区二 b、三 a 类环境中的混凝土应使用引气剂，并可采用括号中的有关参数；

6. 当使用非碱活性骨料时，对混凝土中的碱含量可不作限制。

3. 确定构件中钢筋的混凝土保护层厚度

混凝土保护层厚度应符合附表 3 – 1 的规定；当采取有效的表面防护措施时，混凝土保护层厚度可适当减少。

4. 混凝土结构及构件的耐久性技术措施

(1)预应力混凝土结构中的预应力筋应根据具体情况采取表面防护、孔道灌浆、加大混凝土保护层厚度等措施,外露的锚固端应采取封锚和混凝土表面处理等有效措施。

(2)有抗渗要求的混凝土结构,混凝土的抗渗等级应符合有关标准的要求。

(3)严寒和寒冷地区的潮湿环境中,结构混凝土应满足抗冻要求,混凝土抗冻等级应符合有关标准的要求。

(4)处于二、三类环境中的悬臂构件宜采用悬臂梁板的结构形式,或在其表面增设保护层。

(5)处于二、三类环境中的结构构件,其表面的预埋件、吊钩、连接件等金属部件应采取可靠的防锈措施。

(6)处于三类环境中的混凝土结构构件,可采用阻锈剂、环氧树脂涂层钢筋或其他具有耐腐蚀性能的钢筋、采取阴极保护措施或采用可更换的构件等措施。

5. 结构在设计使用年限内的检测和维护要求

(1)建立定期检测、维护制度。

(2)设计中可更换的混凝土构件应按规定更换。

(3)构件表面的防护层,应按规定维护及更换。

(4)结构出现可见的耐久性缺陷时,应及时进行处理。

对临时性混凝土结构,可不考虑混凝土的耐久性要求。

重点与难点

重点:(1)构件裂缝、变形和耐久性的重要性;(2)裂缝宽度验算方法;(3)变形验算方法;(4)耐久性设计要求。

难点:(1)裂缝宽度验算方法;(2)变形验算方法。

思考与练习

思考题:

1. 为什么要对混凝土结构构件的变形和裂缝宽度进行验算?

2. 钢筋混凝土梁的纯弯段在裂缝间距稳定后,钢筋和混凝土的应变沿构件长度上的分布具有哪些特点?

3. 钢筋混凝土受弯构件的挠度验算为什么不直接采用结构力学公式?

4. 何谓"最小刚度原则"? 为什么在荷载长期作用下受弯构件的刚度要降低?

5. 挠度验算与承载力计算有何区别?

6. 配筋率对结构的承载力和挠度有什么样的影响?

7. 减小裂缝宽度最有效的措施是什么?

8. 减小受弯构件挠度的措施有哪些? 其中最有效的措施是什么?

9. 如何提高混凝土结构的耐久性?

练习题：

1. 一矩形截面简支梁，截面尺寸 $b \times h = 200 \text{ mm} \times 500 \text{ mm}$，计算跨度 $l_0 = 5.6 \text{ m}$。承受均布恒荷载 $g_k = 12.4 \text{ kN/m}$，均布活荷载 $q_k = 8 \text{ kN/m}$，活荷载的准永久值系数 $\psi_q = 0.5$。混凝土强度等级为 C25，梁下部受拉纵筋为 4 Φ 16，箍筋直径为 6 mm，环境类别为一类。试验算该梁的最大裂缝宽度是否满足要求。

2. 已知条件同习题 1，梁的允许挠度为 $l_0/200$。验算该梁的挠度是否满足要求。

第 **10** 章

预应力混凝土构件

10.1　预应力混凝土结构的基本概念及其应用

混凝土的抗拉强度仅为其抗压强度的 $1/18 \sim 1/8$，极限拉应变仅为 $(0.1 \sim 0.15) \times 10^{-3}$，所以在使用荷载作用下，通常是带裂缝工作的。在开裂荷载作用下，受拉钢筋的应力仅为 $20 \sim 30$ MPa，不能充分利用其强度。对允许开裂的构件，通常当受拉钢筋应力达到 250 MPa 时，裂缝宽度已达到 $0.2 \sim 0.3$ mm，构件耐久性将急剧降低，故不宜用于高湿度或侵蚀性环境中。如要满足变形和裂缝控制的要求，则需增大构件的截面尺寸和用钢量。这将导致自重过大，使钢筋混凝土结构很难用于大跨度或承受动力荷载的结构。如果采用高强度钢筋，在使用荷载作用下，其应力可达 $500 \sim 1000$ MPa。但此时的裂缝宽度将很大，无法满足使用要求。因而，钢筋混凝土结构中采用高强度钢筋并不能充分发挥其作用。而提高混凝土强度等级对提高构件的抗裂性能和控制裂缝宽度的作用也不大。

由上述可知，钢筋混凝土结构在使用中存在如下两个问题：一是一般需要带裂缝工作；二是无法充分利用高强材料。这使得钢筋混凝土结构在桥梁工程中的使用范围受到很大限制。要使钢筋混凝土结构得到进一步的发展，就必须克服混凝土抗拉强度低这一缺点。于是人们在长期的工程实践及研究中，创造出了预应力混凝土结构。

10.1.1　预应力混凝土的概念

所谓预应力混凝土，就是事先人为地在混凝土或钢筋混凝土中引入内部应力，其数值和分布恰好能将使用荷载产生的应力抵消到一个合适的程度。例如，对混凝土或钢筋混凝土梁的受拉区预先施加压应力，使之建立一种人为的应力状态，这种应力的大小和分布规律，能有利于抵消使用荷载作用下产生的拉应力，因而使混凝土构件在使用荷载作用下不致开裂，或推迟开裂，或者使裂缝宽度减小。这种配置预应力筋并施加预应力的结构，称为预应力混凝土结构。

现以图 10 − 1 所示的简支梁为例，进一步说明预应力混凝土结构的基本原理。

设混凝土梁跨径为 L，截面为 $b \times h$，承受均布荷载 q（含自重在内），其跨中最大弯矩 $M = ql^2/8$，此时跨中截面上、下缘的应力［图 10 − 1(c)］为：

上缘，$\sigma_{cu} = 6M/bh^2$　（压应力）。

下缘，$\sigma_{\mathrm{cb}} = 6M/bh^2$（拉应力）。

假如预先在离该梁下缘 $h/3$（即偏心距 $e = h/6$）处，设置高强钢丝束，并在梁的两端对拉锚固，使钢束中产生拉力 N_{p}，其弹性回缩的压力将作用于梁端混凝土截面与钢束同高的水平处[图 10–1(b)]，回缩力的大小亦为 N_{p}。如令 $N_{\mathrm{p}} = 3M/h$，则同样可求得 N_{p} 作用下，梁跨中截面上、下缘所产生的应力[图 10–1(d)]为：

下缘，$\sigma_{\mathrm{cpu}} = \dfrac{N_{\mathrm{p}}}{bh} - \dfrac{N_{\mathrm{p}} \cdot e}{bh^2/6} = \dfrac{3M}{bh^2} - \dfrac{1}{bh^2/6} \cdot \dfrac{3M}{h} \cdot \dfrac{h}{6} = 0$。

上缘，$\sigma_{\mathrm{cpb}} = \dfrac{N_{\mathrm{p}}}{bh} + \dfrac{N_{\mathrm{p}} \cdot e}{bh^2/6} = \dfrac{6M}{bh^2}$（压应力）。

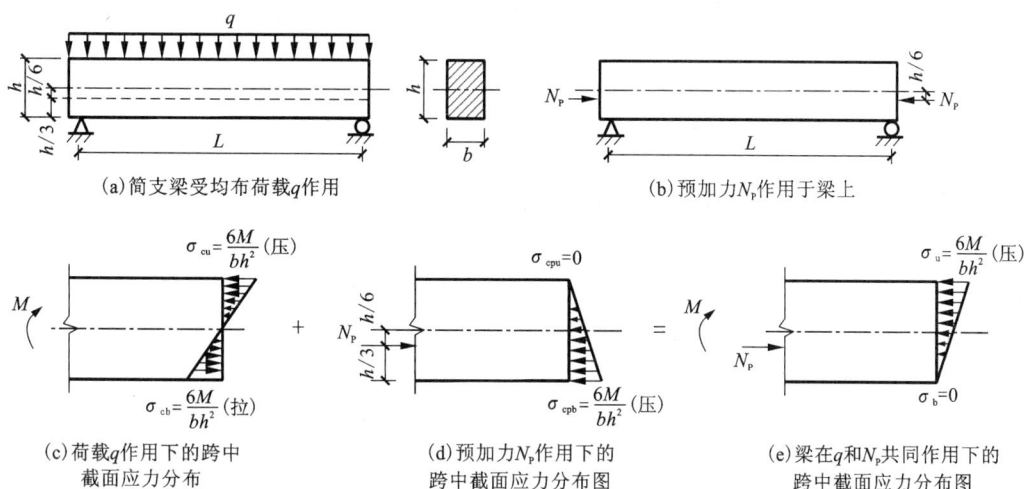

(a)简支梁受均布荷载q作用　　　　　　　　　(b)预加力N_{p}作用于梁上

(c)荷载q作用下的跨中
截面应力分布

(d)预加力N_{p}作用下的
跨中截面应力分布图

(e)梁在q和N_{p}共同作用下的
跨中截面应力分布图

图 10–1　预应力混凝土结构基本原理图

如图 10–1(e)所示，由于预先给混凝土梁施加了预压应力，使混凝土梁在均布荷载 q 作用下边缘所产生的拉应力全部被抵消，因而可避免混凝土出现裂缝，混凝土梁可以全截面参加工作。这就相当于改善了梁中混凝土的抗拉性能，而且可以达到充分利用高强钢材的目的。上述概念就是预应力混凝土结构的基本原理。其实，预应力原理的应用早就有了。例如在建筑工地用砖钳装卸砖块，被钳住的一叠水平砖块不会掉落；用铁箍紧箍木桶，木桶盛水而不漏等。这些都是运用预应力原理的浅显事例。

从图 10–1 还可看出，预加力 N_{p} 所产生的反弯矩与偏心距 e 成正比例。为了节省预应力筋的用量，设计中常常尽量减小 N_{p} 值，因此在弯矩最大的跨中截面就必须尽量加大偏心距 e 值。如果沿全梁 N_{p} 值保持不变，对于外弯矩较小的截面，则需将 e 值相应地减小，以免由于预加力弯矩过大，使梁的上缘出现拉应力，甚至出现裂缝。预加力 N_{p} 在各截面的偏心距 e 值的调整工作，在设计时通常是通过曲线配筋的形式来实现的，这在后面的受弯构件设计中将作进一步介绍。

10.1.2 预应力混凝土的分类

根据预加应力值大小对构件截面裂缝控制程度的不同,预应力混凝土构件分为全预应力与部分预应力混凝土两类。

当使用荷载作用下,不允许截面上混凝土出现拉应力的构件,称为全预应力混凝土,大致相当于《规范》中裂缝控制等级为一级,即严格要求不出现裂缝的构件。

当使用荷载作用下根据荷载效应组合情况,不同程度地保证混凝土不开裂的构件,则称为限值预应力混凝土,大致相当于《规范》中裂缝控制等级为二级,即一般要求不出现裂缝的构件。限值预应力混凝土也属部分预应力混凝土。

当使用荷载作用下,允许出现裂缝,但最大裂缝宽度不超过允许值的构件,则称为部分预应力混凝土,大致相当于《规范》中裂缝控制等级为三级,即允许出现裂缝的构件。

10.1.3 预应力混凝土结构优缺点及其应用

预应力混凝土结构具有下列优点:

(1)提高了构件的抗裂度和刚度。对构件施加预应力后,使构件在使用荷载作用下可不出现裂缝,或可使裂缝推迟出现,有效地改善了构件的使用性能,提高了构件的刚度,增加了结构的耐久性。

(2)可节省材料,减轻自重。由于预应力混凝土采用高强材料,因而可减少构件截面尺寸,节省钢材与混凝土用量,降低结构的自重。

(3)可减小混凝土梁的竖向剪力和主拉应力。预应力混凝土梁的曲线钢筋(束),可使梁中支座附近的竖向剪力减小;又由于混凝土截面上预压应力的存在,使荷载作用下的主拉应力也相应减小。这有利于减小梁的腹板厚度,使预应力混凝土梁的自重可以进一步减小。

(4)结构质量安全可靠。施加预应力时,钢筋(束)与混凝土都同时经受了一次强度检验。如果在施加预应力时构件质量表现良好,那么在使用时也可以认为是安全可靠的。因此,有人称预应力混凝土结构是经过预先检验的结构。

(5)此外,预应力还可以提高结构的耐疲劳性能。因为具有强大的预应力钢筋,在使用阶段由加荷或卸荷所引起的应力变化幅度相对较小,所以引起疲劳破坏的可能性也小一些。这对承受动荷载的结构而言是很有利的。

正是由于预应力混凝土具备上述优点,因此下列结构宜优先采用预应力混凝土:

(1)裂缝控制等级较高的结构。

(2)大跨度结构。

(3)对构件的刚度和变形控制要求较高的结构构件,如工业厂房中的吊车梁、码头和桥梁中的大跨度梁式构件等。

但预应力混凝土结构也存在一些缺点:

(1)工艺较复杂,对施工质量要求甚高,因而需要配备一支技术熟练的专业队伍。

(2)需要有专门设备,如张拉机具、灌浆设备等。先张法需要有张拉台座;后张法还要耗用数量较多、质量可靠的锚具等。

（3）预应力上拱度不易控制。它随混凝土徐变的增加而加大，如存梁时间过久再进行安装，就可能使上拱度很大，造成结构线形不平顺。

（4）构造、施工和计算比钢筋混凝土构件复杂，且延性也相对差一些。

10.2　预加应力的材料、张拉方法及其设备

10.2.1　预应力混凝土的材料

1. 混凝土

预应力混凝土结构构件所用的混凝土，需满足下列要求：

（1）强度高。与钢筋混凝土不同，预应力混凝土必须采用高强度混凝土。强度高的混凝土可提高钢筋与混凝土之间的黏结力，亦可提高锚固端的局部承压承载力。

（2）收缩、徐变小。以减少因收缩、徐变引起的预应力损失。

（3）快硬、早强。可尽早施加预应力，加快台座、锚具、夹具等设备的周转率，以加快施工进度。

因此，《规范》规定，预应力混凝土结构的混凝土强度等级不宜低于 C40，且不应低于 C30。

2. 钢材

我国目前用于预应力混凝土结构中的预应力筋，主要采用预应力钢丝、钢绞线和预应力螺纹钢筋。

（1）预应力钢丝。

常用的预应力钢丝为消除应力光面钢丝和螺旋肋钢丝，公称直径有 5 mm、7 mm 和 9 mm 等规格。消除应力钢丝包括低松弛钢丝和普通松弛钢丝；按照其强度级别可分类为：中强度预应力钢丝，其极限强度标准值为 800 ~ 1270 MPa；高强度预应力钢丝为 1470 ~ 1860 MPa 等。成品钢丝不得存在电焊接头。

（2）钢绞线。

钢绞线是由冷拉光圆钢丝，按一定数量（有 2 根、3 根、7 根等）捻制而成，再经过消除应力的稳定化处理（为减少应用时的应力松弛，钢绞线在一定的张力下，进行的短时热处理），以盘卷状供应。常用三根钢丝捻制的钢绞线表示为 1×3、公称直径有 8.6 ~ 12.9 mm，用七根钢丝捻制的标准型钢绞线表示为 1×7，公称直径有 9.5 ~ 21.6 mm.

预应力筋往往由多根钢绞线组成。例如有 15 - 7ϕ9.5、12 - 7ϕ9.5、9 - 7ϕ9.5 等型号规格的预应力钢绞线。现以 15 - 7ϕ9.5 为例，9.5 表示公称直径为 9.5 mm 的钢丝，7ϕ9.5 表示 7 丝这种钢丝组成一根钢绞线，而 15 表示 15 根这种钢绞线组成一束预应力钢筋，总的含义就是"一束由 15 根 7 丝（每丝直径 9.5 mm）钢绞线组成的预应力钢筋"。

钢绞线的主要特点是强度高（极限强度标准值可达 1960 N/mm^2）和抗松弛性能好，展开时较挺直。钢绞线要求内部不应有折断、横裂和相互交叉的钢丝，表面不得有油污、润滑脂等物质，以免降低钢绞线与混凝土之间的黏接力。钢绞线表面可允许有轻微

的浮锈,但不得有可目视的锈蚀麻坑。

(3)预应力螺纹钢筋。

预应力混凝土用螺纹钢筋(也称精轧螺纹钢筋),是采用热轧、轧后余热处理或热处理等工艺制作成带有不连续无纵肋的外螺纹直条钢筋,该钢筋在任意截面处均可用带有匹配形状的内螺纹连接器或锚具进行连接或锚固。钢筋直径为 18 ~ 50 mm,具有高强度,高韧性等特点。要求钢筋端部应平齐,不影响连接件通过。表面不得有横向裂纹、结疤,但允许有不影响钢筋力学性能和连接的其他缺陷。

(4)碳纤维筋材(CFRP)。

碳纤维增强复合材料(carbon fiber reinforced polymer/plastic,简写为 CFRP),特点是轻质高强,CFRP 被广泛应用于工程中,如工程结构的维修、加固。其主要优势是不存在锈蚀问题。

10.2.2　预应力的张拉方法

按照预应力张拉的工序,一般将张拉预应力筋的方法分为先张法和后张法两种。

1. 先张法

所谓先张法,即先张拉钢筋,后浇筑构件混凝土的方法,如图 10 – 2 所示。先在张拉台座上,按设计规定的拉力张拉预应力筋,并进行临时锚固,再浇筑构件混凝土,待混凝土达到要求强度(一般不低于强度设计值的 75%)后,放张(即将临时锚固松开,缓慢放松张拉力),预应力筋回缩,通过预应力筋与混凝土间的黏结作用,传递给混凝土,使混凝土获得预压应力。

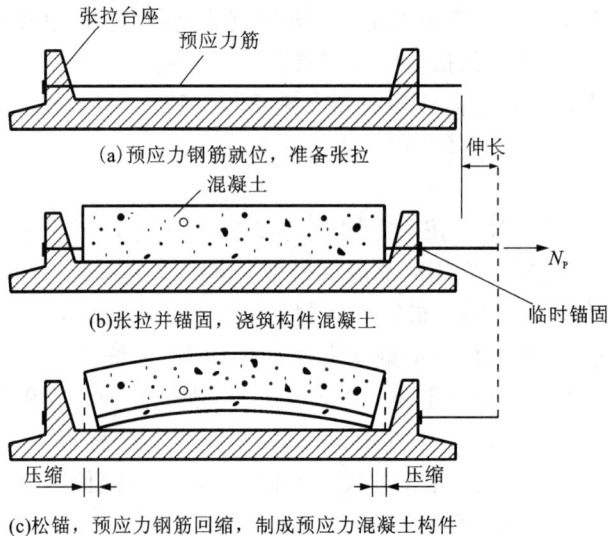

(a)预应力钢筋就位,准备张拉

(b)张拉并锚固,浇筑构件混凝土

(c)松锚,预应力钢筋回缩,制成预应力混凝土构件

图 10 – 2　先张法工艺流程示意图

先张法所用的预应力筋，一般可用高强钢丝、钢绞线等。先张法不专设永久锚具，预应力筋借助与混凝土的黏结力，可获得较好的自锚性能。先张法施工工序简单，预应力筋靠黏结力自锚，临时固定所用的锚具可以重复使用，因此大批量生产先张法构件比较经济，质量也比较稳定。目前，先张法在我国一般用于生产直线配筋的中小型构件。

2. 后张法

后张法是先浇筑构件混凝土，待混凝土硬化后，再张拉预应力筋并锚固的方法，如图 10 – 3 所示。先浇筑构件混凝土，并在其中预留孔道，待混凝土达到要求强度后，将预应力筋穿入预留的孔道内，将千斤顶支承于混凝土构件端部，张拉预应力筋，使构件也同时受到反力压缩。待张拉到控制拉力后，即用特制的锚具将预应力筋锚固于混凝土构件上，使混凝土获得并保持其预压应力。最后，在预留孔道内压注水泥浆，以保护预应力筋不致锈蚀，并使预应力筋与混凝土黏结成为整体。

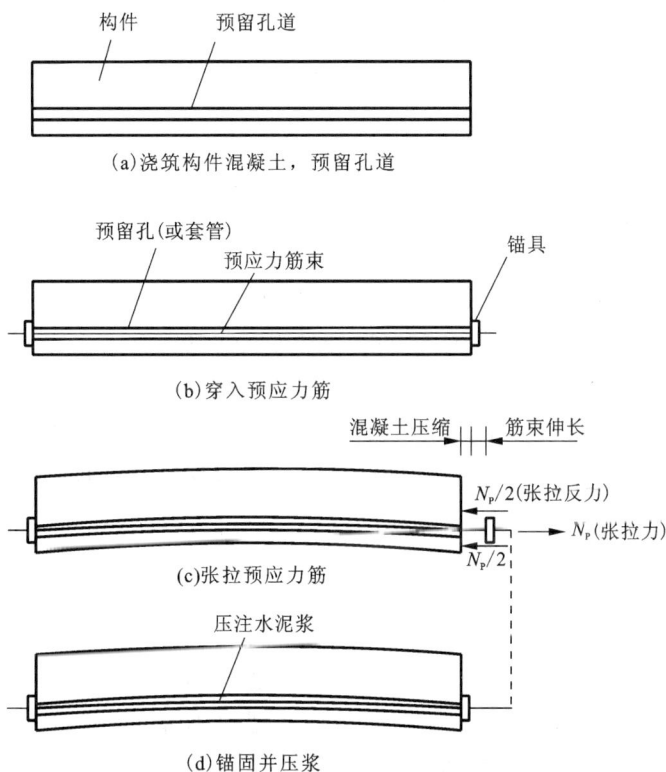

图 10 – 3　后张法工艺流程示意图

由上述可知，施工工艺不同，建立预应力的方法也不同。先张法则是靠黏结力来传递并保持预加应力的，而后张法是靠工作锚具来传递和保持预加应力的。

10.2.3　锚具和夹具

锚具是指在后张法结构或构件中，将预压力传递到混凝土内部的永久性锚固装置。

在后张法结构或构件施工时，在张拉千斤顶或设备上加持预应力筋的临时性装置称为工具锚。夹具是指在先张法构件施工时，为保持预应力筋的拉力并将其固定在生产台座（或设备）上的临时性锚固装置。

预应力筋锚固体系由张拉端锚具、固定端锚具和连接器组成。根据形式的不同将锚具分为夹片式、支承式、柱塞式和握裹式四种。

固定端锚具：安装在预应力筋端部，通常埋在混凝土中，不同于张拉锚具。常用的锚具形式有 P 型[图 10 - 4(a)]和 H 型[图 10 - 4(b)]。

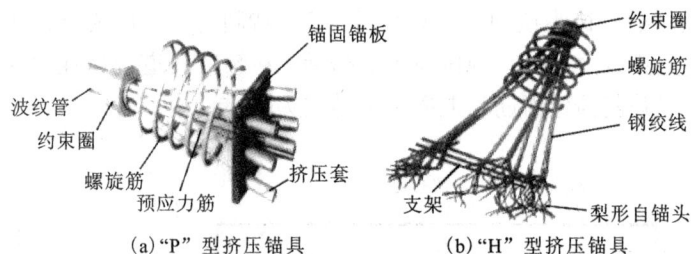

(a)"P"型挤压锚具　　　　(b)"H"型挤压锚具

图 10 - 4　固定端握裹式锚具

"P"型锚具：是用挤压机将挤压套压接在钢绞线上的一种握裹式挤压锚具，适用于构件端部设计应力大或群锚构件端部空间受限的情况。

"H"型锚具：是将钢绞线一端用压花机压成梨形后，固定在支架上，排列成长方形或正方形，适用于钢绞线数量较少、梁的断面较小的情况。

以上两种锚具属于握裹式锚具，均是预先埋在混凝土里，待混凝土凝固到设计强度后，再进行张拉，利用握裹力将预应力传递给混凝土。

张拉端锚具：安装在预应力筋张拉端端部，可以在预应力筋的张拉过程中始终对预应力筋保持锚固状态的锚固工具。

以下简要介绍常用的张拉端锚具。

1. 夹片式锚具

(1)圆柱体锚具。

圆柱体夹片式锚具由夹片、铆环、锚垫板以及螺旋筋四部分组成。夹片是锚固体系的关键零件，用优质合金制造。圆柱体夹片式锚具有单孔[图 10 - 5(a)]和多孔[图 10 - 5(b)]两种形式。锚固性能稳定、可靠，使用范围广。具有良好的放张自锚性能，施工操作简单，适用的绞线数量可从 1 ~ 55 根。

(2)长方体扁形锚具[图 10 - 5(c)]。

长方体扁形锚具由扁锚板、工作夹片、扁锚垫板等组成。当预应力钢绞线配置在板式结构内时，如空心板、低高度箱梁等，为避免因配索而增大板厚，可采用扁形锚具将预应力钢绞线布置成扁平放射状。该锚固方法可使应力分配更加均匀合理，进一步减小结构厚度。

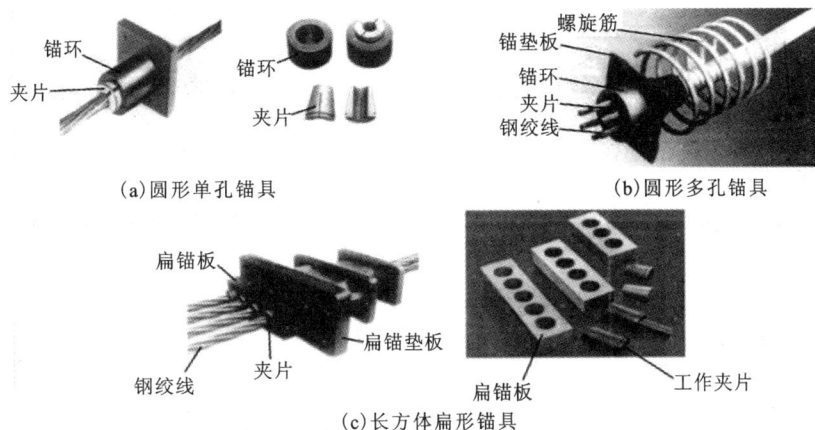

（a）圆形单孔锚具　　　　　　（b）圆形多孔锚具

（c）长方体扁形锚具

图 10 - 5　圆柱体夹片式锚具

2. 支承式锚具

（1）墩头锚具（图 10 - 6）。

墩头锚具可用于张拉端，也可用于固定端。拉张端采用锚环，固定端采用锚板。

墩头锚具由锚板（或锚环）和带墩头的预应力筋组成。先将钢丝穿过固定端锚板及张拉端锚环中圆孔，然后利用镦头器对钢丝两端进行墩粗，形成墩头，通过承压板或疏筋板锚固预应力钢丝，可锚固极限强度标准值为 1570 MPa 和 1670 MPa 的高强度钢丝束。

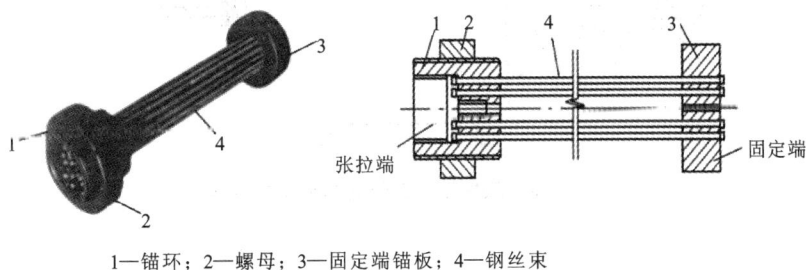

1—锚环；2—螺母；3—固定端锚板；4—钢丝束

图 10 - 6　墩头锚具

（2）螺母锚具（图 10 - 7）。

用于锚固高强精轧螺纹钢筋的锚具，由螺母、垫板、连接器组成，具有性能可靠、操作方便的特点。

3. 锥塞式锚具

锥塞式锚具之一的钢质锥形锚具（图 10 - 8），主要由锚环、锚塞组成。其工作原理是通过张拉预应力钢丝顶压锚塞，把钢丝束锲紧在锚环与锚塞之间，借助摩擦力传递张拉力。同时利用钢丝回缩力带动锚塞向锚环内滑进，使钢丝进一步锲紧。

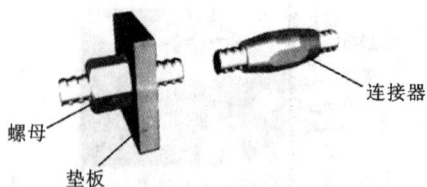

图 10-7 螺母锚具

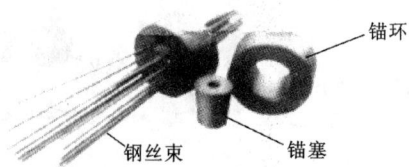

图 10-8 钢质锥形锚具

10.2.4 张拉设备及其他配套设备

1.张拉设备

各种锚具都必须配置相应的张拉设备,才能顺利地进行张拉、锚固。与夹片锚具配套的张拉设备,是一种大直径的穿心千斤顶(图 10-9)。它常与夹片锚具配套研制。其他各种锚具也都有各自适用的千斤顶。

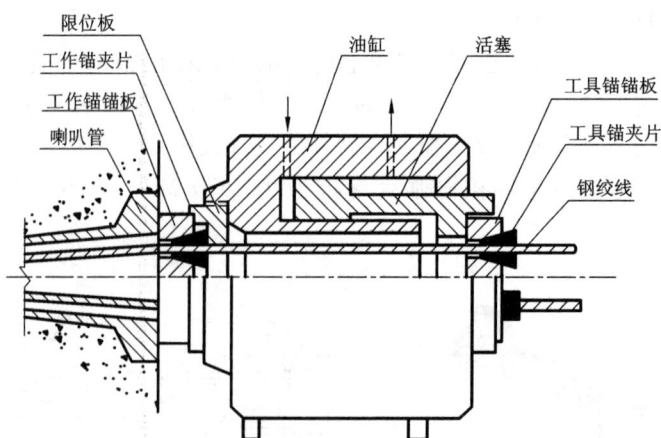

图 10-9 夹片锚张拉千斤顶安装示意图

2.波纹管

预制后张法构件时,需预先预留好预应力孔道。目前,国内预应力构件预留孔道所用的制孔器主要有抽拔橡胶管与螺旋金属波纹管。

3.灌孔水泥浆及压浆机

(1)水泥浆。

在后张法预应力混凝土构件中,预应力筋张拉锚固后必须给预留孔道压注水泥浆,以免钢筋锈蚀并使预应力筋与梁体混凝土结合为一整体。

（2）压浆机。

压浆机是孔道灌浆的主要设备。它主要由灰浆搅拌桶、贮浆桶和压送灰浆的灰浆泵以及供水系统组成。

（3）张拉台座。

采用先张法生产预应力混凝土构件时，则需设置用作张拉和临时锚固预应力筋的张拉台座。它因需要承受张拉预应力筋巨大的回缩力，设计时应保证它具有足够的强度、刚度和稳定性。

10.3　预应力损失

10.3.1　张拉控制应力

张拉控制应力是指预应力筋在进行张拉时所控制达到的最大应力值。其值为张拉设备（如千斤顶油压表）所指示的总张拉力除以预应力筋截面面积而得的应力值，以 σ_{con} 表示。张拉控制应力的取值，直接影响预应力混凝土的使用效果，如果张拉控制应力取值过低，则预应力经过各种损失后，对混凝土产生的预压力过小，不能有效地提高预应力混凝土构件的抗裂度和刚度。

《规范》规定，在一般情况下，张拉控制应力不宜超过表 10 – 1 的限值。

表 10 – 1　张拉控制应力 σ_{con} 限值

钢筋种类	σ_{con}
消除应力钢丝、钢绞线	$\leqslant 0.75 f_{ptk}$
中强度应力钢丝	$\leqslant 0.70 f_{ptk}$
预应力螺纹钢筋	$\leqslant 0.85 f_{ptk}$

注意：1. 表中消除应力钢丝、钢绞线、中轻度预应力钢丝的张拉控制应力值不应小于 $0.4 f_{ptk}$；

2. 预应力螺纹钢筋的张拉控制应力值不宜小于 $0.5 f_{ptk}$。

符合下列情况之一时，表 10 – 1 中的张拉控制应力限值可提高 $0.05 f_{ptk}$ 或 $0.05 f_{pyk}$：要求提高构件在施工阶段的抗裂性能，而在使用阶段受压区内设置的预应力筋；要求部分抵消由于应力松弛、摩擦、钢筋分批张拉以及预应力筋与张拉台座之间的温差等因素产生的预应力损失。

10.3.2　预应力损失

在预应力混凝土构件施工及使用过程中，由于混凝土和钢材的性质以及制作方法上的原因，预应力筋的张拉力值是在不断降低的，称为预应力损失。引起预应力损失的因素很多，一般认为预应力混凝土构件的总预应力损失值，可采用各种因素产生的预应力损失值进行叠加的办法求得。常见的预应力损失包括以下 6 种，分别记为 $\sigma_{li}(i = 1 \sim 6)$。

σ_{l1}：直线预应力筋由于锚具变形和预应力筋内缩引起的预应力损失；

σ_{l2}：预应力筋与孔道壁之间的摩擦引起的预应力损失；

σ_{l3}：混凝土加热养护时预应力筋与张拉台座之间温差引起的预应力损失；

σ_{l4}：预应力筋应力松弛引起的预应力损失；

σ_{l5}：混凝土收缩、徐变引起的预应力损失；

σ_{l6}：用螺旋式预应力筋作配筋的环形构件，由于混凝土的局部挤压引起的预应力损失。

下面将分别讲述 6 项预应力损失。

1. 直线预应力筋由于锚具变形和预应力筋内缩引起的预应力损失值 σ_{l1}

直线预应力筋当张拉到 σ_{con} 后，锚固在台座或构件上时，由于锚具各零件之间如锚具、垫板与构件之间的缝隙被挤紧，以及由于预应力筋锚具之间的相对位移和局部塑性变形，使得被拉紧的预应力筋内缩所引起的预应力损失值 σ_{l1}，按下式计算：

$$\sigma_{l1} = \frac{\alpha}{l}E \qquad (10-1)$$

式中：α——张拉端锚具变形和预应力筋内缩值，mm，按表 10-2 取用；

l——张拉端至锚固端之间的距离，mm；

E——预应力筋的弹性模量，N/mm²，按附录 2 附表 2-5 取用。

表 10-2　锚具变形和预应力筋内缩值 α(mm)

锚具类型		α
支承式锚具 （钢丝束墩头锚具等）	螺帽缝隙	1
	每块后加垫板的缝隙	1
夹片式锚具	有顶压时	5
	无顶压时	6~8

注：表中的锚具变形和预应力筋内缩值也可根据实测数值确定；其他类型的锚具变形和钢筋内缩值应根据实测数值确定。

锚具损失只考虑张拉端，锚固定端因在张拉过程中已被挤紧，故不考虑其所引起的应力损失。对于块体拼成的结构，其预应力损失尚应计及块体间填缝的预压变形。当采用混凝土或砂浆填缝材料时，每条填缝的预压变形值可取 1 mm。

减少 σ_{l1} 的措施有：

(1)选择锚具变形小或使预应力筋内缩小的锚具、夹具，并尽量少用垫板；

(2)增加台座长度。采用先张法生产的构件，当台座长度为 100 m 以上时，σ_{l1} 可忽略不计。

后张法构件曲线预应力筋或折线预应力筋，由于锚具变形和预应力筋内缩引起的预应力损失值 σ_{l1}，应根据曲线预应力筋或折线预应力筋与孔道壁之间反向摩擦影响长度范围内的预应力筋变形值等于锚具变形和预应力筋内缩值的条件确定。σ_{l1} 可按《规范》

附录 J 进行计算。

2. 预应力筋与孔道壁之间的摩擦引起的预应力损失值 σ_{l2}

采用后张法张拉预应力筋时，由于预应力筋在张拉过程中与混凝土孔壁或套管接触而产生摩擦阻力。这种摩擦阻力距离预应力张拉端越远，影响越大，使构件各个截面的实际预应力有所减少，见图 10 – 10，称为摩擦损失，以 σ_{l2} 表示。

(a) 计算示意图

(b) 摩阻损失

图 10 – 10　摩擦引起的预应力损失

摩擦阻力主要由下述两个原因引起，先分别计算，然后相加：

张拉曲线预应力筋时，由于曲线孔道的曲率，使预应力筋和孔道壁之间产生法向正压力而引起摩擦阻力，见图 10 – 10(b)。

设 dx 段上两端的拉力分别为 $N - \mathrm{d}N$，dx 两端拉力对孔壁产生的法向正压力为

$$F = N\sin\left(\frac{1}{2}\mathrm{d}\theta\right) + (N - \mathrm{d}N')\sin\left(\frac{1}{2}\mathrm{d}\theta\right) = 2N\sin\left(\frac{1}{2}\mathrm{d}\theta\right) - \mathrm{d}N'\sin\left(\frac{1}{2}\mathrm{d}\theta\right)$$

令 $N\sin\left(\frac{1}{2}\mathrm{d}\theta\right) \approx \frac{1}{2}\mathrm{d}\theta$，忽略数值较小的 $\mathrm{d}N'\sin\left(\frac{1}{2}\mathrm{d}\theta\right)$，则得 $F \approx 2N\frac{1}{2}\mathrm{d}\theta = N\mathrm{d}\theta$。

设预应力筋与孔道间的摩擦系数为 μ，则 dx 段所产生的摩擦阻力 $\mathrm{d}N_1$ 为

$$\mathrm{d}N_1 = -\mu N\mathrm{d}\theta$$

预留孔道因施工中产生局部偏差、孔道粗糙、预应力筋偏离设计位置等原因，张拉预应力筋时，预应力筋和孔道之间将会产生法向正压力而引起的摩擦阻力，见图 10 – 11(c)。

令孔道位置与设计位置不符的程度以偏离系数平均值 k' 表示，k' 为单位长度上的偏离值(以弧度计)。设 B 端偏离 A 端的角度为 $k'\mathrm{d}x$，则 dx 段中预应力筋对孔壁所产生的法向正压力为：

$$F' = N\sin\left(\frac{1}{2}k'\mathrm{d}x\right) + (N - \mathrm{d}N')\sin\left(\frac{1}{2}k'\mathrm{d}x\right) \approx Nk'\mathrm{d}x$$

同理 dx 段产生的摩擦阻力 $\mathrm{d}N_2$ 为

$$\mathrm{d}N_2 = -\mu Nk'\mathrm{d}\theta$$

将以上两个摩擦阻力 $\mathrm{d}N_1$ 及 $\mathrm{d}N_2$ 相加，并从张拉端到计算截面点 B 积分，得

$$\mathrm{d}N = \mathrm{d}N_1 + \mathrm{d}N_2 = -\left[\mu N\mathrm{d}\theta + \mu Nk'\mathrm{d}x\right]$$

式中 μ，k' 都为实验值，用孔道每米长度局部偏差系数 k 代替 $\mu k'$，则得

$$\ln\frac{N_{\mathrm{B}}}{N_0} = -(kx + \mu\theta)$$

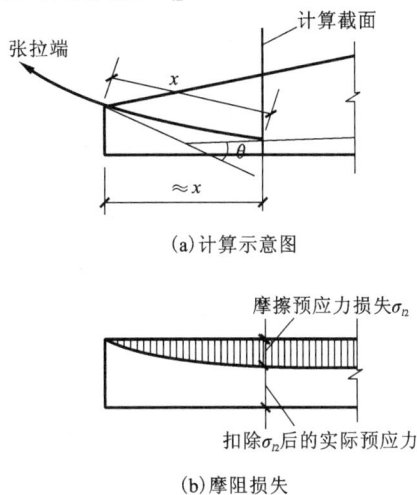

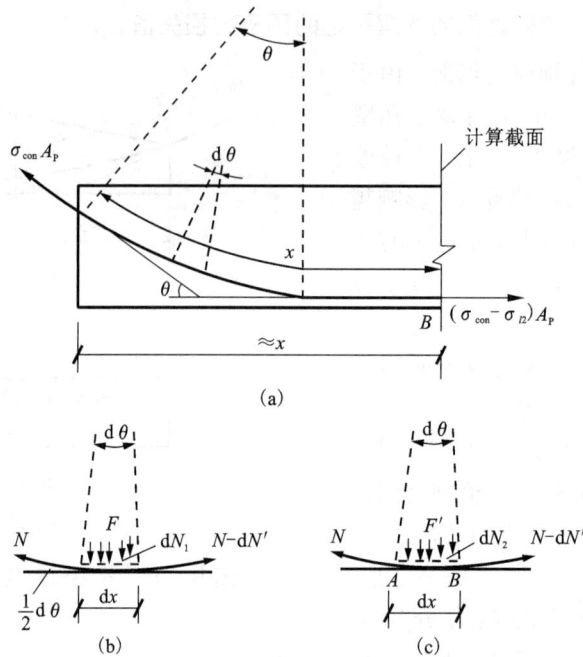

图 10 - 11　预留孔道中张拉钢筋与孔道壁的摩擦力

式中：N_0——张拉端的张拉力；

　　　N_B——B 点的张拉力。

设张拉端到 B 点的张拉力损失为 N_{l2}，则

$$N_{l2} = N_0 - N_B = N_0 \left[1 - e^{-(kx + \mu\theta)} \right]$$

除以预应力筋截面面积得

$$\sigma_{l2} = \sigma_{con} \left[1 - e^{-(kx + \mu\theta)} \right] \tag{10 - 2}$$

当 $(kx + \mu\theta) \leqslant 0.3$ 时，σ_{l2} 可按照下列公式近似计算：

$$\sigma_{l2} = (kx + \mu\theta)\sigma_{con} \tag{10 - 3}$$

式中：

k——考虑孔道每米长度局部偏差的摩擦系数，按表 10 - 3 取用；

x——从张拉端至计算截面的孔道长度(m)，可近似取该段孔道在纵轴上的投影长度(图 10 - 10)；

μ——预应力筋与孔道壁之间的摩擦系数，按表 10 - 3 取用；

θ——从张拉端至计算截面曲线孔道各部分切线的夹角之和(以弧度计)。

注：当采用夹片式群锚体系时，在 σ_{con} 中宜扣除锚口摩擦损失。

表 10 - 3 摩擦系数

孔道形成方式	k	μ	
		钢绞线，钢丝束	预应力螺纹钢筋
预埋金属波纹管	0.0015	0.25	0.5
预埋塑料波纹管	0.0015	0.15	——
预埋钢管	0.0010	0.30	——
抽芯成型	0.0014	0.55	0.60
无黏结预应力筋	0.0040	0.09	——

注：摩擦系数也可根据实测数据确定。

在式(10-2)中，对按抛物线，圆弧曲线变化的空间曲线及可分段后叠加的广义空间曲线，夹角之和 θ 可按下列近似公式计算：

抛物线，圆弧曲线

$$\theta = \sqrt{\alpha_v^2 + \alpha_h^2}$$

广义空间曲线

$$\theta = \sum \sqrt{\alpha_v^2 + \alpha_h^2}$$

式中：α_v，α_h——按抛物线、圆弧曲线变化的空间曲线预应力筋在竖直、水平投影所形成的弯转角；

$\Delta\alpha_v$，$\Delta\alpha_h$——广义空间曲线预应力筋在竖直、水平投影所形成分段曲线的弯转角增量。

减少 σ_{l2} 的措施有：

(1)对于较长的构件可在两端进行张拉，则计算中孔道长度可按构件的一半长度计算。比较图 10-12(a)及图 10-12(h)，两端张拉可减少摩擦损失是显而易见的。但这个措施将引起 σ_{l1} 的增加，应用时需加以注意。

(2)采用超张拉工艺，如图 10-12(c)所示，若张拉程序为：当张拉端 A 超张拉 10% 时，预应力筋中的预拉应力将沿着 EHD 分布。当张拉端的张拉力降低至 $0.85\sigma_{con}$ 时，则预应力筋中的应力将沿着 $FGHD$ 分布。当张拉端 A 再次张拉至 σ_{con} 时，则预应力筋中的应力将沿着 $CGHD$ 分布，显然比图 10-12(a)所建立的预拉应力要均匀些，预应力损失要小一些。

3. 混凝土加热养护时预应力筋与承受拉力的设备之间温差引起的预应力损失值 σ_{l3}

为了缩短先张构件的生产周期，浇灌混凝土后常采用蒸汽养护的办法加速混凝土的硬结。升温时预应力筋受热自主膨胀，产生了预应力损失。

设混凝土加热养护时，预应力筋与承受拉力的设备(台座)之间的温差为 $\Delta t (\text{℃})$，预应力筋的线膨胀系数 $\alpha = 0.00001/\text{℃}$，则 σ_{l3} 可按下式计算：

$$\sigma_{l3} = \alpha E_b \frac{\Delta l}{l} \Delta t = \alpha E_s \Delta t = 0.00001 \times 2.0 \times 10^5 \Delta t = 2\Delta t \ (\text{MPa}) \tag{10-4}$$

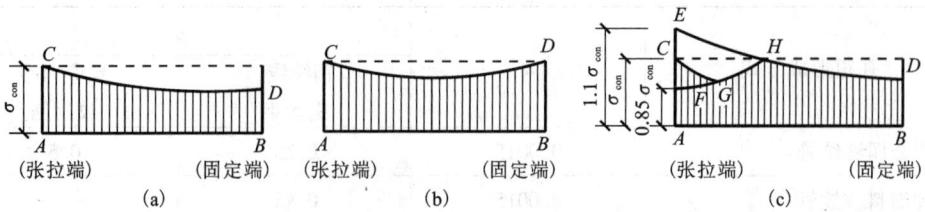

图 10 - 12　一端张拉、两端张拉及超张拉对减少摩擦损失的影响

减少 σ_{l3} 的措施有：

(1)采用两次升温养护。先在常温下养护，待混凝土达到一定强度等级，例如达 C7.5 ~ C10 时，再逐渐升温至规定的养护温度，这时可认为预应力筋与混凝土已结成整体，能够一起胀缩而不引起应力损失。

(2)在钢模上张拉预应力筋。由于预应力筋是锚固在钢模上的，升温时两者温度相同，可以不考虑此项损失。

4. 预应力筋应力松弛引起的预应力损失值 σ_{l4}

预应力筋在高应力长期作用下其塑性变形具有随时间而增长的性质，在预应力筋长度保持不变的条件下预应力筋的应力会随时间的增长而逐渐降低，这种现象称为预应力筋的应力松弛。另一方面，在预应力筋应力保持不变的条件下，其应变会随时间的增长而逐渐增大，这种现象称为预应力筋的徐变。

预应力筋的松弛和徐变均将引起预应力筋中的应力损失，这种损失统称为预应力筋应力松弛损失 σ_{l4}。

《规范》根据试验结果给出：

(1)消除应力钢丝、钢绞线。

①普通松弛：当 $\sigma_{con}/f_{ptk} \leqslant 0.5$ 时，

$$\sigma_{l4} = 0 \tag{10-5}$$

当 $\sigma_{con}/f_{ptk} > 0.5$ 时，

$$\sigma_{l4} = 0.4\left(\frac{\sigma_{con}}{f_{ptk}} - 0.5\right)\sigma_{con} \tag{10-6}$$

②低松弛：

当 $\sigma_{con} \leqslant 0.7f_{ptk}$ 时

$$\sigma_{l4} = 0.125\left(\frac{\sigma_{con}}{f_{ptk}} - 0.5\right)\sigma_{con} \tag{10-7}$$

当 $0.7f_{ptk} \leqslant \sigma_{con} \leqslant 0.8f_{ptk}$ 时

$$\sigma_{l4} = 0.2\left(\frac{\sigma_{con}}{f_{ptk}} - 0.575\right)\sigma_{con} \tag{10-8}$$

(2)中强度预应力钢丝。

$$\sigma_{l4} = 0.08\sigma_{con} \tag{10-9}$$

(3)预应力螺纹钢筋。

$$\sigma_{l4} = 0.03\sigma_{con} \tag{10-10}$$

试验表明,预应力筋应力松弛与下列因素有关:

①应力松弛与时间有关,开始阶段发展较快,第一小时松弛损失可达全部松弛损失的 50% 左右,24 h 后可达 80% 左右,以后发展缓慢。

②应力松弛损失与钢材的初始应力和极限强度有关,当初应力小于 $0.7f_{ptk}$ 时,松弛与初应力呈线性关系,初应力高于 $0.7f_{ptk}$ 时,松弛显著增大。

③张拉控制应力值高,应力松弛大;反之,则小。

减少 σ_{l4} 的措施有:

进行超张拉,先控制张拉应力达 $1.05 \sim 1.1\sigma_{con}$,持荷 $2 \sim 5$ min,然后卸荷再施加张拉应力至 σ_{con},这样可以减少松弛引起的预应力损失。因为在高应力短时间所产生的松弛损失可达到在低应力下需经过较长时间才能完成的松弛损失值,所以,经过超张拉部分松弛损失已完成。

5. 混凝土收缩、徐变引起受拉区和受压区纵向预应力筋的损失值 σ_{l5}、σ'_{l5}

混凝土在一般温度条件下结硬时体积会发生收缩,而在预应力作用下,沿压力方向混凝土发生徐变。两者均使构件的长度缩短,预应力筋也随之内缩,造成预应力损失。收缩与徐变虽是两种性质完全不同的现象,但它们的影响因素、变化规律较为相似,故《规范》将这两项预应力损失统一考虑。

混凝土收缩、徐变引起受拉区和受压区纵向预应力筋的预应力损失值 σ_{l5}、σ'_{l5} 可按下列公式计算:

(1)一般情况。

先张法构件

$$\sigma_{l5} = \frac{60 + 340\dfrac{\sigma_{pc}}{f'_{cu}}}{1 + 15\rho}$$

$$\sigma'_{l5} = \frac{60 + 340\dfrac{\sigma'_{pc}}{f'_{cu}}}{1 + 15\rho'} \tag{10-11}$$

后张法构件

$$\sigma_{l5} = \frac{55 + 300\dfrac{\sigma_{pc}}{f'_{cu}}}{1 + 15\rho}$$

$$\sigma'_{l5} = \frac{55 + 300\dfrac{\sigma'_{pc}}{f'_{cu}}}{1 + 15\rho'} \tag{10-12}$$

式中:σ_{pc}、σ'_{pc}——受拉区、受压区预应力筋在各自合力点处混凝土法向压应力,σ_{pc}、σ'_{pc} 值不得大于 $0.5f'_{cu}$;f'_{cu} 为施加预应力时混凝土立方体抗压强度;当 σ'_{pc} 为拉应力时,则公式(10-11)、式(10-12)中的 σ'_{pc} 应等于零;计算混凝土法向应力 σ_{pc}、σ'_{pc} 时可根据构件制作情况考虑自重的影响;

对于对称配置预应力筋和普通钢筋的构件,配筋率 ρ、ρ' 应分别按钢筋总截面面积的一半计算(图 10 – 13)。

由式(10 – 11)~式(10 – 12)可以看出:

①σ_{l5} 与相对初应力 $\dfrac{\sigma_{pc}}{f_{cu}}$ 为线性关系,公式所给出的是线性徐变条件下的应力损失,$\sigma_{pc} < 0.5 f'_{cu}$。否则,将导致预应力损失值显著增大。由此可见,过大的预加应力以及放张时过低的混凝土抗压强度均是不妥的。

②后张法构件 σ_{l5} 的取值比先张法构件低,因为后张法构件在施加预应力时,混凝土的收缩已完成了一部分。

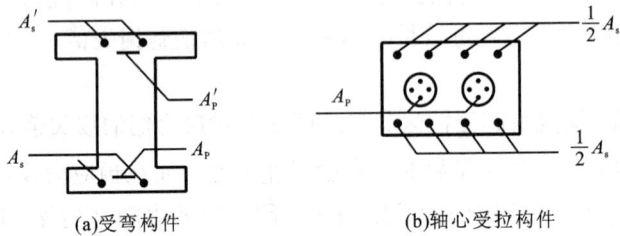

(a)受弯构件　　　　　　　　　(b)轴心受拉构件

图 10 – 13　计算 σ_{l5} 时配筋率 ρ、ρ' 的确定

先张法: $\rho = \dfrac{A_p + A_s}{A_0}$, $\rho' = \dfrac{A'_p + A'_s}{A_0}$　　　先张法: $\rho = \rho' = \dfrac{A_p + A_s}{2A_0}$

后张法: $\rho = \dfrac{A_p + A_s}{A_n}$, $\rho' = \dfrac{A'_p + A'_s}{A_n}$　　　后张法: $\rho = \rho' = \dfrac{A_p + A_s}{2A_n}$

此处,A_0 为混凝土换算截面面积;A_n 为混凝土净截面面积。

当结构处于年平均相对湿度低于 40% 的环境下时,σ_{l5} 和 σ'_{l5} 应增加 30%。

减少 σ_{l5} 的措施有:

①采用高强度等级水泥,减少水泥用量,降低水灰比,采用干硬性混凝土;

②采用级配较好的骨料,加强振捣,提高混凝土的密实性;

③加强养护,以减少混凝土的收缩。

(2)对重要的结构构件

当需要考虑与时间相关的混凝土收缩、徐变及预应力筋应力松弛预应力损失值时,可按《规范》附录 K 进行计算。

6. 用螺旋式预应力筋作配筋的环形构件由于混凝土的局部挤压引起的预应力损失 σ_{l6}

采用螺旋式预应力筋作配筋的环形构件,由于预应力筋对混凝土的局部挤压,使环形构件的直径有所减小,预应力筋中的拉应力降低,从而引起预应力筋的应力损失 σ_{l6}。

σ_{l6} 的大小与环形构件的直径 d 成反比,直径越小,损失越大,故《规范》规定:

当 $d \leqslant 3$ m 时,$\sigma_{l6} = 30$ N/mm^2

$d > 3$ m 时,$\sigma_{l6} = 0$

10.3.3 预应力损失值的组合

上述的 6 项预应力损失,它们有的只发生在先张法构件中,有的只发生在后张法构件中,有的两种构件均有,而且是分批产生的。为了便于分析和计算,《规范》规定,预应力构件在各阶段的预应力损失值宜按表 10 - 4 的规定进行组合。

考虑到各项预应力损失值的离散性,实际损失值有可能比按《规范》的计算值高,所以当计算求得的预应力总损失值小于下列数值时,应按下列数值取用。

先张法构件:100 N/mm²。

后张法构件:80 N/mm²。

当后张法构件的预应力筋采用分批张拉时,应考虑后批张拉预应力筋所产生的混凝土弹性压缩(或伸长)对先批张拉预应力筋的影响,可将先批张拉预应力筋的张拉控制应力 σ_{con} 值增加(或减)$\alpha_E \sigma_{pci}$。此处 σ_{pci} 为后批张拉预应力筋在先批张拉预应力筋重心处产生的混凝土法向应力。

表 10 - 4 各阶段预应力损失组合

预应力损失值的组合	先张法构件	后张法构件
混凝土预压前(第一批)的损失 σ_{iI}	$\sigma_{l1} + \sigma_{l2} + \sigma_{l3} + \sigma_{l4}$	$\sigma_{l1} + \sigma_{l2}$
混凝土预压后(第二批)的损失 σ_{iII}	σ_{l5}	$\sigma_{l4} + \sigma_{l5} + \sigma_{l6}$

注:先张法构件由于预应力筋应力松弛引起的损失值 σ_{l4} 在第一批和第二批损失中所占的比例,如需区分,可根据实际情况确定。

10.4　预应力混凝土轴心受拉构件的设计

预应力混凝土轴心受拉构件有较为广泛的应用。预应力混凝土轴心受拉构件从张拉预应力钢筋开始到构件破坏为止,可分为施工阶段和使用阶段两个阶段。构件内力存在两个力系:内部预应力(施工制作时施加)和外荷载(使用阶段施加)。

本节用 A_p 和 A_s 表示预应力筋和非预应力筋的截面面积,A_c 为混凝土截面面积;以 σ_{pe},σ_s 及 σ_{pc} 分别表示预应力筋、非预应力筋及混凝土的应力。以下推导公式时规定:σ_{pe} 以受拉为正,σ_{pc} 及 σ_s 以受压为正。

10.4.1 先张法轴心受拉构件

先张法构件中,预应力筋和非预应力筋与混凝土协调变形的起点均为预压前(即完成另一批预应力损失 σ_{lI})的时刻。此时,预应力筋的拉应力为 $\sigma_{con} - \sigma_{lI}$,而非预应力筋与混凝土的应力均为零。任一时刻钢筋(包括预应力筋及非预应力筋)的应力,应考虑相应的预应力损失和混凝土的弹性压缩引起的钢筋应力变化。下面仅考虑对构件计算有特殊意义的几个特定时刻的应力状态。

1. 施工阶段

这里仅考虑施工制作阶段,应力图形如图 10 - 14 所示。此阶段构件任一截面各部分应力均为自平衡体系。

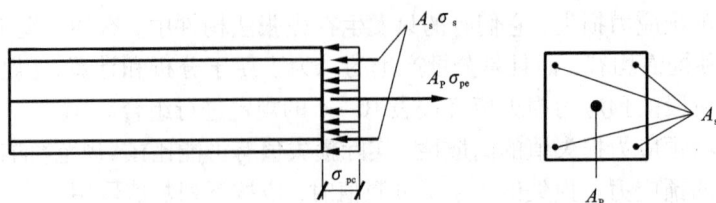

图 10 - 14　先张法构件截面应力分布及其自平衡体系

(1)放松预应力筋,压缩混凝土(完成第一批预应力损失)。

制作先张法构件时,首先张拉预应力筋至 σ_{con},并锚固于台座上。然后浇筑混凝土构件,并进行蒸汽养护。于是,预应力筋产生了第一批预应力损失 $\sigma_{l\mathrm{I}} = \sigma_{l1} + \sigma_{l2} + \sigma_{l3} + \sigma_{l4}$。而此时混凝土尚未受力。待混凝土强度达75%设计强度以上时,放松预应力筋,混凝土才开始受压。此时,设预应力筋、普通钢筋和混凝土的压应力分别为 $\sigma_{pe\mathrm{I}}$、$\sigma_{s\mathrm{I}}$ 和 $\sigma_{pc\mathrm{I}}$,则有

$$\sigma_{pe\mathrm{I}} = \sigma_{con} - \sigma_{l\mathrm{I}} - \alpha_E \sigma_{pc\mathrm{I}}$$
$$\sigma_{s\mathrm{I}} = \alpha_E \sigma_{pc\mathrm{I}}$$

由平衡条件得

$$\sigma_{pe\mathrm{I}} A_p = \sigma_{pc\mathrm{I}} A_c + \sigma_{s\mathrm{I}} A_s$$
$$\sigma_{pc\mathrm{I}} = \frac{(\sigma_{con} - \sigma_{l\mathrm{I}}) A_p}{A_c + \alpha_E A_s + \alpha_E A_p} = \frac{N_{p\mathrm{I}}}{A_0} \tag{10 - 13}$$

式中:A_0——构件包含预应力筋和普通钢筋的换算截面面积;

α_E——预应力筋和非预应力筋的弹性模量与混凝土弹性模量的比值。

对于先张法轴心受拉构件,混凝土截面积为 $A_c = A - A_p - A_s$,A 为构件的毛截面面积。先张法构件放松预应力筋时,混凝土受到的预压应力达最大值。此时的应力状态,可作为施工阶段对构件进行承载能力计算的依据。另外,$\sigma_{pe\mathrm{I}}$ 还用于计算 $\sigma_{s\mathrm{I}}$。

(2)完成第二批预应力损失。

当混凝土受到预压应力之后,随着时间的发展,一方面预应力会继续松弛;另一方面,随混凝土的收缩和徐变以及弹性压缩,会产生收缩徐变损失(σ_{l5})。此时,构件内的非预应力筋随混凝土构件的缩短而缩短,在非预应力筋中产生应力,这种应力减少了受拉区混凝土的法向预压应力,使构件的抗裂能力降低,因而计算时应考虑其影响。为简化计算,假定非预应力筋由于混凝土收缩、徐变引起的压应力增量与预应力筋的该项预应力损失值相同,此时有:

$$\sigma_{pe} = \sigma_{con} - \sigma_{l\mathrm{I}} - \sigma_{l\mathrm{II}} - \alpha_E \sigma_{pc\mathrm{II}} = \sigma_{con} - \sigma_l - \alpha_E \sigma_{pc\mathrm{II}}$$
$$\sigma_{s\mathrm{II}} = \alpha_E \sigma_{pc\mathrm{II}} + \sigma_{l5}$$

代入平衡方程,即

$$(\sigma_{con} - \sigma_l - \alpha_E \sigma_{pc\mathrm{II}}) A_p = A_C \sigma_{pC\mathrm{II}} + (\alpha_E \sigma_{pc\mathrm{II}} + \sigma_{l5}) A_s$$

解得先张法构件中最终建立的混凝土有效预压应力:

$$\sigma_{pcⅡ} = \frac{(\sigma_{con} - \sigma_l)A_p - \sigma_{l5}A_s}{A_c + \alpha_E A_s + \alpha_E A_p} = \frac{N_{PⅡ} - \sigma_{l5}A_s}{A_0} \qquad (10-14)$$

式中：$\sigma_{pcⅡ}$——预应力混凝土中所建立的"有效预压应力"；

　　　　σ_{l5}——普通钢筋由于混凝土收缩、徐变引起的应力；

　　　　$N_{PⅡ}$——完成全部损失后预应力筋的总预拉力，$N_{PⅡ} = (\sigma_{con} - \sigma_l)A_p$。

2. 使用阶段

（1）加荷至混凝土预压应力被抵消时。

①加载至混凝土应力为零。由轴向拉力 N_0 产生的混凝土拉应力恰好全部抵消混凝土的有效预压应力 $\sigma_{pcⅡ}$，使截面处于消压状态，即 $\sigma_{pc} = 0$。这时，预应力筋的拉应力 σ_{p0} 是在 $\sigma_{pcⅡ}$ 的基础上增加 $\alpha_E \sigma_{pcⅡ}$，即：

$$\sigma_{p0} = \sigma_{peⅡ} + \alpha_E \sigma_{pcⅡ}$$

于是可得：

$$\sigma_{p0} = \sigma_{con} - \sigma_l \qquad (10-15)$$

普通钢筋的压应力 σ_s 由原来压应力 $\sigma_{sⅡ}$ 的基础上，增加了拉应力 $\alpha_E \sigma_{pcⅡ}$，因此：

$$\sigma_s = \sigma_{sⅡ} - \alpha_E \sigma_{pcⅡ} = \alpha_E \sigma_{pcⅡ} + \sigma_{l5} - \alpha_E \sigma_{pcⅡ} = \sigma_{l5}$$

由上式得知此阶段普通钢筋仍为压应力，其值等于 σ_{l5}。轴向拉力 N_0 可由力的平衡条件求得：

$$N_0 = \sigma_{p0}A_p - \sigma_{l5}A_s = (\sigma_{con} - \sigma_l)A_p - \sigma_{l5}A_s = N_{PⅡ} - \sigma_{l5}A_s$$

由式（10-14）知：

$$N_{PⅡ} - \sigma_{l5}A_s = \sigma_{pcⅡ}A_0$$

所以

$$N_0 = \sigma_{pcⅡ}A_0 \qquad (10-16)$$

式中：N_0——混凝土应力为零时的轴向拉力。

②加载至裂缝即将出现。当轴向拉力超过 N_0 后，混凝土开始受拉，随着荷载的增加，其拉应力亦不断增长，当荷载加至 N_{cr}，即混凝土拉应力达到混凝土轴心抗拉强度标准值 f_{tk} 时，混凝土即将出现裂缝，这时预应力筋的拉应力 σ_{pcr} 是在 σ_{p0} 的基础上再增加 $\alpha_E f_{tk}$，即：

$$\sigma_{pcr} = \sigma_{p0} + \alpha_E f_{tk} = \sigma_{con} - \sigma_l + \alpha_E f_{tk}$$

普通钢筋的应力 σ_s 由压应力 σ_{l5} 转为拉应力，其值为：

$$\sigma_s = \alpha_E f_{tk} - \sigma_{l5}$$

轴向拉力 N_{cr} 可由力的平衡条件求得：

$$N_{cr} = \sigma_{pcr}A_p + \sigma_s A_s + f_{tk}A_0$$

将 σ_{pcr}、σ_s 的表达式代入上式，可得：

$$N_{cr} = (\sigma_{pcⅡ} + f_{tk})A_0 \qquad (10-17)$$

可见，由于预压应力 $\sigma_{pcⅡ}$ 的作用（$\sigma_{pcⅡ}$ 比 f_{tk} 大得多），使预应力混凝土轴心受拉构件的 N_{cr} 值比钢筋混凝土轴心受拉构件大很多，这就是预应力混凝土构件抗裂度高的原因所在。

③加载至破坏。当轴向拉力超过 N_{cr} 后，混凝土开裂，在裂缝截面上，混凝土不再承

受拉力,拉力全部由预应力筋和普通钢筋承担,破坏时,预应力筋及普通钢筋的应力分别达到抗拉强度设计值f_{py}和f_y。

轴向拉力N_u可由力的平衡条件求得。

$$N_u = f_{py}A_p + f_y A_s \tag{10-18}$$

上式可作为使用阶段对构件进行承载能力极限状态计算的依据。先张法预应力混凝土轴心受拉构件各阶段的应力汇总如表10-5。

10.4.2　后张法轴心受拉构件

1. 施工阶段

①浇注混凝土后,养护直至预应力筋张拉前,可以认为截面中不产生任何应力。

②张拉预应力筋。张拉预应力筋的同时,千斤顶的反作用力通过传力架传给混凝土,使混凝土受到弹性压缩,并在张拉过程中产生摩擦损失σ_{l2},此时预应力筋中的拉应力$\sigma_{pe} = \sigma_{con} - \sigma_{l2}$。普通钢筋中的压应力为$\sigma_s = \alpha_E \sigma_{pc}$。

混凝土预压应力σ_{pc}可由力的平衡条件求得:

$$\sigma_{pe}A_p = \sigma_{pc}A_c + \sigma_s A_s$$

将σ_{pe}、σ_s的表达式代入上式,可得:

$$(\sigma_{con} - \sigma_{l2})A_p = \sigma_{pc}A_c + \alpha_E \alpha_{pc}A_s$$

$$\sigma_{pc} = \frac{(\sigma_{con} - \sigma_{l2})A_p}{A_C + \alpha_E A_s} = \frac{(\sigma_{con} - \sigma_{l2})A_p}{A_n} \tag{10-19}$$

式中A_c为扣除普通钢筋截面面积以及预留孔道后的混凝土截面面积。A_n为包含普通钢筋换算在内(但不含预应力筋)的截面积。

③混凝土受到预压应力之前。此时结构完成第一批损失。张拉预应力筋后,锚具变形和钢筋回缩引起的应力损失为σ_{l1},此时预应力筋的拉应力由$\sigma_{con} - \sigma_{l2}$降低至$\sigma_{con} - \sigma_{l2} - \sigma_{l1}$,故:

$$\sigma_{pe\,I} = \sigma_{con} - \sigma_{l2} - \sigma_{l1} = \sigma_{con} - \sigma_{l\,I} \tag{10-20}$$

普通钢筋中的压应力为$\sigma_{s\,I} = \alpha_E \sigma_{pc\,I}$

由力的平衡条件求得:

$$\sigma_{pe\,I}A_p = \sigma_{pc\,I}A_c + \sigma_{s\,I}A_s$$

将$\sigma_{pe\,I}$、$\sigma_{s\,I}$的表达式代入上式,可得

$$(\sigma_{con} - \sigma_{l\,I})A_p = \sigma_{pc\,I}A_c + \alpha_E \sigma_{pc\,I}A_s$$

$$\sigma_{pc\,I} = \frac{(\sigma_{con} - \sigma_{l\,I})A_p}{A_C + \alpha_E A_s} = \frac{N_{p\,I}}{A_n} \tag{10-21}$$

④混凝土受到预压应力之后,完成第二批损失。由于预应力筋松弛、混凝土收缩和徐变(对于环形构件还有挤压变形)引起的应力损失σ_{l4}、σ_{l5}(以及σ_{l6}),使预应力筋的拉应力由$\sigma_{pe\,I}$降低至$\sigma_{pe\,II}$,即

$$\sigma_{pe\,II} = \sigma_{con} - \sigma_{l\,I} - \sigma_{l\,II} = \sigma_{con} - \sigma_l$$

普通钢筋中的压应力为

$$\sigma_{s\,II} = \alpha_E \sigma_{pc\,II} + \sigma_{l5}$$

表 10-5　先张法预应力混凝土轴心受拉构件各阶段的应力

受力阶段	简图	预应力筋应力 σ_{pe}	混凝土应力 σ_{pc}	普通钢筋应力 σ_s
施工阶段 a. 在台座上穿钢筋		0	—	—
b. 张拉预应力筋		σ_{con}	—	—
c. 完成第一批损失		$\sigma_{con}-\sigma_{l\,\mathrm{I}}$	0	0
d. 放松钢筋	$\sigma_{pe\,\mathrm{I}}A_p$ ／ $\sigma_{pc\,\mathrm{I}}$（压）	$\sigma_{pe\,\mathrm{I}}=\sigma_{con}-\sigma_{l\,\mathrm{I}}-\alpha_E\sigma_{pc\,\mathrm{I}}$	$\sigma_{pc\,\mathrm{I}}=\dfrac{(\sigma_{con}-\sigma_{l\,\mathrm{I}})A_p}{A_0}$（压）	$\sigma_{s\,\mathrm{I}}=\alpha_E\sigma_{pc\,\mathrm{I}}$（压）
e. 完成第二批损失	$\sigma_{pe\,\mathrm{II}}A_p$ ／ $\sigma_{pc\,\mathrm{II}}$（压）	$\sigma_{pe\,\mathrm{II}}=\sigma_{con}-\sigma_l-\alpha_E\sigma_{pc\,\mathrm{II}}$	$\sigma_{pc\,\mathrm{II}}=\dfrac{(\sigma_{con}-\sigma_l)A_p-\sigma_{l5}A_s}{A_0}$（压）	$\sigma_{s\,\mathrm{II}}=\alpha_E\sigma_{pc\,\mathrm{II}}+\sigma_{l5}$（压）
使用阶段 f. 加载至 $\sigma_{pc}=0$	N_0' ／ N_0 ／ 0	$\sigma_{p0}=\sigma_{con}-\sigma_l$	0	σ_{l5}（压）
g. 加载至裂缝即将出现	N_{cr}' ／ N_{cr} ／ f_{tk}（拉）	$\sigma_{pcr}=\sigma_{con}-\sigma_l+\alpha_E f_{tk}$	f_{tk}（拉）	$\alpha_E f_{tk}-\sigma_{l5}$（拉）
h. 加载至破坏	N_u' ／ N_u ／ 0	f_{py}	0	f_y（拉）

混凝土压应力 $\sigma_{\text{pc}\,\mathrm{II}}$ 由力的平衡条件求得:

$$\sigma_{\text{pe}\,\mathrm{II}}A_p = \sigma_{\text{pc}\,\mathrm{II}}A_c + \sigma_{s\,\mathrm{II}}A_s$$

将 $\sigma_{\text{pe}\,\mathrm{II}}$、$\sigma_{s\,\mathrm{II}}$ 的表达式代入上式,可得

$$(\sigma_{\text{con}} - \sigma_l)A_p = \sigma_{\text{pc}\,\mathrm{II}} \cdot A_c + (\alpha_E\sigma_{\text{pc}\,\mathrm{II}} + \sigma_{l5})A_s$$

$$\sigma_{\text{pc}\,\mathrm{II}} = \frac{(\sigma_{\text{con}} - \sigma_l)A_p - \sigma_{l5}A_s}{A_c + \alpha_E A_s} = \frac{(\sigma_{\text{con}} - \sigma_l)A_p - \sigma_{l5}A_s}{A_n} = \frac{N_{p\,\mathrm{II}} - \sigma_{l5}A_s}{A_n} \quad (10-22)$$

2. 使用阶段

1)加载至混凝土应力为零。由轴向拉力 N_0 产生的混凝土拉应力恰好全部抵消混凝土的有效预压应力 $\sigma_{\text{pc}\,\mathrm{II}}$,使截面处于消压状态,即 $\sigma_{\text{pc}} = 0$。此时预应力筋的拉应力 σ_{p0} 是在 $\sigma_{\text{pc}\,\mathrm{II}}$ 的基础上增加 $\alpha_E\sigma_{\text{pc}\,\mathrm{II}}$,即:

$$\sigma_{p0} = \sigma_{\text{pe}\,\mathrm{II}} + \alpha_E\sigma_{\text{pc}\,\mathrm{II}} = \sigma_{\text{con}} - \sigma_l + \alpha_E\sigma_{\text{pc}\,\mathrm{II}}$$

普通钢筋的应力 σ_s 由原来的压应力的 $\alpha_E\sigma_{\text{pc}\,\mathrm{II}} + \sigma_{l5}$ 基础上,增加了拉应力 $\alpha_E\sigma_{\text{pc}\,\mathrm{II}}$,因此:

$$\sigma_s = \sigma_{s\,\mathrm{II}} - \alpha_E\sigma_{\text{pc}\,\mathrm{II}} = \alpha_E\sigma_{\text{pc}\,\mathrm{II}} + \sigma_{l5} - \alpha_E\sigma_{\text{pc}\,\mathrm{II}} = \sigma_{l5}$$

轴向拉力 N_0 可由力的平衡条件求得:

$$N_0 = \sigma_{p0}A_p - \sigma_{l5}A_s = (\sigma_{\text{con}} - \sigma_l + \alpha_E\sigma_{\text{pc}\,\mathrm{II}})A_p - \sigma_{l5}A_s \quad (10-23)$$

由式(10-14)知:

$$(\sigma_{\text{con}} - \sigma_l)A_p - \sigma_{l5}A_s = \sigma_{\text{pc}\,\mathrm{II}}(A_c + \alpha_E A_s)$$

所以

$$N_0 = \sigma_{\text{pc}\,\mathrm{II}}(A_c + \alpha_E A_s) + \alpha_E\sigma_{\text{pc}\,\mathrm{II}}A_p = \sigma_{\text{pc}\,\mathrm{II}}(A_c + \alpha_E A_s + \alpha_E A_p) = \sigma_{\text{pc}\,\mathrm{II}}A_0 \quad (10-24)$$

2)加载至裂缝即将出现。混凝土受拉,直至拉应力达到 f_{tk},预应力筋的拉应力 σ_{pcr} 是在 σ_{p0} 的基础上再增加 $\alpha_E f_{\text{tk}}$,即

$$\sigma_{\text{pcr}} = \sigma_{p0} + \alpha_E f_{\text{tk}} = (\sigma_{\text{con}} - \sigma_l + \alpha_E\sigma_{\text{pc}\,\mathrm{II}}) + \alpha_E f_{\text{tk}} \quad (10-25)$$

普通钢筋的应力 σ_s 由压应力 σ_{l5} 转为拉应力,其值为 $\sigma_s = \alpha_E f_{\text{tk}} - \sigma_{l5}$。轴向拉力 N_{cr} 可由力的平衡条件求得

$$N_{\text{cr}} = \sigma_{\text{pcr}}A_p + \sigma_s A_s + f_{\text{tk}}A_c$$

将 σ_{pcr}、σ_s 的表达式代入上式,可得:

$$N_{\text{cr}} = (\sigma_{\text{con}} - \sigma_l + \alpha_E\sigma_{\text{pc}\,\mathrm{II}} + \alpha_E f_{\text{tk}})A_p + (\alpha_E f_{\text{tk}} - \sigma_{l5})A_s + f_{\text{tk}}A_c$$

$$= (\sigma_{\text{con}} - \sigma_l + \alpha_E\sigma_{\text{pc}\,\mathrm{II}})A_p - \sigma_{l5}A_s + f_{\text{tk}}(A_c + \alpha_E A_s + \alpha_E A_p)$$

由式(10-23)等于式(10-24)即

$$N_0 = \sigma_{\text{pc}\,\mathrm{II}}A_0 = (\sigma_{\text{con}} - \sigma_l + \alpha_E\sigma_{\text{pc}\,\mathrm{II}})A_p - \sigma_{l5}A_s \quad (10-26)$$

则

$$N_{\text{cr}} = \sigma_{\text{pc}\,\mathrm{II}}A_0 + f_{\text{tk}}A_0 = (\sigma_{\text{pc}\,\mathrm{II}} + f_{\text{tk}})A_0 \quad (10-27)$$

3)加载至破坏。和先张法相同,破坏时预应力筋和普通钢筋的拉应力分别达到 f_{py} 和 f_y,由力的平衡条件,可得

$$N_u = f_{\text{py}}A_p + f_y A_s \quad (10-28)$$

后张法预应力混凝土轴心受力构件各阶段的受力汇总如表10-6。

表 10-6 后张法轴心受力构件各阶段应力

受力阶段	简图	预应力筋应力 σ_p	混凝土应力 σ_{pc}	普通钢筋应力 σ_s
施工阶段 a. 穿钢筋		0	0	0
施工阶段 b. 张拉预应力钢筋	$\sigma_{pe}A_p$; σ_{pc}（压）	$\sigma_{pe}=\sigma_{con}-\sigma_{l2}$	$\sigma_{pc}=\dfrac{(\sigma_{con}-\sigma_{l2})A_p}{A_n}$（压）	$\sigma_s=\alpha_E\sigma_{pc}$（压）
施工阶段 c. 完成第一批损失	$\sigma_{pe\,I}A_p$; $\sigma_{pc\,I}$（压）	$\sigma_{pe\,I}=\sigma_{con}-\sigma_{l\,I}$	$\sigma_{pc\,I}=\dfrac{(\sigma_{con}-\sigma_{l\,I})A_p}{A_n}$（压）	$\sigma_{s\,I}=\alpha_E\sigma_{pc\,I}$（压）
施工阶段 d. 完成第二批损失	$\sigma_{pe\,II}A_p$; $\sigma_{pc\,II}$（压）	$\sigma_{pe\,II}=\sigma_{con}-\sigma_{l}$	$\sigma_{pc\,II}=\dfrac{(\sigma_{con}-\sigma_{l})A_p-\sigma_{l5}A_s}{A_n}$（压）	$\sigma_{s\,II}=\alpha_E\sigma_{pc\,II}+\sigma_{l5}$（压）
使用阶段 e. 加载至 $\sigma_{pc}=0$	N_0	$\sigma_{po}=\sigma_{con}-\sigma_{l}+\alpha_E\sigma_{pc\,II}$	0	σ_{l5}（压）
使用阶段 f. 加载至裂缝即将出现	N_{cr}; f_{ta}（拉）	$\sigma_{pcr}=\sigma_{con}-\sigma_{l}+\alpha_E\sigma_{pc\,II}+\alpha_E f_{tk}$	f_{tk}（拉）	$\alpha_E f_{tk}-\sigma_{l5}$（拉）
使用阶段 g. 加载至破坏	N_u	f_{py}	0	f_y（拉）

由表 10 – 5、表 10 – 6 可见：

①在施工阶段，$\sigma_{pcⅡ}$ 的计算公式，先张法的式(10 – 14)与后张法的式(10 – 22)的形式基本相同，只是 σ_l 的具体计算值不同，同时先张法构件用换算截面面积 A_0，而后张法构件用净截面面积 A_n。如果采用相同的 σ_{con}、相同的材料强度等级、相同的混凝土截面尺寸、相同的预应力筋及截面面积，由于 $A_0 > A_n$，则后张法构件的有效预压应力值 $\sigma_{pcⅡ}$ 要高些。

②使用阶段 N_0、N_{cr}、N_u 的三个计算公式，不论先张法或后张法，公式形式都相同，但计算 N_0 和 N_{cr} 时两种方法的 $\sigma_{pcⅡ}$ 是不相同的。

③预应力筋从张拉直至构件破坏，始终处于高拉应力状态，而混凝土则在轴向拉力达到 N_0 值以前始终处于受压状态，发挥了两种材料各自的性能。

④预应力混凝土构件出现裂缝比钢筋混凝土构件迟得多，故构件抗裂度大为提高，但出现裂缝时的荷载值与破坏荷载值比较接近，故延性较差。

⑤当材料强度等级和截面尺寸相同时，预应力混凝土轴心受拉构件与钢筋混凝土受拉构件的承载力相同。

10.4.3 轴心受拉构件使用阶段的验算

预应力混凝土轴心受拉构件，除了进行使用阶段承载力计算、抗裂度验算或裂缝宽度验算以外，还要进行施工阶段张拉(或放松)预应力筋时构件的承载力验算，及对采用锚具的后张法构件进行端部锚固区局部受压的验算。

1. 使用阶段承载力计算

截面的计算简图如图 10 – 15(a)所示，构件正截面受拉承载力按下式计算：

$$N \leqslant N_u = f_{py}A_p + f_yA_s \qquad (10 – 29)$$

式中：N——轴向拉力设计值；

f_{py}、f_y——预应力筋及普通钢筋抗拉强度设计值；

A_p、A_s——纵向预应力筋及普通钢筋的全部截面面积。

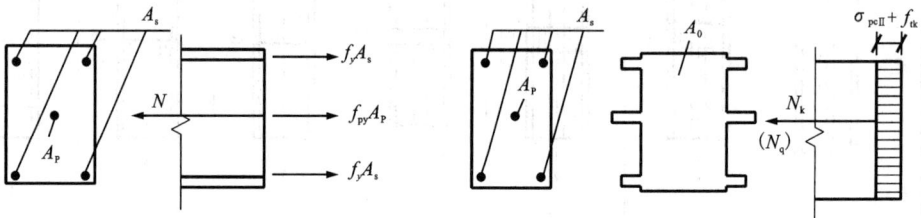

(a)预应力轴心受拉构件的承载力计算图式   (b)预应力轴心受拉构件的抗裂度验算图式

图 10 – 15　轴心受拉预应力混凝土构件使用阶段承载力计算图式

2. 抗裂度验算及裂缝宽度验算

由式(10 – 17)、式(10 – 27)可看出，如果轴向拉力值 N 不超过 N_{cr}，则构件不会开裂。其计算简图见图 10 – 15(b)。

$$N \leqslant N_{cr} = (\sigma_{pcII} + f_{tk})A_0 \tag{10-30}$$

此式用应力形式表达，可写成

$$\frac{N}{A_0} \leqslant \sigma_{pcII} + f_{tk} \tag{10-31}$$

$$\sigma_c - \sigma_{pcII} \leqslant f_{tk} \tag{10-32}$$

预应力构件按所处环境类别和使用要求，应有不同的抗裂安全储备。《规范》将预应力混凝土构件正截面的受力裂缝控制等级分为三级，等级划分及要求应符合下列规定：

（1）一级——严格要求不出现裂缝的构件。

按荷载标准组合计算时，构件受拉边缘混凝土不应产生拉应力：

$$\sigma_{ck} - \sigma_{pcII} \leqslant 0 \tag{10-33}$$

（2）二级——一般要求不出现裂缝的构件。

按荷载标准组合计算时，构件受拉边缘混凝土拉应力不应大于混凝土抗拉强度标准值：

$$\sigma_{ck} - \sigma_{pcII} \leqslant f_{tk} \tag{10-34}$$

式中：σ_{ck}——荷载标准组合下抗裂验算边缘的混凝土法向应力，$\sigma_{ck} = N_k/A_0$；

　　　N_k——按荷载标准组合计算的轴向力值；

　　　A_0——换算截面面积 $A_0 = A_c + \alpha_E A_p + \alpha_E A_s$；

　　　σ_{pcII}——扣除全部预应力损失后，在抗裂验算边缘的混凝土的预压应力；

　　　f_{tk}——混凝土的轴心抗拉强度标准值，按附表 1-1 取用。

（3）三级——允许出现裂缝的构件。

按荷载标准组合并考虑长期作用的影响计算的最大裂缝宽度，应符合下列规定：

$$w_{max} \leqslant \alpha_{cr} \psi \frac{\sigma_s}{E_s} \left(1.9 c_s + 0.08 \frac{d_{eq}}{\rho_{te}}\right) \leqslant w_{lim} \tag{10-35}$$

对环境类别为二 a 类的预应力混凝土构件，在荷载准永久组合下，受拉边缘应力应符合下列规定：

$$\sigma_{eq} - \sigma_{pcII} \leqslant f_{tk} \tag{10-36}$$

式中：α_{cr}——构件受力特征系数，对轴心受拉构件，取 $\alpha_{cr} = 2.2$；

　　　ψ——裂缝间纵向受拉钢筋应变不均匀系数，$\psi = 1.1 - \dfrac{0.65}{\rho_{te}\sigma_s}$；当 $\psi < 0.2$ 时，取 $\psi = 0.2$，当 $\psi > 1.0$ 时，取 $\psi = 1.0$，对直接承受重复荷载的构件取 $\psi = 1.0$；

　　　ρ_{te}——按有效受拉混凝土截面面积计算的纵向受拉钢筋配筋率，$\rho_{te} = \dfrac{A_s + A_p}{A_{te}}$，当 $\rho_{te} < 0.01$ 时，取 $\rho_{te} = 0.01$；

　　　A_{te}——有效受拉混凝土截面面积，$A_{te} = bh$；

　　　σ_s——按荷载标准组合计算的预应力混凝土构件纵向受拉钢筋的等效应力，$\sigma_s = \dfrac{N_k - N_{p0}}{A_p + A_s}$；

　　　σ_{eq}——荷载准永久组合下抗裂验算边缘的混凝土法向应力；

N_{P0}——计算截面上混凝土法向预应力等于零时的预加力;

c_s——最外层纵向受拉钢筋外边缘至受拉区底边的距离,mm,当 $C_s < 20$ 时,取 $C_s = 20$;当 $\sigma_s > 65$ 时,取 $C_s = 65$ 时;

A_p,A_s——受拉区纵向预应力筋、普通钢筋的截面面积;

d_{eq}——受拉区纵向钢筋的等效直径,mm。

$$d_{eq} = \frac{\sum n_i d_i^2}{\sum n_i v_i d_i} \qquad (10-37)$$

对于有黏结预应力钢绞线束的直径取为 $\sqrt{n_1} d_{p1}$,其中 d_{p1} 为单根钢绞线的公称直径,n_1 为单束钢绞线根数;

d_i——受拉区第 i 种纵向钢筋的公称直径,mm;

n_i——受拉区第 i 种纵向钢筋的根数;对于有黏结预应力钢绞线,取钢绞线束数;

v_i——受拉区第 i 种纵向钢筋的相对黏结特性系数,可按表 10-7 取用;

w_{lim}——最大裂缝宽度限值,按环境类别查附录 8 附表 8-2 取用。

表 10-7 钢筋的相对黏结特性系数

钢筋类别	钢筋		先张法预应力筋			后张法预应力筋		
	光面钢筋	带肋钢筋	带肋钢筋	螺旋肋钢丝	钢绞线	带肋钢筋	钢绞线	光面钢丝
v_i	0.7	1.0	1.0	0.8	0.6	0.8	0.5	0.4

注:对环氧树脂涂层带肋钢筋,其相对黏结特性系数应按表中系数的 0.8 倍取用。

当放张预应力筋(先张法)或张拉预应力筋完毕(后张法)时,混凝土将受到最大的预压应力 σ_{cc},而这时混凝土强度通常仅达到设计强度的 75%,构件强度是否足够,应予验算。验算包括两个方面:

1. 张拉(或放松)预应力筋时,构件的承载力验算

为了保证在张拉(或放松)预应力筋时,混凝土不被压碎,混凝土的预压应力应符合下列条件:

$$\sigma_{cc} \leqslant 0.8 f'_{ck} \qquad (10-38)$$

式中:f'_{ck}——与张拉(或放松)预应力筋时,混凝土立方体抗压强度 f'_{cu} 相应的轴心抗压强度标准值,可按附录 1 中的附表 1-1 以线性内插法取用。

先张法构件在放松(或切断)钢筋时,仅按第一批损失出现后计算 σ_{cc},即:

$$\sigma_{cc} = \frac{(\sigma_{con} - \sigma_{l\,I}) A_p}{A_0} \qquad (10-39)$$

后张法张拉钢筋完毕至 σ_{con},而又未锚固时,按不考虑预应力损失值计算 σ_{cc},即:

$$\sigma_{cc} = \frac{\sigma_{con} A_p}{A_n} \qquad (10-40)$$

【例 10-1】 24 m 预应力混凝土屋架下弦杆的计算。设计条件如表 10-8 所示。

表 10 - 8　设计条件

材料	混凝土	预应力筋	普通钢筋
品种和强度等级	C60	钢绞线	HRB400
截面	$280 \text{ mm} \times 180 \text{ mm}$ 孔道 $2 \phi 55$	$4 \phi^s 1 \times 7 (d = 15.2 \text{ mm})$	按构造要求配置 $4 \oplus 12 (A_s = 452 \text{ mm}^2)$
材料强度(N/mm^2)	$f_c = 27.5 \quad f_{ck} = 38.5$ $f_t = 2.04 \quad f_{tk} = 2.85$	$f_{pck} = 1860$ $f_{py} = 1320$	$f_{yk} = 400$ $f_y = 360$
弹性模量(N/mm^2)	$E_c = 3.6 \times 10^4$	$E_s = 1.95 \times 10^5$	$E_s = 2 \times 10^5$
张拉控制应力	$\sigma_{con} = 0.70 f_{pck} = 0.70 \times 1860 = 1302 \text{ N/mm}^2$		
张拉时混凝土强度	$f'_{cu} = 60 \text{ N/mm}^2$		
张拉工艺	后张法，一端张拉，采用夹片式锚具，孔道为预埋塑料波纹管		
杆件内力	永久荷载标准值产生的轴向拉力 $N_k = 820 \text{ kN}$ 可变荷载标准值产生的轴向拉力 $N_k = 320 \text{ kN}$ 可变荷载的准永久值系数为 0.5		
结构重要性系数	$\gamma_0 = 1.1$		

【解】

(1)使用阶段承载力计算

$$A_p = \frac{r_0 N - f_y A_s}{f_{py}} = \frac{1.1 \times (1.3 \times 820 \times 10^3 + 1.5 \times 320 \times 10^3) - 360 \times 452}{1320} = 1165 \text{ mm}^2$$

采用 2 束高强低松弛钢绞线，每束 $4 \phi^s 1 \times 7 \quad d = 15.2 \text{ mm}(A_p = 1120 \text{ mm}^2)$。

(2)使用阶段抗裂度验算

1)截面几何特征

预应力　　　　　　　　$\alpha_{E1} = \frac{E_S}{E_C} = \frac{1.95 \times 10^5}{3.6 \times 10^4} = 5.42$

非预应力　　　　　　　$\alpha_{E2} = \frac{2.0 \times 10^5}{3.6 \times 10^4} = 5.56$

$$A_n = A_C + \alpha_{E2} A_s = 280 \times 180 - 2 \times \frac{\pi}{4} \times 55^2 - 452 + 5.56 \times 452 = 47712 \text{ mm}^2$$

$$A_0 = A_n + \alpha_{E1} A_p = 47712 + 5.42 \times 1120 = 53782 \text{ mm}^2$$

2)计算预应力损失

①锚具变形损失 α_{l1},

由表 10 - 2 夹片式锚具 $\alpha = 5 \text{ mm}$, 则

$$\sigma_{l1} = \frac{\alpha}{l} E_S = \frac{5}{24000} \times 1.95 \times 10^5 = 40.63 \text{ N/mm}^2$$

②孔道摩擦损失 σ_{l2}:

按锚固端计算该项损失，所以 $l = 24$ m, 直线配筋 $\theta = 0°$, $kx = 0.0015 \times 24 = 0.036 <$

0.3，可用近似公式计算：

$$\sigma_{l2} = (kx + \mu\theta)\sigma_{con} = (0.0015 \times 24) \times 1302 = 46.86 \text{ N/mm}^2$$

则第一批损失为

$$\sigma_{l\,I} = \sigma_{l1} + \sigma_{l2} = 40.63 + 46.86 = 87.50 \text{ N/mm}^2$$

③预应力筋的应力松弛损失 σ_{l4}。

$$\frac{\sigma_{con}}{f_{ptk}} = \frac{1302}{1860} = 0.7 \leqslant 0.7$$

$$\sigma_{l4} = 0.125 \left(\frac{\sigma_{con}}{f_{ptk}} - 0.5\right)\sigma_{con} = 0.125 \times \left(\frac{1302}{1860} - 0.5\right) \times 1302 = 32.55 \text{ N/mm}^2$$

④混凝土的收缩和徐变损失 σ_{l5}

$$\sigma_{pc\,I} = \frac{(\sigma_{con} - \sigma_{l\,I})A_p}{A_n} = \frac{(1302 - 87.50) \times 1120}{47709} = 28.51 \text{ N/mm}^2$$

$$\frac{\sigma_{pc\,I}}{f'_{cu}} = \frac{28.51}{60} = 0.48 < 0.5$$

$$\rho = \frac{A_s + A_p}{A_n} = \frac{452 + 1120}{2 \times 47709} = 0.0165$$

$$\sigma_{l5} = \frac{55 + 300\dfrac{\sigma_{pc\,I}}{f'_{cu}}}{1 + 15\rho} = \frac{55 + 300 \times 0.48}{1 + 15 \times 0.0165} = 159.52 \text{ N/mm}^2$$

则第二批损失为

$$\sigma_{l\,II} = \sigma_{l4} + \sigma_{l5} = 32.55 + 159.52 = 192.07 \text{ N/mm}^2$$

总损失

$$\sigma_l = \sigma_{l\,I} + \sigma_{l\,II} = 87.50 + 192.07 = 279.57 \text{ N/mm}^2 > 80 \text{ N/mm}^2$$

3）验算抗裂度

计算混凝土有效预压应力

在一类环境下，预应力混凝土座架，按二级裂缝控制等级进行验算。

$$\sigma_{pc\,II} = \frac{(\sigma_{con} - \sigma_{l1})A_p - \sigma_{l5}A_s}{A_n}$$

$$= \frac{(1302 - 279.57) \times 1120 - 159.52 \times 452}{47709} = 22.49 \text{ N/mm}^2$$

在荷载标准组合下

$$N_k = 820 + 320 = 1140 \text{ kN}$$

$$\sigma_{ck} = \frac{N_k}{A_0} = \frac{1140 \times 10^3}{53782} = 21.20 \text{ N/mm}^2$$

$$\sigma_{ck} - \sigma_{pc\,II} = 21.20 - 22.49 < 0$$

满足要求。

（3）施工阶段验算。

最大张拉力

$$N_p = \sigma_{con} \times A_p = 1302 \times 1120 = 1458000 \text{ N} = 1458 \text{ kN}$$

截面上混凝土压应力

$$\sigma_{cc} = \frac{N_P}{A_n} = \frac{1458 \times 10^3}{47709} = 30.56 \text{ N/mm}^2 < 0.8f'_{ck} = 30.8 \text{ N/mm}^2$$

满足要求。

10.5　预应力混凝土受弯构件的设计

如前所述，预应力混凝土轴心受拉构件中，预应力筋 A_p 和非预应力筋 A_s 均在截面内对称布置，因而在混凝土内建立了均匀的预压应力 σ_{pc}。与轴心受拉构件不同的是，预应力混凝土受弯构件中，沿构件长度方向，预应力筋的布置可以为直线型或曲线型。

在构件截面内，设置在使用阶段受拉区的预应力筋 A_p 的重心与截面的重心有偏心；为了防止在制作、运输和吊装等施工阶段，构件的使用阶段受压区（称预拉区，即在预应力作用下可能受拉）出现裂缝或裂缝过宽，有时也在受压区设置预应力筋 A'_p；同时在构件的受拉区和受压区往往也设置少量的非预应力筋 A_s 和 A'_s，如图 10-16所示。由于预应力混凝土受弯构件截面内钢筋为非对称布置，因此通过张拉预应力筋所建立的混凝土预应力值（一般为压应力，有时也可能为拉应力）沿截面高度方向是变化的。

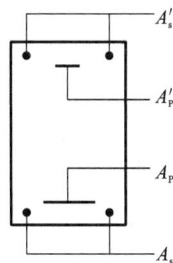

图 10-16　预应力混凝土受弯构件截面内钢筋布置

下面以平衡荷载法为例阐述预应力混凝土受弯构件的设计计算原理。

10.5.1　平衡荷载法

张拉预应力筋对混凝土梁的作用，可用一组等效荷载来代替。等效荷载一般由两部分组成：①预应力筋在锚固区对梁产生的压力 N_p；②由曲线预应力筋曲率引起的、垂直于预应力筋束中心线的向上的分布力 w，如图 10-17(b)所示，或由折线预应力筋转折引起的向上的集中力。

上述分布力或集中力可以部分或全部抵消作用在梁上的荷载。下面以一单跨简支梁为例加以说明。

如图 10-17 所示，梁内配有一根形为二次抛物线的预应力筋，其抛物线方程为：

$$y = 4f[x/l - (x/l)^2] \tag{10-41}$$

式中 f 为抛物线的矢高。因此，预加力 N_p 对梁截面产生的弯矩方程也是抛物线形的。将式(10-41)对 x 两次求导，可得到由上述 M 引起的等效荷载 ω 即：

$$M = 4N_p f(1-x)x/l^2 \qquad \omega = d^2M/dx^2 = -8N_p f/l^2 \tag{10-42}$$

设梁各截面预应力筋的预加力 N_p 相等，并设 $e(e=y)$ 为预应力筋形心至梁截面形心的偏心距，则由式(10-41)和式(10-42)可得

$$N_p e = \omega(l-x)x/2 \tag{10-43}$$

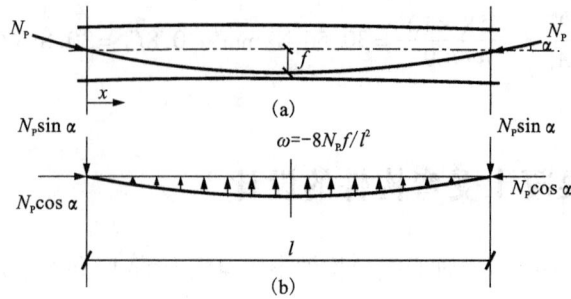

图 10-17　平衡荷载法示意图

式(10-43)说明，如果梁上作用的均布荷载值 q 与 ω 相等，则该荷载将全部被预加力所平衡。因此称为平衡荷载法，是林同炎教授于 1963 年提出的。

由图 10-17(b)知，预加力对梁的作用力有：ω 为向上作用的均布荷载；水平分力 $N_p\cos\alpha \approx N_p$；竖向分力 $N_p\sin\alpha \approx N_p\tan\alpha = 4N_pf/l$。

因此，在均布荷载 q 全部被预加力平衡(即 $q=\omega$)的情况下，梁上承受的竖向荷载为零，此时，梁如同一仅受到水平轴心压力 N_p 的构件(截面上的均布压应力 $\sigma = N_p/A$)，没有弯矩，也没有反拱和竖向挠度。

如果 $q>\omega$，则由荷载差额 $(q-\omega)$ 引起的截面弯曲应力可直接利用材料力学公式求得。

值得注意的是，为了达到荷载的平衡，简支梁两端的预应力筋中心线必须通过截面的重心，以避免梁端部的集中弯矩干扰梁的荷载平衡。

平衡荷载法用于预应力混凝土简支梁设计，可以帮助设计人员合理选择预应力筋的线形和所要求的预加力大小；该法应用于超静定梁、框架等结构设计，不仅可简化设计，并可便于检验预应力的效果，也便于进行部分预应力混凝土结构的设计。但该设计方法也有一些不足之处，例如在连续梁中，由平衡荷载法得到的预应力筋的线形在中间支座处有尖角，与工程实际不符，如果在支座处使预应力筋呈平滑的曲线，则将不再满足荷载平衡；此外，平衡荷载法不能直接考虑预应力筋锚固端偏心引起的弯矩，并且不考虑沿构件长度摩擦损失的影响，也不能考虑次内力对结构的影响。

10.5.2　受弯构件的应力分析

工程实践中预应力混凝土受弯构件主要应用后张法，故下面以介绍后张法计算为主。表 10-9 给出了仅在截面受拉区配置预应力筋的后张法预应力混凝土受弯构件在各个受力阶段的应力。

表 10 - 9　后张法预应力混凝土受弯构件各阶段的应力分析

受力阶段	简　图	预应力筋应力 σ_p	混凝土应力 σ_{pc}（截面下边缘）	说　　明
施工阶段　穿钢筋		0	0	
施工阶段　张拉钢筋		$\sigma_{con}-\sigma_{l2}$	$\sigma_{pc}=\dfrac{N_p}{A_n}+\dfrac{N_p e_{pn}}{I_n}y_n$ $N_p=(\sigma_{con}-\sigma_{l2})A_p$	预应力筋被拉长，摩擦损失同时产生 预应力筋应力比控制应力 σ_{con} 减小了 σ_{l2} 混凝土上下边缘受压缩，下边缘受压缩 混凝土上下边缘受拉，构件产生反拱
施工阶段　完成第一批损失		$\sigma_{pe\,I}=\sigma_{con}-\sigma_{l\,I}$	$\sigma_{pc\,I}=\dfrac{N_{p\,I}}{A_n}+\dfrac{N_{p\,I}e_{pn\,I}}{I_n}y_n$ $N_{p\,I}=(\sigma_{con}-\sigma_{l\,I})A_p$	混凝土下边缘压应力减小到 $\sigma_{pc\,I}$ 预应力筋拉应力减小到 $\sigma_{l\,I}$
施工阶段　完成第二批损失		$\sigma_{pe\,II}=\sigma_{con}-\sigma_l$	$\sigma_{pc\,II}=\dfrac{N_{p\,II}}{A_n}+\dfrac{N_{p\,II}e_{pn\,II}}{I_n}y_n$ $N_{p\,II}=(\sigma_{con}-\sigma_l)A_p$	混凝土下边缘压应力降低到 $\sigma_{pc\,II}$ 预应力筋拉应力继续减小
使用阶段　加载至 $\sigma_{pc}=0$		$\sigma_{p0}=(\sigma_{con}-\sigma_l)+\alpha_E\sigma_{pc\,II}$	0	混凝土上边缘由拉变压，下边缘压应力减小到零 预应力筋应力增加了 $\alpha_E\sigma_{pc\,II}$ 构件反拱消失，略有挠度
使用阶段　加载至受拉区裂缝即将出现		$\sigma_{con}-\sigma_l+\alpha_E\sigma_{pc\,II}+2\alpha_E f_{tk}$	f_{tk}	混凝土上边缘压应力增加，下边缘拉应力达到 f_{tk} 预应力筋拉应力增加了 $2\alpha_E f_{tk}$ 构件挠度增加
使用阶段　加载至破坏		f_{py}	0	截面下边缘裂缝开展，构件挠度剧增 预应力筋拉应力增加到 f_{py} 混凝土上边缘压应力增加到 $\alpha_1 f_c$

图 10-18 所示为配有预应力筋 A_p、A_p'，和普通钢筋 A_s、A_s' 的不对称截面后张法受弯构件。对照预应力混凝土轴心受拉构件相应各受力阶段的截面应力分析，同理可得出预应力混凝土受弯构件截面上混凝土法向预应力 σ_{pc}、预应力筋的有效预应力 σ_{pe}，预应力筋和普通钢筋的合力 N_p 及其偏心距 e_{pe} 等的计算公式。

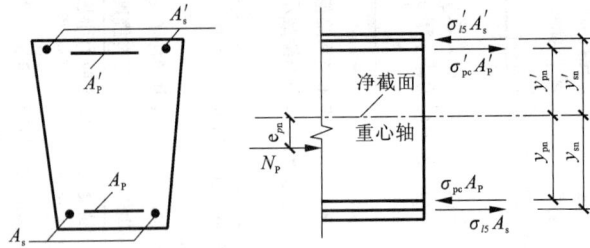

图 10-18 配有预应力筋和普通钢筋的预应力混凝土受弯构件

1. 施工阶段(图 10-18)

$$\sigma_{pc} = \frac{N_P}{A_n} \pm \frac{N_p e_{pn}}{I_n} y_n \tag{10-44}$$

$$N_P = \sigma_{pe} A_p + \sigma_{pe}' A_p' - \sigma_s A_s - \sigma_s' A_s' \tag{10-45}$$

$$\sigma_{pe} = \sigma_{con} - \sigma_l \qquad \sigma_{pe}' = \sigma_{con}' - \sigma_l' \tag{10-46}$$

$$\sigma_s = \alpha_E \sigma_{pc} + \sigma_{l5} \qquad \sigma_s' = \alpha_E \sigma_{pc}' + \sigma_{l5}' \tag{10-47}$$

$$e_{pn} = \frac{(\sigma_{con} - \sigma_l) A_p y_{pn} - (\sigma_{con}' - \sigma_l') A_p' y_{pn}' - \sigma_{l5} A_s y_{sn} + \sigma_{l5}' A_s' y_{sn}'}{(\sigma_{con} - \sigma_l) A_p + (\sigma_{con}' - \sigma_l') A_p' - \sigma_{l5} A_s - \sigma_{l5}' A_s'} \tag{10-48}$$

按式(10-44)计算所得的 σ_{pc} 值，正号为压应力，负号为拉应力。

式中：A_n——混凝土净截面面积(换算截面面积减去全部纵向预应力筋截面换算成混凝土的截面面积，即 $A_n = A_0 - \alpha_E A_P$ 或 $A_n = A_c + \alpha_E A_s$)；

I_n——净截面惯性矩；

y_n——净截面重心至所计算纤维处的距离；

y_{pn}、y_{pn}'——受拉区、受压区预应力筋合力点至净截面重心的距离；

y_{sn}、y_{sn}'——受拉区、受压区普通钢筋重心至净截面重心的距离；

σ_{pe}、σ_{pe}'——受拉区、受压区预应力筋的有效预应力；

σ_s、σ_s'——受拉区、受压区普通钢筋的应力。

其余符号的意义同前。如构件截面中的 $A_p' = 0$，则式(10-44)~式(10-48)中取 $\sigma_{l5}' = 0$。需要说明的是在利用上列公式计算时，均需采用施工阶段的有关数值。

2. 使用阶段

(1)加载至受拉边缘混凝土预压应力为零。

设在荷载作用下，截面承受弯矩 M_0，见图 10-19(c)，则截面下边缘混凝土的法向拉应力为 $\sigma = M_0 / W_0$。

欲使这一拉应力抵消混凝土的预压应力 $\sigma_{pcⅡ}$，即 $\sigma - \sigma_{pcⅡ} = 0$，则有

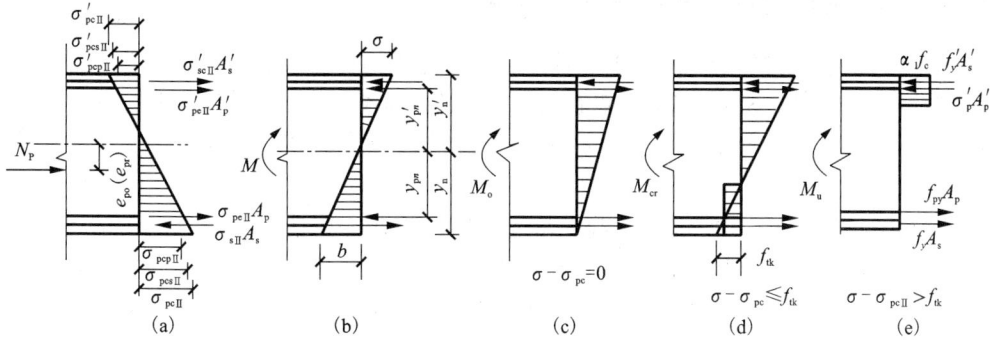

(a)预应力作用；(b)荷载作用；(c)受拉区截面下边缘混凝土应力为0

(d)受拉区截面下边缘混凝土即将出现裂缝；(e)受拉区截面下边缘混凝土开裂

图 10 - 19　预应力混凝土受弯构件截面的应力变化

$$M_0 = \sigma_{pc\,II} W_0 \tag{10-49}$$

式中：M_0——由外荷载引起的恰好使截面受拉边缘混凝土预压应力为零时的弯矩；

W_0——换算截面受拉边缘的弹性抵抗矩。

同理，预应力筋合力点处混凝土法向应力等于零时，受拉区及受压区的预应力筋的应力 σ_{po}、σ'_{po} 分别为

$$\sigma_{po} = \sigma_{con} - \sigma_l + \alpha_E \frac{M_0}{W_0} \approx \sigma_{con} - \sigma_l + \alpha_E \sigma_{pc\,II} \tag{10-50}$$

$$\sigma'_{po} = \sigma'_{con} - \sigma'_l + \alpha_E \sigma_{pc\,II} \tag{10-51}$$

在式(10-50)及式(10-51)中，$\sigma_{pc\,II}$ 理应取在 M_0 作用下受拉区预应力筋合力处的混凝土法向应力 $\sigma_{pcp\,II}$，为简化计算，可近似取等于混凝土截面下边缘的预压应力 $\sigma_{pc\,II}$。

（2）加载至受拉区裂缝即将出现。

设混凝土受拉区的拉应力达到混凝土抗拉强度标准值 f_{tk} 时，截面上受到的弯矩为 M_{cr}，相当于截面在承受弯矩 $M_0 = \sigma_{pc\,II} W_0$ 以后，再增加了钢筋混凝土构件的开裂弯矩 $\overline{M}_{cr}(\overline{M}_{cr} = \gamma f_{tk} W_0)$。

因此，预应力混凝土受弯构件的开裂弯矩

$$M_{cr} = M_0 + \overline{M}_{cr} = (\sigma_{pc\,II} + \gamma f_{tk}) W_0$$

即

$$\sigma = \frac{M_{cr}}{W_0} = \sigma_{pc\,II} + \gamma f_{tk} \tag{10-52}$$

式中：γ——混凝土构件的截面抵抗矩塑性影响系数。

（3）加载至破坏。

当受拉区出现垂直裂缝时，裂缝截面上受拉区混凝土退出工作，拉力全部由受拉筋承受。当截面进入第Ⅲ阶段后，受拉筋屈服直至破坏，正截面上的应力状态与第 4 章讲述的钢筋混凝土受弯构件正截面承载力相似，计算方法亦基本相同。

10.5.3 预应力混凝土受弯构件的计算

预应力混凝土受弯构件的计算与钢筋混凝土受弯构件相似，应根据《规范》的规定，进行承载能力极限状态的计算(正截面承载力、斜截面承载力)和正常使用极限状态的验算(正截面抗裂、斜截面抗裂或裂缝宽度、构件挠度)以及制作、运输、安装等施工阶段的相应验算。

进行构件设计时，一般可按正截面抗裂控制的要求，先估算有效预压力值 $N_{p \text{II}}$，从而估算所需要的总预应力筋截面积并在确定锚具形式及预应力筋布置(线形及其在梁底、顶部的分布)后，逐一进行承载能力和正常使用极限状态的各项计算和验算。

下面主要介绍使用阶段的正截面承载力计算，施工阶段的抗裂度验算及构件的变形验算。

1. 受弯构件使用阶段正截面承载力计算

(1)破坏阶段的截面应力状态。

试验表明，预应力混凝土受弯构件与钢筋混凝土受弯构件相似，如果 $\xi \leqslant \xi_b$，破坏时截面受拉区的预应力筋先到达屈服强度，而后受压区混凝土被压碎使截面破坏。受压区的预应力筋 A_p' 及普通钢筋 A_s、A_s' 的应力均可按平截面假定确定。但在计算上，预应力混凝土受弯构件与钢筋混凝土受弯构件比较有以下几点不同：

1)界限破坏时截面相对受压区高度 ζ_b 的计算。

设受拉区预应力筋合力点处混凝土预压应力为零时，预应力筋中的应力为 σ_{po}，预拉应变为 $\varepsilon_{po} = \dfrac{\sigma_{po}}{E_s}$。界限破坏时，预应力筋应力到达抗拉强度设计值 f_{py}，因而截面上受拉区预应力筋的应力增量为 $f_{py} - \sigma_{po}$，相应的应变增量为 $(f_{py} - \sigma_{po})/E_s$。根据平截面假定，相对界限受压区高度 ξ_b 可按图 10 - 20 所示的几何关系确定：

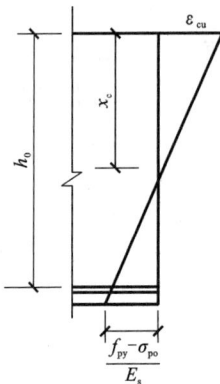

图 10 - 20   相对受压区高度

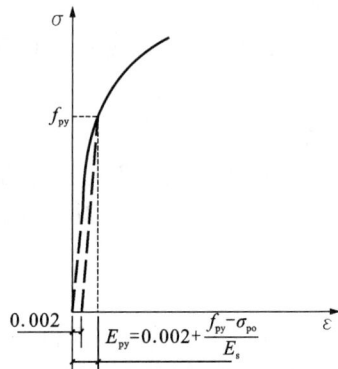

图 10 - 21   条件屈服钢筋的拉应变

$$\frac{x_c}{h_0} = \frac{\varepsilon_{cu}}{\varepsilon_{cu} + \dfrac{f_{py} - \sigma_{po}}{E_s}} \qquad (10-53)$$

设界限破坏时，界限受压区高度为 x_b，则有 $x = x_b = \beta_1 x_c$，代入上式得

$$\frac{x_b}{\beta_1 h_0} = \frac{\varepsilon_{cu}}{\varepsilon_{cu} + \dfrac{f_{py} - \sigma_{po}}{E_s}} \qquad (10-54)$$

即

$$\xi_b = \frac{x_b}{h_0} = \frac{\beta_1}{1 + \dfrac{f_{py} - \sigma_{po}}{E_s \varepsilon_{cu}}} \qquad (10-55)$$

对于无屈服点的预应力筋（钢丝、钢绞线等），根据条件屈服点定义，见图 10-21，预应力筋到达条件屈服点的拉应变

$$\varepsilon_{py} = 0.002 + \frac{f_{py} - \sigma_{po}}{E_s} \qquad (10-56)$$

改写式（10-56）得

$$\xi_b = \frac{\beta_1}{1 + \dfrac{0.002}{\varepsilon_{cu}} + \dfrac{f_{py} - \sigma_{po}}{E_s \varepsilon_{cu}}} \qquad (10-57)$$

式中：σ_{po}——受拉区纵向预应力筋合力点处混凝土法向应力等于零时的预应力筋应力。

如果在受弯构件的截面受拉区内配置不同种类的预应力筋或预应力值不同，其相对界限受压区高度应分别计算，并取较小值。

2）任意位置处预应力筋及普通钢筋应力的计算。

设第 i 层预应力筋的预拉应力为 σ_{pi}，它到混凝土受压区边缘的距离为 h_{oi}，根据平截面假定，它的应力由图 10-22 可得

$$\sigma_{pi} = E_s \varepsilon_{cu} \left(\frac{\beta_1 h_{oi}}{x} - 1 \right) + \sigma_{poi} \qquad (10-58)$$

同理，普通钢筋的应力

$$\sigma_{si} = E_s \varepsilon_{cu} \left(\frac{\beta_1 h_{oi}}{x} - 1 \right) \qquad (10-59)$$

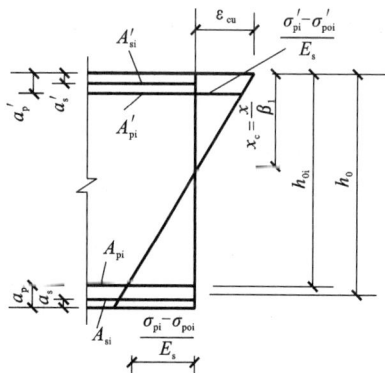

图 10-22 预应力筋应力的计算简图

以上公式也可按下列近似公式计算：

预应力筋的应力

$$\sigma_{pi} = \frac{f_{py} - \sigma_{poi}}{\varepsilon_b - \beta_1} \left(\frac{x}{h_{oi}} - \beta_1 \right) + \sigma_{poi} \qquad (10-60)$$

普通钢筋的应力

$$\sigma_{si} = \frac{f_y}{\varepsilon_b - \beta_1}(\frac{x}{h_{oi}} - \beta_1) \qquad (10-61)$$

式中：σ_{pi}、σ_{si}——第 i 层纵向预应力筋、普通钢筋的应力；正值代表拉应力，负值代表压应力；

h_{oi}——第 i 层纵向钢筋截面重心至截面受压区边缘的距离；

x——等效矩形应力图形的混凝土受压区高度；

σ_{poi}——第 i 层纵向预应力筋截面重心处混凝土法向应力等于零时预应力筋的应力。

预应力筋的应力 σ_{pi} 应符合下列条件

$$\sigma_{poi} - f'_{py} \le \sigma_{pi} \le f_{py} \qquad (10-62)$$

普通钢筋应力 σ_{si} 应符合下列条件

$$-f'_y \le \sigma_{si} \le f_y \qquad (10-63)$$

3）受压区预应力筋应力（σ'_{pe}）的计算。

随着荷载的不断增大，在预应力筋 A'_p 重心处的混凝土压应力和压应变都有所增加，预应力筋 A'_p 的拉应力随之减小，故截面到达破坏时，A'_p 的应力可能仍为拉应力，也可能变为压应力，但其应力值 σ'_{pe} 却达不到抗压强度设计值 f'_{py} 而仅为

$$\sigma'_{pe} = (\sigma'_{con} - \sigma'_l) + \alpha_E \sigma'_{pcpII} - f'_{py} = \sigma'_{po} - f'_{py} \qquad (10-64)$$

（2）正截面受弯承载力计算。

预应力混凝土受弯构件正截面受弯破坏时，受拉区预应力筋先达到屈服，然后受压区边缘的压应变达到混凝土的极限压应变值而破坏。如果在截面上还有普通钢筋 A_s、A'_s，破坏时其应力都能达到屈服强度。而受压区预应力筋 A'_p 在截面破坏时的应力应按式（10-64）计算。

因此，对于图 10-23 所示的矩形截面或翼缘位于受拉边的"T"形截面预应力混凝土受弯构件，其正截面受弯承载力计算的基本公式为

$$\alpha_1 f_c bx = f_y A_s - f'_y A'_s + f_{py} A_p + (\sigma'_{po} - f'_{py}) A'_p \qquad (10-65)$$

$$M \le M_u = \alpha_1 f_c bx(h_0 - \frac{x}{2}) + f'_y A'_s(h_0 - a'_s) - (\sigma'_{po} - f'_{py}) A'_p(h_0 - a'_p) \qquad (10-66)$$

混凝土受压区高度应符合下列适用条件

$$x \le \varepsilon_b h_0 \qquad (10-67)$$

$$x \ge 2a' \qquad (10-68)$$

《规范》规定，预应力混凝土受弯截面构件的正截面受弯承载力设计值应满足：

$$M_u \ge M_{cr} \qquad (10-69)$$

式中：M——弯矩设计值；

M_u——正截面受弯承载力设计值；

M_{cr}——构件的正截面开裂弯矩值，见公式（10-52）；

A_s、A'_s——受拉区、受压区纵向普通钢筋的截面面积；

A_p、A'_p——受拉区、受压区纵向预应力筋的截面面积；

h_0——截面的有效高度；

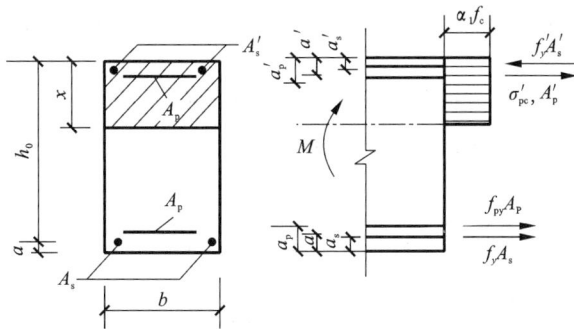

图 10 – 23　预应力混凝土矩形截面受弯构件正截面承载力计算简图

b——矩形截面的宽度或倒"T"形截面的腹板宽度；

α_1——系数：当混凝土强度等级不超过 C50 时，$\alpha_1 = 1.0$；当混凝土强度等级为 C80 时，$\alpha_1 = 0.94$；其间按线性内插法取用；

a'——受压区全部纵向钢筋合力点至截面受压边缘的距离，当受压区未配置纵向预应力筋或受压区纵向预应力筋应力 $\sigma'_{pe} = \sigma'_{p0} - f'_{py}$ 为拉应力时，则式（10 – 68）中的 a' 用 a'_s 代替；

a'_s，a'_p——受压区纵向普通钢筋合力点、预应力筋合力点至截面受压区边缘的距离。

当 $x < 2a'_s$ 时，正截面受弯承载力可按下列公式计算：

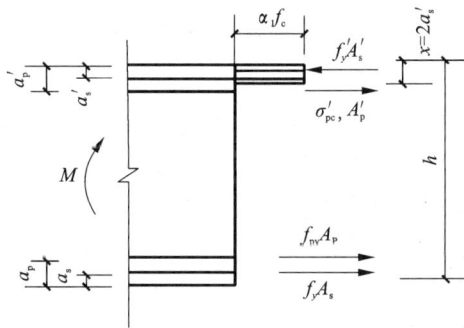

图 10 – 24　预应力混凝土矩形截面受弯构件正截面承载力计算简图$(x < 2a'_s)$

当 σ'_{pe} 为拉应力时，取 $x = 2a'_s$，见图 10 – 24：
$$M \leqslant M_u = f_{py}A_p(h - a_p - a'_s) + f_yA_s(h - a_s - a'_s) + (\sigma'_{p0} - f'_{py})A'_p(a'_p - a'_s) \qquad (10 - 70)$$

2. 受弯构件施工阶段的验算

预应力受弯构件，在制作、运输及安装等施工阶段的受力状态，与使用阶段是不相同的。在制作时，截面上受到了偏心压力，截面下边缘受压，上边缘受拉，见图 10 – 25（a）。而在运输、安装时，搁置点或吊点通常离梁端有一段距离，两端悬臂部分因自重引起负弯矩,与偏心预压力引起的负弯矩是相叠加的,见图10-25(b)。在截面上边缘(或称预拉区),如果混凝土的拉应力超过了混凝土的抗拉强度时,预拉区将出现裂缝,

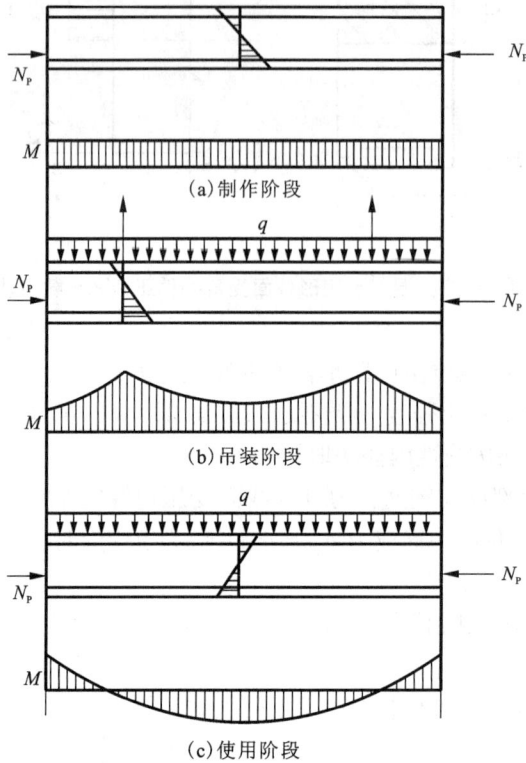

图 10-25 预应力混凝土受弯构件

并随时间的增长裂缝不断开展。在截面下边缘(预压区),如混凝土的压应力过大,也会产生纵向裂缝。试验表明,预拉区的裂缝虽可在使用荷载下闭合,对构件的影响不大,但会使构件在使用阶段的正截面抗裂度和刚度降低。因此,在制作、运输及安装等施工阶段,除了应进行承载能力极限状态验算外,还必须对构件施工阶段的抗裂度进行验算。《规范》是采用限制边缘纤维混凝土应力值的方法,来满足预拉区不允许或允许出现裂缝的要求,同时保证预压区的抗压强度。

对制作、运输及安装等施工阶段预拉区允许出现拉应力的构件,或预压时全截面受压的构件,在预加力、自重及施工荷载作用下(必要时应考虑动力系数)截面边缘的混凝土法向应力宜符合下列规定:

$$\sigma_{ct} \leqslant f'_{tk} \qquad (10-71)$$

$$\sigma_{cc} \leqslant 0.8 f'_{ck} \qquad (10-72)$$

式中:σ_{ct}、σ_{cc}——相应施工阶段计算截面边缘纤维的混凝土预拉应力(预拉区)和压应力(预压区);

f'_{tk}、f'_{ck}——与各施工阶段混凝土立方体抗压强度f'_{cu}相应的抗拉强度标准值、抗压强

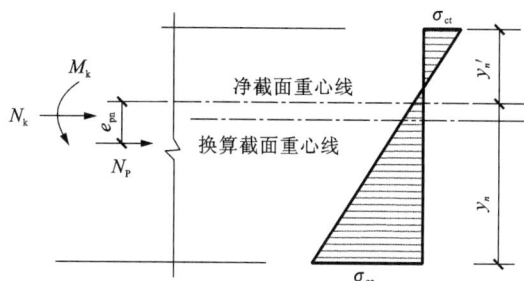

图 10 - 26 后张法预应力混凝土构件施工阶段验算

度标准值, 按附录 1 附表 1 - 1 用线性内插法取用。

简支构件端部区段截面预拉区边缘纤维的混凝土拉应力允许大于 f_{tk}; 但不应大于 $1.2f'_{tk}$。截面边缘的混凝土法向应力 σ_{ct}、σ_{cc} 可按下式计算:

$$\left.\begin{array}{c}\sigma_{cc}\\\sigma_{ct}\end{array}\right\} = \sigma_{pc} + \frac{N_k}{A_0} \pm \frac{M_K}{W_0} \qquad (10-73)$$

式中: σ_{pc}——由预加力产生的混凝土法向应力, 当 σ_{pc} 为压应力时, 取正值; 当 σ_{pc} 为拉应力时, 取负值;

N_k、M_k——构件自重及施工荷载的标准组合在计算截面产生的轴向力值、弯矩值; 当 N_k 为轴向压力时, 取正值; 当 N_k 为轴向拉力时, 取负值; 对由 M_k 产生的边缘纤维应力, 压应力取加号, 拉应力取减号;

W_0——验算边缘的换算截面弹性抵抗矩。

其余符号都按构件的截面几何特征代入。

3. 受弯构件的变形验算

预应力受弯构件的挠度由两部分叠加而成: 一部分是由荷载产生的挠度 f_{1l}, 另一部分是预加应力产生的反拱 f_{2l}。

(1) 荷载作用下构件的挠度 f_{1l}。

挠度 f_{1l} 可按一般材料力学的方法计算, 即

$$f_{1l} = S\frac{ML^2}{B} \qquad (10-74)$$

其中截面弯曲刚度 B 应分别按下列情况计算:

①按荷载标准组合下的短期刚度, 可由下列公式计算:

对于使用阶段要求不出现裂缝的构件

$$B_s = 0.85E_cI_0 \qquad (10-75)$$

式中: E_c——混凝土的弹性模量;

I_0——换算截面惯性矩;

0.85——刚度折减系数, 考虑混凝土受拉区开裂前出现的塑性变形。

对于使用阶段允许出现裂缝的构件

$$B_s = \frac{0.85E_cI_0}{k_{cr} + (1 - k_{cr})\omega} \qquad (10-76)$$

$$k_{cr} = \frac{M_{cr}}{M_k} \qquad (10-77)$$

$$\omega = (1 + \frac{0.21}{\alpha_E\rho})(1 + 0.45r_f) - 0.7 \qquad (10-78)$$

$$M_{cr} = (\sigma_{pcII} + \gamma f_{tk})W_0 \qquad (10-79)$$

式中：k_{cr}——预应力混凝土受弯构件正截面的开裂弯矩 M_{cr} 与荷载标准组合弯矩 M_k 的比值，当 $k_{cr} > 1.0$ 时，取 $k_{cr} = 1.0$；

γ——混凝土构件的截面抵抗矩塑性影响系数，$\gamma = (0.7 + \frac{120}{h})\gamma_m$，$\gamma_m$ 按附录5附表 5-1 取用；对矩形截面 $\gamma_m = 1.55$；h 为截面高度，当 $h < 400$ mm 时，取 $h = 400$ mm；当 $h > 1600$ mm 时，取 $h = 1600$ mm；

σ_{pcII}——扣除全部预应力损失后，由预加力在抗裂验算截面边缘产生的混凝土预压应力；

α_E——钢筋弹性模量与混凝土弹性模量的比值，$\alpha_E = \frac{E_S}{E_c}$；

ρ——纵向受拉钢筋配筋率，$\rho = \frac{\alpha_1 A_p + A_s}{bh_0}$；对灌浆的后张预应力筋，取 $\alpha_1 = 1.0$；

γ_t——受拉翼缘截面面积与腹板有效截面面积的比值；

$\gamma_f = \frac{(b_f - b)h_f}{bh_0}$，其中 b_f、h_f 为受拉区翼缘的宽度、高度。

对预压时预拉区出现裂缝的构件，B_s 应降低 10%。

②按荷载标准组合并考虑预加力长期作用影响的刚度，可按第9章截面刚度 B 公式计算，其中取 $\theta = 2.0$，按式(10-75)或式(10-76)计算。

(2)预加力产生的反拱 f_{2l}。

预应力混凝土构件在偏心距为 e_p 的总预压力 N_p，作用下将产生反拱 f_{2l}，其值可按结构力学公式计算，即按两端有弯矩(等于 N_pe_p)作用的简支梁计算。设梁的跨度为 l，截面弯曲刚度为 B，则

$$f_{2l} = \frac{N_pe_pl^2}{8B} \qquad (10-80)$$

式中：N_p、e_p 及 B 等按下列不同的情况取用不同的数值，具体规定如下：

①构件施加预应力引起的反拱值。

按荷载标准组合，$B = 0.85E_cI_0$ 计算，此时的 N_p 及 e_p 均按扣除第一批预应力损失值后的情况计算，后张法构件为 N_{pI}、e_{pnI}。

②使用阶段的预加力反拱值。

在使用阶段由于预应力的长期作用，预压区混凝土的徐变变形使梁的反拱值增大，故使用阶段的预加力反拱值可按刚度 $B = E_cI_0$ 计算，并应考虑预压应力长期作用的影响。此时 N_p 及 e_p 应按扣除全部预应力损失后的情况计算，后张法构件为 N_{pII}、e_{pnII}简化

计算时,可将计算的反拱值乘以增大系数 2.0。

(3)挠度计算。

由荷载标准组合下构件产生的挠度扣除预应力产生的反拱,构件的挠度:

$$f = f_{1l} - 2f_{2l} \leq [f] \tag{10-81}$$

式中:$[f]$——挠度限值,见附录 8 附表 8-1。

[**例 10-2**]　后张法预应力混凝土简支梁,跨度 $f = 18$ m,截面尺寸 $b \times h = 400$ mm $\times 1200$ mm。梁上恒载标准值 $g_k = 24$ kN/m。已知跨中弯矩设计值 $M = 2073.6$ kN·m。结构如图 10-27 所示。梁内配置有黏结 1×7 标准型低松弛钢绞线束 $21\phi^s12.7$ 夹片式 OVM 锚具,两端张拉,孔道采用预埋波纹管成型,预应力筋曲线布置如图 10-27(b)所示。跨中截面预应力损失为:第一批损失 143.44 N/mm^2,跨中截面预应力总损失为 301.09 N/mm^2。混凝土强度等级为 C40。普通钢筋采用 6Φ20 的 HRB335 级热轧钢筋。环境类别为一类。裂缝控制等级为二级,即一般要求不出现裂缝。试计算该简支梁跨中截面的预应力损失,并验算其正截面受弯承载力和正截面抗裂能力是否满足要求(按单筋截面)。

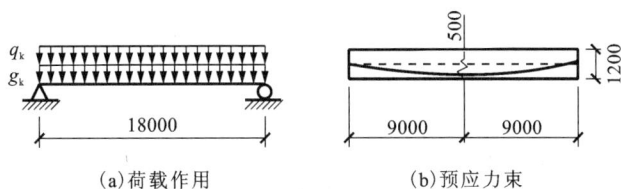

图 10-27　后张法预应力混凝土简支梁

【**解**】　(1)材料特性

混凝土 C40:$f_c = 19.1$ N/mm^2,$f_{tk} = 2.39$ N/mm^2,$E_c = 3.25 \times 10^4$ N/mm^2,$\alpha_1 = 1.0$,$\beta_1 = 0.8$。

钢绞线 1860 级:$f_{ptk} = 1860$ N/mm^2,$f_{py} = 1320$ N/mm^2,$E_s = 1.95 \times 10^5$ N/mm^2,$\sigma_{con} = 0.75 f_{ptk} = 1395$ N/mm^2。

普通钢筋:$f_y = 300$ N/mm^2,$E_s = 2.0 \times 10^5$ N/mm^2。

(2)截面几何特性(为简化,近似按毛截面计算)

预应力筋面积 $A_p = 21 \times 98.7 = 2\,072.7$ mm^2,孔道由两端的圆弧段(水平投影长度为 7 m)和梁跨中部的直线段(长度为 4 m)组成,预应力筋端点处的切线倾角 $\theta = 0.38$ rad (21.8°),曲线孔道的曲率半径 $r_c = 82$ m;非预应力受拉钢筋面积 $A_s = 1884$ mm^2。跨中截面 $\alpha_p = 100$ mm,$\alpha_s = 40$ mm。

梁截面面积

$$A_n = A_0 = A = bh = 400 \times 1200 = 4.8 \times 10^5 \text{ mm}^2$$

惯性矩

$$I = bh^3/12 = 400 \times (1200)^3/12 = 5.76 \times 10^{10} \text{ mm}^4$$

受拉边缘截面抵抗矩

$$W = bh^2/6 = 400 \times (1200)^2/6 = 9.6 \times 10^7 \text{ mm}^3$$

跨中截面预应力筋处截面抵抗矩

$$W_p = I/y_p = I/(h/2 - a_p) = 5.76 \times 10^{10}/(600 - 100) = 1.152 \times 10^8 \text{ mm}^3$$

梁自重在跨中截面产生的弯矩标准值为

$$M_{Gk} = \frac{g_{1k}l^2}{8} = 25 \times 0.4 \times 1.2 \times 18^2/8 = 486 \text{ kN} \cdot \text{m}$$

(3)混凝土应力求解。

$$N_{p1} - A_p(\sigma_E - \sigma_{l1}) = 2072.7 \times (1395 - 143.44) = 2594336.4 \text{ N}$$

再考虑梁自重影响,则受拉区预应力筋合力点处混凝土法向压应力为

$$\sigma_{pcI} = \frac{N_{peI}}{A_n} + \frac{N_{peI}(h/2 - a_p) - M_{GK}}{W_p}$$

$$= \frac{2594336.4}{4.8 \times 10^5} + \frac{2594336.4 \times (600 - 100) - 486 \times 10^6}{1.152 \times 10^8}$$

$$= 12.44 \text{ N/mm}^2 < 0.5 f'_{cu} = 20 \text{ N/mm}^2$$

$$\sigma_{l4} = 0.2(\sigma_{con}/f_{ptk} - 0.575) \cdot \sigma_{con} = 0.2 \times (0.75 - 0.575) \times 1395 = 48.83 \text{ N/mm}^2$$

$$\rho = \frac{A_s + A_p}{A_n} = \frac{1884 + 2072.7}{4.8 \times 10^5} = 0.00824$$

$$\sigma_{l5} = \frac{55 + 300 \dfrac{\sigma_{pc}}{f_{cu}}}{1 + 15\rho} = \frac{55 + 300 \times \dfrac{12.44}{40}}{1 + 15 \times 0.00824} = 131.99 \text{ N/mm}^2$$

跨中截面预应力总损失为301.09 N/mm²,混凝土有效预应力

$$\sigma_l = \sigma_{l1} + \sigma_{l2} + \sigma_{l4} + \sigma_{l5} = 0 + 143.44 + 48.83 + 131.99 = 324.26 \text{ N/mm}^2 > 80 \text{ N/mm}^2$$

$$N_p = (\sigma_{con} - \sigma_l)A_p - \sigma_{l5}A_s = (1395 - 324.26) \times 2072.7 - 131.99 \times 1884 = 1970654 \text{ N}$$

$$e_{pn} = \frac{(\sigma_{con} - \sigma_l)A_p y_{pn} - \sigma_{l5}A_s y_{sn}}{N_p}$$

$$= \frac{(1395 - 324.26) \times 2072.7 \times 500 - 131.99 \times 1884 \times 560}{1970654}$$

$$= 492.43 \text{ mm}$$

截面受拉边缘处混凝土法向预压应力为:

$$\sigma_{pc} = \frac{N_p}{A_n} + \frac{N_p e_{pn}}{W} = \frac{1970654}{4.8 \times 10^5} + \frac{1970654 \times 492.43}{9.6 \times 10^7} = 14.21 \text{ N/mm}^2$$

预应力筋处混凝土法向预压应力为:

$$\sigma_{pcII} = \frac{N_p}{A_n} + \frac{N_p e_{pn}}{W_p} = \frac{1970654}{4.8 \times 10^5} + \frac{1970654 \times 492.43}{1.152 \times 10^8} = 12.53 \text{ N/mm}^2$$

(4)裂缝控制验算。

①荷载效应标准组合下。

恒载产生的弯矩标准值

$$M_{Gk} = g_k l^2/8 = 24 \times 18^2/8 = 972 \text{ kN} \cdot \text{m}$$

活载产生的弯矩标准值

$M_{Qk} = q_k l^2 / 8 = 16 \times 18^2 / 8 = 648 \text{ kN} \cdot \text{m}$

跨中弯矩的标准值组合:

$M_k = M_{Gk} + M_{Qk} = 972 + 648 = 1620 \text{ kN} \cdot \text{m}$

$\sigma_{ck} = \dfrac{M_k}{W_0} = \dfrac{1620 \times 10^6}{9.6 \times 10^7} = 16.9 \text{ N/mm}^2$

则 $\sigma_{ck} - \sigma_{pc} = 16.9 - 14.21 = 2.0 \text{ N/mm}^2 < f_{tk} = 2.39 \text{ N/mm}^2$,满足要求。

②荷载效应准永久组合下。

$\sigma_{cq} = \dfrac{M_q}{W_0} = \dfrac{1296 \times 10^6}{9.6 \times 10^7} = 13.5 \text{ N/mm}^2$

则 $\sigma_{cq} - \sigma_{pc} = 13.5 - 14.21 = -0.71 \text{ N/mm}^2 < 0$,满足要求。

(5)正截面承载力计算。

极限状态时,受拉区全部纵向钢筋合力作用位置

$\begin{aligned} \alpha &= \dfrac{A_p f_{py} a_p + A_s f_y a_s}{A_p f_{py} + A_s f_y} \\ &= \dfrac{2072.7 \times 1320 \times 100 + 1884 \times 300 \times 40}{2072.7 \times 1320 + 1884 \times 300} = 89.73 \text{ mm} \end{aligned}$

$h_0 = h - a = 1200 - 89.73 = 1110.27 \text{ mm}$

求相对界限受压区高度 x_b:

按 A_p 计算时 $h_{oi} = h - a_p = 1200 - 100 = 1100 \text{ mm}$

预应力筋合力点处混凝土应力为零时的预应力筋有效应力为

$\begin{aligned} \sigma_{p0} &= \sigma_{con} - \sigma_l + \alpha_E \sigma_{pc\,\mathrm{II}} \\ &= 1395 - 324.26 + \dfrac{1.95 \times 10^5}{3.35 \times 10^4} \times 12.53 = 1143.68 \text{ N/mm}^2 \end{aligned}$

$\dfrac{x_{bj}}{h_{oj}} = \dfrac{\beta_1}{1 + \dfrac{0.002}{\varepsilon_{cu}} + \dfrac{f_{py} - \sigma_{p0}}{E_s \varepsilon_{cu}}} = \dfrac{0.8}{1 + \dfrac{0.002}{0.0033} + \dfrac{1320 - 1143.68}{1.95 \times 10^5 \times 0.0033}} = 0.426$

$x_{bi} = 0.426 h_{oi} = 0.426 \times 1100 = 468.6 \text{ mm}$

$x_{bj} = 0.55 h_{oj} = 0.55 \times 1160 = 638 \text{ mm}$

所以 $x_b = \min(x_{bi}, x_{bj}) = 468.6 \text{ mm}$,$\zeta_b = \dfrac{x_b}{h_0} = \dfrac{468.6}{1110.27} = 0.422$

由截面法向力的平衡可得:

$\alpha_1 f_c b x = f_y A_s + f_{py} A_p$

$\begin{aligned} x &= (f_y A_s + f_{py} A_p) / \alpha_1 f_c b = (300 \times 1884 + 1320 \times 2072.7) / (1.0 \times 19.1 \times 400) \\ &= 432.09 \text{ mm} < x_b \end{aligned}$

故梁正截面受弯承载力满足要求。

10.6　部分预应力混凝土、无黏结预应力混凝土及缓黏结预应力混凝土

10.6.1　全预应力混凝土

预应力混凝土结构，早期都是按照全预应力混凝土来设计的。根据当时的认识，预应力的目的只是为了用混凝土承受的预压应力来抵消使用荷载引起的混凝土拉应力。混凝土不受拉，当然就不会出现裂缝。这种在使用荷载作用下必须保持构件截面混凝土受压的设计，通常称为全预应力设计，"零应力"或"无拉应力"则为全预应力混凝土的设计基本准则。

全预应力混凝土结构虽有抗裂刚度大、抗疲劳、防渗漏等优点，但是在工程实践中也发现一些缺点。例如，当预加力过大时，锚下混凝土横向拉应变超出了极限拉应变，易出现沿预应力筋纵向不能恢复的裂缝。

10.6.2　部分预应力混凝土

部分预应力混凝土结构的出现是工程实践的结果，它是介于全预应力混凝土结构和普通钢筋混凝土结构之间的预应力混凝土结构。部分预应力混凝土结构在工程中不仅充分发挥预应力筋的作用，而且充分利用了非预应力筋，从而节省了预应力筋，进一步改善了预应力混凝土的使用性能。同时，它也促进了预应力混凝土结构设计思想的重大发展，使设计人员可以根据结构使用要求来选择预应力度的高低，进行合理的结构设计。

(1)部分预应力混凝土的特点。

①可合理控制裂缝与变形，节约钢材。因可根据结构构件的不同使用要求、可变荷载的作用情况及环境条件等对裂缝和变形进行合理的控制，降低了预加力值，从而减少了锚具的用量，适量降低了费用。

②可控制反拱值不致过大。由于预加力值相对较小，构件的初始反拱值小，徐变变形亦可减小。

③延性较好。在部分预应力混凝土构件中，通常配置普通钢筋，因而其正截面受弯的延性较好，有利于结构抗震，并可改善裂缝分布，减小裂缝宽度。

④与全预应力混凝土相比，可简化张拉、锚固等工艺，获得较好的经济效果。

⑤计算较为复杂。部分预应力混凝土构件需按开裂截面分析，计算较繁冗。此外，在超静定结构中还需考虑预应力次弯矩和次剪力的影响，并需计算配置普通钢筋。

根据上述，对在使用荷载作用下不允许开裂的构件，应设计成全预应力；对于允许开裂或不变荷载较小、可变荷载较大并且可变荷载的持续作用值较小的构件，则宜设计成部分预应力结构。在工程实际中，应根据预应力混凝土结构所处的环境类别和使用要求，按受力裂缝控制等级，分别针对不同荷载组合进行设计。

10.6.3　无黏结预应力混凝土

　　无黏结预应力混凝土梁,是指配置的主筋为无黏结预应力筋的后张法预应力混凝土梁。而无黏结预应力筋,是指由单根或多根高强钢丝、钢绞线或粗钢筋,沿其全长涂有专用防腐油脂涂料层和有外包层,使之与周围混凝土不建立黏结力,张拉时可沿纵向发生相对滑动的预应力筋。

　　无黏结预应力混凝土构件可采用类似于普通钢筋混凝土构件的方法进行施工,无黏结筋像普通钢筋一样敷设,然后浇筑混凝土,待混凝土达到规定强度后,进行预应力筋的张拉和锚固。省去了传统后张法预应力混凝土的预埋管道、穿束、压浆等工艺,节省了施工设备,简化了施工工艺,缩短了工期,故综合经济性好。

10.6.4　缓黏结预应力混凝土

　　预应力混凝土体系按设计和施工方法不同可分为两大类,即先张法和后张法。在后张法中,按预应力筋与混凝土之间的黏结又可分为无黏结和有黏结预应力。在无黏结预应力体系中,预应力筋的布置具有灵活方便、无成孔和灌浆等烦琐和复杂的施工工序,一出现就受到工程界的广泛重视,并得到大量使用。但由于无黏结预应力筋在工作中所受的预应力几乎处处相等,易造成预应力筋和锚具疲劳问题,同时还存在受拉区混凝土裂缝数量少、宽度大、易使预应力筋锈蚀和强度利用率低的缺点。而有黏结预应力体系克服了无黏结预应力体系在工作中表现出来的问题和缺点,但施工工艺要求预留孔道和孔道灌浆等过程,造成施工干扰大,孔道灌浆堵塞以及成孔后在灌浆前和灌浆中易形成月牙槽,降低了灌浆材料与预应力筋的黏结,同时也易造成预应力筋锈蚀等问题。这两种预应力体系既有优点,也有自身难以克服的缺点,如何把二者相结合,扬长避短,发挥各自优势是预应力混凝土研究者一直在探索的问题。

　　缓黏结预应力体系弥补了上述两种体系的缺点。图 10 - 28 为缓黏结预应力混凝土示意图。该体系在施工时不预留孔道,不需孔道灌浆,施工时与无黏结体系一样,而在施工完成后,

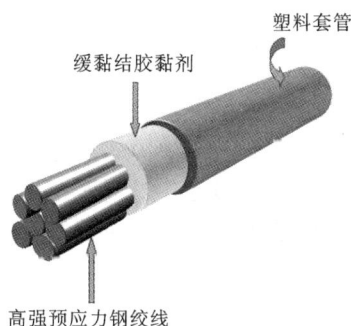

图 10 - 28　缓黏结预应力筋示意图

靠包裹于预应力筋上的缓凝砂浆随时间延长而逐渐凝结硬化达到与有黏结预应力筋体系几乎完全相同的效果。缓黏结预应力体系的优点是显而易见的,但是目前该体系大规模的应用需要系统的试验验证。

10.7　预应力混凝土构件的构造要求

10.7.1　端部承载力要求

后张法构件的预压力是通过锚具经垫板传递给混凝土的。由于预压力很大,而锚具下的垫板与混凝土的接触面积往往很小,锚具下的混凝土将承受较大的局部压力,在局部压力的作用下,当混凝土强度或变形能力不足时,构件端部会产生裂缝,甚至会发生局部受压破坏。

构件端部锚具下的应力状态是很复杂的,图 10 – 29 示出了构件端部混凝土局部受压时的内力分布。由弹性力学中的圣维南原理知,锚具下的局部压应力要经过一段距离才能扩散到整个截面上。因此,要把图 10 – 29(b)中示出的作用逐渐扩散到一个较大截面上,使得在这个截面是全截面均匀受压的,就需要有一定的距离。从端部局部受压过渡到全截面均匀受压的这个区段,称为预应力混凝土构件的锚固区,即图 10 – 29(b)中的区段 ABDC。试验研究表明,上述锚固区的长度约等于构件的截面高度 h。

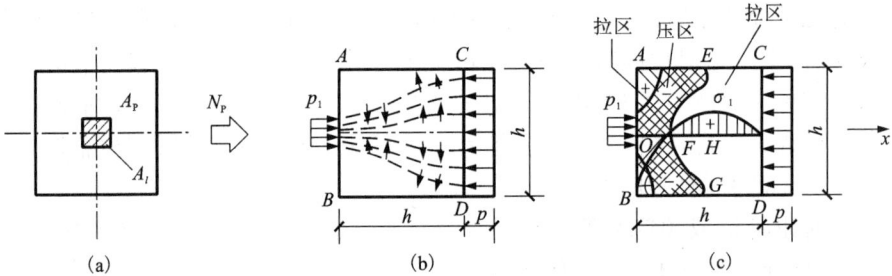

图 10 – 29　构件端部混凝土局部受压时的内力分布

为此,《规范》规定,设计时既要保证在张拉预应力筋时锚具下锚固区的混凝土不开裂和不产生过大的变形,又要求计算配置在锚固区内所需的间接钢筋以满足局部受压承载力的要求。

试验表明,当局压区配筋过多时,局压板底面下的混凝土会产生过大的下沉变形,为限制下沉变形不致过大,对配置间接钢筋的混凝土结构构件,其局部受压区的截面尺寸应符合下列要求:

$$F_l \leqslant 1.35\beta_c\beta_l f_c A_{ln}$$

$$\beta_t = \sqrt{\frac{A_b}{A_l}}$$

$$(10 – 82)$$

式中:F_l——局部受压面上作用的局部荷载或局部压力设计值;对有黏结预应力混凝土构件中的锚头局压区,应取 $F_l = 1.2\sigma_{con}A_p$;

f_c——混凝土轴心抗压强度设计值,在后张法预应力混凝土构件的张拉阶段验算中,可根据相应阶段的混凝土立方体抗压强度值 f'_{cu},按附录 1 附表 1 – 2 线性内插法

取用;

β_c——混凝土强度影响系数:当混凝土强度等级不超过 C50 时,取 $\beta_c = 1.0$;当混凝土强度等级等于 C80 时,取 $\beta_c = 0.8$,其间按线性内插法取用;

β_l——混凝土局部受压时的强度提高系数;

A_{ln}——混凝土局部受压净面积:对后张法构件,应在混凝土局部受压面积中扣除孔道、凹槽部分的面积;

A_b——局部受压的计算底面积,可根据局部受压面积与计算底面积按同心、对称的原则确定;

A_l——混凝土的局部受压面积,当有垫板时可考虑预压力沿垫板的刚性扩散角 45° 扩散后传至混凝土的受压面积。

当不满足式(10-82)时,应加大端部锚固区的截面尺寸、调整锚具位置或提高混凝土强度等级。

10.7.2　先张法构件

1. 预应力筋的间距

先张法预应力筋的锚固及预应力传递依靠自身与混凝土的黏结性能,因此预应力筋之间应具有适宜的间距,以保证应力传递所必需的混凝土厚度。先张法预应力筋之间的净间距不宜小于其公称直径的 2.5 倍和混凝土粗骨料最大粒径的 1.25 倍,当混凝土振捣密实性具有可靠保证时,净间距可放宽为最大粗骨料粒径的 1.0 倍,且间距应符合下列规定:预应力钢丝,不应小于 15 mm;三股钢绞线,不应小于 20 mm;七股钢绞线,不应小于 25 mm。

2. 构件端部的构造措施

先张法预应力传递长度范围内局部挤压造成的环向拉应力容易导致构件端部混凝土出现劈裂裂缝。因此,为保证自锚端的局部承载力,构件端部应采取下列构造措施:

①对单根配置的预应力筋,其端部宜设置由细钢筋(丝)缠绕而成的螺旋筋。螺旋筋对混凝土形成约束,可以保证构件端部在预应力筋放张时承受巨大的压力而不致发生裂缝或局部受压破坏。

②对分散布置的多根预应力筋,在构件端部 $10d$(d 为预应力筋的公称直径)且不小于 100 mm 长度范围内,宜设置 3~5 片与预应力筋垂直的钢筋网片;采用预应力钢丝配筋的薄板,在板端 100 mm 长度范围内宜适当加密横向钢筋;槽形板类构件,应在构件端部 100 mm 长度范围内沿构件板面设置附加横向钢筋,其数量不应少于 2 根。这些措施均用于承受预应力筋放张时产生的横向拉应力,防止端部开裂或局压破坏。

③预应力筋在构件端部全部弯起的受弯构件或直线配筋的先张法构件,当构件端部与下部支承结构焊接时,应考虑混凝土收缩、徐变及温度变化所产生的不利影响,宜在构件端部可能产生裂缝的部位设置足够的非预应力纵向构造钢筋。

10.7.3　后张法构件

1. 预留孔道的尺寸

为了保证钢丝束或钢绞线束的顺利张拉，以及预应力筋张拉阶段构件的承载力，后张法预应力混凝土构件的预留孔道应有合适的直径及间距。

预制构件中预留孔道之间的水平净间距不宜小于 50 mm，且不宜小于粗骨料粒径的1.25 倍；孔道至构件边缘的净间距不宜小于 30 mm，且不宜小于孔道直径的一半。现浇混凝土梁中，预留孔道在竖直方向的净间距不应小于孔道外径，水平方向的净间距不宜小于 1.5 倍孔道外径，且不应小于粗骨料粒径的 1.25 倍；从孔道外壁至构件边缘的净间距，梁底不宜小于 50 mm，梁侧不宜小于 40 mm；裂缝控制等级为三级的梁，梁底、梁侧分别不宜小于 60 mm 和 50 mm。

预留孔道的内径宜比预应力束外径及需穿过孔道的连接器外径大 6 ~ 15 mm；且孔道的截面积宜为穿入预应力束截面积的 3.0 ~ 4.0 倍；当有可靠经验并能保证混凝土浇筑质量时，预留孔道可水平并列贴紧布置，但并排的数量不应超过 2 束。

在现浇楼板中采用扁形锚固体系时，穿过每个预留孔道的预应力筋数量宜为 3 ~ 5 根；在常用荷载情况下，孔道在水平方向的净间距不应超过 8 倍板厚及 1.5 m 中的较大值。

2. 构件端部锚固区的构造要求

为了防止预应力筋在构件端部过分集中而造成开裂或局压破坏，后张法预应力混凝土构件的端部锚固区，应按下列规定配置间接钢筋：

①采用普通垫板时，应进行局部受压承载力计算，并配置间接钢筋，其体积配筋率不应小于 0.5%，垫板的刚性扩散角应取 45°。

②在局部受压间接钢筋配置区以外，在构件端部长度 z 不小于截面重心线上部或下部预应力筋的合力点至邻近边缘的距离 e 的 3 倍，但不大于构件端部截面高度 h 的 1.2 倍，高度为 $2e$ 的附加配筋区范围内，应均匀配置附加防劈裂箍筋或网片(图 10 - 30)，配筋面积可按下式计算，且体积配筋率不应小于 0.5%。

$$A_{sb} \geqslant 0.18\left(1 - \frac{l_l}{l_b}\right)\frac{p}{f_{yv}} \qquad (10-83)$$

式中：P——作用在构件端部截面重心线上部或下部预应力筋的合力设计值，对有黏结预应力混凝土构件取 1.2 倍张拉控制力；

l_l，l_b——分别为沿构件高度方向 A_l，A_b 的边长或直径，A_l，A_b 按局部受压承载力计算处的有关规定确定；

f_{yv}——附加防劈裂钢筋的抗拉强度设计值。

③当构件端部预应力筋需集中布置在截面下部或集中布置在上部和下部时，应在构件端部 $0.2h$ 范围内设置附加竖向防端面裂缝构造钢筋(图 10 - 30)，其截面面积应符合下列公式要求：

$$A_{sv} \geqslant \frac{T_s}{f_{yv}} \qquad (10-84)$$

$$T_s = \left(0.25 - \frac{e}{h}\right)p \qquad (10-85)$$

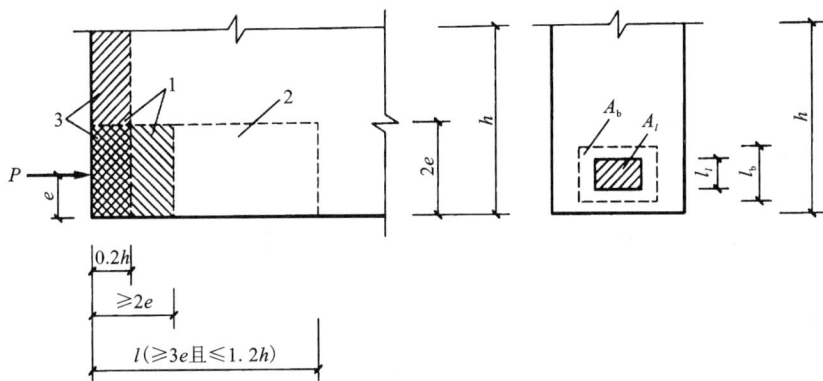

图 10-30　防止端部裂缝的配筋范围

1—局部受压间接钢筋配置区；2—附加防劈裂配筋区；3—附加防端面裂缝配筋区

式中：T_s——锚固端端面拉力；

e——截面重心线上部或下部预应力筋的合力点至截面近边缘的距离；

h——为构件端部截面高度。

当 $e > 0.2h$ 时，可根据实际情况适当配置构造钢筋。竖向防端面裂缝钢筋宜靠近端面配置，可采用焊接钢筋网、封闭式箍筋或其他的形式，且宜采用带肋钢筋。当构件在端部有局部凹进时，应增设折线构造钢筋（图 10-31）或其他有效的构造钢筋。

④后张法预应力混凝土构件中，当采用曲线预应力束时，为防止混凝土保护层崩裂，其曲率半径 r_p 宜按下列公式确定，但不宜小于 4 m。

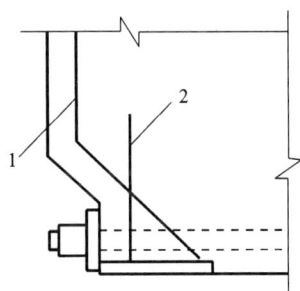

图 10-31　端部凹陷处钢筋

$$r_p \geqslant \frac{p}{0.35 f_c d_p} \qquad (10-86)$$

式中：r_p——预应力束的曲率半径，m；

d_p——预应力束孔道的外径。

───────────────　重点与难点　───────────────

重点：(1)预应力的概念；(2)预应力混凝土对材料和锚具的要求；(3)预应力损失计算；(4)预应力混凝土轴心受拉构件受力全过程截面应力状态的分析；(5)预应力混凝土受弯构件受力全过程截面应力状态的分析。

难点：(1)预应力损失及其组合；(2)对预应力混凝土轴心受拉和受弯构件在使用阶

段两种极限状态具体计算内容的理解。

===== 思考与练习 =====

思考题：

1. 什么是预应力混凝土结构？该类结构有何优缺点。

2. 举例说明预应力在工程结构中的应用。

3. 施加预应力能否提高轴心受拉构件的承载力？

4. 预应力混凝土受弯构件和普通混凝土受弯构件计算有何异同？

5. 讨论新型预应力混凝土在土木工程中的应用？

练习题：

1. 12 m 预应力混凝土工字截面梁，环境类别为一类。设计使用年限为 50 年。截面尺寸如图 10-32 所示。采用先张法台座生产，不考虑锚具变形损失，蒸汽养护，温差 $\Delta t = 20℃$，采用超张拉。设钢筋松弛损失在放张前已完成 50%，预应力筋采用 ϕ^5 中强度预应力钢丝，张拉控制应力 $\sigma_{con} = \sigma'_{con} = 0.75f_{ptk}$，箍筋用 HPB300 级热轧钢筋，混凝土为 C40，放张时 $f'_{cu} = 30 \text{ N/mm}^2$。试计算梁的各项预应力损失。

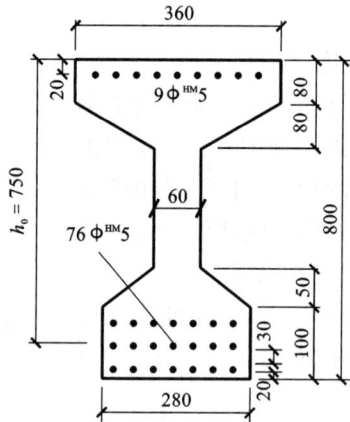

图 10-32 工字梁截面图

2. 18 m 跨度预应力混凝土屋架下弦，环境类别为一类，设计使用年限为 50 年，截面尺寸为 150 mm×200 mm，后张法施工，一端张拉并超张拉；孔道直径 50 mm，充压橡皮管抽芯成型；OVM 锚具；桁架端部构造见图 10-33；预应力筋为钢绞线 $d = 12.7$（7ϕ4），非预应力筋为 4$\oplus$12 的 HRB335 级热轧钢筋；混凝土 C45；裂缝控制等级为二级；永久荷载标准值产生的轴向拉力 $N_{Gk} = 300$ kN，可变荷载标准值产生的轴向拉力 $N_{Qk} = 110$ kN，可变荷载的准永久值系数 $\psi_{Qk} = 0.8$；混凝土达 100% 设计强度时张拉预应力筋。要求进行屋架下弦的使用阶段承载力计算、裂缝控制验算以及施工阶段验算，由此确定纵向应力钢筋数量以及预应力筋的张拉控制应力等。

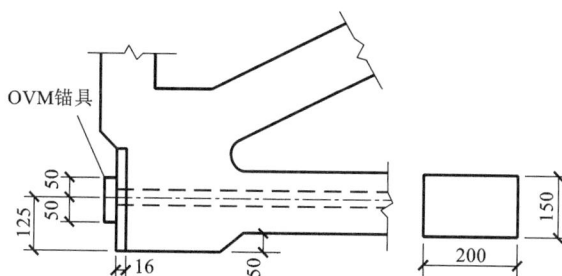

图 10-33 预应力混凝土屋架下弦构件示意图

3. 12 m 预应力混凝土工字形截面梁，环境类别为一类，设计使用年限为 50 年，截面尺寸及有关数据同习题 10.1，设梁的计算跨度 $l_0 = 12.0$ m，净跨度 $l_n = 11.70$ m；均布恒载标准值 $g_k = 18$ kN/m，均布活载标准值 $q_k = 54$ kN/m，准永久值系数为 0.5。此梁为处于室内正常环境的一般受弯构件，裂缝控制等级为二级，允许挠度 $[f/l_0] = 1/400$。吊装时吊点位置设在距梁端 2 m 处。要求：(1)计算使用阶段的正截面受弯承载力；(2)进行使用阶段的裂缝控制验算；(3)进行使用阶段的斜截面承载力计算；(4)进行使用阶段的斜截耐抗裂验算；(5)计算使用阶段的挠度；(6)进行施工阶段的截面应力验算。

附　录

附录1　混凝土强度标准值、设计值和弹性模量

附表1-1　混凝土强度标准值(N/mm^2)

强度种类	混凝土强度等级													
	C15	C20	C25	C30	C35	C40	C45	C50	C55	C60	C65	C70	C75	C80
f_{ck}	10.0	13.4	16.7	20.1	23.4	26.8	29.6	32.4	35.5	38.5	41.5	44.5	47.4	50.2
f_{tk}	1.27	1.54	1.78	2.01	2.20	2.39	2.51	2.64	2.74	2.85	2.93	2.99	3.05	3.11

附表1-2　混凝土强度设计值(N/mm^2)

强度种类	混凝土强度等级													
	C15	C20	C25	C30	C35	C40	C45	C50	C55	C60	C65	C70	C75	C80
f_c	7.2	9.6	11.9	14.3	16.7	19.1	21.1	23.1	25.3	27.5	29.7	31.8	33.8	35.9
f_t	0.91	1.10	1.27	1.43	1.57	1.71	1.80	1.89	1.96	2.04	2.09	2.14	2.18	2.22

附表1-3　混凝土弹性模量($10^4 \ N/mm^2$)

混凝土强度等级	C15	C20	C25	C30	C35	C40	C45	C50	C55	C60	C65	C70	C75	C80
E_c	2.20	2.55	2.80	3.00	3.15	3.25	3.35	3.45	3.55	3.60	3.65	3.70	3.75	3.80

附录 2　钢筋强度标准值、设计值和弹性模量

附表 2 - 1　普通钢筋强度标准值

牌　号	符号	公称直径 d/mm	屈服强度标准值 f_{yk} /($\text{N}\cdot\text{mm}^{-2}$)	极限强度标准值 f_{stk}/($\text{N}\cdot\text{mm}^{-2}$)
HPB300	Φ	6 ~ 22	300	420
HRB335 HRBF335	Φ Φ^F	6 ~ 50	335	455
HRB400 HRBF400 RRB400	Φ Φ^F Φ^R	6 ~ 50	400	540
RRB500 HRBF500	Φ Φ^F	6 ~ 50	500	630

附表 2 - 2　预应力筋强度标准值

种类		符号	公称直径 d/mm	屈服强度标准值 f_{pyk}/($\text{N}\cdot\text{mm}^{-2}$)	极限强度标准值 f_{ptk}/($\text{N}\cdot\text{mm}^{-2}$)
中强度预应力钢丝	光面 螺旋肋	Φ^{PM} Φ^{HM}	5,7,9	620	800
				780	970
				980	1270
预应力螺纹钢筋	螺纹	Φ^T	18,25, 32, 40,50	785	980
				930	1860
				1080	1230
消除应力钢丝	光面 螺旋肋	Φ^P Φ^H	5	—	1570
				—	1860
			7	—	1570
			9	—	1470
				—	1570

续附表 2 - 2

种类		符号	公称直径 d/mm	屈服强度标准值 f_{pyk}/(N·mm^{-2})	极限强度标准值 f_{ptk}/(N·mm^{-2})
钢绞线	1×3 (三股)	φ^S	8.6	—	1570
			10.8	—	1860
			12.9	—	1960
	1×7 (七股)		9.5	—	1720
			12.7	—	1860
			15.2	—	1960
			17.8	—	1960
			21.6	—	1860

注:极限强度标准值为 1960 N/mm^2 的钢绞线作后张预应力配筋时,应有可靠的工程经验。

附表 2 - 3　普通钢筋强度设计值(N/mm^2)

牌号	抗拉强度设计值 f_y	抗压强度设计值 f'_y
HPB300	270	270
HRB335、HRBF335	300	300
HRB400、HRBF400、RRB400	360	360
HRB500、HRBF500	435	410

附表 2 - 4　预应力筋强度设计值(N/mm^2)

种类	f_{ptk}	抗拉强度设计值 f_{py}	抗压强度设计值 f'_{py}
中强度预应力钢丝	800	510	410
	970	650	
	1270	810	
消除应力钢丝	1470	1040	410
	1570	1110	
	1860	1320	
钢绞线	1570	1110	390
	1720	1220	
	1860	1320	
	1960	1390	
预应力螺纹钢筋	980	650	410
	1080	770	
	1230	900	

注:当预应力筋的强度标准值不符合附表 2 - 2 的规定时,其强度设计值应进行相应的比例换算。

附表 2 – 5 钢筋的弹性模量($\times 10^5 \mathrm{N/mm^2}$)

牌号或种类	弹性模量 E_s
HPB300 钢筋	2.10
HRB335、HRB400、HRB500 钢筋 HRBF335、HRBF400、HRBF500 钢筋 RRB400 钢筋 预应力螺纹钢筋	2.00
消除应力钢丝、中强度预应力钢丝	2.05
钢绞线	1.95

注：必要时可采用实测的弹性模量。

附表 2 – 6 普通钢筋疲劳应力幅限值($\mathrm{N/mm^2}$)

疲劳应力比值 ρ_s^f	疲劳应力幅限值 f_y^f	
	HRB335	HRB400
0	175	175
0.1	162	162
0.2	154	156
0.3	144	149
0.4	131	137
0.5	115	123
0.6	97	106
0.7	77	85
0.8	54	60
0.9	28	31

注：当纵向受拉钢筋采用闪光接触对焊连接时，其接头处的钢筋疲劳应力幅限值应按表中数值乘以 0.8 取用。

附表 2 – 7 预应力筋疲劳应力幅限值($\mathrm{N/mm^2}$)

疲劳应力比值 ρ_p^f	钢绞线 $f_{ptk} = 1570$	消除应力钢丝 $f_{ptk} = 1570$
0.7	144	240
0.8	118	168
0.9	70	88

注：1. 当 ρ_p^f 不小于 0.9 时，可不作预应力筋疲劳验算；

2. 当有充分依据时，可对表中规定的疲劳应力幅限值作适当调整。

附录3　混凝土保护层厚度

1. 构件中普通钢筋及预应力筋的混凝土保护层厚度应满足下列要求：

①构件中受力钢筋的保护层厚度不应小于钢筋的公称直径 d。

②设计使用年限为 50 年的混凝土结构，最外层钢筋的保护层厚度应符合附表 3-1 的规定；设计使用年限为 100 年的混凝土结构，最外层钢筋的保护层厚度不应小于附表 3-1 中数值的 1.4 倍。

附表 3-1　混凝土保护层的最小厚度 c　　　　　　　mm

环境类别	板、墙、壳	梁、柱、杆
一	15	20
二 a	20	25
二 b	25	35
三 a	30	40
三 b	40	50

注：1. 混凝土强度等级不大于 C25 时，表中保护层厚度数值应增加 5 mm；

　　2. 钢筋混凝土基础宜设置混凝土垫层，基础中钢筋的混凝土保护层厚度应从垫层顶面算起，且不应小于 40 mm。

2. 当有充分依据并采取下列措施时，可适当减少混凝土保护层的厚度：

①构件表面有可靠的防护层。

②采用工厂化生产的预制构件。

③在混凝土中掺加阻锈剂或采用阴极保护处理等防锈措施。

④当对地下室墙体采取可靠的建筑防水做法或防护措施时，与土层接触一侧钢筋的保护层厚度可适当减少，但不应小于 25 mm。

3. 当梁、柱、墙中纵向受力钢筋的保护层厚度大于 50 mm 时，宜对保护层采取有效的构造措施。当在保护层内配置防裂、防剥落的钢筋网片时，网片钢筋的保护层厚度不应小于 25 mm。

附录4 民用建筑楼面均布活荷载的标准值及其组合值、频遇值和准永久值系数

附表4-1 民用建筑楼面均布活荷载标准值及其组合值、频遇值和准永久值系数

项次	类别			标准值 /(kN·m^{-2})	组合值 系数 ψ_c	频遇值 系数 ψ_f	准永久值 系数 ψ_q
1	(1)住宅、宿舍、旅馆、办公楼、医院病房、托儿所、幼儿园			2.0	0.7	0.5	0.4
	(2)试验室、阅览室、会议室、医院门诊室					0.6	0.5
2	教室、食堂、餐厅、一般资料档案室			2.5	0.7	0.6	0.5
3	(1)礼堂、剧场、影院、有固定座位的看台			3.0	0.7	0.5	0.3
	(2)公共洗衣房			3.0	0.7	0.6	0.5
4	(1)商店、展览厅、车站、港口、机场大厅及其旅客等候室			3.5	0.7	0.6	0.5
	(2)无固定座位的看台			3.5	0.7	0.5	0.3
5	(1)健身房、演出舞台			4.0	0.7	0.6	0.5
	(2)运动场、舞厅			4.0	0.7	0.6	0.3
6	(1)书库、档案库、贮藏室			5.0	0.9	0.9	0.8
	(2)密集柜书库			12.0			
7	通风机房、电梯机房			7.0	0.9	0.9	0.8
8	汽车通道及客车停车库	(1)单向板楼盖(板跨不小于2 m)和双向板楼盖(板跨不小于3 m×3 m)	客车	4.0	0.7	0.7	0.6
			消防车	35.0	0.7	0.5	0.0
		(2)双向板楼盖(板跨不小于6 m×6 m)和无梁楼盖(柱网不小于6 m×6 m)	客车	2.5	0.7	0.7	0.6
			消防车	20.0	0.7	0.5	0.0
9	厨房	(1)餐厅		4.0	0.7	0.7	0.7
		(2)其他		2.0	0.7	0.6	0.5
10	浴室、卫生间、盥洗室			2.5	0.7	0.6	0.5

续附表 4 – 1

项次	类别		标准值 /(kN·m⁻²)	组合值系数 ψ_c	频遇值系数 ψ_f	准永久值系数 ψ_q
11	走廊、门厅	(1)宿舍、旅馆、医院病房托儿所、幼儿园、住宅	2.0	0.7	0.5	0.4
		(2)办公楼、餐厅、医院门诊部	2.5	0.7	0.6	0.5
		(3)教学楼及其他可能出现人员密集的情况	3.5	0.7	0.5	0.3
12	楼梯	(1)多层住宅	2.0	0.7	0.5	0.4
		(2)其他	3.5	0.7	0.5	0.3
13	阳台	(1)可能出现人员密集的情况	3.5	0.7	0.6	0.5
		(2)其他	2.5	0.7	0.6	0.5

注:1. 本表所给各项活荷载适用于一般使用条件,当使用荷载较大或情况特殊时,应按实际情况采用。

2. 第6项书库活荷载当书架高度大于2 m时,书库活荷载尚应按每米书架高度不小于2.5 KN/m² 确定。

3. 第8项中的客车活荷载只适用于停放载人少于9人的客车;消防车活荷载是适用于满载总重为300 kN的大型车辆;当不符合本表的要求时,应将车轮的局部荷载按结构效应的等效原则,换算为等效均布荷载。

4. 第8项消防车活荷载,当双向板楼盖板跨介于3 m×3 m～6 m×6 m之间时,应按跨度线性插值确定;

5. 第12项楼梯活荷载,对预制楼梯踏步平板,尚应按1.5 kN集中荷载验算。

6. 本表各项荷载不包括隔墙自重和二次装修荷载。对固定隔墙的自重应按恒荷载考虑,当隔墙位置可灵活自由布置时,非固定隔墙的自重应取不小于1/3的每延米长墙重(kN/m)的1/3作为楼面活荷载的附加值(kN/m²)计入,且附加值不小于1.0 kN/m²。

附录5　截面抵抗矩塑性影响系数基本值

附表 5 - 1　截面抵抗矩塑性影响系数基本值 γ_m

项次	1	2	3		4		5
截面形状	矩形截面	翼缘位于受压区的"T"形截面	对称工字形截面或箱形截面		翼缘位于受拉区的倒"T"形截面		圆形和环形截面
			$b_f/b \leqslant 2$，h_f/h 为任意值	$b_f/b > 2$，$h_f/h < 0.2$	$b_f/b \leqslant 2$，h_f/h 为任意值	$b_f/b > 2$，$h_f/h < 0.2$	
γ_m	1.55	1.50	1.45	1.35	1.50	1.40	$1.6 - 0.24 r_1/r$

注：1. 对 $b_f' > b_f$ 的工字形截面，可按项次2与项次3之间的数值采用；对 $b_f' < b_f$ 的工字形截面，可按项次3与项次4之间的数值采用。

2. 对于箱形截面，b 系指各肋宽度的总和。

3. r_1 为环形截面的内环半径，对圆形截面取 r_1 为零。

附录6 纵向受力钢筋的最小配筋百分率

1. 钢筋混凝土结构构件中纵向受力钢筋的配筋百分率 $\rho_{\min}$ 不应小于附表6-1规定的数值。

附表6-1 纵向受力钢筋的最小配筋百分率 $\rho_{\min}$

受力类型			最小配筋百分率
受压构件	全部纵向钢筋	强度等级500 MPa	0.5
		强度等级400 MPa	0.55
		强度等级300 MPa、335 MPa	0.6
	一侧纵向钢筋		0.2
受弯构件、偏心构件、轴心受拉构件一侧的受拉钢筋			0.20 和 $45f_t/f_y$ 中的较大值

注:1. 受压构件全部纵向钢筋最小配筋百分率,当采用C60以上强度等级的混凝土时,应该表中规定增加0.10;

2. 板类受弯构件(不包含悬臂板)的受拉钢筋,当采用强度等级400 MPa、500 MPa的钢筋时,其最小配筋百分率应允许采用0.15 和 $45f_t/f_y$ 中的较大值;

3. 偏心受拉构件中的受压钢筋,应按受压构件一侧纵向钢筋考虑;

4. 受压构件的全部纵向钢筋和一侧纵向钢筋的配筋率以及轴心受拉构件和小偏心受拉构件一侧受拉钢筋的配筋率应按构件的全截面面积计算;

5. 受弯构件、大偏心受拉构件一侧受拉钢筋的配筋率应按全截面面积扣除受压翼缘面积 $(b_f' - b)h_f'$ 后的截面面积计算;

6. 当钢筋沿构件截面周边布置时,"一侧纵向钢筋"系指沿受力方向两个对边中的一边布置的纵向钢筋。

2. 对卧置于地基上的混凝土板,板中受拉钢筋的最小配筋率可适当降低,但不应小于0.15%。

3. 对结构中次要的钢筋混凝土受弯构件,当构造所需截面高度远大于承载的需求时,其纵向受拉钢筋的配筋率可按下列公式计算:

$$\rho_s \geqslant \frac{h_{cr}}{h}\rho_{\min} \qquad (\text{附}6-1)$$

$$h_{cr} = 1.05\sqrt{\frac{M}{\rho_{\min}f_y b}} \qquad (\text{附}6-2)$$

式中:ρ_s——构件按全截面计算的纵向受拉钢筋的配筋率;

$\rho_{\min}$——构件的最小配筋率,按附表6-1取用;

h_{cr}——构件截面的临界高度,当小于 $h/2$ 时取 $h/2$;

h——构件的截面高度;

b——构件的截面宽度;

M——构件的正截面受弯承载力设计值。

附录7　钢筋的公称截面面积、计算截面面积及理论质量

附表 7 – 1　钢筋的计算截面面积及理论重量

公称直径 /mm	不同根数钢筋的计算截面面积/mm²									单根钢筋理论质量 /(kg·m⁻¹)
	1	2	3	4	5	6	7	8	9	
6	28.3	57	85	113	142	170	198	226	255	0.222
8	50.3	101	151	201	252	302	352	402	453	0.395
10	78.5	157	236	314	393	471	550	628	707	0.617
12	113.1	226	339	452	565	678	791	904	1017	0.888
14	153.9	308	461	615	769	923	1077	1231	1385	1.21
16	201.1	402	603	804	1005	1206	1407	1608	1809	1.58
18	254.5	509	763	1017	1272	1527	1781	2036	2290	2.00 (2.11)
20	314.2	628	942	1256	1570	1884	2199	2513	2827	2.47
22	380.1	760	1140	1520	1900	2281	2661	3041	3421	2.98
25	490.9	982	1473	1964	2454	2945	3436	3927	4418	3.85 (4.10)
28	615.8	1232	1847	2463	3079	3695	4310	4926	5542	4.83
32	804.2	1609	2413	3217	4021	4826	5630	6434	7238	6.31 (6.65)
36	1017.9	2036	3054	4072	5089	6107	7125	8143	9161	7.99
40	1256.6	2513	3770	5027	6283	7540	8796	10053	11310	9.87 (10.34)
50	1963.5	3928	5892	7856	9820	11784	13748	15712	17676	15.42 (16.28)

注：括号内为预应力螺纹钢筋的数值。

附表 7 – 2　　钢绞线的公称直径、公称截面面积及理论重量

种　类	公称直径/mm	公称截面面积/mm^2	理论质量/(kg·m^{-1})
	8.6	37.7	0.296
1×3	10.8	58.9	0.462
	12.9	84.8	0.666
	9.5	54.8	0.430
	12.7	98.7	0.775
1×7 标准型	15.2	140	1.101
	17.8	191	1.500
	21.6	285	2.237

附表 7 – 3　　钢丝的公称直径、公称截面面积及理论重量

公称直径/mm	公称截面面积/mm^2	理论质量/(kg·m^{-1})
5.0	19.63	0.154
7.0	38.48	0.302
9.0	63.62	0.499

附表 7 – 4　　每米板宽各种钢筋间距时的钢筋截面面积

钢筋间距/mm	当钢筋直径(单位为 mm)为下列数值时的钢筋截面面积/mm^2													
	3	4	5	6	6/8	8	8/10	10	10/12	12	12/14	14	14/16	16
70	101	179	281	404	561	719	920	1121	1369	1616	1908	2199	2536	2872
75	94.3	167	262	377	524	671	859	1047	1277	1508	1780	2053	2367	2681
80	88.4	157	245	354	491	629	805	981	1198	1414	1669	1924	2218	2513
85	83.2	148	231	333	462	592	758	924	1127	1331	1571	1811	2088	2365
90	78.5	140	218	314	437	559	716	872	1064	1257	1484	1710	1972	2234
95	74.5	132	207	298	414	529	678	826	1008	1190	1405	1620	1868	2116
100	70.6	126	196	283	393	503	644	785	958	1131	1335	1539	1775	2011
110	64.2	114	178	257	357	457	585	714	871	1028	1214	1399	1614	1828
120	58.9	105	163	236	327	419	537	654	798	942	1112	1283	1480	1676
125	56.5	100	157	226	314	402	515	628	766	905	1068	1232	1420	1608
130	54.4	96.6	151	218	302	387	495	604	737	870	1027	1184	1366	1547
140	50.5	89.7	140	202	281	359	460	561	684	808	954	1100	1268	1436
150	47.1	83.8	131	189	262	335	429	523	639	754	890	1026	1183	1340
160	44.1	78.5	123	177	246	314	403	491	599	707	834	962	1110	1257
170	41.5	73.9	115	166	231	296	379	462	564	665	786	906	1044	1183
180	39.2	69.8	109	157	218	279	358	436	532	628	742	855	985	1117

续附表 7 – 4

钢筋间距/mm	当钢筋直径(单位为 mm)为下列数值时的钢筋截面面积/mm²													
	3	4	5	6	6/8	8	8/10	10	10/12	12	12/14	14	14/16	16
190	37.2	66.1	103	149	207	265	339	413	504	595	702	810	934	1058
200	35.3	62.8	98.2	141	196	251	322	393	479	565	668	770	888	1005
220	32.1	57.1	89.3	129	178	228	292	357	436	514	607	700	807	914
240	29.4	52.48	1.9	118	164	209	268	327	399	471	556	641	740	838
250	28.3	50.2	78.5	113	157	201	258	314	383	452	534	616	710	804
260	27.2	48.3	75.5	109	151	193	248	302	368	435	514	592	682	773
280	25.2	44.9	70.1	101	140	180	230	281	342	404	477	550	634	718
300	23.6	41.9	66.5	94	131	168	215	262	320	377	445	513	592	670
320	22.1	39.2	61.4	88	123	157	201	245	299	353	417	481	554	628

注: 表中钢筋直径中的 6/8、8/10…系指两种直径的钢筋间隔放置。

附表 7 – 5　钢筋排成一行时梁的最小宽度 b(一类环境类别)　　　　mm

直径	三根			四根			五根			六根			七根		
	A_s/mm²	b_1	b_2	A_s/mm²	b_1	b_2	A_s/mm²	b_1	b_2	A_s/mm²	b_1	b_2	A_s/mm²	b_1	b_2
12	339	$\frac{180}{150}$	$\frac{180}{180}$	452	$\frac{200}{200}$	$\frac{220}{200}$	565	$\frac{250}{220}$	$\frac{250}{250}$	678			791		
14	461	$\frac{180}{180}$	$\frac{180}{180}$	615	$\frac{220}{200}$	$\frac{220}{220}$	769	$\frac{250}{250}$	$\frac{300}{250}$	923	$\frac{300}{300}$	$\frac{350}{300}$	1077		
16	603	$\frac{180}{180}$	$\frac{180}{180}$	804	$\frac{220}{200}$	$\frac{250}{220}$	1005	$\frac{300}{250}$	$\frac{300}{250}$	1206	$\frac{350}{300}$	$\frac{350}{300}$	1407	$\frac{400}{350}$	$\frac{400}{350}$
18	763	$\frac{180}{180}$	$\frac{180}{180}$	1017	$\frac{220}{220}$	$\frac{250}{220}$	1272	$\frac{300}{250}$	$\frac{300}{300}$	1527	$\frac{350}{300}$	$\frac{350}{350}$	1780	$\frac{400}{350}$	$\frac{400}{350}$
20	941	$\frac{200}{180}$	$\frac{200}{180}$	1256	$\frac{250}{220}$	$\frac{250}{250}$	1570	$\frac{300}{300}$	$\frac{300}{300}$	1884	$\frac{350}{350}$	$\frac{350}{350}$	2200	$\frac{400}{350}$	$\frac{400}{400}$
22	1140	$\frac{200}{180}$	$\frac{220}{200}$	1520	$\frac{250}{250}$	$\frac{300}{250}$	1900	$\frac{350}{300}$	$\frac{350}{300}$	2281	$\frac{400}{350}$	$\frac{400}{350}$	2661	$\frac{450}{400}$	$\frac{450}{400}$
25	1473	$\frac{220}{200}$	$\frac{220}{200}$	1964	$\frac{300}{250}$	$\frac{300}{250}$	2454	$\frac{350}{300}$	$\frac{350}{300}$	2945	$\frac{400}{350}$	$\frac{450}{350}$	3436	$\frac{500}{400}$	$\frac{500}{400}$
28	1847	$\frac{250}{200}$	$\frac{250}{250}$	2 463	$\frac{300}{300}$	$\frac{350}{300}$	3079	$\frac{400}{350}$	$\frac{400}{350}$	3695	$\frac{450}{400}$	$\frac{450}{400}$	4310	$\frac{550}{450}$	$\frac{550}{450}$
32	2413	$\frac{300}{250}$	$\frac{300}{250}$	3217	$\frac{350}{300}$	$\frac{350}{300}$	4021	$\frac{450}{350}$	$\frac{450}{400}$	4826	$\frac{500}{450}$	$\frac{550}{450}$	5630	$\frac{600}{500}$	$\frac{600}{500}$
36	3054	$\frac{300}{250}$	$\frac{300}{250}$	4072	$\frac{400}{350}$	$\frac{400}{350}$	5089	$\frac{500}{400}$	$\frac{500}{400}$	6107	$\frac{550}{500}$	$\frac{600}{500}$	7125	$\frac{650}{550}$	$\frac{650}{550}$
40	3770	$\frac{300}{300}$	$\frac{350}{300}$	5026	$\frac{400}{350}$	$\frac{450}{350}$	6283	$\frac{500}{450}$	$\frac{550}{450}$	7540	$\frac{600}{500}$	$\frac{650}{550}$	8796	$\frac{700}{600}$	$\frac{750}{600}$

注: 1. 表中 b_1 为混凝土强度等级大于或等于 C30 时梁截面的最小宽度, b_2 为混凝土强度等级小于或等于 C25 时梁截面的最小宽度;

2. b_1, b_2 栏内横线以上数值用于梁上部, 横线以下数值用于梁下部。

附录8　混凝土构件变形及裂缝限值和工作环境类别

附表8-1　混凝土受弯构件挠度限值

构件类型		挠度限值
吊车梁	手动吊车	$l_0/500$
	电动吊车	$l_0/600$
屋盖、楼盖楼梯构件	当 $l_0 < 7$ m 时	$l_0/200$（$l_0/250$）
	当 7 m $\leq l_0 \leq 9$ m 时	$l_0/250$（$l_0/300$）
	当 $l_0 > 9$ m 时	$l_0/300$（$l_0/400$）

注：1. 表中 l_0 为构件的计算跨度；计算悬臂构件的挠度限值时，其计算跨度 l_0 按实际悬臂长度的 2 倍取用；

2. 表中括号内的数值适用于使用上对挠度有较高要求的构件；

3. 如果构件制作时预先起拱，且使用上也允许，则在验算挠度时，可将计算所得的挠度值减去起拱值，对预应力混凝土构件，尚可减去预加力所产生的反拱值；

4. 构件制作时的起拱值和预应力所产生的反拱值，不宜超过构件在相应荷载组合作用下的计算挠度值。

附表8-2　结构构件的裂缝控制等级及最大裂缝宽度的限值　　　　mm

环境类别	钢筋混凝土结构		预应力混凝土结构	
	裂缝控制等级	w_{lim}	裂缝控制等级	w_{lim}
一	三级	0.30（0.40）	三级	0.20
二 a		0.20		0.10
二 b			二级	—
三 a、三 b			一级	—

注：1. 对处于年平均相对湿度小于 60% 地区一类环境下的受弯构件，其最大裂缝宽度限值可采用括号内的数值。

2. 在一类环境下，对钢筋混凝土屋架、托架及需作疲劳验算的吊车梁，其最大裂缝宽度限值应取为 0.20 mm，对钢筋混凝土屋面梁和托梁，其最大裂缝宽度限值应取为 0.30 mm。

3. 在一类环境下，对预应力混凝土屋架、托架及双向板体系，应按二级裂缝控制等级进行验算；对一类环境下的预应力混凝土屋面梁、托梁、单向板，应按表中二 a 类环境的要求进行验算；在一类和二 a 类环境下需作疲劳验算的预应力混凝土吊车梁，应按裂缝控制等级不低于二级的构件进行验算。

4. 表中规定的预应力混凝土构件的裂缝控制等级和最大裂缝宽度限值仅适用于正截面的验算，预应力混凝土构件的斜截面裂缝控制验算应符合第 10 章的有关规定。

5. 对于烟囱、筒仓和处于液体压力下的结构构件，其裂缝控制要求应符合专门标准的有关规定；

6. 对于处于四、五类环境下的结构构件，其裂缝控制要求应符合专门标准的有关规定。

7. 表中的最大裂缝宽度限值用于验算荷载作用引起的最大裂缝宽度。

附表 8 – 3　混凝土结构的工作环境类别

环境类别		条件
一		室内正常环境； 无侵蚀性静水浸没环境
二	a	室内潮湿环境； 非严寒和非寒冷地区露天环境； 非严寒和非寒冷地区与无侵蚀性的水及土壤直接接触的环境；严寒和寒冷地区的冰冻线以下与无侵蚀性的水及土壤直接接触的环境
	b	干湿交替环境； 水位频繁变动环境； 严寒和寒冷地区露天环境； 严寒和寒冷地区的冰冻线以上与无侵蚀性的水或土壤直接接触的环境
三	a	严寒和寒冷地区冬季的水位变动环境； 受除冰盐影响环境； 海风环境
	b	盐渍土环境； 受除冰盐作用环境； 海岸环境
四		海水环境
五		受人为或自然的化学侵蚀性物质影响的环境

注：1. 室内潮湿环境是指构件表面经常处于结露或湿润状态的环境。

　　2. 严寒和寒冷地区的划分应符合国家现行标准《民用建筑热工设计规程》(JGJ24)的规定。

　　3. 海岸环境和海风环境宜根据当地情况，考虑主导风向及结构所处迎风、背风部位等因素的影响，由调查研究和工程经验确定。

　　4. 受除冰盐影响环境是指受到除冰盐盐雾影响的环境；受除冰盐作用环境是指被除冰盐溶液溅射的环境以及使用除冰盐地区的洗车房、停车楼等建筑。

　　5. 暴露环境是指混凝土结构表面所处的环境。

参考文献

[1] 中华人民共和国国家标准. GB 50010—2010. 混凝土结构设计规范[S]. 北京：中国建筑工业出版社, 2010.

[2] 中华人民共和国国家标准. GB 50009—2012. 建筑结构荷载规范[S]. 北京：中国建筑工业出版社, 2012.

[3] 中华人民共和国国家标准. GB 50068—2018. 建筑结构可靠性设计统一标准[S]. 北京：中国建筑工业出版社, 2018.

[4] 沈蒲生. 混凝土结构设计原理[M]. 第 5 版. 北京：高等教育出版社, 2020.

[5] 东南大学, 天津大学, 同济大学. 混凝土结构·上册, 混凝土结构设计原理[M]. 第七版. 北京：中国建筑工业出版社, 2020.